初歩から学ぶ
ヒトの生物学
第 2 版

Alan Damon・Randy McGonegal
Patricia Tosto・William Ward 著

八 杉 貞 雄 監訳

中村和生・萬代研二・八杉徹雄 訳

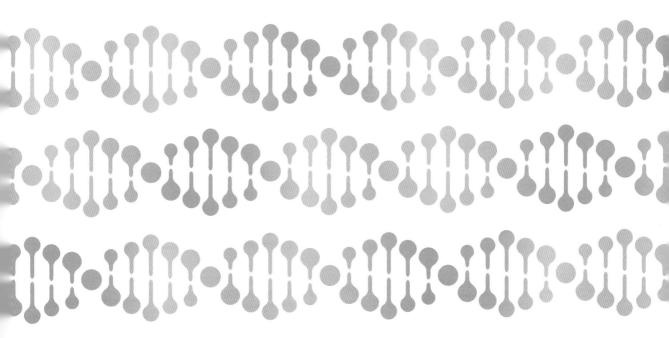

東京化学同人

訳者序文

　本書"初歩から学ぶヒトの生物学"は，国際バカロレア（International Baccalaureate, IB）の生物学教科書として世界的に高い評価を得ている，Pearson 社の"Pearson Baccalaureate, Higher Level Biology, 2nd Ed."を，我が国の大学初年度における基礎生物学の教科書用に翻訳したものである．IB は，国際バカロレア機構（本部ジュネーブ）が提供する国際的な教育プログラムであり，国際的に通用する共通の基礎的知識やスキルを身に付けさせ，大学進学への標準レベルの学力を与えることを目的として策定された．年齢と目標に応じて 4 段階あるプログラムのうち，16 歳から 19 歳を対象とした Diploma Programme（DP）では，2 年間の履修のあとに最終試験を受験して所定の成績を収めれば，国際的な大学の入学資格が与えられる．6 科目を選択する必要があるが，そのうち 3〜4 科目は上級レベル（Higher Level），残りを標準レベル（Standard Level）で学習する必要がある．

　本書を大学生用の生物学教科書として翻訳したのは，原著の内容が，大学進学用の素材として基礎的な事象から出発しているので，高等学校で"生物"を選択しなかった大学生，とくに医学・薬学・看護などの分野の大学生が，基礎から生物学を学ぶにはきわめて適切な教科書であると考えたからである．書名を"初歩から学ぶヒトの生物学"としたのもそのような理由による．また，大学の講義の教科書にふさわしい内容を提供するために，前述のように，原著として DP の Higher Level の教科書を採用した．

　原著は，基本となる"The core"，"Additional higher level"，そして"Option"という難易度の異なる学習内容を含んでいる．これはもともとの IB の教育プログラムに沿ったものであるが，これをそのまま大学でのカリキュラムに応用することは必ずしも効率的ではないと考えて，類似の内容の章や節をまとめ，全体を下記の目次のように 8 章に分けて，学びやすく，かつ教えやすくすることを心がけた．また，我が国における生物学教育の観点から，必ずしも必須ではないと判断した内容は割愛した．一方で，日本の大学教育，とくに医学・薬学系の教育に必須と考えられる事項を追加したところもある．なお，原著には多くの付加的な情報が掲載されていて，とくに"科学的思考"を助長するヒントやコラムが多数配置されている．"Nature of science"，"International-mindedness"，"Interesting fact"などである．そのなかの有用で教育的なものは本文に取込んだが，多くは訳書のボリュームとの兼ね合いで割愛せざるを得なかった．

　目次は，細胞，ヒトをつくる分子，ヒトの遺伝子と遺伝，ヒトの生理学，ヒトの体の防御とホメオスタシス，ヒトの神経系と行動，ヒトの発生と進化，ゲノム研究と応用，という比較的オーソドックスな配列となっている．とくに"ヒト"を強調したのは，原著も，常に人間の健康や福祉に配慮した記述になっているからである．

　翻訳にあたっては，各章の初めには"本章の基本事項"，節の初めには"本節のおもな内容"をおいて理解を助けるようにした．節末と章末にはそれぞれ"練習問題"と"章末問題"を配置

して，理解の定着を図るようにした．これらの問題には，かなり詳細な解説があり，章末問題には配点も提供されていて，自己採点できるようになっている．

生物学の教科書の執筆や翻訳で常に困難を感じるのは，用語の選択である．とくに医学関係の用語と生物学関係の用語の違いは，難問である．本書では，基本的には医学用語を主として，医学・薬学のさらなる学習にも対応できるように配慮した．同時に生物学の用語も記載して，生物学関係の学生にも便宜を図ることとした．

前述のように，訳者としては，構成を原著からかなり大幅に変更し，日本語版として完成させるための努力をしたつもりである．それによって本書が，大学初年度の生物学の教科書として評価されれば，大変にありがたいことである．もちろん，国際バカロレアの参考書としても十分役立つことを確信している．

訳者と翻訳担当章は下記のとおりである（担当章順）．訳者には，翻訳すべき部分や用語の選択などを含めて，たくさんの作業をお願いした．最終的には，監訳者が全体を通して統一を図った．

八 杉 貞 雄 (1, 4, 5章)
中 村 和 生 (2, 3章)
萬 代 研 二 (4, 6, 8章)
八 杉 徹 雄 (7章)

出版まで訳者を辛抱強く常に支えてくださった，東京化学同人の橋本純子さん，植村信江さんに心から感謝申し上げる．

2022年11月

監 訳 者　　八　杉　貞　雄

原著第 2 版への序文

　国際バカロレア（IB），Higher Level（HL）生物学にようこそ．本書は国際的に高い評価を得ている Pearson Baccalaureate, Higher Level の教科書で，2007 年に初版が出版された．その後，新しい IB 生物学のカリキュラムに適合するように改訂され（2014），コースの全体をカバーするようになった．新しい内容や今日的な材料が含まれているが，初版を成功させた本書の特徴は維持され，より洗練されている．それは以下の諸点である．

- IB 生物学に関する深い知識をもった教員による執筆
- 専門的な記述と明確な図版によるわかりやすい説明
- 過去の IB 生物学試験から選択された実践的な問題
- 実生活への応用と国際性を指向した構成

　本書は IB 生物学が推奨する三つの内容，すなわち基本事項，やや上級レベルの事項，および選択的内容の事項をすべてカバーしている．各章は IB 生物学ガイドと同じ順序で配列されている（訳書では必ずしもそうではない）．

　各章は，それぞれの内容を要約している IB 生物学ガイドの"本章の基本事項"のリストから始まり，各節の冒頭には，"本節のおもな内容"がおかれ，本文のほかに多くの付加的な情報が与えられている．各節の最後には節の理解を確認するための"練習問題"があり，さらに各章には，"章末問題"として，やや深い理解を必要とする問題と，各問題に対する配点が明示されている．"章末問題"の多くは過去に国際バカロレアで出題された問題である．

　教育と試験，カリキュラムの評価，内部評価，各国における教員へのワークショップ，などによる IB 生物学に対する経験と知識によって，私たちはこのコースにおいてあなた方が必要とすることをよく認識している．IB 生物学を学ぶ情熱を読者と共有できることを願っている．

Alan Damon, Randy McGonegal, Pat Tosto, Bill Ward

目　　　次

1 細　胞

本章の基本事項

- 多細胞生物の進化によって，細胞の特殊化と増殖が可能になった．
- 真核生物は原核生物よりはるかに複雑な細胞構造をもっている．
- 生体膜は流動性と動的な性質をもち，能動輸送と受動輸送により細胞の構成要素を制御する．
- 地球上の最初の細胞から，今日生存しているすべての生物の細胞まで，連続した生命が存在している．
- 細胞分裂は必須であるが，制御される必要がある．

図 1・1　ヒトのニューロン（神経細胞）の模式図．ヒトの多くの活動はニューロンに依存している．

　細胞学（cell biology）は，細胞のすべての側面に関する学問である．細胞に関する理解が進むにつれて，病気も含めて，地球上のすべての生物の側面を理解する能力も増大してきた．しかし，細胞のすべての秘密を解き明かすには，まだ多くの研究が必要である．世界中の生物学の研究室で，この分野について活発な研究が行われている．

　小さい生物であろうと大きい生物であろうと，その最小の機能的な単位について理解することが重要である．この単位は細胞（cell）とよばれる．生物は，1個～数兆個の細胞からできている．周囲の生物をよりよく理解するには，その細胞を学ばなければならない．

　本章では，細胞説を学ぶことから始めよう．そのあとで，原核細胞と真核細胞について勉強しよう．細胞の構造と機能についての詳しい説明がそのあとに続く．今日，がんはほとんどすべての生物にみられ，異常な細胞増殖を伴うと考えられているので，正常な細胞増殖にも注目しよう．地球上にどのようにしてこの複雑な細胞が存在するようになったかということについても，少し説明しよう．

　図 1・1 を見てほしい．ヒトのニューロン（neuron, 神経細胞）は私たちの生活に不可欠である．これらの細胞によって周囲の状況を察して反応することができる．ニューロンは多くの場合きわめて有用であるが，ときには正しく働かないこともある．ニューロンの機能をもっとよく知ることで，たとえばうつ病などをよりよく理解すれば，今以上に適した治療を施すことができるのではないだろうか．

1・1　細胞説，細胞の分化，細胞の増殖

本節のおもな内容

- 細胞説によると，生物は細胞から構成される．
- 単細胞からなる生物は，その細胞の内部ですべての機能を遂行する．
- 細胞の大きさを限定するのは表面積と体積の比である．
- 多細胞生物の性質は，細胞要素の相互作用によって決定される．
- 多細胞生物では，細胞分化によって特殊化した組織が生じる．
- 分化は，細胞ゲノム中のどの遺伝子が発現するかによって決定される．
- 幹細胞が分裂して異なる方向に分化する能力は，胚発生において必要であり，幹細胞を再生治療に有用なものにしている．

1・1・1　細　胞　説

　今日細胞説（cell theory）として知られている理論が定式化されるには，数百年を要した．多くの科学者が細胞説の主要な原則の発展に貢献した．その原則を次に示す．

1. すべての生物は1個または複数の細胞からなる．
2. 細胞は生命の最小単位である．
3. すべての細胞は既存の細胞から生じる．

細胞説は，主として顕微鏡の利用によって，きわめてしっかりした根拠をもっている．フック（Robert Hooke）は 1665 年に，自分で作製した顕微鏡でコルクを観察して，初めて細胞を記載した．数年後，レーウェンフック（Antonie van Leeuwenhoek）は初めて生きた細胞を観察して，小さい動物を意味する"アニマルキュル"とよんだ．1838 年に植物学者シュライデン（Matthias Schleiden）は，植物が"独立した，分離した物体"からなると述べて，それを細胞とよんだ．1 年後，シュワン（Theodor Schwann）が動物について同様のことを述べた．

原則の 1 と 2 は，今日まで支持されている．なぜなら，細胞を 1 個ももたない生物を，だれも見いだしていないからである．

何人かの優れた生物学者，たとえば 1880 年代のパスツール（Louis Pasteur）などは，第三の原則を支持する実験を行った．鶏ガラスープを沸騰させて滅菌したのちに，パスツールは生物が"自然発生"することはないことを示した．滅菌したスープを，生きた細胞にさらすと，初めて生物が再出現したのである．

1・1・2 生命の機能

すべての生物は，単細胞または多細胞体として存在している．興味深いことに，すべての単細胞生物や多細胞生物は，代謝，成長，生殖，応答，ホメオスタシス，栄養，排出のようなすべての機能を果たしている．

これらすべての機能が組合わさって生存可能な生命単位をつくり出している．代謝（metabolism）は生物体内で起こるすべての化学反応である．細胞はある形態のエネルギーを他の形態に変換することができる．成長（growth）には限りがあるが，いずれにしても成長するということはなんらかの方法で確認できる．生殖（reproduction）には，子孫に伝わる遺伝物質が関与する．環境中の刺激に対する応答（response）は，生物の生存に必須である．この応答によって生物は環境に適合できる．ホメオスタシス（homeostasis, 恒常性維持）は内部環境の恒常性の維持を意味する．たとえば，生物は，恒常的な内部環境を維持するために，変動する温度や酸塩基のレベルを制御する必要がある．多くの化学結合をもち，その切断によって生命の維持に必要なエネルギーを提供する物質を摂取することが，栄養（nutrient）の基本である．排出（excretion）は，生物が利用できない，あるいは毒性のある化合物を体内のシステムから放出することであり，生命にとって基本的なことである．

生命の機能を示すのに，ゾウリムシ（*Paramecium*）とクロレラ（*Chlorella*）を考えてみよう．

ゾウリムシは原生生物界に属する単細胞生物である．図 1・2 から，この動物の基本的構造を理解してほしい．

ゾウリムシを含む培養液に弱い電流を流すと，ゾウリムシは陰極に集まる．また，培養液にゆで卵の白味を少量入れると，その周囲に集まる．これらの行動は，ゾウリムシも環境の変化に応答し，また食物の存在を感知してそれを摂食し，消化し，老廃物を排出していることを示唆する．

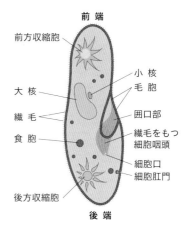

図 1・2　ゾウリムシ．この単細胞の生物にも，生命のいろいろな機能が見てとれる．

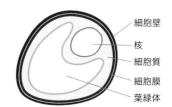

図 1・3　クロレラ．淡水に普通にみられるこの生物は，光合成とよばれる過程の詳細やそれに影響する要因の研究に用いられてきた．光合成には葉緑体が重要である．

クロレラ（図 1・3）は淡水産の単細胞の藻類で，光合成の研究に広く用いられている．クロレラの入ったシャーレに光を当てるか，遮光するかして，数日後にそれぞれのシャーレ中の個体数を調べると，クロレラの生活に光がどれほど重要であるかが理解できる．とくに葉緑体が光合成に重要であることも種々の実験で明らかにされてきた．

1・1・3 細胞とサイズ

細胞内には種々の異なる小構造（細胞小器官）がある．細胞小器官はいろいろな大きさをもっているが，い

ずれにしても顕微鏡的な大きさである. ほとんどの場合, 細胞, とくにその小器官を観察するには, 高倍率で高解像度の顕微鏡が必要である. 解像度は, 観察対象の明確さを表す.

光学顕微鏡 (light microscope) は生体試料に光を通過させて像を結ぶ. 生きたままの標本でも観察できる. 細部を見やすくするために染色を用いることもある. 電子顕微鏡 (electron microscope) は固定された標本に電子を通過させて像を結び, はるかに高倍率 (50万倍以上) かつ高解像度の像を与える (表1・1).

細胞や細胞小器官は目に見えないほど小さいので, その相対的な大きさを知っておくことは重要である. 大きいものから並べると, 細胞, 細胞小器官, 細菌, ウイルス, 膜, 分子の順になる.

表 1・1 光学顕微鏡と電子顕微鏡の比較

光学顕微鏡	電子顕微鏡
廉価で操作が容易	高価で操作が複雑
標本作製が単純で容易	標本作製が複雑で時間がかかる
拡大率は 2000 倍まで	拡大率は 500 000 倍以上
生きた標本も可能	標本は固定され, プラスチックの物質に包埋される

1・1・4 細胞の大きさの限界

細胞は小さい. 成長が生命の一つの機能であるならば, なぜ細胞は大きくなれないのであろうか. 細胞の大きさを実質的に制限する, 表面積対体積比とよばれる原則がある. 細胞内での熱と老廃物の産生速度や資源の消費速度は, 細胞の体積の関数である (つまり体積に依存する). ほとんどの化学反応は細胞内で起こるので, 細胞の大きさはこれらの反応速度に影響を与える. 細胞表面, つまり細胞膜は, 細胞に出入りする物質を制御する. 体積あたりの表面積が大きいほど, より多くの物質が出入りできる.

細胞のような物体の直径が大きくなると, 表面積も増大するが, それは体積の増大よりもゆっくりである. 表1・2 を参照されたい. 体積は直径の3乗に比例して増大するが, 表面積は2乗に比例する.

このことは, 大きい細胞は小さい細胞と比べて, 必要

表 1・2 表面積と体積の比率

細胞の構成要素	数 値		
直径 (r)	0.25	0.50	1.25
表面積	0.79	3.14	19.63
体 積	0.07	0.52	8.18
表面積:体積	11.29 : 1	6.04 : 1	2.40 : 1

な物質を取込み老廃物を除くのに, 相対的に小さい表面積しかもっていないことを意味する. それゆえ, 細胞は生命の機能を遂行できる大きさが限定されている. したがって大型動物は大きい細胞をもつのではなく, 多数の細胞をもつのである.

大きい細胞は効果的に機能するために形を変えている. これは球状ではなく細長い形に変化することで達成される. いくつかの大きい細胞は体積に対する表面積を増加させるために, 内部への陥入や外部への突出部をもっている.

1・1・5 細胞増殖と分化

多くの細胞がもつ機能の一つは, 自分自身を再生産することである. 多細胞生物 (multicellular organism) では, このことが成長のもとになっている. 同時に, 傷ついたり死んだ細胞を新しい細胞で置き換えることができることも意味している.

多細胞生物は, 多くの場合, なんらかの形の有性生殖の後に, 単一の細胞から出発する. この単細胞は, 急速に増殖する能力をもっていて, 増殖の結果生じた細胞は生物の生存に必要なすべての細胞種を産生する分化 (differentiation) の過程を通る. もとの単一の細胞から生じる異なる細胞種の数は, 驚くべきものである. 分化過程は, ある特定の遺伝子は発現するが, 他の遺伝子は発現しない結果である. 染色体上の DNA のある部分を占める遺伝子の働きが, 生物のすべての異なる細胞をつくり出す. したがって, どの細胞も生物全体をつくるのに必要なすべての遺伝情報を含んでいる. しかし, それぞれの細胞は, DNA のどの部分が活性化されるかによって, 特定の細胞種に分化する.

いくつかの細胞では, ひとたび分化すると, 増殖能が著しく低下したり, あるいはまったくなくなってしまう. ニューロン (神経細胞) や筋線維 (筋細胞) が良い例である. その他の細胞, たとえば皮膚の上皮細胞は, 一生急速な増殖能を保持している. 急速に増殖する細胞の子孫は, 親細胞と同じ種類の細胞に分化する.

1・1・6 幹 細 胞

生体内には, 分裂して種々の細胞に分化する能力を維持している細胞がある. これは幹細胞 (stem cell) とよばれる.

植物は分裂組織という領域に幹細胞を含んでいる. 分裂組織は根の先端近くや茎の先端にあり, 急速に分裂して根や茎の種々の組織に分化できる新しい細胞を生じる細胞からなっている. 園芸家は幹や根の一部を切り出して新しい植物を生育させるのに利用している.

幹細胞が分裂して特定の組織を形成するとき，いくつかの娘細胞は幹細胞として維持される．これにより，特定の組織を継続的につくり出すことができる．医学者は，このような細胞をヒトの疾病の治療に利用する可能性に着目した．しかし，幹細胞研究の初期に生じた一つの課題は，外見では幹細胞を区別できない，ということであった．幹細胞は，その行動によって他の細胞から単離しなければならなかった．

幹細胞研究と治療

近年，分化した細胞が損傷や疾患で失われたときに，それを補うために，多量の**胚性幹細胞**（embryonic stem cell，**ES細胞**）を培養するという研究が，多くの実りある成果をもたらしている．たとえばパーキンソン病とアルツハイマー病は脳の正常な機能細胞が失われることで発症する．そこに幹細胞を移植して，失われたあるいは障害のある細胞と置き換えて，病気の症状を緩和することが期待されている．ある型の糖尿病では，膵臓の重要な細胞が失われていて，幹細胞を膵臓に移植することで，治療に貢献する効果が期待される．現在のところ多くの研究はマウスを用いて行われていて，ヒトでこのような治療が行き渡るには，まだしばらく時間がかかると思われる．

しかし，すでにずっと以前から，ヒトで幹細胞治療に成功している例がある．多分化能幹細胞と同様に，組織特異的幹細胞もある．この幹細胞は特定の組織に存在し，その組織の細胞のみを新たにつくり出す．たとえば，白血病患者の骨髄に，血液幹細胞を繰返し注射する治療が行われている．

スターガルト病（シュタルガルト病，黄斑変性症）は幹細胞による治療の初期段階にある病気の例である．スターガルト病は遺伝病で，両親からビタミンAの代謝に関わる変異した遺伝子を受け継ぐと起こる．ビタミンAは網膜の光感受性細胞が適正に機能するために必要である．スターガルト病の患者は，最初の20年間は中心部の視力を次第に失う．その後周辺部の視力も失われ，最後には失明する．

2010年3月，スターガルト病によって障害を受けた網膜の光受容細胞を保護して再生させる幹細胞治療が始まった．現在，ヒトでこの治療に用いられているのはヒト胚性幹細胞である．研究は続行中で，結果は期待がもてるものである．

幹細胞研究には倫理的問題がある．多分化能幹細胞の場合はとくに議論が多い．この細胞は，主として試験管内受精（IVF）を行う研究所から得られる胚に由来する．この細胞を樹立するということは，胚を減失させる

ことであり，これは人命を失わせるものだと主張する人々がいる．一方，この研究は人間の苦痛を有意に軽減するものであるから，認めてもよいという議論もある．

21世紀初頭に日本で開発された**人工多能性幹細胞**（induced pluripotent stem cell，**iPS細胞**）は，分化した細胞に特定の遺伝子を導入することで作製された．この幹細胞は，成体細胞からも作製可能なので，ES細胞のような倫理的問題がなく，すでに数多くの疾患に対する再生医療が臨床段階に入っている．

練 習 問 題

1. 細胞からの老廃物の排出と，表面積対体積比の考え方はどのように関係するか．
2. 生命の機能のうち，栄養摂取はゾウリムシとクロレラでどのように異なるか説明せよ．
3. 筋細胞とニューロンの特殊化が増殖能にどのように影響しているか述べよ．
4. 他種の幹細胞がヒトで有用でないのはなぜか説明せよ．

1・2 　細胞の微細構造

本節のおもな内容

- 原核生物は細胞内区画をもたない単一の細胞からなる．
- 真核生物は区画化された細胞構造をもつ．
- 電子顕微鏡は光学顕微鏡よりはるかに高倍率が得られる．

1・2・1 　原 核 細 胞

細胞に関する広範囲な研究の結果，すべての細胞はいくつか共通の分子機構を利用していることが明らかになった．異なる生物間には驚くほどの相違点があるが，細胞は生物の基本単位であって，異なる細胞も多くの特徴を共通してもっている．細胞は主要な特徴に基づいて，いくつかのグループに分けられる．分け方の一つが，原核細胞と真核細胞である．**原核細胞**（prokaryotic cell）は真核細胞よりはるかに小さくて単純である．事実，大部分の原核細胞は直径が $1\,\mu m$ より小さい．このこと，およびあとに述べる多くの理由から，原核細胞は地球上に最初に出現したと考えられる．細菌は原核生物なので，原核細胞が今日の世界でも重要な役割を果たしていることがわかるだろう．

1・2・2 原核細胞の特徴

図1・4を見て，原核細胞の細胞壁，細胞膜，鞭毛，線毛，リボソーム，核様体（DNAを含む領域）はどれなのかを確認しよう．

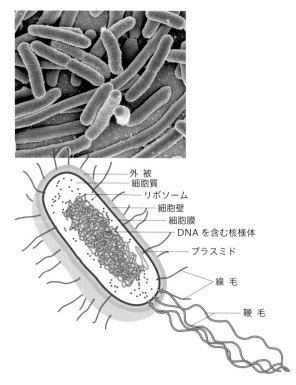

外 被
細胞質
リボソーム
細胞壁
細胞膜
DNAを含む核様体
プラスミド
線 毛
鞭 毛

図1・4 原核細胞．上は細菌〔大腸菌（*Escherichia coli*）〕の走査型電子顕微鏡写真（擬似カラー），下は原核細胞の模式図．

細胞壁と細胞膜

原核細胞の**細胞壁**（cell wall）は細胞を保護し，形を維持する．ほとんどの原核細胞で，細胞壁はペプチドグリカンとよばれる多糖とタンパク質の複合体からできている．細菌の中には細胞壁の外側に多糖の層をもっているものもおり，この層によって歯や皮膚や食物に接着することができる．

細胞膜（cell membrane, plasma membrane）は細胞壁の内側にあり，真核細胞の細胞膜とよく似た組成をもっている．細胞膜は細胞内外の物質の出入りを制御し，原核細胞では二分裂に重要な役割を果たす．細胞質は細胞の内部すべてを占めている．拡大率の高い顕微鏡で最もよく見えるのは，染色体，つまりDNA分子である．細胞膜以外に内部の膜はないので，細胞質は区画化されていない．したがって，原核細胞のすべての細胞内反応は，細胞質で起こる．

線毛と鞭毛

ある細菌は細胞壁の外側に毛のような突起をもつ．この構造は**線毛**（pilus，複数形 pili）とよばれ，接着に役立つ．しかしその主要な役割は，一方の細菌から他方へDNAを移送する用意のできている細胞を結合（有性生殖）することである．

細菌の中には線毛より長い**鞭毛**（flagellum，複数形 flagella）をもつものがあり，鞭毛は細胞の運動に役立つ．

リ ボ ソ ー ム

リボソーム（ribosome）はすべての原核細胞にあり，タンパク質合成の場として機能する．タンパク質を多量に合成する細胞ではリボソームがきわめて多く存在し，そのような細胞の細胞質は電子顕微鏡で粒子状に見える．

核 様 体

細菌細胞の**核様体**（nucleoid）領域は，区画化されておらず，1本の長く，連続した環状DNA（これが細菌の染色体である）の糸が凝集している．したがってこの領域は細胞の制御と増殖に関わっている．細菌は染色体以外に，**プラスミド**（plasmid）を含んでいる．プラスミドは小型の環状DNA分子で，細菌の染色体とは結合しておらず，染色体DNAとは独立に複製する．プラスミドDNAは，正常な状態では細胞にとって必要ではないが，細胞が普段とは異なる状況に適応することを助ける．

二 分 裂

原核細胞は**二分裂**（binary fission）とよばれる単純な過程で分裂する．この過程では，DNAがコピーされ，2本の娘染色体が細胞膜の異なる領域に結合し，細胞は分裂して遺伝的に同一の2個の娘細胞になる．分裂過程には，細胞の伸長と，FtsZとよばれる微小管様の線維による新しく合成されたDNAの分配が含まれる．

原核細胞の特徴の要約

原核細胞のおもな特徴をまとめた．

• DNAは膜に包まれていないで，1本の環状の染色体となっている．
• DNAはタンパク質と結合せず，裸である．
• 膜に結合した細胞小器官をもたない．リボソームは細胞膜の内側にある複雑な構造物であるが，外側に

図 1・5 典型的な動物細胞の模式図. 図 1・6 と比較せよ.

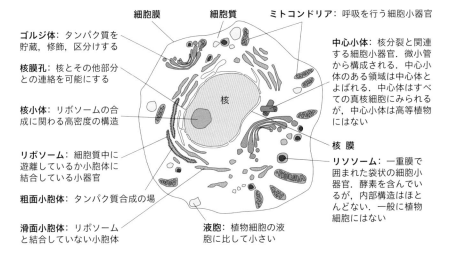

細胞膜 **細胞質** **ミトコンドリア**: 呼吸を行う細胞小器官

ゴルジ体: タンパク質を貯蔵, 修飾, 区分けする

核膜孔: 核とその他部分との連絡を可能にする

核小体: リボソームの合成に関わる高密度の構造

リボソーム: 細胞質中に遊離しているか小胞体に結合している小器官

粗面小胞体: タンパク質合成の場

滑面小胞体: リボソームと結合していない小胞体

中心小体: 核分裂と関連する細胞小器官. 微小管から構成される. 中心小体のある領域は中心体とよばれる. 中心体はすべての真核細胞にみられるが, 中心小体は高等植物にはない

核 膜

リソソーム: 一重膜で囲まれた袋状の細胞小器官. 酵素を含んでいるが, 内部構造はほとんどない. 一般に植物細胞にはない

液胞: 植物細胞の液胞に比して小さい

核

膜をもたない.
- 細胞壁はペプチドグリカンとよばれる複合体でできている.
- 多くの場合, 二分裂で分裂する.
- 多くのものは小型で, $0.2〜2\,\mu m$ の大きさである.

1・2・3 真 核 細 胞

原核細胞は細菌にみられるものであるが, **真核細胞** (eukaryotic cell) は藻類, 菌類, 植物, 動物などの生物にみられる. 以下の図 (図 1・5, 図 1・6) を参照せよ.

真核細胞は直径が $5〜100\,\mu m$ である. 多くの場合細胞質にはよく目立つ核がある. 高倍率で解像度の良い顕微鏡があれば, 他の**細胞小器官** (organelle) も見えるはずである. 細胞小器官は (体内の器官と同じように) 固有の機能を果たす, 細胞質とは異なる構造物である.

異なる細胞種は異なる細胞小器官をもつ. これらの構造物は原核細胞にはみられない, 細胞の区画化をもたらしている. 区画化は異なる化学反応を分離することができ, 隣接する化学反応が不都合であるときにはとくに重要である. 区画化は特定の反応のための化学物質を分離することにも役立つ. 分離によって, 反応の効率が上がる.

以下に述べる真核細胞の細胞小器官の記述を読んだあとで, 上の図を振り返り, 細胞小器官の名称を記憶せよ. また, 動物と植物の細胞に共通の細胞小器官と, どちらかに固有の細胞小器官を確認せよ.

1・2・4 真核細胞の細胞小器官

細胞小器官には, 小胞体, リボソーム, リソソーム (植物細胞には必ずしも存在しない), ゴルジ体, ミトコ

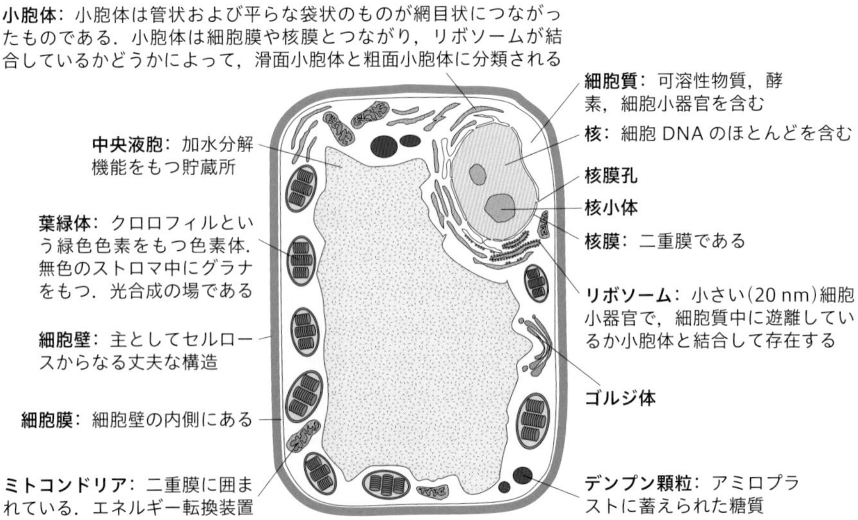

小胞体: 小胞体は管状および平らな袋状のものが網目状につながったものである. 小胞体は細胞膜や核膜とつながり, リボソームが結合しているかどうかによって, 滑面小胞体と粗面小胞体に分類される

中央液胞: 加水分解機能をもつ貯蔵所

葉緑体: クロロフィルという緑色色素をもつ色素体. 無色のストロマ中にグラナをもつ. 光合成の場である

細胞壁: 主としてセルロースからなる丈夫な構造

細胞膜: 細胞壁の内側にある

ミトコンドリア: 二重膜に囲まれている. エネルギー転換装置

細胞質: 可溶性物質, 酵素, 細胞小器官を含む

核: 細胞 DNA のほとんどを含む

核膜孔

核小体

核膜: 二重膜である

リボソーム: 小さい($20\,nm$)細胞小器官で, 細胞質中に遊離しているか小胞体と結合して存在する

ゴルジ体

デンプン顆粒: アミロプラストに蓄えられた糖質

図 1・6 典型的な植物細胞の模式図. 図 1・5 との違いに着目せよ.

ンドリア，核，葉緑体（植物および藻類の細胞のみ），中心体（すべての真核細胞に存在するが，中心小体は植物細胞にはみられないこともある），液胞などがある．

細 胞 質

すべての真核細胞は，細胞の外側の境界である細胞膜の内側に，**細胞質**（cytoplasm）とよばれる領域をもっている．細胞小器官はこの領域にある．細胞小器官の周囲の液体部分は**サイトソル**（cytosol）とよばれる．

小 胞 体

小胞体（endoplasmic reticulum, **ER**）は，核から細胞膜に至るまで，細胞内の至るところにみられる管状または水路状の広範囲のネットワークである．その構造によって小胞体は，細胞の隅々まで物質を輸送するという機能を果たすことができる．小胞体には2種類ある．**滑面小胞体**（smooth endoplasmic reticulum, **sER**）と**粗面小胞体**（rough endoplasmic reticulum, **rER**）である．sER の外表面にはリボソームとよばれる細胞小器官が付いていない．rER の外面にはリボソームが付着している（図1・7）．

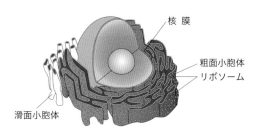

図 1・7　滑面小胞体と粗面小胞体.

sER の表面には多くの固有の酵素が埋め込まれている．その機能は以下のとおりである．

- 膜のリン脂質や細胞の脂質の合成
- テストステロンやエストロゲンなどの性ホルモンの合成
- 肝臓における薬物の解毒
- 筋細胞におけるカルシウムの蓄積．筋細胞の収縮に必要
- 脂質を含む化合物の輸送
- 肝細胞における必要なグルコースの血流への放出の補助

rER は膜の外側にリボソームをもっている．リボソームはタンパク質合成に関与する．したがって rER はタンパク質合成とその輸送に関わる．ここで合成されるタンパク質は膜の一部，酵素，細胞間のメッセンジャーなどになる．ほとんどの細胞は両方の小胞体をもち，そのうち rER が核膜の近くに存在する．

リ ボ ソ ー ム

リボソームは周囲に膜をもたない特異的な構造をしている*．リボソームは細胞内のタンパク質合成を行う．この構造体は細胞質中に浮遊しているか，ER の表面に付着している．常に RNA とタンパク質から構成されている．原核細胞もリボソームをもっていることを思い出そう．しかし，真核細胞のリボソームは原核細胞のそれより大きくて密集している．リボソームは2個のサブユニットからなる．両者を合わせて，80S である．原核細胞のリボソームも2個のサブユニットからなるが，その大きさは 70S である．

リ ソ ソ ー ム

リソソーム（lysosome）はゴルジ体から生じるもので，細胞内消化センターである．リソソームは内部構造をもたない．一重の膜をもつ袋で，40種類にもなる異なる酵素を含んでいる．すべての酵素は加水分解酵素で，タンパク質，核酸，脂質，糖質の分解を触媒する．リソソームは古くなったり傷ついたりした細胞小器官と融合して分解し，それらの構成要素の再利用をもたらす．また，**食作用**（phagocytosis）によって細胞内に取込まれた物質の分解にも関与する．食作用はエンドサイトーシス（§1・3・6, p.14）の一種である．機能しているリソソームの内部環境は酸性である．これは酵素が大きな分子を加水分解するために必要な条件である．

ゴ ル ジ 体

ゴルジ体〔Golgi body, **ゴルジ装置**（Golgi apparatus）ともいう〕はシスターンとよばれる平らな袋からなり，それが互いに積み重なっている（図1・8）．この細胞

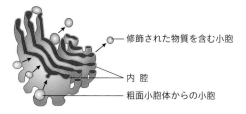

図 1・8　ゴルジ体の模式図. 小胞の運動は矢印で示されている. シス面とトランス面を区別せよ.

修飾された物質を含む小胞
内腔
粗面小胞体からの小胞

---

*　訳注: リボソームは膜をもたないので，細胞小器官に含めないとする考えもある.

小器官は，細胞内で合成された物質の集積，荷造り，修飾，および配分の機能をもっている．ゴルジ体の一方の面はrERに近く，この面はシス面とよばれて，rERからの産物を受け取る．産物はゴルジ体のシスターン中に送られ，反対側のトランス面まで移動して，放出される．トランス面からは，小胞とよばれる小さい袋が突出してちぎれる．この小胞は，修飾された物質を細胞の内外の必要な場所に運搬する．この細胞小器官は，膵臓のような，物質を産生して分泌する腺細胞でとくによく発達している．

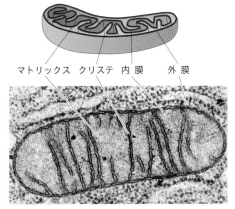

図1・9　ミトコンドリア．上は模式図，下は透過型電子顕微鏡写真（擬似カラー）．

（図中ラベル）マトリックス　クリステ　内膜　外膜

ミトコンドリア

　ミトコンドリア（mitochondrion，複数形 mitochondria）は桿状の細胞小器官で，細胞質のあちこちに存在する．大きさは細菌ぐらいである．ミトコンドリアはそれ自身のDNAをもち，これは細菌と同じく環状の染色体で，細胞内ではある程度の独自性をもっている（p.19参照）．二重の膜をもち，外側の膜は滑らかであるが，内側の膜は内部に折れ込んで**クリステ**（crista，複数形 cristae）を形成している（図1・9）．内膜の内側には**マトリックス**（matrix）とよばれる半流動性の物質がある．内膜腔とよばれる空間が2枚の膜の間に存在する．クリステによって，ミトコンドリア固有の化学反応が起きる領域の面積が広くなっている．多くのミトコンドリアの反応は，**アデノシン三リン酸**（adenosine triphosphate, **ATP**）という，細胞が利用可能なエネルギー分子を生成することと関連している．そのゆえミトコンドリアはしばしば細胞の発電所とよばれる．ミトコンドリアはそれ自身のリボソームを産生し，含んでいる．このリボソームは70Sタイプである．多くのエネルギーを必要とする細胞，たとえば筋細胞は，きわめて多くのミトコンドリアをもっている．

核

　真核細胞の**核**（nucleus，複数形 nuclei）は隔離された領域で，DNAが収容されている（図1・10）．**核膜**（nuclear envelope）とよばれる二重の膜が境界を形成する．この膜が真核細胞のDNAをある区画に収め，DNAが細胞の他の領域で起こるできごとに影響されずにその機能を果たすことを可能にしている．核膜は完全な隔離を提供するわけではない．なぜなら，膜には多くの孔が開いていて，細胞質との連絡を可能にしているからである．

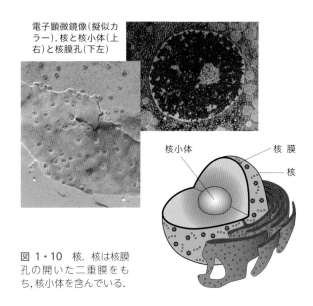

電子顕微鏡像（擬似カラー）．核と核小体（上右）と核膜孔（下左）

（図中ラベル）核小体　核膜　核

図1・10　核．核は核膜孔の開いた二重膜をもち，核小体を含んでいる．

　真核細胞のDNAは**染色体**（chromosome）として存在することが多い．染色体の数は種によってさまざまである．染色体は，細胞が生存するのに必要なすべての情報を担っている．単細胞であれ多細胞であれ，すべての真核生物はこの情報によって生存可能である．DNAは細胞の遺伝物質である．DNAは形質を次世代に伝えることができる．細胞が分裂しないときには，染色体は目に見える構造としては存在しない．この段階ではDNAは**クロマチン**（chromatin）という形をとっている．クロマチンはDNA鎖とヒストンというタンパク質から構成されている．DNAとヒストンの複合体は，しばしば**ヌクレオソーム**（nucleosome）という構造をとる．1個のヌクレオソームは8個の球状ヒストンと，その周りに巻き付いたDNA鎖からなり，9番目のヒストンが構造を安定化している．この構造は数珠のようなものである．染色体は多くのヌクレオソームがコイル状に巻き付いた構造をしている（図1・11）．

　核は多くの場合細胞の中心に位置しているが，細胞の

種類によっては端に押しやられている. 端にあるのは植物細胞に特有で, 植物細胞は大きな液胞をもつからである. 大部分の真核細胞は1個の核をもつが, ある種の細胞は核をもたず, またあるものは複数の核をもつ. 核がなければ細胞は増殖できない. 増殖能の喪失はある機能のみを実行するように特殊化した細胞によくみられる. たとえば, ヒトの赤血球は核をもたない. 赤血球は呼吸の気体を運搬するように特殊化している. ほとんどの核は, **核小体**(nucleolus, 複数形 nucleoli)とよばれる暗い部分を1個または数個もっている. リボソームの分子は核小体で合成され, 核膜を通過したあとにリボソームを構成する.

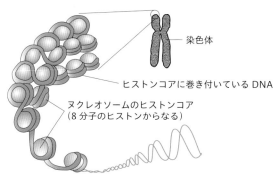

図 1・11 染色体の構造. DNA が凝縮して染色体になる過程.

- 染色体
- ヒストンコアに巻き付いている DNA
- ヌクレオソームのヒストンコア(8分子のヒストンからなる)

葉 緑 体

葉緑体(chloroplast)は藻類と植物のみにみられる. 葉緑体は二重膜をもち, 細菌とほぼ同じ大きさである. ミトコンドリア同様, 葉緑体もそれ自身の DNA と 70S リボソームをもっている. DNA は環状である.

葉緑体とミトコンドリアのすべての特徴は原核細胞と共通であることに気づくであろう.

葉緑体の内部は DNA とリボソーム以外に, チラコイド, グラナ, ストロマを含んでいる(図1・12). **チラコイド**(thylakoid)は平らな袋で, 光の吸収に必要な要素をもっている. **グラナ**(granum, 複数形 grana)は, 多くのチラコイドが硬貨を積み重ねるように重なりあったものである. 光の吸収が光合成の最初の段階である. **ストロマ**(stroma, 複数形 stromata)は細胞のサイトソルと似ている. これはグラナの外にあるが, 二重膜の内側である. ストロマは光合成を行うのに必要な多くの酵素や物質を含んでいる. ミトコンドリアと同じく, 葉緑体は細胞とは独立に増殖できる.

中 心 体

中心体(centrosome)はすべての真核細胞に存在する. 多くの場合, 中心体は互いに直交した1組の**中心小体**(centriole)からなる. 中心小体は**微小管**(microtubule)の集合に関与する. 微小管は細胞の構造と運動にとって重要であり, また細胞分裂にも重要である. 高等植物, つまりあとになって進化した植物の細胞は, 中心小体が存在しないにもかかわらず微小管を形成する. 中心体は細胞の一方の端の, 核に隣接した位置に存在する.

液 胞

液胞(vacuole)はゴルジ体から形成される貯蔵小器官で, 膜に囲まれていて, 多くの機能を果たしていると考えられる. 液胞は, 多くの植物細胞では非常に大きなスペースを占めており, 栄養分になりうるもの, 代謝老廃物や毒素(細胞から隔離するため), および水などを貯蔵することが多い. 液胞の存在によって, 大きい細胞であっても, 表面積対体積比が大きくなる. 植物では水の吸収を可能にして, それによって植物に堅固さを与える.

1・2・5 原核細胞と真核細胞の比較

表1・3は原核細胞と真核細胞の比較である. 両者には表に示すような違いがあるが, どちらの細胞も常に細胞膜を含む外界との境界をもっている, どちらの細胞もすべての生命の機能を果たしている, どちらにも DNA が含まれる, などの共通点がある. 両者の相違点と共通点をきちんと認識しておくことが重要である.

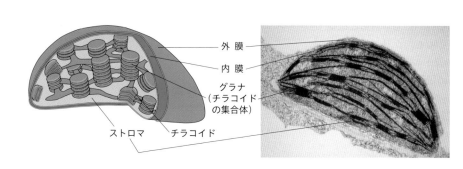

- 外 膜
- 内 膜
- グラナ(チラコイドの集合体)
- ストロマ
- チラコイド

図 1・12 葉緑体の模式図と透過型電子顕微鏡写真(擬似カラー).

表 1・3　原核細胞と真核細胞の比較

原核細胞	真核細胞
DNA はタンパク質を伴わず，環状	DNA はタンパク質を伴って染色体/クロマチンとなる
DNA は細胞質中に浮遊（核域）	DNA は核膜に包まれる（核）
ミトコンドリアなし	ミトコンドリア存在
70S リボソーム	80S リボソーム
細胞内区画化なし，細胞小器官なし	細胞内区画化あり，多くの細胞小器官あり
直径は 10 μm 以下	直径は 10 μm 以上

表 1・4　植物細胞と動物細胞の比較

植物細胞	動物細胞
細胞の外側には細胞壁があり，そのすぐ内側に細胞膜がある	細胞の外側は細胞膜で，細胞壁がない
細胞質には葉緑体がある	葉緑体なし
中央に大きな液胞がある	液胞はないか，あっても小さい
糖質はデンプンとして貯蔵される	糖質はグリコーゲンとして貯蔵される
中心体領域に中心小体を含まない	中心体領域に中心小体を含む
強固な細胞壁をもつので，細胞の形は固定され，しばしば四角形である	細胞壁がないので，細胞の変形が可能で，しばしば丸形である

表 1・5　細胞の種類と細胞膜の外側の領域

細胞	外　側
細　菌	ペプチドグリカンの細胞壁
菌　類	キチンの細胞壁
酵　母	グルカンとマンナンの細胞壁
藻　類	セルロースの細胞壁
植　物	セルロースの細胞壁
動　物	細胞壁なし．細胞膜の外側に糖タンパク質を分泌．細胞外基質を形成

1・2・6　植物細胞と動物細胞の比較

　次に，真核細胞の主要な 2 種類，つまり植物細胞と動物細胞を比較しよう．表 1・4 には違いを示しているが，両者には類似点もあることを覚えておかなければならない．

　大部分の細胞小器官は植物にも動物にも存在する．どちらにも存在する細胞小器官は一般的に同じ構造と機能をもっている．たとえば，どちらにも，クリステ，マトリックス，および二重膜をもつミトコンドリアがある．また，ミトコンドリアはどちらの細胞でも細胞が利用する ATP を産生している．

　種々の細胞における外側の領域は細胞に特徴的である．それが表 1・5 にまとめられている．

　細胞壁は細胞の形態を維持することに関与している．

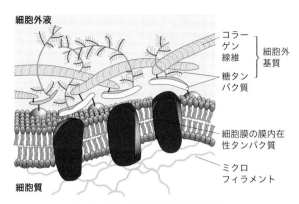

図 1・13　動物細胞の細胞外基質.

　また，水の摂取の調節にも関与する．細胞壁は硬いので，ある一定量の水しか細胞内に入ることができない．植物では，細胞内に十分な量の水があると，細胞壁に圧力がかかる．この圧力が，植物が垂直に立つことを支えている．

　多くの動物細胞の**細胞外基質**（extracellular matrix，**ECM**，**細胞外マトリックス**ともいう）はコラーゲン線維と，糖タンパク質とよばれる糖とタンパク質の複合体からなる（図 1・13）．これらの線維状構造が細胞外基質を細胞膜に結合する．こうして細胞膜は強化され，隣接する細胞間の結合が可能になる．細胞外基質は細胞間相互作用に関与し，細胞の遺伝子発現を制御し，組織中での細胞活動の協調をもたらしている．細胞の移動と運動は，少なくとも部分的には，この領域における相互作用の結果である．

練 習 問 題

5. 原核細胞の DNA が核膜なしに細胞質中に遊離して存在することの不利な点はなにか．
6. 原核細胞における有性生殖に関わる構造はなにか．
7. 歯垢は細菌の存在と関係している．細菌が歯にしっかり付着して，歯磨きをしなければ取除けないのはなぜか．
8. 筋細胞が多数のミトコンドリアをもつのはなぜか．
9. 原核細胞に似た細胞小器官の名称を二つあげよ．
10. 植物細胞が光合成のための葉緑体をもちながら，ミトコンドリアも必要とするのはなぜか．

1・3　細胞膜の機能

本節のおもな内容

・リン脂質はその両親媒性の性質により，水中では二

重膜を形成する.
- 膜タンパク質は，構造，膜の中での位置，および機能の点で多様である.
- コレステロールは動物の細胞膜成分である.
- 分子や粒子は細胞膜を，単純拡散，促進拡散，浸透，能動輸送，などによって通過する.
- 膜の流動性によって，細胞膜はエンドサイトーシスによって物質を取込み，エキソサイトーシスによって放出することが可能である.

1・3・1 膜 構 造

　科学者はすでに1915年に，細胞から単離した膜にタンパク質と脂質が含まれていることに気づいていた. さらに，脂質がリン脂質であることも明らかにされた. 初期の研究はリン脂質がタンパク質と共に二重膜を形成することを扱い，とくに，この二重膜の外側と内側に薄い層が形成されることに注目した. ダブソン・ダニエリモデルは，ダブソン（Hugh Davson）とダニエリ（James Danielli）によって1935年に提唱され，脂質の二重膜の両側が球状タンパク質の薄い層で覆われていると示唆していた.

　1972年にシンガー（Seymour J. Singer）とニコルソン（Garth L. Nicolson）は，タンパク質がリン脂質層に挿入されているのであって，リン脂質二重膜の表面に層を形成しているのではない，ということを提唱した. かれらは，タンパク質が液状のリン脂質層のなかを流動していると考えた. シンガーとニコルソンがダブソン・ダニエリモデルとは異なるモデルを提唱した理由は，下記のようにいくつかあった.

- すべての膜が，ダブソン・ダニエリモデルが示すように同じであったり対称的である，というわけではなかった.
- 異なる機能をもつ膜は，電子顕微鏡で見られるように，異なる構成と構造をもっている.
- タンパク質が非極性で水とは境界面をもたないので，タンパク質が層を形成するということはありそうにない.

　ダブソン・ダニエリモデルを変更する多くの証拠は電子顕微鏡の利用によって集まった. 別の証拠は，種々の環境や溶液中の細胞の活動の研究から得られた. さらに，細胞の培養は，多くの研究を可能にした. 1972年以後，膜に関する多数の証拠が集まり，シンガー・ニコルソンモデルに若干の訂正がなされた.

　細胞膜に関して現在受容されているモデルは，**流動モザイクモデル**（fluid mosaic model）（図1・14）であ

る. 細胞の膜は，細胞膜であれ細胞小器官の膜であれ，基本的に同じ構造をもっている.

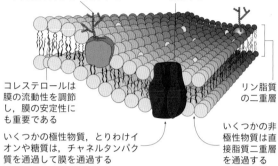

糖タンパク質は膜表在性タンパク質に糖鎖が結合したものである. 類似の細胞を認識し，免疫応答などに関与する

膜内在性タンパク質は脂質二重層を完全に貫通する. 特異的分子の進入や排除を調節する

コレステロールは膜の流動性を調節し，膜の安定性にも重要である

リン脂質の二重層

いくつかの極性物質，とりわけイオンや糖質は，チャネルタンパク質を通過して膜を通過する

いくつかの非極性物質は直接脂質二重層を通過する

図 1・14　細胞膜の流動モザイクモデル. 細胞膜は，脂質の尾部が内側を向いた脂質二重層をもつ. タンパク質は脂質二重層の中を "漂う" と考えられる. 膜内在性タンパク質，膜表在性タンパク質については p.12 を参照.

図 1・15　リン脂質の構造. リン脂質の構成要素（左）と極性（右）の模式図.

リ ン 脂 質

　図1・14に示すように，膜の中心は**リン脂質**（phospholipid）という分子が多数集まっている二重層である. リン脂質は**グリセロール**（glycerol）という炭素数3の化合物からなる. グリセロールの2個の炭素には**脂肪酸**（fatty acid）が付いている. 第三の炭素は，強い極性をもつアルコールに結合していて，それがリン酸基につながっている（図1・15）. 脂肪酸は非極性なので水に不溶である. 一方，リン酸基をもつアルコールは極性をもつので，水溶性である. この構造によって，膜は極性と水溶性の点で，二つの明瞭に異なる領域に分かれる. 一つは水溶性で極性をもち，親水性領域とよばれる. これがリン酸基をもつアルコールの側である. もう一つは，非水溶性で非極性の，疎水性領域である.

　疎水性と親水性の領域があることは，水が存在し，リン脂質分子が大量にあるときには，リン脂質が二重層になる原因となる（図1・16）. 脂肪酸の "尾" は互いに強く引き合わないので，膜は流動性をもつ. これにより動物細胞は形を変え，エンドサイトーシス（以下参照）

も可能になっている．膜の全体的な構造は，水が水素結合を形成する傾向によって維持される．

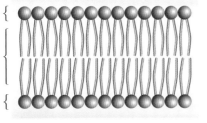

親水性のリン酸化アルコールの頭部

疎水性の脂肪酸の領域

親水性のリン酸化アルコールの頭部

図 1・16　脂質二重層のモデル．リン酸化されたアルコール基が外側を，脂肪酸の尾が内側を向いている．

コレステロール

膜は正常に機能するためには流動的でなければならない．動物細胞の膜の疎水性部分のあちこちにコレステロール分子がある．**コレステロール**（cholesterol）は膜の流動性を決定する役割をもっている．流動性は温度によって変化する．コレステロール分子があると，膜は，それがないときに比べて，より広範囲の温度で効果的に働ける．植物細胞はコレステロール分子をもたないため，植物細胞の膜は，適切な流動性を維持するのに飽和脂肪酸と不飽和脂肪酸の比を変えて対応している．

タンパク質

最後の主要な細胞膜構成要素は**タンパク質**（protein）である．膜のきわめて多様な機能をもたらすのはタンパク質である．種々のタイプのタンパク質が，流動性のあるリン脂質二重層のなかにモザイク状に埋め込まれている．これは流動モザイクモデルとよばれる．膜タンパク質は普通 2 種類に大別できる．一つは膜内在性タンパク質，他方は膜表在性タンパク質とよばれる．**膜内在性タンパク質**（integral membrane protein）は一つのタンパク質中に疎水性の領域と親水性の領域をもつ両親媒性の性質をもつ．このようなタンパク質は，疎水性の領域をリン脂質の中心部にもち，親水性の領域は膜の両側の水溶液に露出している．一方，**膜表在性タンパク質**（peripheral membrane protein）は，膜の疎水性の中心部には入らず，表面にとどまっている．しばしば膜表在性タンパク質は膜内在性タンパク質に結合している．図1・14 に示した流動モザイクモデルの図で，これらのタンパク質の位置を確認せよ．

1・3・2　膜タンパク質の機能

先に述べたように，異なる膜に異なる機能をもたらすのは**膜タンパク質**（membrane protein）である．膜タンパク質には多くの異なる種類があり，それらは以下のような多様な機能（ホルモン受容体，酵素作用，細胞接着，細胞間コミュニケーション，受動輸送のチャネル，能動輸送のポンプ）を果たしている．

ホルモン受容体（hormone receptor）として働くタンパク質は，その細胞外領域が特異的なホルモンの形と適合する形態をしている．受容体タンパク質とホルモンの結合はそのタンパク質を変形させ，そのことが細胞内部への情報伝達をひき起こす．

細胞は，多くの化学反応を触媒する膜結合酵素をもっている．酵素は細胞の内部にも外部にもある．しばしば酵素タンパク質はグループをつくって，一連の代謝反応を起こす．これは代謝経路とよばれる．

細胞接着（cell adhesion）は，細胞を種々の様式でつないで，永続的あるいは一時的な結合をもたらすタンパク質による．これらの結合には**ギャップ結合**（gap junction，**ギャップジャンクション**）や**タイト結合**（tight junction，**タイトジャンクション**）などがある．

多くの細胞間コミュニケーションに関わるタンパク質は，糖鎖分子を結合しており，それらは，異なる細胞種の識別に役立っている．

1・3・3　受動輸送と能動輸送

いくつかのタンパク質は膜を貫通して，膜を通して輸送される物質の通り道となるチャネルを提供している．**受動輸送**（passive transport）では，物質が濃度の高い領域から低い領域へとチャネルを通って移動するのでエネルギー（ATP）を必要としない．

一方，**能動輸送**（active transport）では，タンパク質は形を変えながら膜の一方から他方へ，物質を運ぶ．この過程はエネルギーの消費を要する．

以下の 2 節において，受動輸送と能動輸送について詳しく解説する．

砂糖の塊　　糖の分子

図 1・17　拡散．糖分子が高濃度の領域から低濃度の領域に拡散する．

1・3・4　受動輸送: 拡散と浸透
拡　　散

拡散（diffusion）は受動輸送の一例である．ある種の粒子は濃度の高いところから低いところへ移動する．図

1・17は拡散の一例である. 一方, 生体では拡散にはしばしば膜が関与する. 溶質が膜タンパク質の介在なしに濃度勾配に従って脂質二重層を通過する現象を単純拡散という. たとえば, 気体酸素は細胞の外部から内部に移動する. 細胞のミトコンドリアは呼吸時に酸素を用いるので, 細胞内部は外部と比較して酸素濃度が低くなる. その結果酸素は細胞内に拡散する. 二酸化炭素は, ミトコンドリアの呼吸の結果産生されるので, 酸素とは反対方向に拡散する.

促 進 拡 散

促進拡散 (facilitated diffusion) は, 拡散の一種で, ある物質と結びついてその運動を助ける特別な輸送タンパク質 (担体) をもつ膜が関与する. 輸送タンパク質はこの仕事をするために形を変えるが, エネルギーは消費しない.

この説明からも明らかなように, 促進拡散は輸送タンパク質に依存する特異的な拡散である. 利用可能な輸送タンパク質が飽和してしまうと, 促進拡散は進まない.

浸 透

浸透 (osmosis) は選択的透過性をもつ膜 (半透膜) を横切る濃度勾配に沿った分子の移動で, 受動輸送のもう一つの形態と考えることができる. 半透膜というのは, ある物質のみの透過を許容する膜である (透過膜はすべての物質を通す). 水の移動を誘起する濃度勾配は, 半透膜の両側の溶質の濃度に差があるときに生じる. 高張液は低張液より全溶質の濃度が高い. 水は半透膜を通過して, 低張液から高張液に向かって移動する (図1・18). 半透膜の両側の溶質濃度が等しい (等張) ときは, 全体としての水の移動は明らかではない.

表1・6は細胞膜を通過する拡散と浸透のまとめである.

大きさと電荷

ある物質が膜をどれほど容易に受動的に通過できるかは, 二つの要素に依存している. 大きさと電荷である. 小型で極性のない物質は膜をより容易に通過できる. 極性があったり, 大型であったり, あるいはその両方である物質は容易に通過できない. 小型で非極性の物質の例は酸素, 二酸化炭素, 窒素のような気体である. 塩化物イオン (Cl^-), カリウムイオン (K^+), ナトリウムイオン (Na^+) などのイオンが膜を受動的に通過するのは大変難しい. グルコースやスクロースのように大きい分子も同様である. 水やグリセロールのような小型で電荷をもたない極性の分子はかなり容易に膜を通過できる.

1・3・5 能動輸送と細胞

先に解説したように, 能動輸送には仕事が必要である. つまり, エネルギーが利用され, したがってATPが必要である. 能動輸送では物質が濃度勾配に逆らって移動する. この過程は, 細胞がある物質の細胞内濃度を外部とは異なる濃度に維持することを可能にする.

動物細胞は K^+ の濃度を外部の環境よりかなり高く維持する. 一方 Na^+ 濃度は細胞内より外部環境の方が高い. 細胞はこのような状態を, K^+ を細胞内に, Na^+ を細胞外にポンプで移動させることによって維持している. この過程には, エネルギーと共に, 膜タンパク質が必要である.

ナトリウム-カリウムポンプ

ナトリウムとカリウムを能動的に移動させるしくみであるナトリウム-カリウムポンプは, 5段階で働く (図1・19).

1. 細胞内の3個の Na^+ と特異的なタンパク質が結合する (図1・19a).
2. Na^+ の結合は, ATPによるリン酸化をひき起こす. ATPにはリン酸基が3個結合している. ATPがタンパク質をリン酸化すると (図1・19b), リン酸基が1個失われて, リン酸基が2個のADPとなる. ATPとADPについては2章でより詳細に説明する.

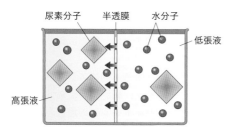

図1・18 半透膜. 異なる浸透圧をもつ溶液の間に置かれた半透膜は, 低張液から高張液への水分子の通過を許容する.

表1・6 拡 散 と 浸 透

受動輸送の種類	輸送方法
単純拡散	水以外の物質はリン脂質分子の間またはチャネルをもつタンパク質を通過して移動する
促進拡散	輸送タンパク質が形を変えて水以外の物質の移動を許容する
浸 透	水のみが, 水の輸送に特化したタンパク質であるアクアポリンを用いて膜を通過する

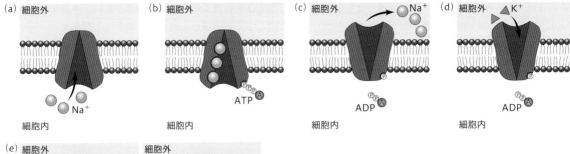

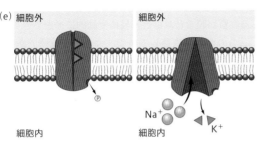

図 1・19　ナトリウム–カリウムポンプの働き．(a) 第一段階: リン脂質二重層内のタンパク質の細胞内領域が開き，3 個の Na$^+$（●）を結合する．(b) 第二段階: ATP がタンパク質と結合する．(c) 第三段階: 輸送体タンパク質が細胞の外側に開き，Na$^+$ が放出される．リン酸基（Ⓟ）はタンパク質に結合したままである．(d) 第四段階: 細胞外の 2 個の K$^+$（▶）がタンパク質の異なる領域に結合し，それによってリン酸基は外れる．(e) 第五段階: タンパク質は細胞内部に向かって開き，K$^+$ を細胞内に放出する．

3. リン酸化によりタンパク質は形を変え，Na$^+$ を細胞外に放出する（図 1・19c）．
4. 細胞外の 2 個の K$^+$ がタンパク質の別の領域に結合し（図 1・19d），それによりリン酸基が離れる．
5. リン酸基が離れるとタンパク質はもとの形に戻り，K$^+$ を細胞内に放出する（図 1・19e）．

ナトリウム–カリウムポンプは，特定の物質の能動輸送に特異的なタンパク質がどれほど重要な働きをするかを示している．また，能動輸送に ATP がどれほど重要な働きをするかも明らかにしている．

1・3・6　エンドサイトーシスとエキソサイトーシス

エンドサイトーシス（endocytosis）と**エキソサイトーシス**（exocytosis）は，大きな分子を細胞膜を越えて輸送する過程である．エンドサイトーシスは高分子が細胞内に入ることを許容し，エキソサイトーシスは高分子が細胞から出ることを許容する．どちらの過程も，細胞膜の流動性に依存している．細胞膜がなぜ流動性をもっているかという重要なことを思い出してほしい．リン脂質分子は，主としてその脂肪酸の尾がかなりゆるく結合しているため，緊密に詰まっていないのである．一方，細胞膜がなぜ安定であるかを思い出すことも重要である．リン脂質分子の異なる領域が親水性あるいは疎水性の性質をもっていることが，水溶液の環境では安定な二重層を形成するのである．

エンドサイトーシスは細胞膜の一部が高分子や粒子を取囲んでちぎれて起こる．ちぎれるときに膜の形が変化

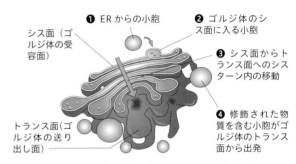

❶ ER からの小胞
❷ ゴルジ体のシス面に入る小胞
シス面（ゴルジ体の受容面）
❸ シス面からトランス面へのシスターン内の移動
トランス面（ゴルジ体の送り出し面）
❹ 修飾された物質を含む小胞がゴルジ体のトランス面から出発

図 1・20　ゴルジ体におけるタンパク質の輸送．

し，その結果，小胞が形成され，細胞質に入る．膜の両端は，リン脂質の疎水性と親水性の性質と，水の存在によって接着する．このことは，膜が流動性をもたなければ起こりえない．

エキソサイトーシスは基本的にエンドサイトーシスの逆過程である．それゆえ，細胞膜の流動性や疎水性と親水性の性質はエンドサイトーシスの場合と同様に重要である．エキソサイトーシスの一例に，細胞質で合成されたタンパク質の分泌がある．タンパク質は，rER に付着したリボソームで合成され，下記のような 4 段階を経てエキソサイトーシスによって細胞外の環境に分泌される（図 1・20）．

1. rER のリボソームで合成されたタンパク質は小胞体の内部に入る．
2. タンパク質を含む小胞が小胞体から離れてゴルジ体のシス面に融合し，タンパク質がゴルジ体に取込まれる．
3. タンパク質はゴルジ体のシスターン内を移動しな

がら修飾され，ゴルジ体のトランス面から分泌小胞に詰め込まれて，ゴルジ体を離れる.

4. 分泌小胞は細胞膜に移動し，細胞膜と融合して内容物を細胞外へ分泌する.

細胞膜の流動性は，小胞との融合やそれに続く内容物の分泌に必須である. 分泌時には，小胞の膜は細胞膜と融合してその一部になる.

練習問題

11. リン脂質分子の細胞膜における配向性を，疎水性と親水性という用語を用いて説明せよ.
12. 植物あるいは植物性の産物を多く含む食品は，動物性の産物を多く含む食品に比べてコレステロール含有量が低い. 理由を説明せよ.
13. 両親媒性のリン脂質はどのような性質をもつか.
14. 細胞間コミュニケーションに関与する細胞膜の多くのタンパク質に結合している物質はなにか.
15. 受動輸送には平衡という用語が用いられるのに，能動輸送には用いられないのはなぜか.
16. エキソサイトーシスとエンドサイトーシスが能動輸送の例とみなされるのはなぜか.

1・4 細胞分裂と細胞の起原

本節のおもな内容

- 細胞分裂のうち核分裂では，核が遺伝的に同一の2個の娘核に分かれる.
- 核分裂時には，染色体がスーパーコイル（超らせん）を形成して凝縮する.
- 核分裂に続いて細胞質分裂が起こる. 細胞質分裂は植物細胞と動物細胞とで異なる.
- 間期は細胞周期のなかで非常に活発な時期で，核と細胞質で多くの過程が起こる.
- 細胞周期の制御にはサイクリンが関与している.
- 突然変異原，がん遺伝子，転移が，原発性および転移性の腫瘍の発生に関与している.
- 細胞はすでに存在する細胞の分裂によってのみ生じる.
- 最初の細胞は非生物材料から生じたにちがいない.
- 真核細胞の起原は細胞内共生説によって説明できる.

1・4・1 細 胞 周 期

細胞周期（cell cycle）は，細胞が成長し分裂する間の行動を表している. ほとんどの場合，細胞は遺伝的に同一の2個の細胞を生じる. これらは**娘細胞**（daughter cell）とよばれる. 細胞周期は成長段階と分裂段階

を含んでいる（図1・21）. ときとして細胞はきわめて急速に増殖して，腫瘍とよばれる固形の細胞塊を形成する. このうち悪性の腫瘍はがんとよばれる. がんはほとんどすべての組織や器官に見つかっているので，多くの細胞が正常で秩序ある分裂様式を失う可能性があることがわかる.

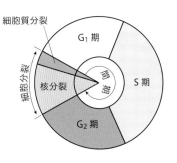

図 1・21 真核細胞における細胞周期.

なぜ細胞が制御を外れてしまうのか，不思議に思うであろう. この質問に答えるには，まず正常の細胞周期を理解しなければならない. 普通，細胞周期は二つの期間からなる. 一つは成長が主要な過程であり，もう一つは，**細胞分裂**（cell division）が主要な過程である. 細胞周期は，1個の細胞から始まって1個の細胞で終わるサイクルであり，図1・21に示す種々の名称が付いたいくつかの区分からなる.

間 期

ほとんどの細胞で，細胞周期の最長の区分は**間期**（interphase）である. これは細胞周期で最長であると共に最も変化に富み，G_1，S，G_2という三つの期間に分けられる. G_1期の初期には細胞は最も小型である. 次のS期の最大のできごとはDNA複製，つまり染色体の複製である. 染色体が複製されると細胞は第二の成長期，G_2に入り，成長して細胞分裂期，つまりM期の準備に入る. G_2期には，DNAはクロマチンの状態から染色体の状態に凝縮し，微小管が合成され始める.

サイクリン（cyclin）は細胞周期の進行を調節する一群のタンパク質である（図1・22）. サイクリンは**サイクリン依存性キナーゼ**（cyclin-dependent kinase, **CDK**）に結合して，CDKに酵素としての働きを与える. こうして活性化されたCDKは，細胞のG_1期からS期，そしてG_2期からM期への進行をもたらす. このとき細胞周期の**チェックポイント**（checkpoint）で，次の期に入ってもよいかがチェックされる. 細胞のなかには，G_1期にとどまり独立のG_0期（図1・22には図示していない）に入るものもある. G_0期は成長が起こらず，細胞によってはG_0期に異なる期間とどまる. 神経細胞や

筋細胞など，いくつかの細胞は G_0 期から決して進まない．

まとまり，これがさらにまとまってループを形成し，最終的にコイル状に変形して染色体となる．

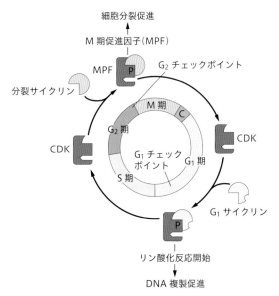

図 1・22　サイクリンの働き．細胞周期には G_1 サイクリンと分裂サイクリンという 2 個のサイクリンがきわめて重要である．それぞれが働く箇所と，CDK と結合して活性化されることに注意せよ．

1・4・2　体細胞分裂

　真核細胞の細胞分裂には，**体細胞分裂**（somatic cell division）と，生殖細胞を形成する**減数分裂**（meiosis）があり，それぞれの核分裂は**有糸分裂**（mitosis）ともよばれる．

　準備段階がすべて進行し，DNA が複製すると，体細胞は**分裂期**（mitotic phase，**M 期**）に入る．体細胞分裂中，複製した染色体は分裂して，それぞれ細胞の向かいあう極に移動し，どちらの極にも同じ遺伝物質が置かれることになる．染色体が細胞の両極に移動すると，細胞質が分裂して，もとの親細胞より小さい 2 個の細胞となる．これら 2 個の細胞は同じ遺伝物質をもち，娘細胞とよばれる．

　体細胞分裂は，**前期**（prophase），**中期**（metaphase），**後期**（anaphase），**終期**（telophase）の 4 段階に分かれる．それぞれの段階の詳細を考える前に，染色体というものについて理解することが重要である．すでに述べたように，G_2 期にはクロマチン（伸長した DNA とヒストン）は凝縮を開始する（図 1・23）．この凝縮は，超らせん形成によって達成される．まず DNA がヒストンの周囲に巻きついて，ヌクレオソームを形成する．ヌクレオソームはさらにソレノイド型（三次元のらせん型）に

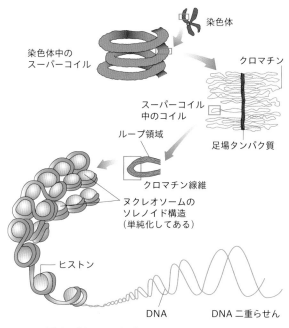

図 1・23　ヌクレオソーム．DNA とヒストンがヌクレオソームを形成し，ソレノイドとなり，スーパーコイルを形成して染色体となる．

　真核細胞の染色体は，S 期における複製以前には 1 分子の DNA からなる．複製後には，染色体は 2 分子の DNA を含む．これら 2 本の同一の分子は，**セントロメア**（centromere）によって結合されていて，それぞれの分子は染色分体とよばれる（図 1・24）．同一の DNA に由来する染色分体は，**姉妹染色分体**（sister chromatid）という．染色分体は核分裂の過程で最終的には分離する．分離したあとは，それぞれが染色体とよばれ，それ自身のセントロメアをもつ．

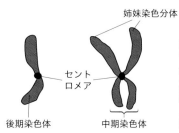

図 1・24　セントロメア．後期の染色体は 1 本の DNA 分子で，セントロメアをもつ．中期の染色体はセントロメアでつながった姉妹染色分体からなる．

　染色体の構造を理解すれば，体細胞分裂の四つの期はわかりやすい（図 1・25）．細胞が体細胞分裂に入るときには DNA の複製はすでに始まっていることを思い

出そう．したがって前期の染色体は，2 本の染色分体からなっている．

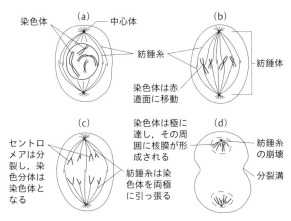

図 1・25　動物細胞の体細胞分裂．4 本の染色体のみの模式図．(a) 前期，(b) 中期，(c) 後期，(d) 終期．

前　　期（図 1・25a）

1. クロマチンの線維がより密なコイル構造をつくり，染色体となる．
2. 核膜が崩壊し，核小体が消失する．
3. **紡錘体**（spindle）の形成が始まり，前期の終わりまでには完成する．紡錘体は，微小管からなる**紡錘糸**（spindle fiber）がつくるかご状の構造である．
4. 染色体のセントロメアは，紡錘糸に結合する**動原体**（kinetochore）とよばれる領域をもつ．
5. 中心体は紡錘糸の伸長によって細胞の両極に移動する．

中　　期（図 1・25b）

1. 染色体は細胞の中心，すなわち赤道に移動する．染色体が並ぶところを**赤道板**（metaphase plate）という．
2. セントロメアも赤道板に並ぶ．
3. 染色体の運動は紡錘糸の作用の結果起こる．
4. 中心体は今や細胞の両極に位置する．

後　　期（図 1・25c）

1. 後期は核分裂では最も短い期である．これは染色体の姉妹染色分体が分離することから始まる．
2. 染色分体は分離すると染色体となり，細胞の両極に移動する．
3. 染色体の移動は紡錘糸の短縮の結果である．
4. セントロメアは紡錘糸に結合しているから，セントロメアがまず極に向かって移動する．
5. 後期の終了時には，細胞の両極は完全で同一な染色体の組をもっている．

終　　期（図 1・25d）

1. 染色体が極に到着する．
2. それぞれの染色体セットの周囲に，核膜が再形成され始める．
3. 染色体は伸展してクロマチンを形成する．
4. 核小体がふたたび姿を表す．
5. 紡錘体が消失する．
6. 細胞は伸長して，細胞質分裂の用意が整う．

細 胞 質 分 裂

核分裂が終了すると細胞は**細胞質分裂**（cytokinesis）を開始する（図 1・26）．動物細胞の細胞質分裂では，細胞膜が内側に落ち込んで分裂溝を形成する．一方，植物細胞はかなり硬い細胞壁をもっていて，**細胞板**（cell plate）というものを形成する．細胞板は細胞の両極からの中間に生じ，中央から外側に伸びていく．どちらの場合も，遺伝的に同一の核を含む 2 個の娘細胞を生じる．

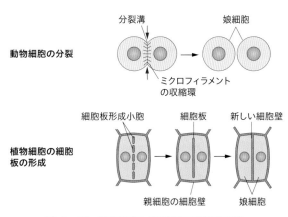

図 1・26　動物細胞と植物細胞の細胞質分裂．

1・4・3　が　　ん

細胞周期の制御が不能になると，**腫瘍**（tumor）とよばれる異常な細胞の集団ができる．一般に，生命にとって危険な悪性腫瘍を**がん**（cancer）という．最初の部位に生じる腫瘍は原発性の腫瘍とよばれる．転移性腫瘍は，原発の部位から別の部位に広がった腫瘍である．転移の例としては，肺がん細胞が脳に転移した腫瘍などがある．場合によっては，原発性の腫瘍があまりに大きくて，体内の複数の部位に転移性腫瘍が見られることもある．なお，医学的には，非上皮性悪性腫瘍は肉腫とよんで，区別する．

最初の腫瘍はどのように，なぜ生じるのだろうか．ほ

とんどの生物で, **突然変異**（mutation）を起こすと異常に高い発現量を示す遺伝子群がある. この遺伝子群は, **がん遺伝子**（oncogene）とよばれ, 正常細胞をがん細胞に変化させてしまう. がん遺伝子は, 突然変異原とよばれる外部からの因子によって, 変化したり, 突然変異を起こしたりする. このような潜在的な変異原の一つがタバコの煙である. 喫煙とがんの発生率の間には相関がある. このことは多くの独立した研究で繰返し示されてきた. 世界保健機構（WHO）が発表しているグラフ（図 1・27）を見て, 喫煙がいくつかの呼吸器系のがんによる死亡率を高めていることに注目してほしい.

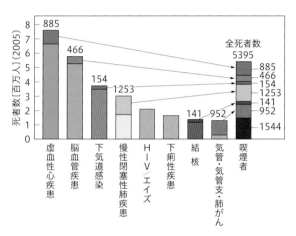

図 1・27 喫煙のリスク. 世界保健機関（WHO）によるこのグラフは, 2005 年における主要な八つの死因に対する喫煙のリスクを示している. 各棒グラフは死因ごとの死者数（左目盛）を表し, 棒グラフの色が濃い部分は, 喫煙による死者数を示している. 喫煙による死者数（単位千人）を棒グラフの上に示す. 右端の棒グラフは, 喫煙による死者数の合計である. ■の部分は, 八つの病気以外の死因による. とくに, 気管・気管支・肺がんにおけるデータに注目のこと.

1・4・4　細 胞 の 起 原
自 然 発 生 説 の 否 定

細胞説については §1・1 で紹介した. 以下の 3 点が重要なポイントであった.

1. すべての生物は 1 個または複数の細胞からなる.
2. 細胞は生命の最小単位である.
3. すべての細胞は既存の細胞から生じる.

現在の細胞説あるいは細胞理論には, いくつかの疑問と例外がある. ここではこの例外について述べる. 科学者は“理論”という用語を, 検証された仮説や規則を取込んだ, 自然現象に関するしっかりと支持されている説明, ととらえている. それゆえ, 理論は膨大な観察, 実験, 論理的推定に基づいて発展した, 科学の貴重な到達点であるといえる. 細胞説はまさにこの良い例である. 細胞説は 1800 年代に最初に提唱されて以来, 修正され続けてきた. 将来においても, 細胞に関する研究が進行する限り修正されるであろう.

細胞説に欠けている要素の一つは, 最初の細胞がどのように生じたか, ということである. 今日では, 非生物材料から新しい細胞が生じるという証拠はない. しかし, 最初の細胞はそのように生じたはずである. すでに述べたように, 19 世紀のフランス人科学者パスツールは, 滅菌された肉汁に細菌が自然発生しないことを明らかにした. 以下にその実験の概要を示す（図 1・28）.

図 1・28 パスツールの肉汁を用いた実験. 開放フラスコのみに細菌がみられた.

1. 肉汁を煮沸した.
2. 滅菌された肉汁を図に示すような 3 本のフラスコに入れ, 一定期間放置した.
3. その後フラスコ内の試料は固形培地を含むシャーレに移され, 保温された.

細菌が見つかったのは空気が通じているフラスコのみであった. 他の 2 本のフラスコには細菌の増殖がなかった. これによりパスツールは**自然発生**（spontaneous generation）の考えが間違っていると考えた.

イタリアの科学者レディ（Francesco Redi）も, パスツールのほぼ 200 年前に, 自然発生説に疑問をいだき, 瓶に生肉を入れた実験を行った. この先駆的な二人の科学者の研究に続いて, 多くの実験が行われ, 自然発生説にはさらなる疑問が投げかけられた.

現在の細胞説と細胞内共生説

地球上のすべての細胞の起原については, 単純で細胞内が区画に分かれていない原核細胞から, 複雑で区画化している真核細胞への進化の説明が必要である. 現在ではこの進化はマーギュリス（Lynn Margulis）が 1981 年に定式化した**細胞内共生説**（endosymbiotic theory）で説明されている. 細胞内共生説の重要な点は以下のとおりである.

- およそ20億年前に，細菌細胞が真核細胞の内部に取込まれた．
- 真核細胞と細菌細胞は共生関係を結び，両者が互いに接触を保ったまま生活した．
- 細菌細胞は何段階もの変化を遂げて，最終的にミトコンドリアになった．

この過程では，真核細胞は細菌細胞に保護と炭素化合物を供給して助けた．一方，細菌細胞は変化して真核細胞にATPを供給するように特殊化した．この説を支持する以下のような多くの証拠がある．

- ミトコンドリアは多くの細菌細胞とほぼ同じ大きさである．
- ミトコンドリアは多くの細菌細胞と同様に二分裂する．
- ミトコンドリアは宿主細胞とは独立して分裂する．
- ミトコンドリアは独自のリボソームをもち，それ自身のタンパク質を産生することができる．
- ミトコンドリアは独自のDNAをもち，そのDNAは真核細胞よりは原核細胞のDNAに近い．
- ミトコンドリアは2枚の膜をもち，そのことは，細菌細胞が飲み込まれたとする考えと一致する．

ミトコンドリアのみではなく，植物細胞の葉緑体も細胞内共生の考えを支持する証拠を提供する．現生の原生生物であるハテナ（*Hatena arenicola*）*は，普通は有機物を取込んで栄養分としている．しかし，捕食者としてある緑藻類を取込むと，光合成とよばれる過程で太陽光を利用して有機物を生成する．ハテナと緑藻は共生関係を維持する．

別の生物，エリシア（*Elysia chlorotica*）も同じような状況にある．エリシアは海生の軟体動物である．その生涯の初期には運動性を示し，周囲から栄養分を摂取す

る．この若い段階では体色は茶色である．成長してある特定の緑藻と出会うと，成体の段階に入り，飲み込んだ緑藻の葉緑体が消化管に保持される．したがって成体のエリシアは緑色である．緑藻との共生関係によってエリシアの成体は固着性となり，太陽光による光合成に依存するようになる．

細胞内共生の証拠の最後は，DNAである．DNAは64種類の暗号を与える（§3・4参照）．興味深いことに，この暗号は地球上のほぼすべての生物で同義であり，"普遍的"といわれる．しかしわずかな変異もあり，それは地球上の生命の誕生以来の変化によって説明される．上述のように，真核細胞のミトコンドリアは，真核細胞より細菌細胞のDNAに類似の暗号をもっている．大部分の科学者は，2種類の生物でより多くのDNAが共通であればその2種類は互いに近縁であると信じている．

練 習 問 題

17. コルヒチンとよばれる化学物質は微小管の形成を阻害する．分裂中の細胞に対して，この薬品がどのような効果を与えるか，考えよ．
18. 親細胞が24本の染色体をもっているとすると，体細胞分裂の中期にある細胞には何本の染色分体があるか．
19. 細胞質分裂は細胞周期のどこで起こるか．
20. 植物細胞と動物細胞の細胞質分裂を比較せよ．
21. パスツールのフラスコのうち，外界と空気が通じているものの肉汁にはなぜ細菌が生育したのか．
22. 真核細胞にはどのようにして核が存在するようになったか，説明せよ．
23. 本節の内容から，多くの科学者が，地球上の最初の細胞から今日生存している生物まで，途切れることのない生命の連鎖があると考えている理由を述べよ．

章 末 問 題

1. 右図はヒト成体幹細胞の写真である．
  (a) 細胞周期は間期と細胞分裂期に分けられる．
  (i) 図の幹細胞が間期にあるか細胞分裂期にあるか，理由と共に述べよ．（1点）
  (ii) 細胞周期のこの時期に起こるが，他の時期には起こらない過程を二つあげよ．（2点）
  (b) 幹細胞を他の体細胞から区別する性質を二つあげ

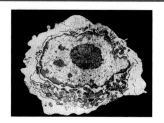

---

*　訳注：ハテナは日本人研究者によって発見され，その不思議なふるまいからこの学名が付けられた．

よ．（2点）

（c）幹細胞の再生医療への利用を一つあげよ．（3点）

（計8点）

2. 下図は増殖している大腸菌（*E. coli*）の顕微鏡写真である．図中のXはなにをさすか．

0.5 μm

A 核様体領域   B クロマチン

C ヒストン   D 小胞体   （計1点）

3. 以下のうち，膜タンパク質が行わない機能はどれか．

A ホルモン結合   B 細胞接着

C 酵素合成   D 能動輸送のポンプ

（計1点）

4. 以下のうち，動物細胞の間期のみに起こることはどれか．

I. 核膜の再形成   II. 相同染色体の対合

III. DNA複製

A Iのみ   B IとIIのみ

C IIとIIIのみ   D IとIIIのみ   （計1点）

5. （a）下は，多くの核膜孔をもつ核膜の表面の走査型電子顕微鏡写真である．

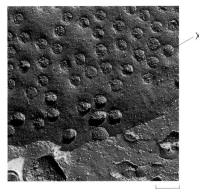

0.2 μm

（i）像の倍率を計算せよ．（1点）

（ii）Xで示される核膜孔の直径を答えよ．（1点）

（b）ヒトの生命が細胞分裂に依存している例を二つあげよ．（1点）

（c）分化における幹細胞の重要性について述べよ．（3点）

（計6点）

2 ヒトをつくる分子

本章の基本事項

- 生物は化学反応の複雑なネットワークによって，体の成分を制御する.
- 水は生命にとって，なくてはならないものである.
- 炭素，水素，酸素からなる化合物を用いて，エネルギーの供給と貯蔵が行われる.
- タンパク質は生体内において非常に多様な機能をもっている.
- 酵素が細胞の代謝を制御する.
- 細胞呼吸が，生命が機能するためのエネルギーを供給する.
- 代謝の反応は，細胞が必要とする状況に応じて制御される.

有機化学は炭素化合物の化学である. 生化学は，生物の化学的特徴を説明しようとする学問であり，それには有機化学の知識が必須である. 生化学は驚くほど複雑で多様であるが，そこにはよく知られている一般的なパターンがある. たとえば，すべての生物を構成する分子の大部分は糖質（炭水化物），脂質，タンパク質，核酸のいずれかに分類できる.

さらに，生物の生化学的過程は特定の共通の経路をたどるので，共通のパターンとして研究できる. したがって，細胞呼吸などを生化学的過程として研究する場合，生物や種ごとに完全に異なるものとして研究する必要はない.

本章では，生化学的に重要な分子と代謝過程のいくつかを紹介する.

2・1 生体と炭素

本節のおもな内容

- 生化学は，関与する化学物質という観点から生命のしくみを説明する.
- 炭素原子は四つの共有結合を形成できるので，多様な種類の安定な化合物をつくることができる.
- 生物は，糖質，脂質，タンパク質，核酸などの炭素化合物から成り立っている.

2・1・1 生 化 学

生物を構成する**糖質**（carbohydrate，炭水化物），**脂質**（lipid），**タンパク質**（protein），および**核酸**（nucleic acid）は，各細胞の代謝を実行するために，さまざまな方法で相互に作用する. 次の代謝の例を考えて，生命の過程が，実際に予測可能なパターンで相互作用するこれら化学物質によるものであることを認識してほしい. **インスリン**（insulin）は血流から細胞内部への**グルコース**（glucose）の移動を促進するペプチドホルモン（タンパク質）である. インスリンは細胞膜にあるタンパク質でできた輸送体（担体）に作用して，これらの輸送体を働かせてグルコースを細胞内へ輸送する[*1]. グルコースは，細胞内部と比較して細胞外でより高い濃度である限り，輸送体によって運ばれる（これを促進拡散または促進輸送とよぶ[*2]）. 細胞膜はおもに，リン脂質とよばれる脂質で構成されている. 分子の極性の違いにより，グルコースは輸送体によらず直接膜を通過することはできない. インスリンと細胞膜内の輸送体はどちらもタンパク質であるから，細胞内の**デオキシリボ核酸**（deoxyribonucleic acid, **DNA**）によってコードされている必要がある.

グルコースは糖質，リン脂質分子は脂質，インスリンと輸送体はタンパク質であり，DNAは核酸である. 各分子は特定の機能を備えており，体の細胞が必要なエネルギーを得るためにグルコースを手に入れられるように，

---

*1　訳注: 実際にはインスリンが細胞膜にある受容体に結合すると，複数の過程を経て，細胞膜上のグルコース輸送体の数を増加させる. これにより多くのグルコースが細胞内に取込まれる.

*2　訳注: 膜に存在する輸送体には，能動輸送を行うもの（エネルギーを消費する）と，受動輸送を行うもの（エネルギーを消費しない）がある（§1・3参照）. 受動輸送を行うものは，チャネル（イオンなどが通過する通路ができる）と担体（トランスポーターともいい，輸送する分子が結合するとコンホメーションが変化する）に区別することが多い. グルコースを輸送するのはグルコーストランスポーターである.

表 2・1　おもな分子の分類

分　類	下位の分類	例となる分子や機能
糖　質 （炭水化物）	単　糖	グルコース，ガラクトース，フルクトース，リボース
	二　糖	マルトース，ラクトース，スクロース
	多　糖	デンプン，グリコーゲン，セルロース，キチン
タンパク質		酵素，抗体，ペプチドホルモン
脂　質	トリアシルグリセロール	脂肪細胞での脂肪の貯蔵形
	リン脂質	細胞膜の二重層を形成する脂質
	ステロイド	ホルモン
	脂肪酸	トリアシルグリセロールやリン脂質の成分，エネルギー源
核　酸		デオキシリボヌクレオチド（DNA），リボヌクレオチド（RNA），アデノシン三リン酸（ATP）[†]

† 　訳注: 核酸はヌクレオチドのポリマーである DNA と RNA を指す. ATP はヌクレオチドのモノマーであり，通常核酸とはいわない.

すべて連携して働いている. すべての生物内のすべての生化学的過程は，上記の例と同様に，より小さな相互作用に"分解"できる.

2・1・2　炭素を基盤とする生命

　有機化学は炭素を含む化合物を研究する. 二酸化炭素などいくつかの化合物は炭素を含むが，**有機化合物**（organic compound）には分類されない. このような重要な例外はあるものの，有機化合物に分類される炭素化合物の種類はきわめて多い. すでに述べた糖質，脂質，タンパク質，核酸はすべて有機化合物である. これらの分子によってすべての生物はつくられているので，炭素は地球上の生物にとって根本となる元素と考えられる. このことが，地球上の生物は"炭素を基盤とする"といわれる理由である.

　炭素は他の原子と電子を共有して安定な 8 電子構造をつくり，常に四つの共有結合を形成する.

　生物のもつ分子には炭素以外にも多くの元素がある. 炭素のほかに，水素，酸素，窒素，リンなどである. これらの元素は糖質，タンパク質，脂質，核酸の構造をつくるのに使われ，炭素原子と，またしばしば互いに共有結合を形成する.

　生物は驚くほど多様な分子から成り立っている. まず，これらの分子を分類することによって，多様な分子について理解を進めていこう. 同じ種類の分子はある共通の性質をもっており，少し慣れれば識別するのは簡単である. 表 2・1 に，生化学的に重要な一般的な分子を分類して示してある.

練 習 問 題

1. 以下の(a)および(b)の指示に従ってそれぞれの化学式を書け.
   (a) 一つの炭素原子を書き，ヒドロキシ基を一つ加え，残りを水素原子で埋めよ（構造式）. そしてこの分子の組成式，示性式を書け.
   (b) 一つの炭素原子を書き，一つのアミノ基と一つのカルボキシ基を付け，残りを水素原子で埋めよ（構造式）. そしてこの分子の組成式，示性式を書け.
2. 地球上の生命は炭素を基盤とすると言われるのはなぜか.
3. 表 2・1 の例にあげてある多糖は，それぞれ生体内でどのような機能をもつか.

2・2　水 の 重 要 性

本節のおもな内容

- 水分子は極性をもち，分子間で水素結合を形成する.
- 水素結合と双極子をもつことが，水の凝集性，接着性，熱的特性，溶媒としての性質を説明する.
- 化学物質は親水性と疎水性に分類できる.

2・2・1　水分子の構造と極性

　水（water）は生物が用いる溶媒である. 生細胞は通常，細胞内に水があり（細胞質*），周囲にも水（組織液，淡水，塩水など）がある環境に存在する. **溶質**（solute）がどのような物質の混合物かに関係なく，水が**溶媒**（solvent）である場合，すべての**溶液**（solution）を水溶液とよぶ. つまり，細胞質や海のような水の環境はすべて水溶液である.

　水の多くの特性と，これらの特性が生物にとって重要であることを理解するために，まず水分子の構造をよく考える必要がある.

　水 1 分子中の，一つの酸素原子と二つの水素原子の間の**共有結合**（covalent bond）は極性共有結合に分類される. 化学で習ったように共有結合は二つの原子が電子を共有して形成される. 電子は負に荷電しており，原子核は正に荷電している（陽子による）ので，均等に共有さ

＊ 　訳注: 厳密には，細胞質は細胞小器官とサイトソルからなり，水溶液とよべるのはサイトソルである.

れる電子は結合を形成し，電荷が打ち消されるため，これは非極性共有結合とよばれる．二つの炭素間の共有結合はこの型の結合の良い例である．極性共有結合は電子が均等に共有されないことによって生じる．水では，一つの酸素原子が二つの水素原子と結合している．それぞれの酸素-水素結合は極性共有結合であり，折れ線形の分子の酸素原子側は少し負に荷電し，二つの水素原子側は少し正に荷電する（図2・1）．これが水分子が**極性**（polarity）をもつ理由である．つまり水分子は異なる電荷をそれぞれの原子の末端にもつので双極子をもつ．この双極子のために水分子は互いに相互作用し，また他の分子ともきわめて興味深い相互作用を示す．このような相互作用の多くは，二つの水分子の間，あるいは水分子と他の電荷をもった原子（またはイオン）の間の通常は寿命の短い引力によって説明される．これらの典型的な短い寿命の引力は**水素結合**（hydrogen bond）とよばれ，以下の項でさらに詳しく説明する（図2・2）．

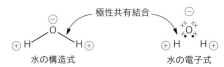

図 2・1　水分子の構造式と極性．水分子では，酸素と水素間で電子は均等に共有されていない．したがって，極性共有結合を形成する．これが水分子の極性の原因である．

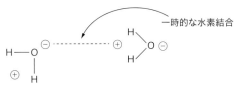

図 2・2　水分子相互の水素結合．液体の水では，水がさまざまな方向に運動をし続けているにもかかわらず，水分子は他の水分子と，"ほんの一瞬"水素結合（…）を形成する．この寿命の短い水素結合が水のさまざまな興味深い特性を生み出す．

凝　集　性

　水分子は凝集性が高い．**凝集**（cohesion）とは，同じ種類の分子が互いに引き寄せあうことである．前述したように，水分子はわずかに正の末端とわずかに負の末端をもっている．二つの水分子が互いに近くにあるときはいつでも，一つの正の末端が別の分子の負の末端を引きつける．これが水素結合である．水が凝固点下に冷えると，分子の動きが遅くなり，これらの水素結合が所定の位置に固定され，氷の結晶が形成される．液体の水には，分子運動がはるかに速い分子があり，水分子は互いに影響しあうことができる．液体の水分子間の水素結合は，以下のようなさまざまな現象の原因である．

- 水がこぼれたときに水滴になる．
- 水に大きな表面張力をもたらし，そのために一部の生物が"水の上を歩く（走る）"ことができる（図2・3）．
- 植物の維管束組織内で水が一続きの柱となって移動する．

図 2・3　水の表面張力．アメンボは水の大きな表面張力を利用する．

接　着　性

　水分子のほかにも極性を示すさまざまな分子がある．異なる種類の二つの極性分子間の引力は，**接着**（adhesion）とよばれる．水分子は水素結合によってセルロース分子に引きつけられる．この引力は接着の一例である．なぜならこの水素結合が2種類の異なる分子間で形成されているからである．このことは自然界ではどのような場面で重要だろうか．一例は，上述の植物の維管束組織内の水の柱である．ここでは凝集と接着の両方が働いている．つまり，水分子が互いに凝集を示し，またセルロースを構成成分とする道管の内側に接着をするためである．水の柱が"引き上げられる"と，凝集力によって各水分子が少し上に移動する．水の柱が引き上げられていないときは，水の柱全体が管の中を落下するのを接着が防いでいる．同じ現象は，水が毛細管に入れられた場合にも発生する．実際，植物の維管束組織は生物学的な毛細管であると考えることができる．

熱　特　性

　水は生物にとって重要な熱特性をもっている．それらの特性の一つは高い**比熱**（specific heat）である．簡単にいうと，これは水が温度をあまり変えずに大量の熱を吸収または放出できることを意味する．空気が非常に冷たくても，大量の水があると，その水の温度は比較的安定している．すべての生物は大量の水で構成されているため，水分を温度安定装置と考えることができる．水はまた，蒸発熱が大きい．これは，水が蒸発するときに大量の熱を吸収することを意味する．ヒトを含む生物に

は，これを冷却のしくみとして使用しているものがある．体内の熱で発汗が起こり，汗が肌から蒸発する．水分子を液相から気相に変える熱の多くは体からもたらされるため，発汗は涼しさを感じさせるだけでなく，実際に体温を低下させる．

2・2・2　溶媒としての水

溶媒としての特性と水溶液の例

水は他の極性分子の優れた溶媒である．似たものは似たものを溶かすということを聞いたことがあるかもしれない．ほとんどの細胞の細胞内および細胞外に通常みられる分子の大部分は極性分子である．それらには，糖質，タンパク質，核酸（DNA と RNA）が含まれる．一方，ほとんどの脂質は比較的非極性なので，多くの生物は脂質の輸送や生化学的反応には特別のしくみをもっている．

水は多くの生化学的に重要な分子にとって優れた溶媒なので，細胞の生化学的反応のほとんどが起こる媒体でもある．細胞はさまざまな種類の液体を含んでいるが，それらすべてがおもに水からなる．表 2・2 は特定の生化学的反応が起こる，水を含んだ領域のいくつかを示している．

表 2・2　細胞内の特定の領域で起こる化学反応

場　所	説　明	反応の例
細胞質	細胞質の液状部分（ただし細胞小器官の外）；細胞質基質，サイトソルともいう	解糖系/タンパク質合成反応（翻訳）
核　質	核質の液状部分（核膜より内側にある液，核液ともいう）	転写/スプライシング
ストロマ	葉緑体の内膜より内側にある液状部分	光合成の，光を必要としない反応
血　漿	動脈，静脈，毛細血管の中の液体	呼吸により生じる気体成分の輸送/血液凝固

水はその特性のために，輸送のための優れた媒体となる．植物の維管束組織は水とさまざまな溶解物質を運ぶ．より具体的には，木部輸送によって水と溶解したミネラルを植物の根系から葉まで運び上げる．師部輸送では溶解した糖などを葉から植物の茎，根，花に運ぶ．

血液は動物で最も一般的な輸送媒体であり，最も多い成分は水である．血液の液体成分は**血漿**（plasma）とよばれる．血漿中に溶けている溶質の代表としては次のようなものがある．

- タンパク質（アルブミン，グロブリン，フィブリノーゲンなど）

- 糖質（グルコースなど）
- 脂質（トリアシルグリセロール，コレステロールなど）
- 無機イオン（Na^+，K^+，Ca^{2+}，Cl^-，HCO_3^- など）

親水性物質と疎水性物質

生体の分子は，さまざまな方法で水と相互作用する．水は生物が用いる溶媒であり，生きている細胞は通常，細胞膜の内側と外側の両方とも水溶液である．

極性をもつ物質は，**親水性**（hydrophilic）であり，水との親和性が高い．生化学的に重要な物質の大部分は極性である．極性溶媒は極性溶質を溶解するため，極性分子は水に容易に溶解する．親水性である分子の大部分を見分けることは難しくない．これらの分子は通常，分子を極性にする官能基を含むからである．糖は極性分子の良い例である．糖が比較的水に溶けやすいのは，複数のヒドロキシ基をもつためである．

非極性に分類される分子は，**疎水性**（hydrophobic）であり，水との親和性が低い．非極性の有機化合物は，通常，炭素と水素だけで構成される（炭化水素）か，分子中に炭素と水素しかない広い領域をもっている．メタン（CH_4）は疎水性分子の例である．一つの炭素と四つの水素のみで構成されており，水に溶けない．生化学的に重要な，主として非極性である分子の例には，トリアシルグリセロールやリン脂質に含まれる**脂肪酸**（fatty acid）がある．脂肪酸は，一方の端のカルボキシ基と，炭素と水素だけの長い鎖で構成されている．カルボキシ基は脂肪酸に末端においてわずかな極性を与えるが，炭化水素の鎖が非常に長いため，分子の大部分は非極性であり，したがって疎水性である．

タンパク質分子は，アミノ酸の配列に応じて極性が異なる．いくつかのアミノ酸は比較的極性があり，いくつかは非極性である．それらのアミノ酸が，タンパク質の立体構造のどこにあるかということが重要である．良い例は，細胞膜内に埋まり，そして細胞外へ伸びているタンパク質である．タンパク質の細胞膜を貫通している部分を構成するアミノ酸は疎水性であり，膜のリン脂質分子の脂肪酸の疎水性"尾部"と容易に混ざりあうことができる．タンパク質の細胞膜の外に伸びる部分は，おもに親水性アミノ酸で構成されており，細胞または細胞小器官の内側または外側の水溶液と容易に混ざりあう．

水への溶解度と分子輸送

生体内の水は，細胞内および細胞間で移動する必要があるさまざまな分子の輸送手段として働く．各種の物質は，極性が異なるため，血漿を含め，どのような水溶液

表 2・3 さまざまな分子の極性

物 質	水溶性の程度	水の環境での輸送方法[†1]
グルコース	極性分子/高い溶解性	特別な方法を必要としない/血漿に直接溶解
アミノ酸	極性は多様だが, すべてほぼ溶ける	特別な方法を必要としない/血漿に直接溶解
コレステロール	ほぼ非極性/非常に低い溶解性	血液中のタンパク質が輸送: 外側の極性アミノ酸により水溶性が与えられ, 内側の非極性アミノ酸が非極性のコレステロールに結合[†2]
脂肪(トリアシルグリセロール)	非極性の脂肪酸成分/非常に低い溶解性	血液中のタンパク質が輸送: 外側の極性アミノ酸により水溶性が与えられ, 内側の非極性アミノ酸が非極性のトリアシルグリセロールに結合[†2]
酸 素	二原子分子の O_2 として移動する/低い溶解性	比較的水に溶けにくいが, 恒温動物の比較的高い体温によりさらに溶けにくくなる(水が温かいと酸素はより溶けにくい)/ヘモグロビンが可逆的な結合と輸送に使用される
塩化ナトリウム	イオン化している/高い溶解性	特別な方法を必要としない/塩化ナトリウムはイオン化合物であり, 水を主体とする血漿中では反対の電荷をもつ Na^+ と Cl^- に分離する

[†1] 特別な方法を必要としないとはその物質が直接, 容易に水に溶けることを意味する.
[†2] 訳注: 実際にはリポタンパク質とよばれる構造をとる. すなわち, 極性基をもたないトリアシルグリセロールやコレステロールエステル (コレステロールのもつ唯一の極性基である –OH に脂肪酸がエステル結合して完全に非極性になった分子) を中心にして, その周囲をリン脂質, 特定のタンパク質, コレステロール (極性基が一つある) などが取囲んだ球状構造をしている. リン脂質もタンパク質と同様に, その疎水性部分が中心の非極性脂質に接し, その親水性部分を外側に配置することによって, 水に難溶性の脂質に水溶性を付与する. リポタンパク質には複数の種類がある.

でもそれぞれ溶解度が異なる. 表 2・3 は, いくつかの分子を選んで, その相対極性をまとめたものである. それらの物質が血流を循環するときに特別の輸送方法が必要かどうかを示している.

練 習 問 題

4. 特定の水生動物または陸生動物を選んで, その動物にとって水がどのように重要であるかのリストを作成せよ.
5. 4 のリストのそれぞれで水のどのような特性が関わっているかを説明せよ.

2・3 糖質, 脂質とエネルギー

本節のおもな内容

- 単糖 (モノマー, 単量体) は縮合反応で結合して二糖や多糖 (ポリマー, 多量体) を形成する.
- 脂肪酸は, 飽和, 一価不飽和, 多価不飽和に分類できる.
- 不飽和脂肪酸には, シスとトランスの異性体がある.
- トリアシルグリセロール (トリグリセリドともいう) は三つの脂肪酸と一つのグリセロールの縮合によって形成される.

2・3・1 単 糖 と 二 糖

生化学的に重要な分子は非常に大きく複雑な場合があるが, 常に小さいモノマー (構成単位) 分子からできて

いる. 糖質は炭水化物ともよばれ, 多くのヒドロキシ基をもち, 親水性の物質である. 糖質のモノマーは単糖 (monosaccharide) である. 単糖は, 含まれる炭素原子の数によって分類できる. 最も一般的な 3 種類の単糖は次のようなものである.

- 三炭糖 (トリオース), 三つの炭素を含み, 化学式 $C_3H_6O_3$
- 五炭糖 (ペントース), 五つの炭素を含み, 化学式 $C_5H_{10}O_5$
- 六炭糖 (ヘキソース), 六つの炭素を含み, 化学式 $C_6H_{12}O_6$

これら三つの単糖の化学式はいずれも $C_nH_{2n}O_n$ となる. ここで n は炭素原子の数である.

二つの単糖間では縮合反応 (condensation reaction) が起こる. 図 2・4 に, 二つの α-D-グルコース分子から二糖のマルトースを形成する縮合反応を示す. 非常によく似た方法で, 二糖のスクロース (ショ糖ともいう) はグルコースとフルクトースの間の縮合反応によって, ラクトース (乳糖ともいう) はグルコースとガラクトースの間の縮合反応によってつくられる.

2・3・2 単 糖 と 多 糖

縮合反応が多くの単糖間で繰返し起こると, さらに大きな分子を合成できる. グルコースを繰返し結合すると, さまざまな非常に大きな分子すなわちポリマーが生成される. いくつかの例は, セルロース (cellulose), デンプン (starch), グリコーゲン (glycogen) である.

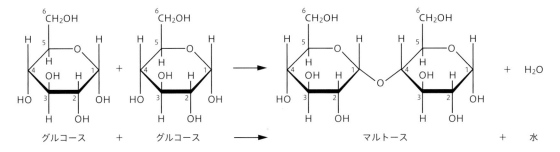

図 2・4 縮合反応によるマルトースの生成. 2分子のグルコースの縮合反応によりマルトースと水が生成する. 縮合反応において水は常に生成物である. 二つの単糖の一つが水酸化物イオン（OH⁻）を"与え"，もう一つの単糖が水素イオン（H⁺）を"与えて"水を生成する. そして二つの単糖間に共有結合が形成される. 縮合反応はどれもよく似たしくみで起こる. 糖の環構造のそれぞれのかどには示してはいないが，炭素原子があり，位置を示す番号が振ってある.

表 2・4　おもな多糖の機能

多　糖	機能のまとめ
セルロース	植物細胞壁の主成分. 植物体の根，茎，葉などの構造物に剛性を与え，支える.
デンプン	光合成の産物である有機物で，植物に蓄えられる. 葉緑体または，根や地下茎のような貯蔵組織にデンプン粒として存在する.
グリコーゲン	動物で，余剰のグルコースがグリコーゲンとして肝臓と筋肉に蓄えられる.

表 2・4 にそれらの機能を要約してある.

最も一般的な多糖の構造について以下にまとめる.

- セルロース，デンプン，グリコーゲンはすべて同一のモノマー単位（グルコース）の多糖で，何千ものグルコースモノマーで構成されている.
- デンプンには，アミロペクチンとアミロースという二つの成分がある.
- アミロースは，三つのグルコースポリマーの中で，唯一，枝分かれのない直鎖状分子である.

2・3・3 脂 肪 酸

脂質は水に溶けにくく（疎水性），有機溶媒に溶ける生物由来の物質の総称である. 脂質には異なる化学構造のもの（トリアシルグリセロール，リン脂質，コレステロールなど）が含まれるが，トリアシルグリセロールやリン脂質などは脂肪酸を構成成分として含む. 脂肪酸は呼吸基質（エネルギー源）として重要である.

すべての脂肪酸は，一端にカルボキシ基（–COOH）を，もう一端にメチル基（–CH₃）をもっている. その中間には炭化水素（水素原子と炭素原子）の鎖があり，通常 10〜22 炭素の長さである（全体では 12〜24 炭素）.

飽 和 脂 肪 酸

図 2・5 では，左側の■部分がカルボキシ基，中央の白い部分が炭化水素鎖（ヒトの主要な脂肪酸では炭化水素鎖はこれよりもはるかに長い）で，右側の■部分にメチル基がある.

飽和脂肪酸（saturated fatty acid）は，炭素が結合可能な最大数の水素原子をもっている. 言い換えれば，水素原子で飽和されているため，飽和脂肪酸とよばれる. 飽和脂肪酸は通常，バター，ベーコン，牛肉の脂肪などの動物性食品に多く含まれている. これらは，脂肪酸の炭素原子間に二重結合をもたないので，一般に室温で固体である. 分子の形は直線状で，鎖に沿ったねじれや屈曲はない.

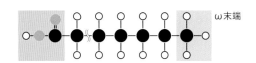

図 2・5　脂肪酸の一般的構造. 脂肪酸は，一端にカルボキシ基（■）をもち，中間に長い炭化水素鎖，もう一端にメチル基（■）をもつ. メチル基のある端を ω（オメガ）末端ともよぶ. ○ 水素, ● 酸素, ● 炭素.

図 2・6　不飽和脂肪酸の構造. ■ の領域に二重結合が一つあり，その部分で分子は屈曲する. なお，典型的な脂肪酸の炭化水素鎖はここに示したよりも長い. ○ 水素, ● 酸素, ● 炭素.

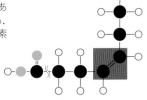

一 価 不 飽 和 脂 肪 酸

炭化水素の鎖に二重結合が一つ存在する脂肪酸は，一価不飽和脂肪酸（monounsaturated fatty acid）とよばれる. 図 2・6 では，炭化水素鎖の二つの炭素間の二重

結合を強調して表示してある．二重結合の部分では，炭素鎖の同じ側で二つの連続した水素原子を欠くため，分子がこの部分で屈曲する．

多価不飽和脂肪酸

多価不飽和脂肪酸（polyunsaturated fatty acid）は，炭素鎖に二つ以上の二重結合をもっているものである．それらは植物由来が多い（たとえばコーン油など）．多価不飽和脂肪酸を含む脂肪（トリアシルグリセロール）は，室温で液体になる傾向がある．図2・6よりも何倍も長い炭化水素鎖が，さらにいくつかの二重結合をもっているものを想像してほしい．そのような分子では多くの屈曲が生じ，分子全体が湾曲したり，ねじれを生じたりする．

水素化: シスおよびトランス脂肪酸

多くの高度に加工された食品では，多価不飽和脂肪にしばしば加工の一環として水素添加あるいは部分水素添加が行われる．これは，水素原子を付加することで二重結合（したがって屈曲）がすべてあるいは部分的に排除され，天然の曲がった形がまっすぐになることを意味する．天然に見られる湾曲した脂肪酸はシス脂肪酸（二重結合をもつ炭素の水素原子が炭化水素鎖の同じ側に位置する）とよばれる．一方，人工的に水素添加する工程で，副反応としてトランス形への変換が起こる．このようにして直線状になったものはトランス脂肪酸とよばれる*．ほとんどすべてのトランス脂肪酸は，食品加工工場での化学変換の結果生じたもので，健康に対する影響が問題視されている．

シス脂肪酸の一つの分類群はω-3脂肪酸とよばれる．この名前は，この分子で最初に出現する炭素二重結合が，ω（オメガ）末端から数えて3番目の炭素原子にあるという事実に由来している（図2・7）．魚はω-3脂肪酸のよい供給源である．図2・8に脂肪酸の種々の型を分類した．

2・3・4 トリアシルグリセロール

トリアシルグリセロール〔triacylglycerol, トリグリセリド（triglyceride）ともいう〕は動物脂や植物油の成分で，グリセロールと三つの脂肪酸からなる．この三つの脂肪酸の種類と性質がそれぞれのトリアシルグリセロールを異なったものにし，油脂（脂肪と油）の全体的な特性を決定する．そのため食事として摂取する油脂の健康に対する相対的な影響も異なる．図2・9に，グリセロール部分と三つの脂肪酸の間に共有結合を形成する縮合反応を示す．

2・3・5 ヒトのエネルギー貯蔵法

ヒトや他の多くの生物は，細胞呼吸の過程でATP産生に使用するための分子を予備として貯蔵する以下のような化学的戦略を開発してきた．

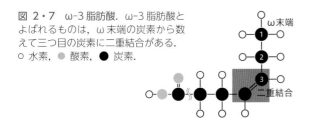

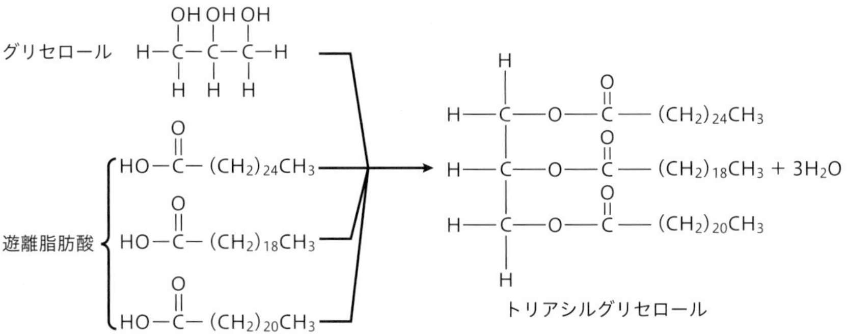

図2・7 ω-3脂肪酸．ω-3脂肪酸とよばれるものは，ω末端の炭素から数えて三つ目の炭素に二重結合がある．○ 水素，● 酸素，● 炭素．

図2・8 脂肪酸の分類．▨ 屈曲形，▨ 直線形．

グリセロール

遊離脂肪酸

トリアシルグリセロール

図2・9 縮合反応によるトリアシルグリセロールの生成．四つの反応物から1分子のトリアシルグリセロールと3分子の水が生成する．

---

*　訳注: 図2・6はシス形である．トランス形は ▨ 部分の屈曲がなく，この部分の二つの水素が鎖の反対側に位置する．水素添加により液体の植物油を動物脂と同様に固化することができる．

- 肝臓と筋肉の組織にグリコーゲン（多糖）を貯蔵する.
- 脂肪細胞内にトリアシルグリセロール（脂質）を貯蔵する.

トリアシルグリセロールは必要なときに，グリセロールと脂肪酸に加水分解でき，それらは一連の代謝経路の特定の位置で細胞呼吸に入ることができ，非常に効率よくATPを産生する. 脂質は，糖質やタンパク質など細胞呼吸に利用される他の分子と比較して，1 g あたりのエネルギー産生量が約2倍である.

脂質は，長期のエネルギー貯蔵分子として別の利点がある. 脂質は水に不溶であるため，細胞質内でも，細胞間でも，血漿中でも溶液の浸透圧の平衡を崩さない. もしヒトが長期間のエネルギー貯蔵のために体の特定の細胞に高濃度のグルコースを貯蔵したとすると，それらの細胞はとんでもない比率に膨潤してしまう. どうしてかというとグルコースが周囲のより低張の液から細胞内に水を引き寄せるからである.

練習問題

6. トリアシルグリセロールをその四つの構成成分からつくる縮合反応の式を，ことばで（化学式でなく）書いてみよ.
7. 細胞膜を構成するリン脂質が，不飽和脂肪酸をもっていると，細胞膜の構造にどのような影響を与えると考えられるか.

2・4　アミノ酸とタンパク質

本節のおもな内容

- アミノ酸は縮合によって結合されてポリペプチドを形成する.
- リボソームで合成されるポリペプチドには20種類のアミノ酸がある.
- アミノ酸はどのような順番ででも結合することができ，莫大な種類のポリペプチドをつくることが可能である.
- ポリペプチドのアミノ酸配列は遺伝子によってコードされている.
- タンパク質には，単一のポリペプチドからなるものと，複数のポリペプチドが集合して形成されるものとがある.
- アミノ酸配列は，タンパク質の立体構造を決定する.
- 生体は，さまざまな機能をもつ多くの異なるタンパク質を合成する.

2・4・1　アミノ酸の構造とポリペプチド

アミノ酸（amino acid）は，一つの分子中にアミノ基とカルボキシ基をもつ化合物である. タンパク質を構成するアミノ酸は20種類あり，その違いは側鎖（R）の違いである（図2・10）.

アミノ酸はペプチド結合（peptide bond）によって縮合してペプチドを形成する（図2・11）. 縮合しているアミノ酸数の多いものをポリペプチド（polypeptide）とよび，リボソームで合成される（§3・4参照）. アミノ酸の配列は核酸分子（DNAおよびRNA）に沿ったヌクレオチドのトリプレット（三つの連続した塩基の組合わせ）によって決定される. 20種類のアミノ酸があるので，ポリペプチドのアミノ酸配列とアミノ酸総数にはさまざまな可能性がある. 特定の機能をもつ各ポリペプチドは，独自のアミノ酸配列だけでなく，独自の立体構造ももっている. その形状はポリペプチドの機能に支配的な影響を及ぼす. ポリペプチドの中のたった一つのアミノ酸の変化でさえ，その機能に劇的な影響を与える可能性がある.

2・4・2　タンパク質の構造と機能

タンパク質は，細胞や生物において非常に多様な機能を果たす. 表2・5にいくつかの例を示す.

表 2・5　タンパク質の例とその機能

タンパク質	機　能
ヘモグロビン	鉄を含むタンパク質で，脊椎動物において酸素を肺から体のすべての部位へ輸送
インスリン	膵臓で生成される，血糖値の低下と細胞内の糖の増加をもたらすペプチドホルモン
免疫グロブリン	別名，抗体. 免疫応答の一部を担い，抗原を認識するもの
ロドプシン	目の網膜にみられる色素で，特に光量の少ない条件で有用
コラーゲン	皮膚，腱，靱帯に豊富にある結合組織のおもなタンパク質成分
アクチンとミオシン	動物で，筋肉の運動（収縮）をひき起こす相互作用するタンパク質
アミラーゼ	デンプンの加水分解を行う消化酵素

タンパク質の構造

タンパク質が非常に多くの機能を果たすためには，多くの形態と構造をとることができなければならない. タンパク質の機能は，その構造と密接に関係している. タンパク質の構造は，一次，二次，三次，四次の四つの階層の構造として考えることができる.

- タンパク質の一次構造はタンパク質のアミノ酸の配

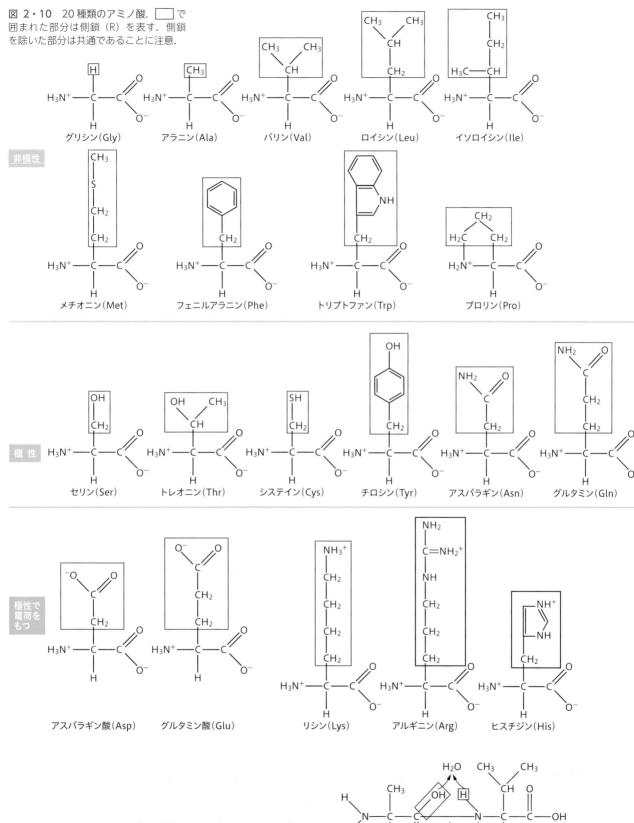

図 2・10　20 種類のアミノ酸． ▢ で囲まれた部分は側鎖 (R) を表す．側鎖を除いた部分は共通であることに注意．

非極性

グリシン(Gly)　アラニン(Ala)　バリン(Val)　ロイシン(Leu)　イソロイシン(Ile)

メチオニン(Met)　フェニルアラニン(Phe)　トリプトファン(Trp)　プロリン(Pro)

極性

セリン(Ser)　トレオニン(Thr)　システイン(Cys)　チロシン(Tyr)　アスパラギン(Asn)　グルタミン(Gln)

極性で電荷をもつ

アスパラギン酸(Asp)　グルタミン酸(Glu)　リシン(Lys)　アルギニン(Arg)　ヒスチジン(His)

図 2・11　ペプチド結合．アミノ酸のアラニンとバリンの縮合反応（ペプチド結合の形成）．簡単のため，アミノ基とカルボキシ基はイオン化していない形で表してある．この反応はどのアミノ酸の間でも共通である．

アラニン　　新しい共有結合（ペプチド結合）　バリン

列（図2・12）で，この配列が，以下に述べるように，立体構造を決定する．

図2・12　タンパク質の一次構造．ポリペプチドを簡略化して表してある．

- タンパク質の二次構造は，あるアミノ酸のカルボキシ基の酸素と別のアミノ酸のアミノ基の水素との間の水素結合の形成によって生じる．これらの水素結合には側鎖は関与しない．二次構造の最も一般的な二つの構造は，αヘリックスとβシートである．どちらも規則的な繰返しパターンである（図2・13）

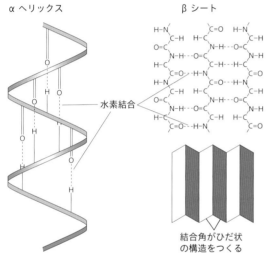

図2・13　タンパク質の2種類の二次構造．側鎖（R）は省略してある．Rはこれらの水素結合には関与しない．

- タンパク質の三次構造は，ポリペプチド鎖が側鎖の相互作用のために折りたたまれることによって生じる．これにより，限定された立体構造になる（図2・14）．このような三次構造を形成する相互作用には，次のものがある．

ポリペプチド鎖が折りたたまれて立体構造を形成する

図2・14　リゾチームの立体構造（タンパク質の三次構造）．リゾチームは汗，唾液，涙に含まれる酵素で多くの細菌を破壊する．

1. 硫黄原子間の共有結合でジスルフィド結合を形成する．これは強い結合であるため，しばしばS−S架橋とよばれる．
2. 極性側鎖間の水素結合．
3. アミノ酸の疎水性側鎖間のファンデルワールス相互作用．親水性側鎖が分子の外側の水と相互作用すると，多くの疎水性側鎖が内側に押し込まれるため，強い相互作用を起こす．
4. 正および負に荷電した側鎖間のイオン結合．

- タンパク質の四次構造は，集合して単一の構造を形成する複数のポリペプチド鎖を含むという点で独特である．すべてのタンパク質が複数のポリペプチド鎖で構成されているわけではないため，すべてのタンパク質が四次構造をもつわけではない．最初の三つの階層で述べた結合はすべて四次構造中に含まれる．四次構造をもついくつかのタンパク質には，**補欠分子族**（prosthetic group）とよばれるポリペプチドではない成分が含まれる*．これらは複合タンパク質とよばれ，代表例は，ヘモグロビンである．これには四つのポリペプチド鎖が含まれ，それぞれ

図2・15　タンパク質の四次構造．ヘモグロビンのタンパク質構造を示す分子モデル．一つのヘモグロビン分子は一つのタンパク質とみなされ，四つのポリペプチドを含み，それらが結合して，四次構造を形成している．三次構造を形成するのに重要な結合のいくつかが四次構造を維持することにも寄与している．

表2・6　タンパク質の構造

タンパク質の構造	要　因
一次構造	存在する20種類のアミノ酸がペプチド結合で縮合し，ポリペプチドを形成する
二次構造	ポリペプチド鎖がαヘリックスやβシートに折りたたまれ，これはNHとCOの間の水素結合によって形成される
三次構造	二次構造がさらに複雑な構造に折りたたまれ，これは，ジスルフィド結合，水素結合，イオン結合，疎水性相互作用によって形成される
四次構造	常に存在するわけではなく，複数のポリペプチド鎖の集合によってできる（たとえばヘモグロビン内に存在）．この構造には一次，二次，三次構造がすべて含まれる

---

*　訳注: タンパク質によってはその機能発現に，タンパク質以外の成分が必要なものがあり，総称して補因子とよぶ．補因子には金属や低分子の有機化合物が含まれ，後者を補酵素と補欠分子族に分類することがある．補欠分子族はタンパク質と共有結合などで強く結びついていることが特徴で，補酵素と区別される．なお，補欠分子族は四次構造をもつタンパク質に限定して含まれるわけではない．

にヘムとよばれる成分が含まれている。ヘムには酸素と結合する鉄原子が存在する（図2・15）。

表2・6にタンパク質の一次〜四次構造をまとめた。

線維状タンパク質と球状タンパク質

タンパク質を線維状と球状に分類することもある。**線維状タンパク質**（fibrous protein）のポリペプチド鎖は長くて、構造全体の幅が狭い。それらは通常水に不溶である。一例は**コラーゲン**（collagen）であり、これはヒトの結合組織で構造上重要な役割を果たす。**アクチン**（actin）も線維状であり、これはヒトの筋肉の主要な成分で、収縮に関与している。

球状タンパク質（globular protein）はその形状がより立体的で、ほとんどが水溶性である。ヘモグロビンは、体組織に酸素を届ける球状タンパク質の一種である。インスリンは別の球状タンパク質で、血糖値の調節に関与している。これらの例については表2・5も参照せよ。

極性アミノ酸と非極性アミノ酸

極性アミノ酸は、タンパク質の水にさらされている領域に多い。細胞膜を貫通しているタンパク質の場合は、細胞の外側の部分や細胞の内部に露出している部分に存在する。また、膜タンパク質において、極性アミノ酸は親水性チャネルをつくって極性物質を通過させる。

極性および非極性アミノ酸は、酵素の特異性を決定するうえでも重要である。酵素の活性部位で起こる基質との特異的結合には、基質および活性部位に露出したアミノ酸の、形状と極性が大きく関与する。

2・4・3 ポリペプチドとタンパク質の関係

しばしば、ポリペプチドとタンパク質という用語は同じ意味で用いられることがある。しかし実際には二つの用語の意味は少し異なる。タンパク質は共有結合したアミノ酸からなる有機化合物であり、その機能を実行できる状態にある。そのタンパク質が酵素であれば、触媒としてすぐに働ける。またタンパク質が抗体（免疫グロブリン）の場合ならば、免疫応答の一部として抗原に結合できる状態になっている。要するに、タンパク質はその意図された機能を実行できるものということである。そのことはポリペプチドには当てはまる場合とそうでない場合がある。

ポリペプチドは、独自の一次構造（アミノ酸の配列）をもつ単一のアミノ酸鎖である。C末端とN末端は一つずつである。単一のポリペプチドがその機能をそのまま実行できる場合、そのポリペプチドはタンパク質で

あるとみなされる。

しかし一部のポリペプチドは、一つ以上の他のポリペプチドと結合するまで生化学的機能を果たすことができない。これは前出の四次構造である。二つ以上のポリペプチドが結合して初めて機能を達成できる場合、それらは全体で単一のタンパク質とみなされる。

2・4・4 タンパク質の変性

二次、三次、四次構造を保つためのタンパク質分子内の結合は、温度およびpHの変化の影響を受けやすく、破壊される可能性がある。あるタンパク質が立体構造をとるとき、それはアミノ酸同士の相互作用による。

タンパク質分子がその生理学的最適値よりも高い温度環境におかれると、増加した分子運動により、比較的弱い分子内結合の多くに大きな力がかかる。これにより、一次構造（ペプチド結合によるアミノ酸配列）はそのままだが、たとえば水素結合は分子運動の増加によってひき起こされた力によって本来の位置にとどまることができなくなる。その結果、タンパク質は本来の立体構造と機能を失うことになる。これを**変性**（denaturation）という。タンパク質の機能は、その構造に直接依存している。ほとんどの場合は、共有結合（ペプチド結合など）が損なわれない限り、通常の温度に戻ると、タンパク質は通常の形状に戻り機能を回復するが、非可逆的変化が起こることもある。

同様の現象は、タンパク質が最適なpHから離れたpH環境におかれた場合にも発生する。これらの状況では、タンパク質は通常の立体構造を失い、機能を失う。

練 習 問 題

8. 図2・10を参照して、以下の条件に合うアミノ酸の名称を答えよ。
   (a) 側鎖（R）以外の部分の形が、他のアミノ酸とは異なるものを一つ。
   (b) 硫黄原子を含むアミノ酸を二つ。
   (c) 側鎖（R）にカルボキシ基またはアミノ基をもち、かつ生理的pHで電荷をもつアミノ酸を五つ。
9. 76個のアミノ酸からなるポリペプチドには、いくつのペプチド結合が含まれるか。
10. 天然に存在する通常の20種のアミノ酸だけを使うとして、四つのアミノ酸をランダムに結合する組合わせは何通り可能か。
11. なぜタンパク質の一次構造がより高次の構造を決定するのか。
12. ヘモグロビン中の鉄を含んだヘムのような、タンパク質中のタンパク質以外の成分のことを何とよぶか。

2・5 酵素

本節のおもな内容

- 酵素には活性部位があり，そこに特異的な基質が結合する．
- 酵素による触媒反応には分子の運動と，活性部位と基質の衝突が含まれる．
- 酵素は化学反応の活性化エネルギーを下げる．
- 温度，pH，そして基質濃度が酵素活性に影響する．
- 酵素の阻害剤は競合的あるいは非競合的に作用する．

2・5・1 酵素と触媒

　酵素（enzyme）はタンパク質である．したがって酵素は長いアミノ酸の鎖でできており，特異的な立体構造をとっている．何度も折り曲げて球状の形にすることができる，自由に動く金属製のワイヤーを想像してほしい．この形状は複雑で，一見するとランダムにみえるが，酵素（および他の球状タンパク質）では，複雑な形状はランダムではなく，非常に特異的である．酵素の立体構造のどこかに，その酵素の**基質**（substrate）とよばれる特定の分子とぴったり合うような構造の領域がある．酵素のこの領域は，**活性部位**（active site）とよばれる（図2・16）．活性部位による結合のおかげで酵素のないときよりずっと速い反応が起こる．

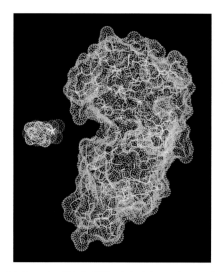

図 2・16 酵素と基質．酵素（大きい方の分子）と基質のコンピューターグラフィック．酵素の左側のくぼんだ部分が活性部位である．

2・5・2 酵素反応の誘導適合モデル

　1890 年代に，フィッシャー（Emil Fischer）は酵素作用について鍵と鍵穴モデルを提案した．そのモデルは，酵素の"鍵穴"の堅い部分に，基質分子が"鍵"のように合致してはまり込むというもので，鍵穴の内部の立体構造は複雑で特異的であるため，特定の鍵だけがうまくはまると考える．当時，鍵と鍵穴モデルは酵素作用の**特異性**（specificity）をうまく説明すると考えられていた．しかし酵素作用に関する知識が蓄積されると，鍵と鍵穴モデルは修正されることになった．

　現在では，基質が活性部位に結合する際に，多くの酵素が立体構造を変化させていることが明らかとなったのである．現在受け入れられている酵素作用の新しいモデルは，**誘導適合**（induced-fit）モデルとよばれる．この酵素作用のモデルを視覚化するよい方法は，手と手袋を考えることである．手は基質であり，手袋は酵素である．手袋は手に似ているが，手が実際に手袋に入れられたとき，相互作用が起こり，その結果，手袋の構造変化が生じ，それにより手にぴったりなじむのである．

2・5・3 活性化エネルギー

　基質が酵素の活性部位に収まるだけでは反応の進行には十分ではない．基質は，反応が起こるのに必要なエネルギーを供給できる運動速度で進入する必要がある．このエネルギーは，反応の**活性化エネルギー**（activation energy）とよばれ，基質のもつ化学結合を不安定化するために必要なエネルギーとして理解される．酵素は必要な活性化エネルギーを下げることで機能する（図2・17）．つまり，酵素はこのエネルギーを提供するのではなく，化学反応をひき起こすのに必要なエネルギーを下げることで，その化学反応をより速く起こすのである．

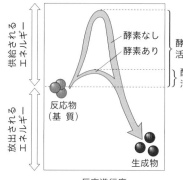

図 2・17 酵素と活性化エネルギー．酵素は，必要とされる活性化エネルギーを下げることによって反応を促進する．この図はエネルギー放出反応を示している．活性化エネルギーは反応物の化学結合を不安定化するのに必要である．上の曲線は酵素が存在しないときの活性化エネルギーである．下の曲線は酵素が存在するときに反応に必要な活性化エネルギーを示す．

酵素は反応物ではないので，反応で使い果たされることはなく，触媒として何度でも繰返して使用可能である．なお，酵素は特定の反応の活性化エネルギーは低下させるが，反応物（基質）に対する生成物の割合を変えることはない．

2・5・4　酵素反応のしくみ

以下は酵素作用のメカニズムをまとめたものである．

- 基質の表面が酵素の活性部位に接触する．
- 酵素は基質に適合するように形状を変化させる．
- 酵素-基質複合体とよばれる一時的な複合体ができる．
- 活性化エネルギーが低下し，既存の原子の再配置によって基質が変化する．
- 基質が変換されてできた生成物は，活性部位から放出される．
- 酵素自身は変化していないので，また他の基質分子と結合することができる．

酵素の作用は，次の反応式によっても要約できる．

$$E + S \rightleftarrows ES \rightleftarrows E + P$$

ここで，Eは酵素，Sは基質，ESは酵素-基質複合体，Pは生成物である．

2・5・5　酵素反応に影響を与える因子
温　　度

酵素とその基質が溶液中にあるとする．酵素と基質の両方が動いており，その速度は溶液の温度に依存する．温度が高いほど，分子の動きが速くなる（運動エネルギーが大きくなる）．反応は分子の衝突に依存しており，分子運動が速いほど，より大きなエネルギーをもって衝突する頻度が高まる．化学反応の反応速度は酵素の有無にかかわらず，温度（したがって分子運動）が高まるに

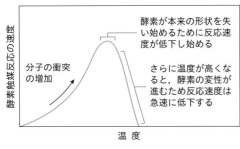

図 2・18　酵素活性に対する温度の影響．

つれ大きくなる．ただし，酵素を使用する反応では上限がある（図2・18）．その上限は，分子内結合が破壊さ

れて酵素がその立体構造を失い始める温度に基づいている．酵素が活性部位の形状を含むその本来の構造を失うことを**変性**（denaturation）するという．多くの場合，温度が適切なレベルに戻ると分子内結合が再確立するため，変性はしばしば一時的なものである．ただし，いったん変性するともとに戻らないこともある．

pH

酵素の活性部位を構成する一部のアミノ酸には，正または負に荷電した領域がある．酵素が触媒作用をもつためには，基質が酵素の活性部位にあるときに，基質の負の領域と正の領域が反対の電荷と合致する必要がある．溶液が酸性になりすぎると，多数の水素イオン（H^+）が酵素または基質の負電荷と結合し，両者の間の適切な電荷の合致を妨げる可能性がある．同様の状況は，溶液が塩基性になりすぎた場合にも発生する．この場合は水酸化物イオン（OH^-）が基質または酵素の正電荷と結合し，酵素と基質の間の適切な電荷の合致を妨げる可能性がある．これらの状況のいずれかにより，酵素の効率が低下し，極端な状況では完全に不活性になってしまう．もう一つの可能性は，酸性溶液と塩基性溶液の多数の正電荷と負電荷により，酵素がその本来の形状を失い，変性することである．すべての酵素に共通な最適pH値はない（図2・19）．ヒトにおいて活性をもつ酵素の多くは，中性に近い環境にあるときに最も活性になる．しかしこれには例外があり，たとえば胃の環境は強酸性であり，そこで働くペプシンは酸性のpHで最も活性が高い．

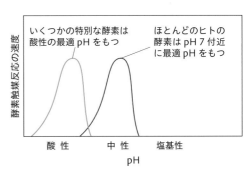

図 2・19　酵素活性に対するpHの影響．最適なpHは酵素によって異なる．

基　質　濃　度

酵素の量が一定である場合，基質の濃度が増加すると，反応速度も増加する（図2・20）．これは，より多くの反応物分子があれば，分子の衝突が増加するということによって説明される．ただし，酵素には作用できる最大速度があるため，これには上限がある．すべての酵

素分子が可能な限り速く機能している場合，溶液に基質を追加しても，反応速度はそれ以上は増加しない（図2・20）．

図 2・20　酵素活性に対する基質濃度の影響.

2・5・6　阻　害

ここでは酵素の活性部位に影響を与える特定の分子について説明する．ある分子が何らかの形で活性部位に影響を与えると，酵素の活性が変化する可能性がある．

競 合 阻 害

競合阻害（competitive inhibition）では，競合阻害剤とよばれる分子が，酵素の活性部位を本来の基質と直接競合して取りあう（図2・21）．その結果，基質は活性

図 2・21　競合阻害．競合阻害剤は酵素の活性部位をふさぎ，基質が活性部位に結合するのを阻害する．

部位との遭遇が少なくなり，化学反応の速度が低下する．競合阻害剤は，このように機能するために基質と似た構造をもっていなければならない．一例は，感染中の細菌を殺すために使用するサルファ剤（スルファニルアミドを骨格としてもつ一群の誘導体）である．補酵素として細菌に不可欠である葉酸は，細菌の細胞で，*p*-アミノ安息香酸（PABA）から酵素によって生合成される．スルファニルアミドは PABA と競合し，酵素に結合する．これは，葉酸の生合成を抑制し，細菌の死をもたらす．ヒトはもともと葉酸を生合成できず食事で摂取するため，サルファ剤の影響を受けない．競合阻害は，可逆

的なこともあるし不可逆的なこともある．可逆的な競合阻害は，基質濃度を上げて，基質をより多くの活性部位と結合させることで阻害を解消できる．

非 競 合 阻 害

非競合阻害（noncompetitive inhibition）では，阻害剤が酵素の活性部位を基質と競合せず，酵素の別の部位と相互作用する*（図2・22）．非競合阻害剤の結合により，酵素の立体構造が変化し，酵素は不活性化する．非競合阻害の例として，水銀などの重金属イオンが酵素の構成アミノ酸の硫黄に結合することがあげられる．これにより立体構造が変化し，酵素が阻害される．このタイプの阻害にも，可逆的と不可逆的の両方がありうる．競合阻害と異なり，基質濃度を増大しても非競合阻害は解消されない．

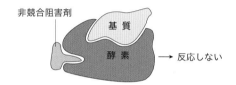

図 2・22　非競合阻害．非競合阻害剤は，酵素の基質結合部位と異なる場所に基質と同時に結合し，酵素の立体構造を変化させることで阻害する．

2・6　代　謝

本節のおもな内容

- 代謝とは，細胞または生物体のなかの，酵素が触媒するすべての反応のネットワークのことである．
- 同化とは単純な分子から複雑な分子を合成することで，単量体から高分子を縮合反応によって形成することを含む．
- 異化とは複雑な分子を単純な分子に分解することで，高分子を単量体に加水分解することを含む．
- 代謝経路は，直鎖状，環状，分枝状などの連続した酵素触媒反応からなる．
- 代謝経路は最終生成物による阻害によって調節されうる．

2・6・1　代謝と酵素

細胞の内部を分子レベルまで拡大して可視化できたとすると，何千もの分子が水溶液中を動いて互いに衝突するのが見えるだろう．これらの衝突の多くは，分子が方

＊　訳注: 酵素の基質結合部位と立体構造上異なる（＝アロステリック）部位に低分子のリガンドが結合して酵素の活性を可逆的に変化させる現象を**アロステリック効果**（allosteric effect）といい，多くは，複数のリガンドの結合に協同性がみられる．§2・6・4の最終生成物による阻害も参照.

向を変えて次の衝突に向かうことを起こすだけである.
しかし, これらの衝突が特定の分子, つまり反応物に十
分なエネルギーを提供して, 反応物に何らかの化学反応
をひき起こすことがある. 二つの分子が衝突するとき,
反応が起こるかどうかを決定する多くの要因がある. た
とえば, 次のようなことである.

- 衝突する分子の種類
- 衝突する分子の向き (互いがぶつかる部位)
- 分子が衝突するときの速度

　細胞は, 衝突が有益な反応を起こす可能性を高めるた
めに酵素を使用する. 酵素は, 酵素の活性部位とよばれ
る部位に, 反応物がぴったりと収まる特定の形状をもつ
タンパク質分子である. このように, 酵素によって触媒
される生体内の化学反応は代謝 (metabolism) とよば
れる.

　細胞の代謝の一例として典型的な反応をみてみよう.
それはアデノシン三リン酸 (adenosine triphosphate,
ATP) が合成される反応である. ATP はエネルギーが
必要なときに細胞が使用する最も普通の分子である.
ATP はアデノシン二リン酸 (ADP) が無機リン酸*
(HPO_4^{2-}) に結合することで合成される. この反応は
エネルギーを必要とし, そのエネルギーはもとをたどれ
ば食物 (細胞呼吸) または太陽光 (光合成) に由来す
る. その反応は簡単に次のように書くことができる.

$$\text{ADP} \quad + \quad \text{P}_\text{i} \quad \longrightarrow \quad \text{ATP}$$
アデノシン二リン酸　無機リン酸　　アデノシン三リン酸

これら二つの反応物 (ADP+P_i) が, 非常に高速で, し
かも完全に正しい向きで衝突し, 反応物の間に新しい共
有結合を形成できる確率は極端に小さい. そこで酵素が
登場する. 反応物である ADP は酵素の活性部位の一部
にぴったりとはまる. もう一つの反応物である無機リン
酸が ADP の隣に完璧な方向で収まる. そして, ほんの
一瞬の後には二つの反応物は共有結合で結びつく. そし
て生成した ATP が活性部位から放出され, 酵素は別の
ADP とリン酸の新たな反応の準備ができる. 酵素の触
媒作用により, 酵素がないときと比べて格段に大きい反
応速度で, しかもずっと少ない衝突エネルギーで反応さ
せることができる.

　どの一瞬にも細胞のなかでは多数の反応が起きてお
り, そのほとんどすべての反応は酵素が触媒している.
代謝には多様な反応が含まれる. 以下に少数の例をあげ
る.

- DNA の複製 (細胞分裂の準備として)
- RNA の合成 (核と細胞質の化学的コミュニケー
　ションを可能にする)
- タンパク質の合成 (アミノ酸同士の結合を含む)
- 細胞呼吸 (栄養素を ATP に変換する)

2・6・2　異化と同化

　§2・6・1で述べたように, 代謝とは体の中で起こっ
ている, 酵素が触媒する反応の全体を指す. そのなかに
は, 大きくて複雑な分子 (たとえばわれわれが摂取する
食物のような) を小さくて, 単純な分子へ変える反応が
ある. これを異化 (catabolism) とよぶ. 一方, 別の酵
素反応がこれと逆, すなわち小さい単純な分子を大き
な, より複雑な分子へ変換する. これを同化 (anab-
olism) とよぶ. これらの変換はさまざまな理由で行わ
れる. 本書ではいくつかの例だけ取上げるが, 生物に共
通する生化学や生理学の学習を進めると, さらに多くの
例について知るだろう.

　動物を含む多くの生物は, 大きな分子を合成するため
の構成要素を食物から得ている. 動物が食物を摂取する
と, 食物は消化 (加水分解) されて, 構成要素へ分解さ
れる (異化). これらの構成要素は細胞へ運ばれ, 互い
に結合して再度大きな分子をつくる (同化).

　食物は消化管で化学的に消化される. この反応は加水
分解 (hydrolysis) とよばれ, 触媒する酵素は加水分解
酵素で, 反応物として水分子が必要である. 以下に四つ
の加水分解反応の例をあげる.

1. 二糖 (ラクトース) から二つの単糖 (ガラクトー
　ス, グルコース) への加水分解 (図2・23)
2. 多糖 (デンプン) から多くの単糖 (グルコース)
　への加水分解
3. トリアシルグリセロール (脂肪) からグリセロー
　ルと三つの脂肪酸への加水分解
4. ポリペプチド (タンパク質) から多くのアミノ酸
　への加水分解

　縮合反応についてはすでに§2・3で述べたが, これ
は多くの点で加水分解の逆で, より大きく, 生化学的に
重要な分子を細胞内で再合成する. 縮合反応の例は, 上
にあげた四つの反応を単に逆にすればよい. このとき,
水分子は反応物ではなく生成物であり, 関与する酵素
は, 加水分解酵素とは別の種類の共有結合を形成する酵
素である.

　表2・7は同化と異化のまとめである.

---

　*　訳注: 無機リン酸とは, 通常 HPO_4^{2-} のことを指し, P_i と略記される.

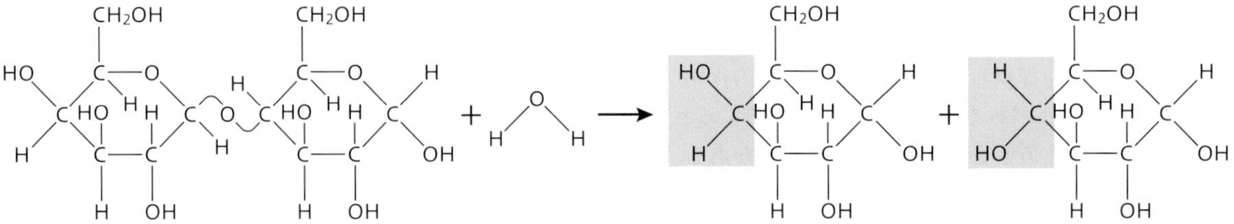

図 2・23 ラクトースの加水分解. 二糖であるラクトースは二つの単糖（ガラクトースとグルコース）に加水分解される. ガラクトースとグルコースの違いを ▦ で示す.

表 2・7 同 化 と 異 化

同化反応	異化反応
複雑な分子を構築	複雑な分子を分解
エネルギー吸収反応	エネルギー放出反応
生合成反応	分解反応
例: タンパク質・脂肪酸・グリコーゲン合成	例: 細胞呼吸

2・6・3 代 謝 経 路

生物のほとんどすべての代謝反応は, 酵素によって触媒される. これらの反応の多くは, 一連の決まった順序で起こり, **代謝経路** (metabolic pathway) とよばれる. 代謝経路を非常に単純・一般化したものが図2・24である.

図 2・24 代謝経路の例.

図中の矢印は, 経路の**最終生成物** (end product) が形成されるまで, 一つの基質を別の基質に変化させる特定の酵素を表す. 代謝経路のなかには, 直鎖状ではなく, 環状の反応経路で構成されているものや, 直鎖状と環状の反応経路を共に含むものもある. 細胞呼吸については§2・7で解説するが, 直鎖状と環状の反応経路を伴う複雑な代謝である. 代謝経路は通常, 細胞内の決まった区画で起こる. そこには必要な酵素がひとまとめになってほかからは分離されて存在している. 代謝経路のそれぞれの反応を触媒するために必要な酵素は, それぞれの細胞で発現している遺伝子によって決定される.

2・6・4 最終生成物による阻害

最終生成物阻害* は, 細胞が必要以上の物質をつくることにより, 化学資源とエネルギーを浪費するのを防ぐ. 多くの代謝反応は, 特定の最終生成物を得るために,

工場の組立ラインのような過程で起こる. 組立ラインの各段階は, 特定の酵素によって触媒される. 最終生成物が十分な量存在すると, 組立ラインが停止される. これは通常, 経路の最初の段階の酵素の作用を阻害することによって行われる (図2・25). 既存の最終生成物が細胞によって使い果たされると, 阻害されていた酵素が再び活性化される. 阻害・再活性化される酵素はアロステリック酵素である (p.34 参照). 最終生成物が高濃度で存在する場合, これが最初の酵素のアロステリック部位に結合し, 阻害をひき起こす. また, 最終生成物の濃度が低いと, 最初の酵素のアロステリック部位への結合が少なくなり, したがって酵素が活性化されるのである.

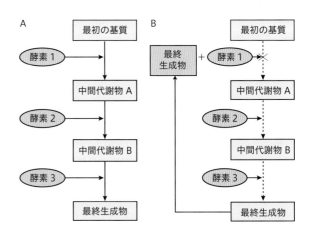

図 2・25 最終生成物による代謝の制御. 最終生成物が十分量存在するとそれによって阻害が起こる代謝系. これは負のフィードバックでもある. 中間体は最終生成物を得るまでに欠かすことのできない, 一段階ごとの生成物である. A は阻害が起こらないとき, B はフィードバック阻害が起こっている状態. 最終生成物が酵素1の活性を阻害するために, この代謝系が止まる.

大腸菌 (*Escherichia coli*) は, アミノ酸のトレオニンからイソロイシンを生合成する代謝経路をもっている.

---

* 訳注: 最終産物阻害, フィードバック阻害ともいう.

これは5段階の過程である．イソロイシンを大腸菌の増殖培地に添加すると，この経路の最初の酵素を阻害し，イソロイシンは合成されなくなる．この状況は，イソロイシンが使い果たされるまで続く．経路の最初の酵素を阻害することで，細胞内に中間代謝物が蓄積するのを防ぐことができる．これは**負のフィードバック**（negative feedback）の一形態である．

練 習 問 題

13. なぜ酵素と基質は互いに特異的なのかを簡単に説明せよ．
14. なぜ酵素は反応の触媒とみなされるのか．
15. 酵素が競合阻害を受けるか，非競合阻害を受けるかはなにによって決まるか．
16. 最終生成物阻害が起こる部位として，一つの代謝経路中で最も効率的なのはどこか．

2・7 細 胞 呼 吸

本節のおもな内容

- 嫌気的な細胞呼吸（嫌気呼吸）はグルコースから少量の ATP を生成する．
- 好気的な細胞呼吸（好気呼吸）は酸素を必要とし，グルコースから大量の ATP を生成する．
- 解糖系では，細胞質でグルコースがピルビン酸に変換される．
- 解糖系により，酸素を使用しなくても，少量の ATP を得ることができる．
- 好気呼吸では，ピルビン酸が脱炭酸・酸化され，アセチル化合物に変換されて補酵素 A（CoA）に結合し，アセチル CoA を生成する．これは解糖系とクエン酸回路をつなぐ反応である．
- クエン酸回路では，アセチル基の酸化が電子（水素）伝達体（NAD および FAD）の還元と結びつき，二酸化炭素が放出される．
- 酸化反応によって放出されたエネルギーは，還元された NAD と FAD によってミトコンドリアの内膜（クリステ）に運ばれる．
- クリステの電子伝達系の伝達体間での電子の移動は，プロトンの輸送と連動している．
- 化学浸透では，プロトンは ATP 合成酵素を介して拡散し，ATP を合成する．

2・7・1 細胞呼吸と ATP 合成

生物が有機物を分解してエネルギーを取出す（ATP を合成する）反応を**細胞呼吸**（cell respiration）という．有機化合物は分子構造中にエネルギーをもっている．グルコースやアミノ酸や脂肪酸のもつ共有結合は化学エネルギーを蓄えている．木材を燃やすとき，蓄えられていた化学エネルギーは熱と光の形で放出される．このような燃焼は，急速な酸化により化学エネルギーを一気に放出する．

一方，細胞は，ゆっくりとした段階的な酸化によって有機栄養素を分解（すなわち代謝）する．グルコースなどの分子は，一連の酵素の作用を受ける．これらの酵素の機能は，一続きの反応を触媒して，共有結合を一つずつ切断，酸化することである．共有結合が切断されるたびに，少量のエネルギーが放出される．制御された方法でエネルギーを放出することの最終目的は，そのエネルギーを ATP 分子中に捕捉することである．細胞に利用可能なグルコースがない場合には，脂肪酸やアミノ酸などの有機化合物が使われる．

2・7・2 酸 化 と 還 元

すでに述べたように代謝は，生物が行うすべての化学反応の合計である．これらの複雑な経路を理解するには，**酸化**（oxydation）と**還元**（reduction）という化学反応を理解することが不可欠である．これら二つの反応は，化学反応中で同時に起こる．これはたとえば次の反応式で示される．

$$C_6H_{12}O_6 + 6\,O_2 \longrightarrow 6\,CO_2 + 6\,H_2O + エネルギー$$

この反応式では，グルコースが酸化される．それは電子がグルコースから酸素に移動するためである．プロトンは電子に従い，水を生成する．反応式の反応物側にある酸素分子中の酸素原子が還元される．この反応により，グルコースは二酸化炭素に変換され，エネルギーが大きく低下する．

酸化と還元は常に相伴って起こるため，**酸化還元反応**（oxidation-reduction reaction, redox reaction）とよばれる（表 2・8）．生体内で酸化還元反応が起こるとき，関与する分子の還元型は，酸化型よりも複雑でエネルギーが高い．酸化還元反応は，生体系のエネルギーの流れにおいて重要な役割を果たす．これは，ある分子から

表 2・8　酸化と還元の比較

酸 化	還 元
電子を失う	電子を得る
酸素を得る	酸素を失う
水素を失う	水素を得る
多くの C-O 結合の形成	多くの C-H 結合の形成
生体内では，よりエネルギーが低い単純な物質の生成に関わる	生体内では，よりエネルギーが高い複雑な物質の生成に関わる

次の分子に流れる電子が，エネルギーを運んでいるためである．すでに述べた同化と異化の経路もまた，よく似たやり方で互いに関連しあっている．次節以降でそれらについても見ていこう．

2・7・3 解　糖

解糖（glycolysis）という用語は"糖分解"を意味し，解糖を行う過程は解糖系とよばれる．解糖系は進化的に最も古い代謝系の一つと考えられている．解糖系は酸素を使用せず，細胞の細胞質で起こり，細胞小器官は必要ない．解糖系の反応は，好気的および嫌気的環境で効率的に進行する．解糖は原核細胞でも真核細胞でも起こる反応である．ヘキソース，通常はグルコースが解糖系で分解される．

この一連の反応中に，グルコースの共有結合の一部（すべてではない）が切断される．これらの結合の切断から放出されるエネルギーの一部は，少数の ATP 分子を形成するために使用される．図 2・26 で，解糖の過程を開始するには 2 分子の ATP が必要であり，合計 4 分子の ATP が生成することに注意してほしい．つまり，正味の収量は 2 ATP（獲得した 4 ATP から最初に消費した 2 ATP を差し引いて）である．

1. 2 分子の ATP を使用して解糖を開始する．最初の反応では，ATP からのリン酸はグルコースに付加され，何段階かの反応を経てフルクトース 1,6-ビスリン酸を形成する（図 2・27）．これらは**リン酸化**（phosphorylation）とよばれる．ここでのリン酸化の重要性は，安定性の低い（反応性が高い）分子を作製することである．

2. 安定性の低い（反応性が高い）フルクトース 1,6-ビスリン酸（六炭糖）は，グリセルアルデヒド 3-リン酸（G3P）とよばれる三炭糖二つに分解される（図 2・28）．この段階でヘキソースの分解，すなわち"糖分解"が起こる．

3. 二つの G3P 分子が生成すると，ATP 生成と NAD の還元型補酵素の生成を含む酸化段階に入る（図 2・29）．各 G3P は酸化を受けて，NAD の還元型である NADH を生成する．NADH が生成するときに，G3P の酸化で放出されたエネルギーを使用して，無機リン酸が付加される．これにより，二つのリン酸基をもつ化合物が生成される．次に，酵素によってリン酸基を除去し，これをアデノシン二リン酸（ADP）に付加して ATP を生成する**基質レベルのリン酸化**（substrate-level phosphorylation）が起こる．最終結果は，4 分子の ATP，2 分子の NADH，および 2 分子のピルビン酸の生成である．

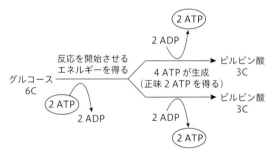

図 2・26　解糖系の概略図．

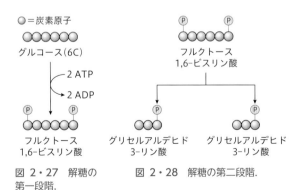

図 2・27　解糖の　　図 2・28　解糖の第二段階．
第一段階．

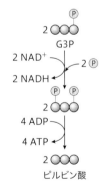

図 2・29　解糖の第三段階．

解糖系のまとめ（1 分子のグルコースあたり）

- 2 分子の ATP が解糖系の開始時に使用される．
- 合計 4 分子の ATP が生成する．したがって差し引き 2 分子の ATP が得られる．
- 2 分子の NADH が生成する．
- 解糖系には反応を開始するためのリン酸化，分解，酸化，ATP 生成（基質レベルのリン酸化）が含まれる．
- 解糖系は細胞の細胞質で起こる．
- 解糖系は酵素によって制御されている．細胞内の

解糖系には多くの反応が含まれるが，次の三つの段階に分けて考えるとよい．

ATP レベルが高い場合は，フィードバック阻害により解糖系の最初の方に位置する酵素が阻害される．これにより，解糖が遅くなったり停止したりする．

・解糖系の最後で 2 分子のピルビン酸が生成する．

2・7・4 嫌 気 呼 吸

細胞呼吸の経路は解糖系から始まる．つまり，解糖系は地球上のすべての生物に共通の代謝経路である．一部の生物は，酸素を使用せずに（嫌気性とよばれる），有機化合物を分解してすべての ATP を得ており，これを**嫌気呼吸**（anaerobic respiration）とよぶ．**発酵**（fermentation）はその代表である．主要な発酵経路には，アルコール発酵と乳酸発酵の二つがある．

アルコール発酵

酵母（yeast）は単細胞の菌類で，酸素が十分に存在しない場合には ATP 合成に**アルコール発酵**（alcohol fermentation）の経路を使用する（図 2・30）．酵母細胞は環境からグルコースを取込むと，解糖系によって，グルコース 1 分子あたり正味 2 分子の ATP を獲得する．解糖系で生成する有機化合物は常に 2 分子のピルビン酸（3 炭素）である．次に，酵母は 2 分子のピルビン酸分子をエタノール分子に変換する．エタノールは 2 炭素分子であるため，この変換では炭素原子が失われる．失われた炭素原子は，二酸化炭素分子として放出される．生成されるエタノールと二酸化炭素は両方とも，酵母からの廃棄物であり，環境に放出される．パン酵母をパンをつくるときに加えるのは，二酸化炭素の発生によって生地が膨らむのを助けるためである．アルコール飲料のエタノール生産にも酵母が使用される．

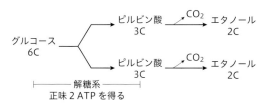

図 2・30 アルコール発酵の概要.

乳 酸 発 酵

乳酸菌などの細菌は解糖系で生成したピルビン酸を**乳酸発酵**（lactic acid fermentation）の経路によって乳酸に還元する（図 2・31）．乳酸はピルビン酸と同様に 3 炭素分子であるので，この反応では二酸化炭素は生成し

ない．乳酸発酵により，酸素を消費せずに少量の ATP を得ながら解糖を持続できる*．

酸素を使う細胞呼吸経路（§ 2・7・5 参照）を通常使用している生物でも，細胞に十分な酸素を供給できない状況になることがある．この良い例は，ヒトが激しい運動をしているときの筋肉である．このとき，ヒトの肺および心臓血管系は，体の細胞に可能な限り多くの酸素を供給しようとするが，もし，ヒトの運動量が体の酸素供給能力を超えると，細胞呼吸に入る少なくとも一部のグルコースが乳酸発酵と同じ経路をたどる．

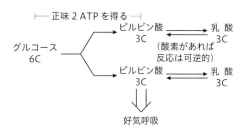

図 2・31 乳酸発酵の概要.

2・7・5 好 気 呼 吸

ミトコンドリアをもつ細胞は，普通は，細胞呼吸に好気性経路を使用する．この経路も解糖系から始まるため，まず 1 分子のグルコースあたり，正味 2 分子の ATP と 2 分子のピルビン酸の生成が起こる．次に，2 分子のピルビン酸が**ミトコンドリア**（mitochondrion，複数形は mitochondria）に入りさらに代謝される．

各ピルビン酸は最初に二酸化炭素分子を失い，**アセチル CoA**（acetyl-CoA）とよばれる分子になる．各アセチル CoA 分子は，**クエン酸回路**（citric acid cycle）とよばれる一連の反応に入る．この一連の反応の間に，もとのピルビン酸分子からさらに二つの二酸化炭素分子が生成される．クエン酸回路は，同じ分子で始まり，同じ分子で終わる一連の化学反応であるため，回路（サイクル）とよばれる．この最初の分子が再び生成することにより，この一連の化学反応を何度も繰返すことができる（図 2・32）．

一部の ATP はクエン酸回路中で直接生成され，一部は酸素を必要とする，のちの一連の反応を通じて間接的に生成される．好気性細胞呼吸はグルコース分子を分解（すなわち完全に酸化）し，最終生成物は，嫌気呼吸がもたらすよりもはるかに多くの ATP 分子および，二酸化炭素と水である．

---

* 訳注: 解糖系で $NAD^+ \longrightarrow NADH + H^+$ の反応が起こるので，解糖が進むと NAD^+ が消費される．乳酸発酵やアルコール発酵では $NADH + H^+ \longrightarrow NAD^+$ の反応が起こって NAD^+ を再生するので，解糖の反応を持続できる．

細胞質

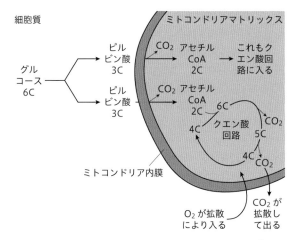

図 2・32　好気呼吸. クエン酸回路の 4 炭素化合物がアセチル CoA とよばれる 2 炭素化合物と結合する. その結果生じた 6 炭素化合物が一連の反応により, 二つの炭素を二酸化炭素として放出する. このことが再び 4 炭素化合物を生成し, クエン酸回路の反応がもう一度始まる.

アセチル CoA の生成とクエン酸回路

　解糖が起こり, 酸素が存在すると, ピルビン酸は能動輸送によってミトコンドリアのマトリックスに入り, 脱炭酸される. 解糖系とクエン酸回路をつなぐこの反応では, 二酸化炭素の形で炭素が失われ, 2 炭素のアセチル基が形成される (図 2・33). 次に, アセチル基が NAD^+ によって酸化され, 還元型の NADH が形成される. 最後にアセチル基は, 補酵素 A (coenzyme A, CoA) と結合してアセチル CoA を生成する. この "つなぎ" の反応は, 酵素によって調節されており, アセチル CoA を生成する点が重要である. アセチル CoA は, 次にクエン酸回路 (図 2・34) に入り, 好気呼吸の過程を進める.

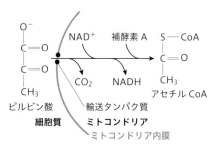

図 2・33　アセチル CoA の生成.

　これまでのところ, 呼吸基質はグルコースであるとして説明してきた. しかし, 実際には, アセチル CoA はいろいろな糖質と脂質から生成される. また, アセチル CoA は, 貯蔵の目的で脂肪へと合成されるが, これは, 細胞内の ATP 濃度が高い場合に起こる.

　細胞の ATP 濃度が低い場合にアセチル CoA はクエン酸回路に入る. クエン酸回路はミトコンドリアのマトリックスにあり, トリカルボン酸回路 (tricarboxylic acid cycle, 頭文字をとって TCA 回路とも) あるいは研究者の名前 (Hans A. Krebs) をとってクレブス回路 (Krebs cycle) ともよばれる.

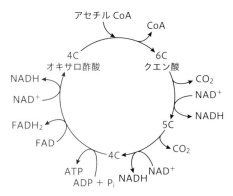

図 2・34　クエン酸回路の全体. 最終的に 4 炭素化合物はオキサロ酢酸に変換される.

　アセチル CoA は, オキサロ酢酸 (4 炭素化合物) と結合し, クエン酸 (6 炭素化合物) を生成する. クエン酸が酸化されて 5 炭素化合物を形成する. この過程では, 炭素は二酸化炭素として放出され, NAD^+ は還元されて NADH を生成する. 5 炭素化合物は, 酸化および脱炭酸されて, 4 炭素化合物を形成する. ここでも二酸化炭素が放出され, NADH が生成する. この 4 炭素化合物は複数の過程を経て, 回路の開始化合物であるオキサロ酢酸となる. この過程で, NADH, $FADH_2$, ATP が生成される. 再生成したオキサロ酢酸は次のサイクルを開始する.

　クエン酸回路は, 細胞呼吸に供されるグルコース 1 分子ごとに 2 回実行される. これは, グルコース 1 分子が二つのピルビン酸分子を形成し, 各ピルビン酸がそれぞれ 1 分子のアセチル CoA を生成するためである. まとめると, グルコース 1 分子あたり以下の生成物が生じる.

- 2 分子の ATP
- 6 分子の NADH (エネルギーを蓄えて伝達する)
- 2 分子の $FADH_2$ (エネルギーを蓄えて伝達する)
- 4 分子の二酸化炭素 (細胞外へ放出)

　これまでに得られた ATP は 4 分子だけである. 6 分子 (4 分子は解糖系から, 2 分子はクエン酸回路から) が生成されるが, 2 分子は解糖系の過程を開始するために使用される. これらの ATP はそれぞれ, 基質レベル

のリン酸化によって合成されている.

　また, グルコースがもっていたエネルギーの大部分は NADH と FADH$_2$ に移されている. 最終的にはグルコース分子の分解で 36 ATP が得られる. これから, ほとんどの ATP が生成する酸化的リン酸化の過程を見ていこう.

電子伝達系と化学浸透

　電子伝達系 (electron transport system, electron transport chain) はミトコンドリア内にあり, グルコース異化で生じるほとんどの ATP を合成する過程で, ここで初めて実際に酸素が必要となる. ただし, マトリックスにあったクエン酸回路とは異なり, 電子伝達系はミトコンドリア内膜 (ミトコンドリア内膜のひだ状になったクリステという部分) にある.

　これらの膜には, 容易に還元および酸化される分子が埋め込まれている. これらの電子伝達体 (すなわちエネルギーの伝達体) は互いに接近しており, エネルギー勾配があるため次々に電子を授受する (図 2・35). 電子伝達系は, 電子を受け取る分子の電気陰性度がより高く, したがって電子を引きつける力がより強いため, 電子はある伝達体から別の伝達体に受け渡される. この授受の過程で, エネルギーの放出が起こる. 電子伝達系を下っていく電子は, 細胞呼吸の前の段階で生成した補酵素 NADH と FADH$_2$ が運んでくる.

　図 2・35 で明らかなように, 電子が一つの伝達体から別の伝達体に移動するときに, ギブズエネルギー[*] が低下している. 以下の点が重要である.

- FADH$_2$ は NADH よりも低いギブズエネルギーをもって電子伝達系に入るので, NADH が 3 分子 (最大値) の ATP の生成を可能にするのに対して, FADH$_2$ は 2 分子 (最大値) の ATP の生成を可能にする.
- 電子伝達系の最後で, エネルギーを失った電子が酸素と結合する.

　酸素は電気陰性度が非常に高く, したがって電子を強く引きつけるため, 最終的な電子受容体となる. 電子が酸素と結合するとき, 水溶液からの二つの H^+ も結合し, 水が生成する.

　電子伝達系によって放出されたエネルギーを使って ATP が合成される過程は, 化学浸透 (chemiosmosis) とよばれる. 化学浸透は, H^+ の移動を伴い, ADP をリン酸化するエネルギーを提供する. このタイプのリン酸化は電子伝達系を利用して, NADH や FADH$_2$ の酸化と共役するため, 酸化的リン酸化 (oxidative phosphorylation) とよばれる. すでに述べた解糖やクエン酸回路での基質レベルのリン酸化は, 電子伝達系を含まない.

　ここでミトコンドリアの内部構造を確認することが重要である. 図 2・36 の, 左側に示している三つの領域, 膜間腔 (intermembrane space, 内膜と外膜の間の空間), ミトコンドリア内膜 (inner mitochondrial membrane), ミトコンドリアマトリックス (mitochondrial matrix) に注意してほしい. また, H^+ がマトリックスから膜間腔に送り出されていることにも注意してほしい. H^+ を能動輸送で汲み上げるためのエネルギーは, 電子が電子伝達系を通って移動する際にしだいにエネルギー準位が下がっていくことで供給される. これにより, 内膜 (クリステの膜) の両側の H^+ 濃度に違いが生じる (脂質二重層はイオンを透過させない). 膜間腔の H^+ 濃度が高くなると, これらのイオンは ATP 合成酵素のチャネルを通って受動的に移動し, ミトコンドリアマトリックスに戻る. H^+ が ATP 合成酵素のチャネルを移動するとき, ATP 合成酵素はそのエネルギーを使用して, ADP のリン酸化を行う.

細胞呼吸における ATP 合成の要約

　細胞呼吸における ATP の合成を, 解糖, クエン酸回路, および電子伝達系という三つの主要な過程別にまと

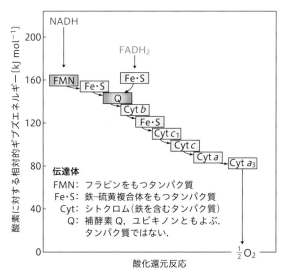

図 2・35 　電子伝達系の酸化還元反応.

伝達体
FMN: フラビンをもつタンパク質
Fe・S: 鉄–硫黄複合体をもつタンパク質
Cyt: シトクロム(鉄を含むタンパク質)
Q: 補酵素 Q, ユビキノンともよぶ. タンパク質ではない.

---

　* 　訳注: 生きている細胞のように系全体が等温等圧である条件で, その系がもつエネルギーのうち, 仕事をすることのできる部分のことを指す. かつてはギブズの自由エネルギーともいった.

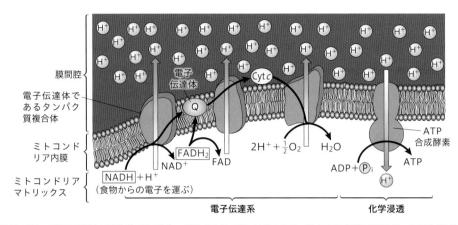

図 2・36　電子伝達系と酸化的リン酸化．酸化的リン酸化はミトコンドリアの内膜で起こる．電子伝達体の
イオンポンプとしての作用が膜間腔の H^+ 濃度を高くする．この H^+ の集積が ATP 合成酵素を通って H^+ を
移動させる．ATP 合成酵素は H^+ 流入のエネルギーを，ADP とリン酸の結合に共役させて ATP を合成する．

表 2・9　細胞呼吸の過程

過　　程	消費する ATP	合成される ATP	正味の ATP 獲得
解糖系	2	4	2
クエン酸回路	0	2	2
電子伝達系と化学浸透	0	32[†]	32
合　　計	2	38	36

†　訳注: 解糖系で合成された NADH はミトコンドリア内に輸
送されなくてはならない．NADH はミトコンドリア内膜を通過
できないので，シャトルとよばれる輸送系が使用される．肝臓
ではリンゴ酸-アスパラギン酸シャトル，筋ではグリセロール
シャトルが働いている．前者はミトコンドリア内で NADH を
再生するが，後者は $FADH_2$ になる．したがって電子伝達系・
化学浸透で合成される ATP 量に違いが生じる．ここの 32 と
いう値は筋の場合である．肝臓のシャトルを使えば 34 となる．

めたのが表 2・9 である．

　理論的には 36 個の ATP が細胞呼吸によって生成さ
れるが，実際には 30 個程度となる*．これは，一部の
プロトンが ATP 合成酵素のチャネルを経由せずにマト
リックスに戻るためと考えられる．また，H^+ の移動に
よるエネルギーの一部は，ピルビン酸をミトコンドリア
に輸送するためにも使用される．細胞呼吸によって生成
される 30 個の ATP は，グルコースの化学結合に存在
するエネルギーの約 30% を占める．エネルギーの残り
は，熱として細胞から失われる．

$$C_6H_{12}O_6 + 6\,O_2 \longrightarrow 6\,CO_2 + 6\,H_2O + $$
$$エネルギー（ATP または熱として）$$

練 習 問 題

17.　細胞呼吸の代謝経路のうち，すべての細胞に
　　共通なのはどの段階か．

18.　17 の段階は細胞のどの部位で起こるか．

19.　18 の部位であることは，なぜ理にかなっているの
　　か．

20.　なぜ私たちは酸素を吸って，二酸化炭素を吐き出
　　すのか．

21.　もし，出発材料として 1 個のピルビン酸だけを
　　使って細胞呼吸を行ったとすれば，何個の ATP が得
　　られるか．ただし，ATP 収量は最大値を使用せよ．

22.　ヒトの随意筋である横紋筋には，他の細胞と比べ
　　て，通常大量のミトコンドリアが存在している．こ
　　のことはどうして重要か．

23.　もし，NAD と FAD の両方が還元されたら，どち
　　らの方が電子伝達系と化学浸透を介して，より多く
　　の ATP を産生できるか．

24.　もし，H^+ がミトコンドリア膜のリン脂質二重層
　　を透過することを増加させる薬剤を服用したとした
　　ら，ATP 合成にどのような影響を与えるか．

25.　もしミトコンドリア内膜に ATP 合成酵素が存在
　　しなかったとしたらどんなことが起こるか．

章 末 問 題

1.　アミノ酸の基本構造を示せ．また，ペプチド結合に使
　　用される基に印をつけよ．　　　　　　　　　（計 4 点）

2.　次のグラフは化学反応でのエネルギーの変化を示して
　　いる．もしこの反応が酵素によって触媒されると，どの

*　訳注: 電子伝達系・化学浸透で合成される実際の ATP 量は，1 分子の NADH からは約 2.5 分子（理論的最大値は 3 分子），
　　1 分子の $FADH_2$ からは約 1.5 分子（理論的最大値は 2 分子）と推定されている．

ような変化が起こるか. 1つ選べ.

A Ⅰが増加する　　　　　B Ⅱが減少する

C ⅠとⅣが減少する　　D ⅡとⅢが減少する

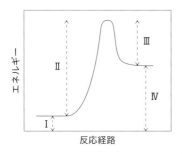

（計1点）

3. 水の沸点が比較的高い原因はなにか. 一つ選べ.

A 水分子間の水素結合

B 一つの水分子中の水素と酸素の間の水素結合

C 水分子とそれを沸騰させている容器の間の凝集力

D 一つの水分子中の水素と酸素の間の共有結合

（計1点）

4. 水の異なる特性が生物にそれぞれどのように重要かを簡潔に述べよ. （計5点）

5. 下図の分子について当てはまる語はどれか. 一つ選べ.

Ⅰ 単糖　　　　　　　　Ⅱ グルコース

Ⅲ トリグリセリドの成分

A Ⅰだけ　　　　　　　B ⅠとⅡだけ

C ⅡとⅢだけ　　　　　D Ⅰ, Ⅱ, Ⅲ

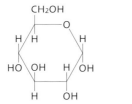

（計1点）

6. タンパク質の機能を四つ述べ, それぞれに例となるタンパク質の名称をあげよ. （計4点）

7. 下の図は呼吸経路の一部を示している. 下つきの数字は各分子の炭素数である.

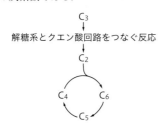

(a) (i) ピルビン酸とアセチル CoA はどれか. （1点）

(ii) 脱炭酸反応が起こる場所を<u>二つ</u>示せ. （1点）

(iii) 二酸化炭素以外にこの経路で生成する物質を<u>一つ</u>あげよ. （1点）

(b) この経路は細胞のどこで起こる反応か正確に述べよ. （1点）

（計4点）

8. ミトコンドリアのなかで二酸化炭素が生成する部位はどこか.

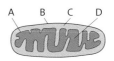

（計1点）

9. ミトコンドリアの電子伝達系で, 最後に電子を受け取るのはどれか. 一つ選べ.

A CO_2　　　　　　　B O_2

C H_2O　　　　　　　D NAD （計1点）

10. 酵素について正しい記述はどれか. 一つ選べ.

A 触媒反応によって使い果たされる

B アロステリック阻害剤は活性部位に結合する

C 反応の活性化エネルギーを下げる

D 反応の活性化エネルギーを供給する （計1点）

11. 好気呼吸において $NADH+H^+$ が果たす役割はなにか. 一つ選べ.

A 電子を電子伝達系に渡す

B クエン酸回路の中間体を還元する

C 電子伝達系から電子を受け取る

D 酸素と結合して水を生成する （計1点）

12. 解糖系で六炭糖（ヘキソース）はピルビン酸2分子に分解される. この経路の正しい順序はどれか. 一つ選べ.

A リン酸化 → 酸化 → 糖分解

B 酸化 → リン酸化 → 糖分解

C リン酸化 → 糖分解 → 酸化

D 糖分解 → 酸化 → リン酸化 （計1点）

13. 非競合阻害について正しいのはどれか. 一つ選べ.

	阻害剤は基質に似ている	阻害剤は活性部位に結合する
A	はい	はい
B	はい	いいえ
C	いいえ	はい
D	いいえ	いいえ

（計1点）

14. 好気呼吸の過程でピルビン酸がクエン酸回路へ入る前に起こる反応について正しいのはどれか. 一つ選べ.

A ピルビン酸が炭酸化, アセチル基が CoA と反応, $NADH+H^+$ を還元

B ピルビン酸が脱炭酸, アセチル基が CoA と反応, $NADH+H^+$ を生成

C ピルビン酸が CoA と反応, $NADH+H^+$ を生成

D ピルビン酸が脱炭酸, アセチル基が CoA と反応, $NADH+H^+$ を還元

（計1点）

3 ヒトの遺伝子と遺伝

本章の基本事項
- DNA は，遺伝情報を効率的に保存するのに最適な構造である．
- DNA に暗号として保存されている情報は mRNA 上にコピーされる．
- DNA から mRNA に移された情報は，アミノ酸配列に翻訳され，細胞が必要とするタンパク質を合成する．
- すべての生物は生命の設計図を親から受け継ぐ．
- 染色体は，その生物種が共有する遺伝子を，直線的な配列としてもつ．
- 遺伝子の受け継ぎ方には一定の法則がある．
- 遺伝子は連鎖している場合と連鎖していない場合があり，それに応じた遺伝の仕方がある．

生物を定義する最も重要な性質の一つは，自己再生産の能力である．生物が自己と同じ生物をつくり出すためには，その生物の形質を決定する遺伝子を複製し，次の世代に伝えなければならない．これは遺伝とよばれる．遺伝をつかさどるのは，DNA からなる遺伝子である．本章では，化学的物質としての遺伝子の構造，遺伝子が親から子へ伝わるしくみと様式，そして遺伝の過程で生じる変異が生物にどのような影響を与えるかを，考えてみよう．

3・1 DNA の構造

本節のおもな内容
- 核酸（DNA と RNA）はヌクレオチドのポリマーである．
- DNA と RNA は，鎖の数，構成する塩基，糖（ペントース）の種類が異なる．
- DNA は二重らせんで，二つの逆平行の鎖からなり，それらは相補的塩基対間の水素結合で結びついている．

- DNA の超らせん構造はヌクレオソームによってつくられる．
- DNA には，タンパク質をコードしないが，他の重要な機能をもつ領域がある．
- DNA の塩基配列決定は，サンガー法（ジデオキシ法）が最も有名である．

3・1・1 ヌクレオチド

自然界には**核酸**（nucleic acid）とよばれる，炭素をもつ物質群がある．主要な核酸としては，**デオキシリボ核酸**（deoxyribonucleic acid, **DNA**），**リボ核酸**（ribonucleic acid, **RNA**）がある．DNA と RNA は細胞の遺伝的な機能に関与している．

DNA と RNA はどちらも**ヌクレオチド**（nucleotide）とよばれる構成単位(モノマー)のポリマーである．個々のヌクレオチドはリン酸基，五炭糖，塩基（窒素を含む複素環式化合物のこと）の三つの部分で構成され，特定の位置で共有結合して機能的な単位となっている（図3・1）．

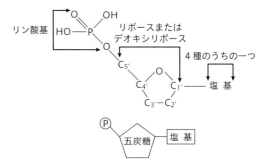

図 3・1　ヌクレオチドの構造．上の図はヌクレオチドの構造を結合位置を示して表示したものである．下の図はヌクレオチドの構成成分を模式化して示したものである．

リン酸基は DNA と RNA で同一である．しかし，**塩基**（base）は表3・1に示す5種類があり，ウラシルは DNA にはなく，RNA のみにある．一方，チミンは RNA にはなく，DNA のみに存在する．

糖は DNA と RNA で異なる．DNA では**デオキシリボース**（deoxyribose）であり，RNA では**リボース**（ribose）である．これらは非常によく似た分子であり，図3・2で □ の部分だけが異なっている．

3・1・2 モノマーとポリマー

モノマー（一つのヌクレオチド）が多数結合して DNA や RNA の長い鎖（ポリマー）を形成する.

図 3・3 では，隣接する各ヌクレオチドは，ヌクレオ

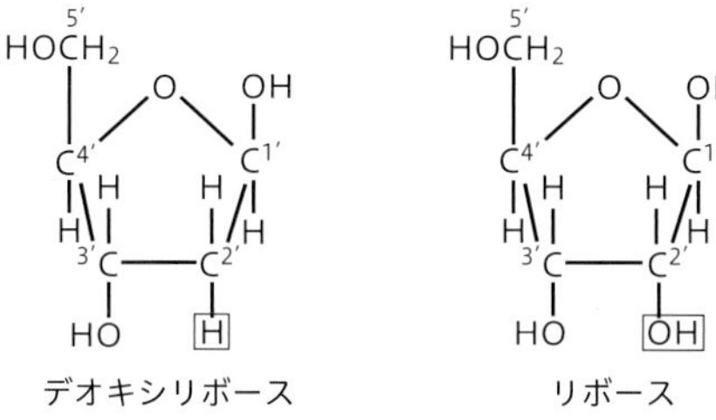

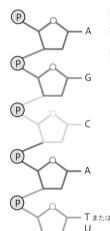

デオキシリボース　　　　リボース

図 3・2　ヌクレオチドの糖. 糖は塩基と結合しているときは，塩基の炭素の番号と区別するために，1′ のように数字に ′ を付ける. 結合していない糖の場合には ′ を付けない.

図 3・3　ポリヌクレオチドの構造. 五つのヌクレオチドが結合し，DNA または RNA の非常に短い断片を形成した状態.

表 3・1　5 種類の核酸塩基

RNA の塩基	DNA の塩基
アデニン（A）	アデニン（A）
ウラシル（U）	チミン（T）
シトシン（C）	シトシン（C）
グアニン（G）	グアニン（G）

チド構造を強調するために異なる色で描いている. 鎖は，糖-リン酸骨格が交互に繰返して構成され，塩基は糖-リン酸骨格から突出している. 糖の 3′ 炭素のヒドロキシ基と，糖の 5′ 炭素に結合したリン酸基の間に縮合反応が起こって水がとれ，ホスホジエステル結合が形成される. このようにして鎖が形成されるので，一方の端の 5′ の炭素はそれ以上ヌクレオチドを結合しておらず，もう一方の端の 3′ の炭素もそれ以上ヌクレオチドを結合していない. 新しいヌクレオチドが付加されるのは，常に 3′ 末端である.

ヌクレオチドがホスホジエステル結合でつながるとき，塩基の配列が一義的に決まり伸びていく. この順序には生命に不可欠な遺伝情報が含まれている.

3・1・3　一本鎖と二本鎖

RNA はヌクレオチドの単鎖（一本鎖）で構成されて

いる. 一方，DNA は 2 本の鎖（二本鎖）で構成されており，2 本の鎖は塩基間の**水素結合**（hydrogen bond）で互いに結合している. DNA も RNA も多数のヌクレオチドからなる. DNA の二本鎖を，はしごの構造にたとえて考えてみよう（図 3・4）. はしごの両側（縦木）は，リン酸と糖（デオキシリボース）で構成されている. はしごの横木（足をかける部分）は塩基で構成され

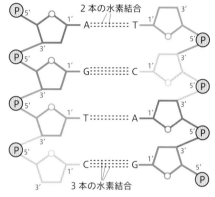

図 3・4　DNA の部分構造. 二本鎖 DNA 分子の一部分. 相補的塩基対の間で水素結合を形成する. 二本鎖を形成するそれぞれの一本鎖は互いに逆向きになっている. この状態を"逆平行"とよぶ. したがって，二重らせんの 2 本の鎖は逆平行で互いに相補性をもつといえる.

ている. はしごには 2 本の縦木があるため，各横木は二つの塩基からなる. 1 本の横木を構成する二つの塩基は，互いに決まった相手と対をつくりやすい. この性質を**塩基の相補性**（complementarity of bases）という. **相補的塩基対**（complementary base pair）は，アデニン（A）-チミン（T）とシトシン（C）-グアニン（G）である. A と G は**プリン**（purine）とよばれる二環式化合物である. C と T は**ピリミジン**（pirimidine）とよばれる単環式化合物である. 単環の塩基は常に二環の塩基と対になる. 水素結合が二つの塩基を結合するが，A と T は 2 本の水素結合を，C と G は 3 本の水素結合を形成する.

注意すべきは，図 3・4 の左の鎖の上端はリン酸基が結合した 5′ の炭素が末端となっていることで，これを 5′ 末端とよぶ. ここにはこれ以上何も結合していない. 同じ鎖の下端はヒドロキシ基が結合した 3′ の炭素が末端となっている（3′ 末端）. もう一方の右に描いてある鎖のリン酸基と糖をみると，左側の鎖とは反対に，上が 3′ 末端，下が 5′ 末端になっていることがわかる. このような 2 本の鎖の関係を**逆平行**（antiparallel）とよぶ. 2 本の鎖の電荷の作用により，DNA のはしごには特徴的なねじれが発生し，**二重らせん構造**（double helix）を形成する. この構造はワトソン（James Dewey Watson）

とクリック（Francis Crick）が 1950 年代に提案したものである．

3・1・4　遺伝物質としての DNA

　1952 年にハーシー（Alfred Hershey）とチェイス（Martha Chase）は，放射性同位元素を利用した実験を行って，DNA が遺伝物質であることを証明した．ハーシーとチェイスは，T2 とよばれるバクテリオファージと大腸菌を使用した．バクテリオファージは，タンパク質の外被（殻）と，内部の DNA（または RNA）* からなるウイルスであり，細菌に感染するのでこの名称がある．このウイルスが細菌細胞に感染すると，細胞の代謝系を利用して，自分と同じウイルスを増殖させる．ハーシーとチェイスはバクテリオファージを，二つの異なる培養系で増殖させた．一つの培地には ^{32}P を加えた．この培養系で生産されたウイルスは，内部にリンで標識された DNA を含んでいた．もう一つの培地には ^{35}S を加えた．この培養系で産生されたウイルスは，タンパク質外被が標識されていた．DNA には硫黄が含まれていないため，外被より内側には ^{35}S は検出されなかった．次に，^{32}P または ^{35}S で標識された 2 種類のバクテリオファージを大腸菌に感染させた．図 3・5 に示すように，^{32}P 標識バクテリオファージを感染させた大腸菌は，細胞内に放射能が検出された．しかし，^{35}S 標識バクテリオファージを感染させた大腸菌は，細胞内には放射能は検出されなかった．この結果からハーシーとチェイスは，タンパク質ではなく DNA がバクテリオファージの

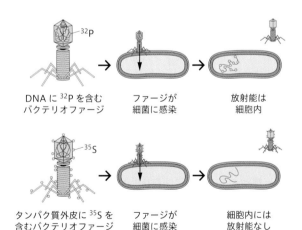

DNA に ^{32}P を含む　　ファージが　　　放射能は
バクテリオファージ　　細菌に感染　　　細胞内

タンパク質外皮に ^{35}S を　ファージが　　　細胞内には
含むバクテリオファージ　細菌に感染　　　放射能なし

図 3・5　ハーシー・チェイスの実験．ハーシーとチェイスの実験は，T2 バクテリオファージの DNA とタンパク質を標識するのに放射性同位元素（∘）を利用した．基本的な手順と結果を示す．

遺伝物質であると結論づけることができた．これ以前には，タンパク質が遺伝物質であるという考えが主流だったが，ハーシー・チェイスの実験結果が明らかになると，遺伝の研究は，核酸，特に DNA を中心に行われるようになった．

3・1・5　DNA のパッケージング

　真核生物の DNA 分子は**ヒストン**（histone）とよばれるタンパク質と結合している（図 3・6）．実際には数種類のヒストンがあり，それぞれが **DNA のパッケージング**（DNA packaging，DNA 収納）を助けている．この過程は非常に重要である．なぜなら，ヒトの一つの染色体中の DNA 1 分子は引き伸ばすと 4 cm もあるのに，細胞の核は顕微鏡的サイズだからである．

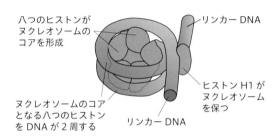

八つのヒストンがヌクレオソームのコアを形成

リンカー DNA

ヌクレオソームのコアとなる八つのヒストンを DNA が 2 周する

ヒストン H1 がヌクレオソームを保つ

リンカー DNA

図 3・6　ヒストン．ヒストンと DNA がヌクレオソームを形成する．

　折りたたまれていない DNA を電子顕微鏡で観察すると，糸でつながったビーズのような構造が見える．この一つ一つのビーズが**ヌクレオソーム**（nucleosome）である．ヌクレオソームは，四つの異なるヒストンがそれぞれ 2 分子集まって構成される．DNA はこれら八つのヒストンタンパク質に 2 回巻きついている．DNA は負に荷電しており，一方，ヒストンは正に荷電しているため，DNA はヒストンに引きつけられる．ヌクレオソームとヌクレオソームの間は，DNA 単独の鎖になっているが，このリンカー DNA とよばれる部分には上述のヒストンとは別の種類のヒストンがヌクレオソームに近接して結合していることが多い．この第五のヒストンは，DNA 分子のさらなるパッケージングをもたらし，最終的には高度に凝縮した（超らせん構造）染色体になる．

　DNA がヒストンのまわりに巻きつけられ，さらに複雑な構造に折りたたまれると，転写酵素が近づけなくなる．したがって，DNA の折りたたみは，転写調節に関与する．これにより，DNA 分子の特定の領域のみがタ

---

　* 訳注: バクテリオファージの種類によっては RNA を遺伝物質としてもつものもある．この実験では DNA をもつ T2 を用いた．

ンパク質合成を起こすことができる.

3・1・6 DNA 配列の種類

ゲノミクス（genomics，ゲノムについて研究する生物学）分野における急速な進歩により，現在，多くの生物の**ゲノム**（genome，ある生物がもつ遺伝情報の一そろい）が知られている．ゲノミクスには，全ゲノムの配列決定，解釈，比較が含まれる．国際的なプロジェクトであるヒトゲノム計画から，タンパク質を実際にコードしているのは DNA の 2% 未満であることがわかった．タンパク質をコードしていない DNA の領域には，遺伝子発現の調節因子として機能する領域，イントロン，テロメア，および転移 RNA（tRNA）をコードする遺伝子などが含まれる．DNA 塩基配列決定（シークエンシング）と関係する，DNA プロファイリング，PCR（ポリメラーゼ連鎖反応），およびゲル電気泳動については，§8・1 で説明する.

高度反復配列

ヒト DNA の大部分は反復性の高い配列で構成されている．これらの**反復配列**（repetitive sequence）は通常，反復配列あたり 5〜300 塩基対で構成されている．ゲノムあたりでは特定の型の繰返しが 10 万も存在する可能性がある．反復する単位が連続して並んでいる場合を**縦列型反復配列**（tandemly repeated sequence）とよぶ．一方，反復配列がゲノム全体に分散している場合を**散在性反復配列**（interspersed repeated sequence）とよび，これが反復配列の大部分を占める．現時点の知識では，散在性反復配列はなにもコードしていない転移因子で，しばしば**トランスポゾン**（transposon）とよばれ，ゲノムのある位置から別の位置に移動できる．これらの成分は，1950 年にマクリントック（Barbara MaClintock）によって最初に発見された．マクリントックはその発見により，1983 年にノーベル賞を受賞した．縦列型反復配列には，サテライト DNA（セントロメア近傍），ミニサテライト DNA（テロメア近傍），およびマイクロサテライト DNA が含まれる．こうした配列の一部は染色体構造の形成に重要な働きをもつと考えられている.

タンパク質をコードする遺伝子

染色体の DNA 分子の中には，コード機能（タンパク質合成を指令する機能）をもつシングルコピーの（ゲノム中に一つしか存在しない）遺伝子がある．それらは，リボソームでタンパク質を合成するために不可欠な塩基

配列をもっている．どの塩基配列の情報も，mRNA によって核からリボソームに運ばれる．ヒト染色体の完全な塩基配列を決定する作業は，1970 年代半ばに始まった．2001 年にヒトゲノム計画から発表された最初の情報により，タンパク質をコードする遺伝子は，DNA のわずか 2% 未満にすぎないということが明らかになった．遺伝子の塩基は，単語の文字のように固定された配列ではない．遺伝子は，タンパク質をコードする情報をもつ多数の断片と，その間に介在するタンパク質をコードしない断片とからできている．タンパク質をコードする断片は**エキソン**（exon，エクソンともいう）とよばれ，タンパク質をコードしない断片は**イントロン**（intron）とよばれる．エキソンとイントロンについては，転写と翻訳に関連して §3・3・3 で述べる.

ヒトの DNA の全長の中で，タンパク質をコードする領域は 1〜2%，イントロンは約 24%，高度反復配列は約 45% を占めている.

短縦列反復と DNA プロファイリング

DNA プロファイリング（DNA profiling，**DNA 型鑑定**）は，ヒトなどの生物について個体に固有の DNA パターンを得る過程である．私たち自身の DNA のほとんどは他の人の DNA と同一である．ただし，大きな変動を示す特定の領域がある．これらの領域の個体間の塩基配列の違いは**多型**（polymorphism）とよばれる．DNA プロファイリングで解析されるのはこれらの多型である．多型を解析するために，**短縦列反復**（short tandem repeat，略称 **STR**，マイクロサテライト DNA の一種）とよばれる，約 13 箇所の非常に特異的な遺伝子座（染色体上の位置）の配列がよく調べられる．STR は通常は 2〜5 塩基対で構成される*.

3・1・7 DNA の塩基配列決定法

1970 年代に，サンガー（Frederick Sanger）は，以下のような **DNA 塩基配列決定法**（DNA sequencing procedure，**DNA シークエンシング**）を開発した．現在ではポリメラーゼ連鎖反応（PCR）法とよばれる方法で増幅された DNA の断片を使用して配列決定を行う.

1. DNA の二本鎖を加熱して解離する．一本鎖断片を 4 本の異なる試験管に入れる．すべての試験管に，プライマー，DNA ポリメラーゼ，4 種のヌクレオチドを加える（§3・2・1 参照）.
2. 各試験管には，ジデオキシヌクレオチド（ddNTP）

---

*　訳注: 1 塩基だけが個体により異なる多型を一塩基多型（SNP，スニップ）という.

とよばれる特殊なヌクレオチドのどれか一つを少量加えておく．ジデオキシヌクレオチドが，DNA ポリメラーゼによって鎖に取込まれると，それ以上のヌクレオチド付加が阻害される．四つの異なるヌクレオチドがあるように，四つの異なるジデオキシヌクレオチドがある．それぞれの試験管には ddATP（アデニンヌクレオチドに対応するアデニンジデオキシヌクレオチド），ddTTP（チミンジデオキシヌクレオチド，以下同様），ddCTP，ddGTP のどれかを加えておく．

3. 新しい DNA 鎖の合成がプライマー[1] の 3′ 末端から始まり，ジデオキシヌクレオチドが付加されるまで続く．これらのジデオキシヌクレオチドは限られた量しか加えておかないが，それぞれ異なる部位で取込まれるので，さまざまな長さの鎖を組立てることができる．

4. 各試験管の DNA を電気泳動ゲルの異なるレーンに入れ，電気泳動を行う．次に，各レーンのバンドパターンを利用して，使用した DNA 断片の正確な塩基配列を決定する．

たとえば，図 3・7 はサンガー法（ジデオキシ法）によって DNA 塩基配列決定を行った一例である．図の上

部の塩基が書いてある部分が電気泳動を開始した点（原点）である．このヌクレオチド配列は CAGCGATTACGCTCAGGATCA となる[2]．一番下の C が最も小さい最初に阻害の起こったヌクレオチドで，それゆえ遠くまで泳動したことになる．

最近の DNA 塩基配列決定法は，より高速で安価である．ただし，ddNTP はここでも使用されている．上述の方法では，鎖の伸張を停止する 4 種類の ddNTP をそれぞれ異なる試験管に入れて反応させる必要があったが，4 種類の ddNTP をそれぞれ異なる色の蛍光色素で蛍光標識する改良法によって 4 種類の ddNTP を混合し

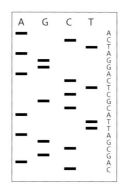

図 3・7　サンガー法の電気泳動．DNA 塩基配列決定法の一つ，サンガー法の手動での一例．

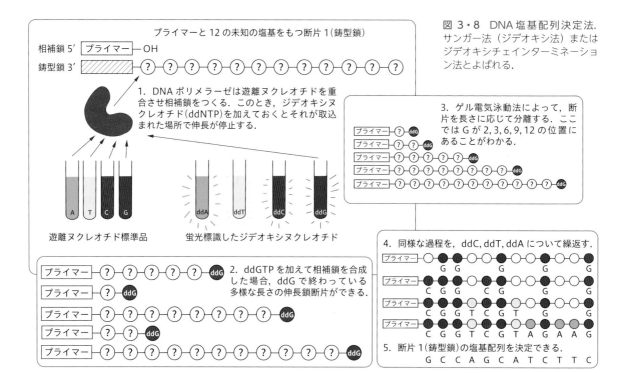

図 3・8　DNA 塩基配列決定法．サンガー法（ジデオキシ法）またはジデオキシチェインターミネーション法とよばれる．

---

[1]　訳注: プライマーは放射性標識をしておき，電気泳動された DNA 断片をオートラジオグラフで検出する．
[2]　訳注: この塩基配列は，解析される鎖に対して相補的な鎖の配列である．

た単一の反応系で解析することが可能となった. 図 3・8 ではわかりやすいように 4 種類の蛍光標識 ddNTP を個別に行った結果として説明されているが, 実際には同時に進行できる. この方法がヒトゲノム計画に関する結果をより速め, ヒト以外のゲノムの迅速で正確なマッピングをも可能にした*.

3・2 DNA の 複 製

本節のおもな内容

- DNA の構造は DNA 複製のしくみを示唆するものである.
- DNA 複製は複数の酵素の複雑なシステムによって遂行される.
- DNA ポリメラーゼは, プライマーの 3′ 末端にしかヌクレオチドを付加できない.
- DNA 複製はリーディング鎖では連続的に起こり, ラギング鎖では不連続に起こる.

ワトソンとクリックは DNA の二重らせんモデルを提案したとき, A–T と C–G の塩基の対合が DNA の複製のしくみであることに気づいていた. 二本鎖 DNA は一本鎖に分離され, それぞれの一本鎖が鋳型になると考えたのである. 彼らはこの考えを DNA 複製の半保存的モデルとよんだ. このモデルは, 1950 年代後半にメセルソン (Matthew Meselson) とスタール (Franklin Stahl) によって実験的に証明され, 半保存的複製 (semiconservative replication) とよばれる (図 3・9).

3・2・1 半保存的複製

DNA の複製 (replication) は, 複製起点 (replication origin, 複製開始点ともいう) とよばれる特別な場所で始まる. 細菌の DNA は環状であり, ヒストンはなく, 単一の複製起点をもっている. 真核生物の DNA は直線的で, ヒストンがあり, 非常に多くの複製起点がある. 多くの複製起点があることは, 真核生物の大きな染色体の複製を大幅に加速する. 複製過程の概要を以下に示す (図 3・10).

1. 複製は複製起点から始まり, 2 本の鎖が DNA ヘリカーゼの作用で巻戻され, ふくらんで泡 (バブル) のように見える.

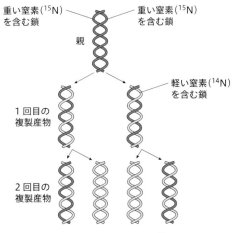

図 3・9 半保存的複製. 重い窒素 (^{15}N) を含む培地で培養した細菌は重い窒素だけを含む DNA をもつ. この細菌を次に軽い窒素 (^{14}N) だけを含む培地に移す. 1 回目の DNA 複製後には, DNA は軽い窒素と重い窒素の両方を含む. 2 回目の複製後には, DNA はすべて軽い窒素をもつか, あるいは両方をもつかのどちらかとなる.

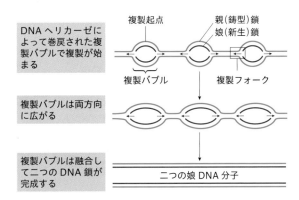

図 3・10 複製起点. 半保存的複製とは, 親となるそれぞれの DNA 鎖が鋳型として働いて, 相補鎖をつくり, 最終的には二つの同一な娘 DNA を形成することである. 真核生物の DNA は非常に長く, DNA 分子上の多くの複製起点から複製が開始される. このことにより複製を速い速度で進められる.

* 訳注: 最近では, "次世代シークエンシング" とよばれる, さらに高速に解析できる新たな技術が開発されている.

2. 複製バブルの両端には**複製フォーク**（replication fork）がある．これは二本鎖 DNA が開いた部分で，半保存的複製によって娘 DNA 分子を生成するために必要な，鋳型となる 2 本の親 DNA 鎖が準備される場所である．

3. 複製バブルは両方向に広がる．これは複製過程が両方向に向かうことを示している．複製バブルは最終的に互いに融合して，二つの同一の娘 DNA 分子を生成する．

DNA 新生鎖の伸長

DNA 鎖の生成は，以下のような過程で行われる．以下は主として細菌の例であり，真核細胞では詳細が異なっている．

1. 複製フォークでは，酵素プライマーゼの作用で**プライマー**（primer）がつくられる．プライマーは RNA の短い配列で，通常は 5〜10 ヌクレオチドの長さである．プライマーゼは，露出した鋳型 DNA 塩基と相補的な塩基をもつ RNA ヌクレオチドを結合していく．

2. 次に，酵素 **DNA ポリメラーゼ**（DNA polymerase）Ⅲが，5′→3′ 方向にヌクレオチドを付加して，DNA 鎖を伸長させる．

3. DNA ポリメラーゼ I が，5′ 末端からプライマーを削除し，DNA ヌクレオチドで置き換える．

伸長する DNA 鎖に付加される各ヌクレオチドは，デオキシヌクレオシド三リン酸（dNTP）分子である．この分子には，デオキシリボース，塩基（A，T，C，G），

および三つのリン酸基が含まれている．これらの分子が付加されるとき，リン酸基が二つ失われ，ヌクレオチドの化学結合に必要なエネルギーを供給する．

逆 平 行 鎖

DNA 分子は，2 本の逆平行鎖で構成されている．一方の鎖は 5′→3′ 方向で，もう一方は 3′→5′ 方向である．DNA ポリメラーゼⅢの特異性により，DNA 鎖は 5′→3′ 方向にしか伸長できない．したがって，2 本の鋳型鎖から新しい鎖を合成する過程には違いが生じる．3′→5′ 方向の鋳型鎖では，上記のように新しい DNA 鎖が形成される．この過程は連続的で，比較的高速であり，生成された鎖は，**リーディング鎖**（leading strand）とよばれる．もう一方の新しい鎖は，よりゆっくりと形成され，**ラギング鎖**（lagging strand）とよばれる．

ラギング鎖の形成には，DNA 断片と **DNA リガーゼ**（DNA ligase）とよばれるさらに別の酵素が関与する（図 3・11）．

1. リーディング鎖は，複製フォークにおいて，フォークの進行方向に向かい，5′→3′ 方向に連続的に形成される．

2. ラギング鎖は，複製フォークの進行方向から逆向きに，5′→3′ 方向につくられる断片によって形成される．

3. ラギング鎖の断片は，これを発見した岡崎令治にちなんで**岡崎フラグメント**（Okazaki fragment）とよばれる．

4. プライマー，プライマーゼ，および DNA ポリメ

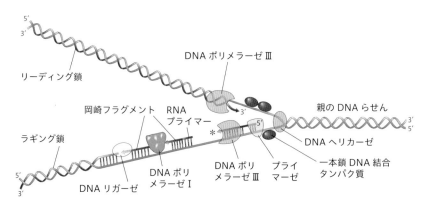

図 3・11　DNA の複製（大腸菌の場合）． 複製フォークにおいて，DNA ヘリカーゼが二重らせんをほどき，一本鎖を安定化する一本鎖 DNA 結合タンパク質が結合する．複製には連続的複製と不連続的複製の二つのしくみが関わる．連続的複製はリーディング鎖で起こる．プライマーゼが RNA プライマーを付加し，DNA ポリメラーゼⅢがリーディング鎖の 3′ 末端にヌクレオチドを付加する．次に DNA ポリメラーゼ I が RNA プライマーを DNA のヌクレオチドに置き換える．不連続的複製はラギング鎖で起こる．プライマーゼがラギング鎖の 5′ 末端の手前でプライマーを合成し，これに DNA ポリメラーゼⅢがヌクレオチドを付加していく（岡崎フラグメント）．DNA ポリメラーゼ I がプライマーを DNA に置き換え，最後に DNA リガーゼが岡崎フラグメントをラギング鎖に結合する．図では一番右にある＊をつけた岡崎フラグメントが最も新しく，つくられつつあるものである．

ラーゼ III は，ラギング鎖の各岡崎フラグメントの形成を開始する．これらは連続的に生成されるリーディング鎖の形成を開始するためにも必要である．

5. リーディング鎖では，プライマーとプライマーゼは最初の 1 回だけ必要で，その後は鎖が連続的に形成される．

6. 岡崎フラグメントが組立てられると，DNA リガーゼとよばれる酵素がラギング鎖フラグメントの糖-リン酸骨格を結合して単一の DNA 鎖を形成する．

複製に関与するタンパク質

DNA 複製の基本過程の研究は大腸菌を使って行われた．表 3・2 に大腸菌の DNA 複製に関与するタンパク質を示す．

真核生物での研究により，原核細胞と真核細胞での複製はほとんど同じであることがわかっている．真核細胞では，DNA ヘリカーゼが複数の部位で二本鎖を一本鎖にすると，酵素 DNA ジャイレースが DNA 二重らせん部分を安定化させる．

表 3・2 大腸菌の複製に関わるタンパク質

タンパク質	機 能
DNA ヘリカーゼ	複製フォークで DNA の二重らせんを巻戻す
プライマーゼ	RNA プライマーを合成する
DNA ポリメラーゼ III	プライマーにヌクレオチドを付加して新しい鎖を合成する（5′→3′ 方向）
DNA ポリメラーゼ I	プライマーを除去して DNA に置き換える
DNA リガーゼ	DNA 断片の最後と岡崎フラグメントを結合する

3・2・2 複製の速度と正確性

複製の過程はかなり複雑に見えるが，非常に速く進行し，1 秒あたり約 1000 ヌクレオチドが複製される．急速に分裂する原核細胞でもこの速度で間に合うが，真核細胞は，原核細胞と比較して非常に多くのヌクレオチドを含んでいるので，迅速な DNA 複製を達成するには，複数の複製起点が必要となる．

DNA の複製は非常に正確である．ほとんど誤り（変異）が発生しない．これは，複製されるヌクレオチドの膨大な数を考えると驚くべきことである．さらに細胞には，誤りが発生したときにそれを検出して修正する多くの修復酵素がある．これらの修復酵素は，化学物質や放射線などが DNA に損傷を与えた場合にも働く．

練 習 問 題

5. DNA の相補鎖を合成するのに使われるエネルギー源は何か．

6. もし，真核生物の染色体の複製起点が 1 箇所だけだとしたら，細胞周期にどのような影響を与えると考えられるか．

7. DNA 複製において必要な RNA プライマーの数を，リーディング鎖とラギング鎖で比較せよ．

3・3 遺伝情報の流れと転写

本節のおもな内容

- 転写とは，RNA ポリメラーゼによって DNA 塩基配列からコピーされた mRNA を合成することである．
- 転写は 5′→3′ 方向に起こる．
- ヌクレオソームは真核生物の転写を調節するのに役立つ．
- 真核細胞では転写後に mRNA の修飾が起こる．
- mRNA のスプライシングは，生物が生産できるタンパク質の種類を増やす．
- 遺伝子発現は，DNA の特定の塩基配列に結合するタンパク質によって調節されている．
- 細胞や生物の環境は遺伝子発現に影響を与える．

3・3・1 タンパク質合成の意味

DNA は，タンパク質合成を通じて細胞の活動を制御する．合成されるタンパク質のいくつかは酵素である．特定の酵素の合成（または特定の酵素が合成されないこと）は，細胞の全体的な代謝に劇的な影響を与える可能性がある．したがって，DNA は酵素の合成を通して，糖質，脂質，および核酸の代謝を間接的に制御することになる．タンパク質合成には，転写と翻訳という二つの主要な反応が含まれる．転写と翻訳は，§3・1 で説明した RNA という核酸を生成する反応，あるいはそれらを必要とする反応である．

3・3・2 分子生物学のセントラルドグマ

DNA 分子は核の中に隔離されているが，タンパク質は核の外側の細胞質で合成される．これは，酵素，リボソーム，およびアミノ酸が存在する細胞質に DNA の情報（コード）を運ぶ仲介分子がなければならないことを意味する．この分子はメッセンジャー RNA（messenger RNA, mRNA）とよばれる．

1956 年にクリックによって最初に提案された一連のアイデアは，セントラルドグマ（central dogma, 中心教義ともいう）とよばれ，情報が DNA 上の遺伝子から

コピーされた RNA に渡されると述べている．この RNA は，アミノ酸の配列を指定することにより，リボソームでのタンパク質の合成を決定する．このしくみは一方向であり，あらゆる形態の生命にとって基本的なものである．セントラルドグマは次のように表すことができる．

$$DNA \longrightarrow RNA \longrightarrow タンパク質$$

セントラルドグマの最初の矢印の過程は転写である．2 番目の矢印の過程は翻訳である．研究が進むと，セントラルドグマの例外が発見されたが，遺伝情報がこの方向に流れるという基本的な考え方に現在のところ変更はない．

3・3・3 転 写

転写（transcription）の過程は，ある遺伝子の DNA 領域が一本鎖に分離されたときに始まる．これは，DNA 複製における二本鎖の一本鎖への分離と似ているが，転写では，特定の遺伝子の DNA 領域のみが一本鎖に分離される．これによって，DNA の 2 本の相補鎖は，遺伝子の領域で一本鎖になる．RNA（mRNA を含む）は一本鎖分子であることを思い出してほしい．これは，2 本の DNA 鎖のうち 1 本だけが mRNA 分子を生成するための鋳型として使用されることを意味する．この過程の触媒として，**RNA ポリメラーゼ**（RNA polymerase）とよばれる酵素が使用される．核質（核内の液体部分）には，DNA 複製に使用される遊離ヌクレオチドに加えて，遊離の RNA ヌクレオチドも含まれている．

RNA ポリメラーゼは最初に DNA 鎖の**プロモーター**（promoter）とよばれる領域と結合する必要がある．DNA 複製では，DNA ポリメラーゼによる DNA の伸長は 5′→3′ の方向にのみ起こることを思い出してほしい．RNA ポリメラーゼについても同じことがいえる．遊離の RNA ヌクレオチドの 5′ 末端が，合成される RNA 分子の 3′ 末端に付加されるのである．

RNA ポリメラーゼが鋳型として機能する DNA 鎖に沿って移動すると，RNA ヌクレオチドは相補的な塩基対形成によって所定の位置に結合する．相補的な塩基対は二本鎖 DNA と同じであるが，DNA 上のアデニンが新しく形成された mRNA 分子上のウラシルと対になっている点が異なる．転写の重要な点は次の通りである．

- DNA の 2 本の鎖の一方だけがコピーされ，もう一方の鎖は使用されない．

- mRNA は常に一本鎖であり，特定の遺伝子のみの相補的コピーであるため，コピー元の DNA よりも短い．

どちらの DNA 鎖が鋳型となるのか

DNA の一方の鎖はもう一方の鎖と相補的であるため，両鎖の塩基配列には違いがある．転写に使われない DNA 鎖は，ウラシルの代わりにチミンを含むことを除いて，新しく転写された遺伝暗号を担う RNA と同じ配列をもっているため，**センス鎖**（sense strand，コード鎖ともいう）とよばれ，もう一方の転写中にコピーされる（鋳型となる）鎖はセンス鎖の反対という意味で**アンチセンス鎖**（anti-sense strand，非コード鎖，鋳型鎖ともいう）とよばれる*（図 3・12）．

図 3・12 転写過程における DNA 鎖．

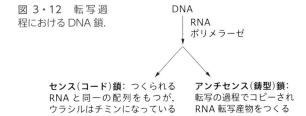

センス（コード）鎖: つくられる RNA と同一の配列をもつが，ウラシルはチミンになっている

アンチセンス（鋳型）鎖: 転写の過程でコピーされ RNA 転写産物をつくる

RNA ポリメラーゼがプロモーター領域に結合すると，転写のプロセスが開始される．DNA が開き，転写バブルとよばれる構造が形成される．RNA ポリメラーゼは，DNA の水素結合を切断して 2 本の別々の DNA 鎖を生成する酵素としても働くことに注意してほしい．転写バブルには，アンチセンス DNA 鎖，RNA ポリメラーゼ，および伸長中の RNA 転写産物が含まれている（図 3・13）．

DNA の二本鎖のうち，どちらがアンチセンス鎖となるかは遺伝子ごとに異なっている．それぞれの遺伝子のプロモーター領域が，どちらの DNA 鎖がアンチセンス鎖であるかを決定する．

伸 長 と 終 結

転写バブルは，DNA のプロモーター領域から**ターミネーター**（terminator）に向かって移動する．この過程は**伸長**（elongation）とよばれる．

伸長過程で付加される三つのリン酸とリボースを含むヌクレオシド三リン酸（NTP）は，アンチセンス鎖の露出した塩基と対合している．mRNA 鎖の重合は，RNA ポリメラーゼの触媒作用と，NTP からの二つのリン酸基の放出によって提供されるエネルギーによって

---

* 訳注: 遺伝子の DNA 配列を表記するときにはセンス鎖の塩基配列が用いられる．

進む.

　ターミネーターは，原核生物では，転写されると RNA ポリメラーゼを停止させる働きをする DNA の配列で，転写が停止すると，転写された RNA が鋳型 DNA から分離する.

　真核生物では，転写はターミネーターを越えてかなりの数のヌクレオチドまで起こる. 最終的に，転写された RNA は DNA 鎖から離れる.

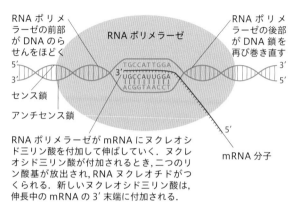

図 3・13　転写の過程. DNA は RNA ポリメラーゼによって 2 本の一本鎖に分けられる. センス鎖は新しくつくられる mRNA と同じ塩基配列をもっている. アンチセンス鎖が転写の鋳型となるので，RNA はそれと相補的な塩基配列をもつことになる.

mRNA の転写後修飾

　すでに学んだように，真核細胞の DNA は原核生物の DNA とは異なり，タンパク質をコードする領域（エキソン）の間に非コード領域（イントロン）が介在している. mRNA が形成されるときには，まず DNA 分子の全体の領域が転写されるため，最初に形成される RNA は，mRNA 前駆体または一次転写産物とよばれ，これにはエキソンとイントロンの両方が含まれている. 真核生物では，機能的な mRNA 鎖をつくるためにイントロンが除去される. イントロンが除去される過程は，**スプライシング**（splicing）とよばれる. スプライシング後に残っている mRNA の塩基配列はエキソンの塩基配列と同じである（図 3・14）.

　スプライソーム（spliceosome）は，核内低分子 RNA（snRNA）がタンパク質と結合して，核内低分子リボ核タンパク質（複数形で snRNPs，スナープスと発音する）をつくったもので構成されている. スプライソームがイントロンを除去する際に，どこをスプライシングする部位として選択するかが異なる場合があり*，

　その結果異なるエキソン配列となり，異なるタンパク質を生じる可能性がある. それにより，一つの遺伝子から合成されるタンパク質の種類が増える可能性がある.

　最終的な転写産物である mRNA（成熟 mRNA）の一端（5′ 末端）には，三つのリン酸を含む修飾グアニンヌクレオチドでできた**キャップ構造**（cap structure）がある. もう一方の端（3′ 末端）には，50〜250 個のアデニンヌクレオチドで構成される**ポリ(A)尾部**（poly(A) tail）が結合している. キャップとポリ(A)尾部は，成熟した mRNA を細胞質での分解から保護し，またリボソームでの翻訳効率を高めていると考えられる.

メチル化と遺伝子発現

　DNA を観察すると，不活性な DNA は，活発に転写

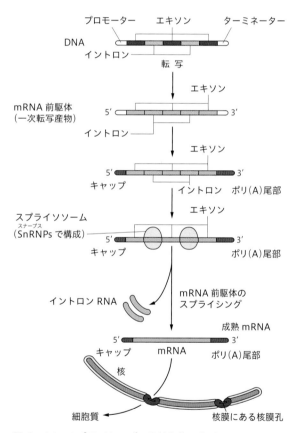

図 3・14　スプライシング. 真核生物における mRNA のスプライシング. DNA はイントロンとエキソンの両方を含む. 両方とも転写されて，mRNA 前駆体（一次転写産物）がつくられる. スプライシングの過程で，イントロンが除かれ，エキソンが"再配列"されることもある. そして，キャップ構造とポリ(A)尾部構造が両末端に付加され，成熟 mRNA となって核から細胞質へ輸送され，そこでタンパク質合成が起こる.

＊　訳注: これを選択的スプライシングという.

されている DNA と比較して通常高度に**メチル化**（methylation）されていることがわかる．メチル基は CH_3 で表される官能基である．メチル化の例は，哺乳類の雌で見られる．雌の体細胞では，通常，2 本の X 染色体のうち 1 本が不活性になっており，この不活性化 X 染色体は高度にメチル化されている．そして，より高度にメチル化された遺伝子は，多くの場合，転写されず発現しない．遺伝子がいったんメチル化されると，通常，多くの細胞分裂を経てもその状態が保持され，これにより，メチル化パターンが維持される．

タンパク質による遺伝子発現の調節

　多くの場合，遺伝子発現はタンパク質によっても調節されている．すべての細胞は多くの異なる種類の**転写因子**（transcription factor）をもっており，これらは，遺伝子のプロモーター領域での RNA ポリメラーゼの結合を助けることによって転写を調節するタンパク質である．また，遺伝子発現に影響を与える別の種類のタンパク質があり，**転写活性化因子**（transcription activator）とよばれる．転写活性化因子は DNA のループ化をひき起こして，転写活性化因子と遺伝子のプロモーター領域の間の距離を近づけ，これが遺伝子発現をもたらす．一方，サイレンサーとよばれる DNA 領域に結合するリプレッサータンパク質もある．このタンパク質は特定の領域の転写を抑制する．

環境と遺伝子発現

　遺伝子発現の調節には，環境の影響も関与する．最近のいくつかの研究は，同じ遺伝子型をもつヒトが異なる環境におかれたときに，異なる表現型を発現するという証拠を示している．イダグドール（Youssef Idaghdour）とギブソン（Greg Gibson）が行った最近の研究によると，都市部に住むヒトの集団では，農業地域よりもはるかに多くの呼吸器関連遺伝子が発現していることが示されている．かれらは，都市部の汚染物質は，通常は発現されない遺伝子を発現させ，気管支喘息や気管支炎などの病気を促進すると結論づけている．遺伝子発現に影響を与える他の環境要因についても研究が行われている．

練 習 問 題

8. 転写産物である mRNA が 5′→3′ 方向に形成されている場合，転写バブルは DNA アンチセンス鎖上をどの方向に移動するか．

9. 転写後の修飾を必要とするのは何の mRNA か．またその理由を説明せよ．

10. DNA（遺伝子）の断片を調べて，他の遺伝子よりも多くのメチル基が存在する場合，その遺伝子が生成するはずのタンパク質はどうなると考えられるか．

3・4　翻　訳

本節のおもな内容

- 翻訳とは，リボソーム上でのポリペプチドの合成である．
- ポリペプチドのアミノ酸配列は，mRNA の遺伝暗号によって決定される．
- mRNA の 3 塩基からなるコドンは，ポリペプチドの一つのアミノ酸に対応する．
- 翻訳は，mRNA のコドンと tRNA のアンチコドンの間の相補的な塩基対形成に基づく．
- 翻訳は，翻訳装置の組立てから始まる．
- ポリペプチドの合成は，同じ過程が繰返されて進む．
- 組立て装置は，翻訳の終了後に分解される．
- 遊離のリボソームは，おもに細胞内で働くタンパク質を合成する．
- 小胞体結合型リボソームは，おもに分泌タンパク質やリソソームのタンパク質を合成する．
- 原核生物では核膜がないので，転写されるとすぐに翻訳が起こる．

3・4・1　リ ボ ソ ー ム

　DNA の鋳型鎖から mRNA がつくられると，**リボソーム**（ribosome）において実際にタンパク質が合成される過程が開始できるようになる．

　この過程は**翻訳**（translation）とよばれる．これは DNA のことば（ACTG）をタンパク質のことば（20 種類のアミノ酸）に翻訳するという意味である．この過程の中心はリボソームであるため，まずリボソームの構造を知る必要がある．

　リボソームは電子顕微鏡で見ることができる．一つのリボソームは大きなサブユニットと小さなサブユニットからできている．それぞれのサブユニットは**リボソームRNA**（ribosomal RNA, **rRNA**）分子と多種類のタンパク質からできている．リボソームのタンパク質は小さいものが多く，RNA に結合している．リボソームは質量の約 3 分の 2 が rRNA で，真核細胞の**核小体**（nucleolus）で合成され，核膜孔を通って核から出る．原核細胞のリボソームは真核細胞のものよりも小さく，分子の構成にも違いがある．

　mRNA 鎖の遺伝暗号を解読してポリペプチドを合成

する反応は二つのサブユニットの間の空間で起こる．ここにはmRNAの結合部位と，tRNAの結合部位が三つある（図3・15，表3・3）．

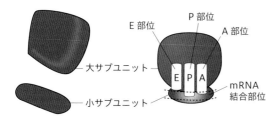

図3・15　リボソームの構造．リボソームのサブユニットとRNAの結合部位を示す模式図．

表3・3　リボソームのtRNA結合部位

部 位	機 能
A	ポリペプチド鎖に追加する次のアミノ酸をもっているtRNAを保持する
P	伸長中のポリペプチド鎖をもっているtRNAを保持する
E	アミノ酸が外れたtRNAがここから放出される

三つ組塩基からなるmRNAの**コドン**（codon）は，**転移RNA**（transfer RNA，運搬RNAともいう，**tRNA**）に存在する，コドンと相補的な**アンチコドン**（anticodon）と対をつくる．

ポリペプチド鎖は二つのサブユニットの間の空間の部分で組立てられる．この部分は通常タンパク質を含まず，mRNAとtRNAの結合はrRNAによって行われる．tRNAは3箇所の結合位置を連続的に移動する．すなわち，A部位からP部位へ，そして最後にE部位へと移動する．伸長したポリペプチド鎖は大サブユニットにあるトンネルを通って出ていく．

3・4・2　翻 訳 の 過 程

翻訳の過程は開始，伸長，転位，終結という段階を含む．これらの段階について考える前に，コドンについて知っておくことが重要である．すでに述べたように，コドンはDNAのもつ遺伝情報をmRNAを介してリボソームに運ぶ．コドンには64種類ある（トリプレットのそれぞれの塩基が4種類あるので，$4^3=64$となる）．このうち三つのコドンは対応するtRNAのアンチコドンをもたず，**終止コドン**（stop codon）として働く．一方，ポリペプチド鎖の合成を始める**開始コドン**（start codon，AUG）がある．このコドンはまた，アミノ酸のメチオニンを指定する．表3・4は64種類のコドン（mRNAのトリプレット）の意味をまとめたものである．

遺伝暗号表からいくつかのことがわかる．まず一つの

表3・4　遺 伝 暗 号 表

		U	C	A	G	
						2番目の位置
1番目の位置	U	フェニルアラニン	セリン	チロシン	システイン	U
						C
		ロイシン		終 止	終 止	A
					トリプトファン	G
	C	ロイシン	プロリン	ヒスチジン	アルギニン	U
						C
				グルタミン		A
						G
	A	イソロイシン	トレオニン	アスパラギン	セリン	U
						C
		メチオニン†		リシン	アルギニン	A
						G
	G	バリン	アラニン	アスパラギン酸	グリシン	U
						C
				グルタミン酸		A
						G

†　開始コドンとしても使われる．

アミノ酸に対応するコドンが一つ以上ある．これを遺伝暗号は**縮重**（degeneracy）しているという．また，遺伝暗号は普遍的である．すなわち，少数の例外を除いて，すべての生物が同じ遺伝暗号を共有している．このことにより，遺伝子工学で，ある種の生物の遺伝子を別の種の生物と交換することが可能となる．たとえば遺伝子工学により，ヒトインスリンをコードする遺伝子を細菌に入れて，細菌にインスリンをつくらせて，それを人が利用することが可能となる．

開 始 段 階

開始コドン（AUG）はすべてのmRNAの5′末端近くにある．それぞれのコドンは，三つの終止コドンを除いて，特定のtRNAに結合する．tRNAも他のすべての核酸の鎖と同様に5′末端と3′末端をもつ．tRNAの3′末端は塩基対を形成しておらず，CCAという塩基配列をもっている．ここがアミノ酸の結合部位である．一本鎖tRNAには相補的な塩基があるため，四つの領域で水素結合が形成される．これにより，tRNAは折りたたまれ，立体構造をとる．分子を平面的に描くと，三つ葉のクローバーに似た外観になる（図3・16）．クローバーの葉のループの一つに，露出したアンチコドンが含まれている．このアンチコドンは，tRNAの種類ごとに特異的である．mRNAの特定のコドンと対になるのはこのアンチコドンである．

20種類のアミノ酸は特異的な酵素によって，それぞれ適切なtRNAと結合する．20種類のアミノ酸がある

ので, 酵素も 20 種類ある*. それぞれの酵素の活性部位は, 特定のアミノ酸と特定の tRNA とだけに適合する. アミノ酸と tRNA が実際に結合するときにはエネルギーが必要で, これは ATP によって供給される. この段階のアミノ酸を活性化アミノ酸とよび, tRNA によってリボソームまで運ばれる.

つまり, 翻訳の開始段階は, 活性化アミノ酸, すなわちアンチコドン UAC をもった tRNA に結合したメチオニンが, mRNA とリボソームの小サブユニットに結合したときから始まる.

小サブユニットは mRNA 上を開始コドン AUG に出会うまで移動していく. この接触が翻訳過程を開始する. 開始コドンと開始 tRNA の間に水素結合が形成される. 次にリボソームの大サブユニットがこれらに結合し, 翻訳開始複合体を形成する. 開始複合体に結合するタンパク質は翻訳開始因子とよばれ, 結合にはグアノシン三リン酸 (GTP) のエネルギーを必要とする. GTP は ATP とよく似た高エネルギー化合物である.

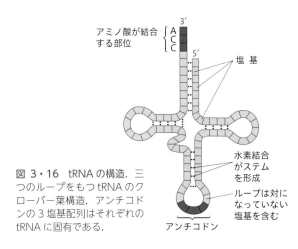

図 3・16　tRNA の構造. 三つのループをもつ tRNA のクローバー葉構造. アンチコドンの 3 塩基配列はそれぞれの tRNA に固有である.

伸 長 段 階

開始過程が完了すると**伸長** (elongation) が始まる. 伸長段階では, tRNA が mRNA のコドンで指定された順序でアミノ酸を mRNA-リボソーム複合体に運ぶ. 伸長因子とよばれるタンパク質は, tRNA が A 部位で mRNA の露出したコドンに結合するのを助ける. 開始 tRNA は P 部位に移動する. リボソームは, ポリペプチド形成領域に運ばれてきた隣接するアミノ酸の間にペプチド結合 (図 3・17) を形成するのを触媒する.

転 位 段 階

転位 (translocation) は実際には伸長段階で起こり, tRNA が mRNA のある部位から別の部位へ移動する. まず, ある tRNA が A 部位と結合する. 次に, そのアミノ酸に, 伸長中のポリペプチド鎖がペプチド結合によって付加する. これにより, ポリペプチド鎖が A 部位で tRNA に結合し, その後, その tRNA は P 部位に移動する. その結果, ポリペプチド鎖は新しい tRNA に移され, A 部位は空になる. ポリペプチド鎖が外れた tRNA は E 部位に転送され, そこでリボソームから外れる (図 3・15 参照). このプロセスは 5′→3′ の方向で行われる. したがって, リボソーム複合体は mRNA に沿って 3′ 末端に向かって移動していく (図 3・18). 開始コドンが mRNA の 5′ 末端近くにあったことを思い出してほしい.

終 結 段 階

終結 (termination) 段階は, 三つの終止コドンのどれか一つが空の A 部位に現れたときに始まる. 次に, 解離因子 (終結因子) とよばれるタンパク質が A 部位に結合する. 解離因子はアミノ酸を運んでおらず, P 部位にある tRNA とポリペプチド鎖をつなぐ結合の加水分解を触媒する. これにより, ポリペプチドが切断され, リボソームから離れる. 次にリボソームは mRNA から脱離し, 二つのサブユニットに分かれる.

終結段階で, 翻訳は完了する. この時点で, mRNA がリボソームから脱離し, すべての tRNA が mRNA-リボソーム複合体から脱離し, タンパク質がリボソームから放出される. 合成されたタンパク質には, いくつかの異なる目的地がある. タンパク質が遊離リボソームによって合成される場合, タンパク質はおもに細胞内で使用される. また, タンパク質が小胞体 (ER) に結合したリボソームによって合成される場合, それらはおもに, 細胞から分泌されるか, リソソームで使用される.

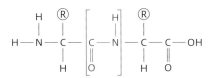

図 3・17　ペプチド結合. ペプチド結合 (赤で示す部分) は水が取れて形成される. この過程は縮合とよばれる.

---

*　訳注: この酵素をアミノアシル tRNA 合成酵素とよぶ. 20 種類のアミノ酸それぞれに対して少なくとも一つの酵素が存在する (ヒトでは 36 種類くらい存在する).

図 3・18　翻訳過程. リボソームが mRNA の 3′ 末端へ向かって移動するに従ってアミノ酸の鎖が形成される.

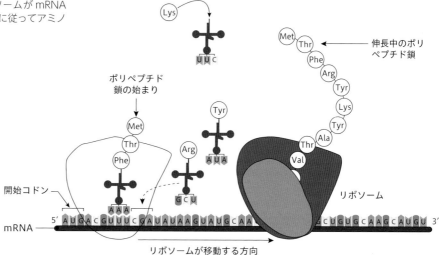

11. 翻訳の過程で働く 3 種類の RNA の機能について説明せよ.

12. 1 本の mRNA に多数のリボソームが結合しているものをポリソームという. 細胞や個体にとってポリソームはどのような利点があるか.

13. tRNA の構造を平面的に描いて, 3′ と 5′ 末端, アンチコドン, およびアミノ酸が結合する部位を明示せよ.

14. 次に示す DNA の塩基配列（アンチセンス鎖）が決めるアミノ酸の配列を書け.

TACCGTGCATAGAAAATC

3・5　遺伝子とゲノム

本節のおもな内容

- 遺伝子とは, ある長さの DNA で構成され, 特定の形質に影響を与える遺伝因子である.
- 遺伝子は染色体の特定の場所を占める.
- 対立遺伝子は, ある遺伝子のさまざまな変異型である.
- 対立遺伝子同士は, 一つかあるいは少数の塩基が異なっている.
- 新しい対立遺伝子は変異によって生じる.
- ゲノムとはある生物のすべての遺伝情報の全体である.
- ヒト遺伝子の全塩基配列は, ヒトゲノム計画によって決定された.

3・5・1　遺伝子と遺伝子座

遺伝子（gene）とは, ある長さの DNA で構成され,

特定の**形質**（character）に影響を与える遺伝因子である. "遺伝" とは親から子へ伝わることで, "形質" とは髪の色とか血液型のような遺伝的な性質を示す用語である. ヒトはおよそ 21 000 個の遺伝子をもち, それらは染色体上に配列している.

　ある特定の形質の遺伝子は, 染色体上で決まった位置を占め, それを**遺伝子座**（locus, 複数形 loci）とよぶ（図 3・19）. 染色体については §3・6 で詳しく述べる.

図 3・19　遺伝子座. 遺伝子座はある遺伝子が占める染色体上の特定の位置である.

　遺伝学者が DNA の配列を解析するとき, 各配列の遺伝子座を注意深く染色体上に位置づける. 研究が進み, 特定の配列が特定の遺伝因子を制御していることが明らかになった場合, その遺伝子の遺伝子座はのちの研究に役立つよう記録保存される. たとえば, 現在, 科学者たちは色覚を可能にするタンパク質である**トランスデューシン**（transducin）を指令する遺伝子の遺伝子座が 1 番の染色体にあることを知っている. この遺伝子の変異は, 眼から脳へ色に関する情報を伝達するのに必要なタンパク質トランスデューシンを適切に合成できなくする. その結果, ヒトはカラー映像を見ることができなくなる. これは, 1 色覚とよばれる非常にまれな遺伝的状態である. "色を見る能力は遺伝形質である" と言うとき, そのヒトの DNA は色覚を可能にするための DNA 配列をもっているか, もっていないかのどちらかである

（図3・20）.

　各遺伝子は二つのコピーをもっていることを思い出してほしい．母親由来のコピーと父親由来のコピーである．その結果，たとえば，1番染色体の二つのコピーの一つにあるトランスデューシン遺伝子の遺伝子座を見つけられれば，1番染色体のもう一つのコピーの同じ遺伝子座に同じ遺伝子を見つけられることになる．一つは母親由来で，もう一方は父親由来である．しかし，それらの遺伝子が同一であるかといえば，必ずしもそうとは限らない．なぜなら遺伝子にはさまざまな型があるからである．

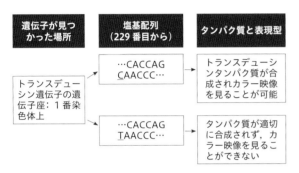

図 3・20 DNA の塩基置換と形質．C があるか T があるかは色覚に大きな影響を与える．

3・5・2 対立遺伝子

　一つの遺伝子座における異なる遺伝子の型を**対立遺伝子**（allele，**アレル**ともいう）とよぶ．対立遺伝子は遺伝子の一つの特定の形態であり，一つまたは数塩基だけ他の対立遺伝子とは異なっている．上記のトランスデューシンと色覚の例では，最も一般的な対立遺伝子（235番が C）とまれな変異対立遺伝子（235番が T）の間の一つの塩基対の違いだけで，色を区別できるかどうかが決まってしまう*．これらの遺伝子の型の違いは，単一の形質，たとえばカラー映像で見る能力という形質についての変異体を生じさせる．この例では，色覚がカラーか白黒かという違いである．同じ形質の二つの対立遺伝子間の違いの別の例は，次に述べる嚢胞性線維症である．

嚢胞性線維症

　体液の水分の適切なバランスを維持することは，健康のために不可欠である．そのような体液の一つが**粘液**（mucus）で，肺や腸を含む体の多くの部分で機能する，粘り気がありぬるぬるした物質である．7番染色体にある *CFTR* とよばれる遺伝子は，粘液の産生に重要な役割を果たす．この遺伝子の標準型（野生型遺伝子）は，ヒトの粘液産生細胞を適切に機能させるが，*CFTR* 遺伝子の突然変異によって生じる対立遺伝子は嚢胞性線維症（cystic fibrosis）をひき起こす．この病気のヒトは，さまざまな臓器で過剰に粘り気の強い粘液を生成し，合併症のなかでもとりわけ，呼吸器系および消化器系に問題を起こす．この例では，形質は粘液産生であり，一つの対立遺伝子は成分バランスの取れた粘液を生産し，もう一つは嚢胞性線維症につながる過剰な粘り気の粘液産生を起こす．子が両親からこの状態を受け継ぐ可能性を計算する方法については後述する（§3・7参照）．

3・5・3 一塩基の置換がもたらす影響

　DNA の転写と翻訳の節で述べた，遺伝暗号の各文字が決まった場所にあることがいかに重要であるかを思い出してほしい．何らかの理由で，一つまたは複数の塩基（A，C，G，T）が間違った場所に置かれたり，別の塩基に置き換えられたりすると，劇的な結果を生む可能性がある．嚢胞性線維症でみたように，遺伝子の型の違い（*CFTR* 遺伝子の変異対立遺伝子と変異のない対立遺伝子）が，臓器の違い（健康な臓器と，過剰な粘液の産生によって機能が阻害された臓器）となる可能性がある．

　塩基変化の別の例は，*ABCC11* 遺伝子にみられる．この遺伝子は複数の形質に関わっており，そのうちの一つは，生成する耳垢が湿っているか乾いているかである．灰色の薄片状で砕けやすい乾燥した耳垢を生成するヒトもいれば，より湿った琥珀色の耳垢を生成するヒトもいる．これを決定する遺伝子は16番染色体上にあり，二つの対立遺伝子がある．G（グアニン）型は湿った耳垢をコードし，A（アデニン）型は乾いた耳垢をコードする．湿型耳垢を生成する G を含む対立遺伝子は，ヨーロッパとアフリカの集団ではより一般的であるが，A を含む対立遺伝子はアジア人の間でより一般的である．なぜこれが遺伝学者にとって興味深いのだろうか．一つには，それは人類が過去にどのように移動し，交配したかについて多くのことを明らかにすることができるからである．それはまた私たちの健康に関わることも明らかにする．奇妙に思われるかもしれないが，*ABCC11* 遺伝子は，脇の下の汗のにおいや母乳の生成にも部分的に関与

＊　訳注：色覚異常の多くは，光受容器を構成するオプシンというタンパク質の遺伝子変異によって起こる．また，受容体は正常でも，眼から脳へ情報を伝えるトランスデューシンというタンパク質の遺伝子変異によっても起こる．視細胞には，桿体細胞と錐体細胞（色を感知する）があり，この場合は，錐体細胞特異的なトランスデューシンのαサブユニットの変異が原因になる．

しており，乳がんに関連している可能性もある．ほとんどの女性は，自分が乾いた耳垢の遺伝子と湿った耳垢の遺伝子のどちらをもっているかはおそらく気にしないであろうが，乳がんになる可能性を減らすことができる対立遺伝子をもっているかどうかには，大きな関心をもつだろう．

集団において遺伝子の違いはどのように形成されるのだろうか．ここで突然変異のしくみをみていこう．

3・5・4 新しい対立遺伝子の起原

以下の二つの DNA 配列は，赤血球の**ヘモグロビン**（hemoglobin）を合成する遺伝情報をもつセンス鎖（コード鎖）に由来する．

DNA 1　GTG CAC CTG ACT CCT GAG GAG
DNA 2　GTG CAC CTG ACT CCT GTG GAG

DNA 配列 1 では 6 番目のコドンの 2 番目の位置には塩基 A があるが，DNA 配列 2 の同じ位置にあるコドンでは塩基が T に変わっている．DNA の二本鎖が分離して，アンチセンス鎖（鋳型鎖）から mRNA が生成されるとき，その配列は以下のようになる．

mRNA 1　GUG CAC CUG ACU CCU GAG GAG
mRNA 2　GUG CAC CUG ACU CCU GUG GAG

遺伝暗号表（表 3・4）から，mRNA 配列 1 の 6 番目のコドン（GAG）に対応するアミノ酸はグルタミン酸であり，mRNA 配列 2 ではバリン（GUG）であることがわかる．

もとの DNA 塩基配列の 1 文字だけの誤りによって，配列 2 のアミノ酸の組成がどのように変化したかに注目しよう．これにより，結果としてつくられるタンパク質の組成と構造に変化が起こるだろう．それはちょうど家を建てるために使用されるレンガの形と組合わせが変われば，家の形（したがって構造的な完全性）が変わるのと同じである．DNA 塩基配列のこの種の変化は，突然変異によってひき起こされる．

突然変異

突然変異（mutation）は遺伝物質のランダムでまれな変化である．その一つの型は DNA の塩基配列の変化を含む．もし DNA 複製が正しく行われれば，このようなことは起こらないはずである（§3・2を参照）．しかし，自然は時に間違いを犯す．たとえば DNA の塩基配列中のアデニン（A）の位置に，チミン（T）が置かれてしまうことがある．このような変化が起こると，転写の過程で対応する mRNA の塩基配列が変化してしまう．

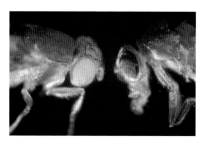

図 3・21　ショウジョウバエの眼の突然変異体．右が野生型で W 遺伝子をもち，左は劣性突然変異 w 遺伝子をもつ．W 遺伝子は性染色体上にあることがわかっている．

突然変異はときにははっきりした形質の変化をもたらす．図 3・21 に示すショウジョウバエのうち，右側は野生型で，赤い眼をもっている．左の突然変異体は，眼が白くなっているが，これは一つの遺伝子に生じた突然変異による．

嚢胞性線維症でみたように，変異した遺伝子はヒトの健康に悪い影響を与える可能性がある．しかし，時には変異が有益な作用をもつこともあり，それはその生物の存続にとって有利となる．

変異は善か悪か

CCR5 は，免疫系細胞がその表面で受容体として機能する特定のタンパク質をつくるのに関与する遺伝子である．この受容体はヒト免疫不全ウイルス（HIV）が細胞に感染するためにも利用する（HIV の説明については §5・1 を参照）．*CCR5* に変異があるヒトは，免疫系の細胞に一部が欠損した受容体タンパク質しかつくることができず，その結果，HIV が感染できない．これは，*CCR5* の対立遺伝子が変異しているヒトは生まれつき HIV 感染に対して抵抗性であることを意味する．このような突然変異は，ヒトの集団では非常にまれである．

個体や種の存続の可能性を高める突然変異は有益な突然変異であると考えられており，次世代に受け継がれる可能性が高い．対照的に，病気や死をひき起こす突然変異は有害な突然変異であり，個人の生存の可能性を減少するため，将来の世代に受け継がれる可能性は低くなる．有益な突然変異と有害な突然変異に加えて，種の生存に影響を与えない中立突然変異がある．

突然変異が世代から世代へと受け継がれると，それは新しい対立遺伝子になる．それはもとの遺伝子の新しい型である．これが，新しい対立遺伝子が形成されるしくみである．だれでも多くの突然変異をもっている．それらが有害になるか，有利になるか，中立になるかは，それが何の突然変異であるか，そしてそのヒトがどういった環境で生きていくかに依存する．

消化を助ける遺伝子

　ヒトは存在してきたほとんどの期間，狩猟採集民であり，私たちの遺伝子は概してこのライフスタイルによく適応している．もともと，すべての哺乳類と同様，私たちが母乳を飲んだのは，幼児のときだけだった．私たちの祖先は成人に達するまでに，牛乳を消化することができなくなった．より正確には，成人はラクトース（乳糖）とよばれる乳中の二糖を分解することができなかった．このことは今日のほとんどのヒトにも当てはまる．人類の半数以上がラクトース不耐症であり，乳児期にのみラクトースを消化することができる．しかし，過去1万年の間に，多くの人々が農業を基本としたライフスタイルを採用し，乳を得るための動物を飼育し，日常的に乳製品を消費してきた．多くの農耕社会の人々の遺伝子構成は，成人期を通してラクトースを消化することができる遺伝暗号を高い頻度でもっている．進化の観点からいえば，このことは，過酷な気候条件に耐えるヒトの能力を高める利点となった．ヨーロッパの個体群がヨーロッパの外，とくに北アメリカに広がり，集団として定着するときにラクトースに対する耐性（分解能力）と家畜をもたらした．

鎌状赤血球貧血

　1塩基が変化するタイプの突然変異は，塩基置換突然変異とよばれる．一つの塩基が変化すると，合成されるポリペプチド鎖に別のアミノ酸が組込まれる可能性が生じる．これは，生物にほとんどまたはまったく影響を与えないこともあるが，生物の身体的特性に大きな影響を与える可能性もある．

　ヒトでは，赤血球のヘモグロビンをコードする遺伝子に突然変異が見つかることがある．この突然変異はヘモグロビン分子を変形させ，真ん中にくぼみがある通常の平らな円盤とは非常に異なった形にする（図3・22）．

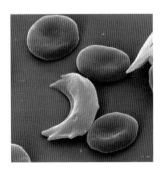

図3・22　鎌状赤血球．正常な円盤形赤血球と鎌状赤血球．

　変異した赤血球の特徴的な湾曲した形状は，発見した人に鎌を思い起こさせた．そのため，この突然変異から生じる状態は**鎌状赤血球貧血**（sickle cell anemia）とよ

ばれる．

　鎌状赤血球貧血をひき起こす突然変異は，塩基置換突然変異である．§3・5・4に示した二つの配列を振返ろう．DNA配列1は，正常な形の赤血球をつくるヘモグロビン遺伝子のDNA領域であり，DNA配列2は鎌形を生じる突然変異を示す．この場合，一つの塩基が別の塩基に置換された結果，ヘモグロビンの配列の6番目のコドンがGAGからGTGに変化する．その結果，翻訳中に，配列の6番目の位置に目的のアミノ酸であるグルタミン酸を付加する代わりに，バリンが付加される．

　バリンとグルタミン酸は形状と性質が異なるため，得られるポリペプチド鎖の形が変化する．この結果，ヘモグロビン分子は，鎌状赤血球貧血に付随する合併症をひき起こすようなさまざまな異なった性質をもつようになる．

　鎌状赤血球貧血の症状は，脱力感，倦怠感，息切れである．正常と異なる形の赤血球では，酸素を効率的に運ぶことができない．さらに，異常なヘモグロビンは赤血球内で結晶化する傾向があり，赤血球の柔軟性が低下する．鎌状に変形した赤血球は毛細血管に詰まる可能性があるため，血流が遅くなったり血管が塞栓したりするおそれがあり，これは患者にとって苦痛を伴う状態である．

　鎌状赤血球貧血に冒された人には，変異した遺伝子を子孫に伝える危険がある．人口統計学的観点からみると，変異した遺伝子は，おもに西アフリカまたは地中海に由来するヒトの個体群にみられる．

鎌状赤血球貧血の恩恵

　鎌状赤血球貧血は消耗性の疾患であるが，それをもっているヒトはマラリア感染に対して非常に抵抗性がある．マラリアは熱帯地域で発生する感染症である．マラリア原虫とよばれる寄生虫は，感染した雌のハマダラカがヒトの血液を吸うことでヒトの血液に感染する．マラリア原虫はヒトの赤血球を攻撃し，高熱と悪寒の症状をひき起こし，死に至る可能性がある．

　ヒトの赤血球の形に関して考えよう．ヒトは皆，赤血球の形に影響する遺伝子を2コピーもっている．一つは母親から受け継いだもので，もう一つは父親から受け継いだものである．正常な円盤状細胞の遺伝子を2コピーもって生まれたヒトは，円盤状の赤血球しかもたず，マラリア感染の影響を非常に受けやすくなっている．円盤状の赤血球を形成する遺伝子と鎌状の赤血球を形成する遺伝子を一つずつもっているヒトは，いわゆる鎌状赤血球形質をもっている．このようなヒトでは，血流中に鎌状の赤血球と円盤状の赤血球の両方があるが，ほとんど

の場合，貧血には悩まされない．貧血は赤血球量の低下の結果であり，皮膚の蒼白と激しい疲労感を特徴としている．鎌状赤血球形質をもつヒトは，鎌状赤血球のカリウムの量が不十分なため，マラリア原虫が死ぬのでマラリアに対する抵抗性がより高くなる．母親と父親の両方から鎌状赤血球遺伝子を受け継いだヒトは，鎌状赤血球しか生成できず，時には致命的となる重度の貧血に苦しむことになる．しかし一方で，マラリアへの抵抗性は最も高い．

3・5・5 ゲ ノ ム

　遺伝子の研究はどのようになっているのか．遺伝子はどこでなにをしているのか，どうすればそれがわかるのか．これらの質問に答える前に，過去数十年でかなりの進歩を遂げたとはいえ，ヒトの染色体地図はまだ完全ではなく，私たちがその機能を知らない多くのDNA配列があるという点を理解することが重要である．中世の地図製作者や探検家によって作成された地図では，地球の多くの部分は未知のままであり，テラ・インコグニタ（*terra incognita*，"未知の土地"を意味するラテン語）という言葉が刻まれていたことにたとえられるだろう．

ヒトゲノム計画

　1990年に，ヒトゲノム計画（Human Genome Project）とよばれる国際的な共同事業が，完全なヒトゲノムの配列決定に着手した．ある生物のゲノムとはその生物の全塩基の一覧であるため，ヒトゲノム計画で，ヒトDNAの全塩基（A，T，C，G）の順序を決定することが期待された．2003年，ヒトゲノム計画の解読完了が宣言された．現在，科学者たちは，どの配列が遺伝子を表し，どの遺伝子がなにをするのかを解読することに取組んでいる．ヒトゲノムは，23対の染色体のいずれか一つにある任意の遺伝子の遺伝子座を示すのに使える地図（マップ）と考えることができる．

　ヒトゲノムが解読される前は，100未満の遺伝子座が遺伝性疾患と関連して知られていた．解読が完了したのち，1400以上が知られ，今日ではその数は数千に上り，増え続けている．

　さらに，世界中の個体群の遺伝子構成を比較することにより，私たちの祖先について，そしてヒトの個体群がどのように移動し，時間の経過と共に他の個体群と遺伝子をどのように混合したかについて，数えきれないほどの事実を明らかにすることができる．

医薬品の開発（創薬）にDNAを利用する

　ヒトゲノムのもう一つの有利な用途は，新しい医薬品の開発である．この過程にはいくつかの段階が含まれる．

- 健康なヒトが体内で生成する有益な分子を見つける
- どの遺伝子が望ましい分子の合成を制御しているかを見つける
- その遺伝子をコピーし，それを"指示書"として用いて実験室で分子を合成する
- 有益な治療用タンパク質を，新しい治療法として広める

　これはSF小説ではない．遺伝子工学の会社はそのような遺伝子を日々発見している．現在の研究の一つは，老化（加齢）を制御する遺伝子である．老化の影響を逆行させ，寿命を数十年延ばすことができる分子があれば，人々は喜んで高い代価を払うだろう．

練 習 問 題

15. 対立遺伝子と遺伝子の違いはなにか．
16. なぜ真核生物の染色体は常に対になっているのかを説明せよ．

3・6 染 色 体

本節のおもな内容

- 原核生物は，環状DNAからなる1個の染色体をもつ．
- 原核生物にはプラスミドをもつものがあるが，真核生物にはない．
- 真核生物の染色体は，ヒストンと結合した線状のDNAである．
- 真核生物の種は，さまざまな遺伝子を含む，さまざまな染色体をもつ．
- 相同染色体は同じ遺伝子の配列をもっているが，それらの対立遺伝子は必ずしも同一とは限らない．
- 二倍体の核は相同染色体の対をもつ．
- 一倍体の核はそれぞれの対のうちの一つをもつ．
- 染色体数は，その種を構成する生物に特異的である．
- カリオグラムは，ある生物の相同染色体を，その長さが長いものから順に並べたものである．
- ヒトでは，性は性染色体によって決定される．常染色体は性決定には関与しない．

3・6・1 原核生物の染色体

　第1章で，細菌細胞の核様体領域は，1本の長く連続した環状DNA鎖が凝集してできていることを学んだ．したがって，この領域が細胞の制御と増殖に関与していることになる．

細胞　　　　　　　核　　　　　　染色体　　　　　　クロマチン　　　　　DNA

図 3・23　DNA のパッケージング. DNA が染色体へ折りたたまれる様子を示している.

1 個の環状染色体の存在は, 常に染色体が対をつくって存在する細胞とは状況が非常に異なることに注意してほしい. なぜこうなっているのだろう. 原核生物は二分裂によって増殖するが, 植物や動物のような生物はおもに有性生殖を行う（雄と雌が関わる）. 両親が関わるときには, 子孫の染色体は 1 本ではなく, 常に対をつくっている. 原核生物では親は一つだけなので, 染色体も一つだけである.

3・6・2　原核生物のプラスミド

大腸菌（*Escherichia coli*）など多くの原核生物（細菌）は, 細菌染色体とは異なる遺伝物質を含む小さい環状 DNA をもっている. この環状 DNA は**プラスミド**（plasmid）とよばれ, その細菌染色体との関わりはなく, 染色体 DNA とは独立に複製する. プラスミドは細胞が普通の状況にあるときには必要とされないが, 細胞が普通と異なる環境に適応する助けとなることがある. プラスミドはアーキアにもみられる.

§8・1 で述べるように, プラスミドは遺伝子工学で利用される. プラスミドを利用した遺伝子操作は, プラスミドをもたない植物や動物のような真核生物ではできない. 遺伝子組換え作物や動物を作製するには別の技術を使う必要がある（これについても §8・1 で述べる）.

3・6・3　真核生物の染色体

真核生物の DNA はほとんどの場合, **染色体**（chromosome）という形をとる. 染色体は細胞が生存するために必要な情報をもっていて, その情報が, 単細胞あるいは多細胞にかかわらず, 生物を存続させる. DNA は細胞の遺伝物質で, 特定の形質を次世代に引き継ぐことができる. 細胞が分裂していないときは, 染色体の構造は形成されておらず, **クロマチン**（chromatin, **染色質**）とよばれる形になっている（図 3・23）. クロマチンは DNA 鎖とヒストンというタンパク質からできている（§3・1・5 参照）.

表 3・5 に示すように, ほとんどの真核生物は複数の染色体対をもち, 各染色体は細胞に対するさまざまな一連の指令をもっている.

表 3・5　原核生物と真核生物の染色体の比較

	原核生物	真核生物
染色体の数	1	2 以上
形　態	環状	線状
ヒストン	なし[†]	あり
プラスミドの存在	存在するものがある	まったくない
対になっている	いいえ	は い

† 原核生物の中で, アーキア（古細菌）はこの表で細菌（バクテリア）と同じ性質をもつが, 唯一異なるのはヒストンの有無で, アーキアはヒストンをもつものがあるが細菌はもたない.

3・6・4　相同染色体と対立遺伝子

典型的なヒトの細胞においては, 46 本の染色体は**相同染色体**（homologous chromosome）とよばれる 23 対になる. 相同とは, 形と大きさが同じであることを意味し, これら 2 本の染色体は同じ遺伝子をもっている*. 図 3・24 の例は, ヒトに見られる 23 対の相同染色体の一つを示している.

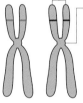

姉妹染色分体
セントロメア

図 3・24　相同染色体. 相同染色体は形と大きさが同じであり, 同じ遺伝子をもっているが, それぞれの染色体の短腕に異なる色で示してあるように, この遺伝子座の遺伝子は異なる対立遺伝子である.

同じ染色体が 2 本ある理由は, 1 本は父親から, もう 1 本は母親から由来するためである. 相同染色体の対は同じ遺伝子をもっているが, ある遺伝子について両親の対立遺伝子が異なる可能性があるため, 相同染色体は同一ではない. 図 3・24 では, 同じ遺伝子座に異なる色のバンドが含まれている. これは, この特定の遺伝子について, この個人が父親と母親から異なる対立遺伝子を得たことを示している.

図 3・24 に示されている 2 本の染色体はそれぞれが二つの部分からなっているように表されているが, これは DNA 複製の結果として各染色体が 2 倍になっているからである. 染色体は, それらを含む細胞が分裂の準備をしているときにのみこのように見える. この段階で

＊　訳注: Y 染色体は X 染色体と大きさも形も異なるが, 減数分裂の際に X 染色体と対合するので X 染色体と対をなす相同染色体とみなされる.

は，二つの青いバンドで示した領域は，セントロメアで付着した単一の染色体を形成する二つの姉妹染色分体の一部である．同様に，二つの赤いバンドで示した領域は二つの姉妹染色分体に属している．各染色分体には，長腕と短腕（この例では色つきのバンドが含まれている方）がある．これは，あとで細胞分裂中に姉妹染色分体が分離する過程で重要となる．姉妹染色分体は，分離すると2本の同一の染色体（娘染色体という）になるが，それらがセントロメアで付着している限り，単一の染色体の一部であるとみなされる．

3・6・5　二倍体と一倍体の細胞

二倍体（diploid）という用語は，相同染色体を対でもつ核を表す．ヒトのほとんどの細胞は二倍体細胞であり，そのような細胞の核には母親由来の23本の染色体と父親由来の23本の染色体が含まれている．一方，合計で23本の染色体しか含まない細胞もある．それは配偶子（gamete）とよばれる生殖細胞である．精子や卵子の染色体は対をつくっておらず，各対の染色体の一方のみをもっているので，一倍体（haploid, 半数体ともいう）といわれる．成体の動物細胞が一倍体になることはめったにないが，例外がある．たとえば雄のミツバチ，スズメバチ，アリの細胞は一倍体である．一般的にいえば，有性生殖を行う生物の細胞の大部分は二倍体であり，配偶子だけが一倍体である．

一倍体数は変数nで表されるが，これを使って，一つの核がもつことができる染色体のセット数を表すことができる．ヒトの卵子と精子では$n=23$であり，卵子が精子によって受精すると接合子（zygote, すなわち受精卵）が形成され，二つの一倍体核が融合して合計23+23=46本の染色体をもつようになる．他の生物種については表3・6を参照．

表 3・6　染色体数の比較

種	細胞の型と染色体の数	
	一倍体, n	二倍体, $2n$
ヒト（Homo sapiens）	23	46
チンパンジー（Pan troglodytes）	24	48
イエイヌ（Canis lupus familiaris）	39	78
イネ（Oryza sativa）	12	24
ウマカイチュウ（Parascaris equorum）	1	2

3・6・6　染色体数の種特異性

表3・6からわかるように，ヒトの染色体数は46であり，ウマカイチュウの数とは大きく異なる．遺伝学の研究室で最もよく研究されている線虫 Caenorhabditis

elegans には6本の染色体があり，$2n=6$, $n=3$ となる．同様にヒトのすべての体細胞は$2n=46$本の染色体をもっていると考えられ，染色体が欠落している（45以下）または余分な染色体をもって生まれる（47以上）ヒトもいるが，これらは例外ということになる．さらに，赤血球のように，核を含まず，染色体がない細胞もある．しかし，一般的にいえば，染色体の数は，それぞれの種に特異的である．

3・6・7　核型とカリオグラム

核型（karyotype）は，生物の種や個体，細胞に固有の染色体の数と形を示すもので，体細胞分裂中期（§1・4を参照）とよばれる細胞分裂の特定の段階由来の染色体の顕微鏡画像で表す．

カリオグラム〔karyogram, イデオグラム（idiogram）ともいう〕は，図3・25の写真のように，一つの細胞内の染色体を標準的な決まりに従って並べた模式図である．染色体は，その大きさと形状（おもにセントロメアの位置を基準にする）に従って順番に並べられる．カリオグラムは，ヒトの核型を示すためにも用いられる．

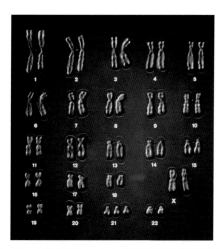

図 3・25　カリオグラム．ヒトの23対の染色体を示したカリオグラムである．この図からこの個人の核型についてなにがわかるだろうか．これは女性で，21トリソミー（ダウン症）であることがわかる．この写真の色は擬似カラーである．

3・6・8　性　決　定

ヒトの23番目の染色体対は，ヒトが男性か女性かを決定するため，性染色体（sex choromosome）とよばれる．他の22対とは異なり，X染色体とY染色体は大きさと形が非常に異なる．X染色体はY染色体よりも長く，より多くの遺伝子を含む（図3・27参照）．

ヒトの女性には2本のX染色体がある．女性が配偶子をつくるとき，卵子はそれぞれX染色体1本を含む

ことになる．ヒトの男性はX染色体1本とY染色体1本をもっている．男性が精子細胞を生成するとき，それら細胞の半分は1本のX染色体を含み，半分は1本のY染色体を含む．その結果，受精において卵細胞が精子細胞と出会うとき，常に，子が男子（XY）になる確率は50%，女子（XX）になる確率は50%になる（図3・26）．

　家族にすでに何人もの男子や女子がいても，この確率は変わらない．性染色体ではない染色体は，**常染色体**（autosome）とよばれる．つまり，ヒトは22対の常染色体と1対の性染色体をもっている（図3・27）．

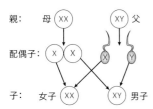

図 3・26 性決定．子の性の決定には，X染色体とY染色体が関わる．

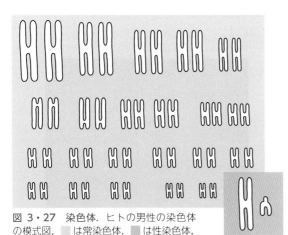

図 3・27 染色体．ヒトの男性の染色体の模式図．▓は常染色体．▒は性染色体．

　形質または遺伝子が常染色体性として記述されている場合，その遺伝子座は，性染色体ではなく，22対の常染色体の一つにある．遺伝子がどこにあるかによって，それが制御する形質が，男性と女性のどちらでより一般的であるかが決まる．形質が一方の性で他方よりも一般的である場合，その形質が性染色体に関連しており（伴性という），遺伝子座がX染色体またはY染色体のいずれかにある可能性が高い（§3・7・10参照）．女性と男性の間で形質の頻度に違いがない場合，それは常染色体性の形質である可能性が高い．

練 習 問 題

17. 染色体の図を描き，次の部分を表示せよ：姉妹染

色分体，セントロメア，遺伝子座の例．

18. 原核生物では，なぜ二倍体が存在しないのか．

3・7 遺 伝 の 法 則

本 節 の お も な 内 容

- 各遺伝子の二つの対立遺伝子は，減数分裂中に異なる一倍体の娘核に分離する．
- 配偶子の融合により，二つの対立遺伝子（等しい場合も異なる場合もある）をもつ二倍体の接合子を生じる．
- 優性（顕性）対立遺伝子は劣性（潜性）対立遺伝子の影響を覆い隠すが，共優性（共顕性）対立遺伝子では両方の形質が現れる．
- 遺伝子は，同じ染色体上にある場合，連鎖することがある．
- 多遺伝子形質の表現型は，連続的な変化を示す傾向がある．
- ヒトの多くの遺伝病は常染色体遺伝子の劣性対立遺伝子によるものであるが，いくつかの遺伝病は優性または共優性対立遺伝子によるものである．
- 性に関連している（伴性）遺伝病もある．

3・7・1 遺伝に関する重要な用語

　遺伝学（genetics）を理解するには，まず以下の用語を知っておく必要がある．

　遺伝子型（genotype）とは，生物がもつ対立遺伝子の組を記号で表したもので，通常は2文字で表示される．たとえば，*Bb*，*GG*，*tt* のように表す．一方，**表現型**（phenotype）とは，実際に発現した生物の特徴または性質のことで，たとえば，手の指が5本，2色覚，血液型がO などである．

　優性対立遺伝子（dominant allele，**顕性対立遺伝子**ともいう）は，同一の対立遺伝子と対になっていても，異なる対立遺伝子と対になっていても，表現型が同一になる対立遺伝子のことである．優性対立遺伝子は常に表現型に影響を与える．たとえば，遺伝子型 *Aa* は，対立遺伝子 *a* が覆い隠されているため，優性 *A* の形質を示す．**劣性対立遺伝子**（recessive allele，**潜性対立遺伝子**ともいう）は，ホモ接合状態（すぐ後で説明する）で存在する場合にのみ表現型に影響を与える対立遺伝子のことである．たとえば *aa* は，覆い隠す優性対立遺伝子がないため，劣性形質を生じる．**共優性対立遺伝子**（co-dominant allele，**共顕性対立遺伝子**ともいう）は，ヘテロ接合体（すぐ後で説明する）に存在する場合，両方が表現型に影響を与える対立遺伝子の組で，たとえば，巻き毛

の親と直毛の親の子は，両方の対立遺伝子が遺伝子型に存在する場合，両方が髪の状態に影響を与えるため，髪の縮れの程度が親とは異なる可能性がある．

遺伝子座（locus，複数形 loci）は，ある遺伝子が占める相同染色体上の特定の位置（図3・19，図3・28参照）のことで，各遺伝子は，特定の染色体対の特定の場所にある．

ホモ接合体（homozygote）とは，ある遺伝子について二つの同一の対立遺伝子をもつ個体のことで，たとえば，*AA* はホモ接合優性である遺伝子型であり（図3・28），*aa* はその形質に対してホモ接合劣性である個体の遺伝子型である．**ヘテロ接合体**（heterozygote）とは，ある遺伝子について二つの異なる対立遺伝子をもつ個体のこと（図3・29）で，これは，父方の対立遺伝子が母方の対立遺伝子とは異なる場合に起こる．たとえば，*Aa* はヘテロ接合遺伝子型である．

図3・28　ホモ接合体の染色体対（*AA*）．

図3・29　ヘテロ接合体の染色体対（*Aa*）．

保因者（carrier）とは，ある遺伝子の，表現型に影響を及ぼさない劣性対立遺伝子をもっている個人のことである．ここで，**白皮症**（albinism，**アルビニズム**）とよばれる状態を考えてみよう．ほとんどの動物は，皮膚，髪，目，毛皮，羽毛に色素をもっている．しかし，色素がほとんどまたはまったく沈着していない個体もおり，アルビノとよばれる．今，仮に白皮症は二つの対立遺伝子をもつ単一の遺伝子によって制御されていると仮定する．実際には，複数の種類の白皮症があるため，白皮症の遺伝はより複雑である．ここでは簡略化して，*A* は色素沈着の対立遺伝子を表し，*a* は白皮症の対立遺伝子を表すことにする．*Aa* は白皮症の遺伝子（*a*）をもっているが，皮膚には正常な色素をもつ．この場合，祖先の一人は必ず白皮症を発症していたはずであり，一部の子孫は白皮症を発症する可能性がある．両親が白皮症形質を示していない場合でも，両親共に保因者である場合，子孫の一部が白皮症を発症する可能性がある（*aa* になるため）．

検定交雑（test cross）とは，確かめたいヘテロ接合体の植物または動物を，既知のホモ接合劣性（*aa*）の個体と交配することによってその遺伝子型を調べる方法である．劣性対立遺伝子は覆い隠されるため，生物が

AA であるか *Aa* であるかを判断することは，劣性形質をもつ子孫が生じない限り，不可能である．検定交雑の例は，p.67 でエンドウの3世代の遺伝について学ぶときに示す．

3・7・2 配偶子の遺伝子型とパネットの方形

パネットの方形

図3・30 に，**パネットの方形**（Punnett grid）を示す．パネットの方形を使用すれば，親の対立遺伝子が配偶子間でどのように分離されるか，および対立遺伝子の新しい組合わせが子孫にどのように現れるかを示すことができる．

ここでのパネットの方形の目的は，一遺伝子雑種〔親が異なる対立遺伝子をもち（ヘテロ接合体），一つの形質のみに着目した雑種〕における特定の形質について，遺伝情報のすべての可能な組合わせを表示することである．

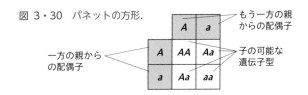

図3・30　パネットの方形．

パネットの方形の設定

パネットの方形で白皮症がどう遺伝するかを追跡できる．パネットの方形を設定するには，次の手順に従う．

1. 対立遺伝子を示す文字を決める．

さまざまな対立遺伝子を表すには，アルファベットの大文字と小文字を使用する．通常，大文字は優性対立遺伝子を表し，小文字は劣性対立遺伝子を表す．ここでは，*A* を色素の形成を可能にする優性対立遺伝子，*a* を色素の形成が起こらない劣性対立遺伝子，つまり白皮症遺伝子とする．

2. 両親の遺伝子型を決定する．

遺伝子型と表現型の三つの可能性は次のとおりである．

- 優性ホモ接合体（*AA*）の場合，表現型は色素形成を示す．
- ヘテロ接合体（*Aa*）の場合，表現型は色素形成を示すが，白皮症対立遺伝子の保因者である．
- 劣性ホモ接合体（*aa*）の場合，表現型は白皮症を示す．

ヒトや動物を見るだけで最も簡単に判断できる遺伝子型は *aa* である．他の二つはもっと難しい．個体が

AA であるか Aa であるかを決定するには，劣性遺伝子を白皮症の親から受け取った，または，その個体の子孫に受け継がれたという証拠を探す必要がある．実際，白皮症を生じる唯一の方法は，親がそれぞれ一つの a を子に渡すことである．

3．両親がつくり出すことができる配偶子を決定する．

　遺伝子型 AA の個体は，対立遺伝子 A を含む配偶子しかつくれない．ヘテロ接合の保因者は，A を含む配偶子または a を含む配偶子をつくることができる．遺伝子型が aa である個体は，対立遺伝子 a を含む配偶子しかつくることができない．結果として可能な配偶子は A か a である．

4．パネットの方形を描く．

　前述のすべての手順が完了すると，実際の方形の描画は簡単である．両親の配偶子は方形の上と左に置かれる．例として，白皮症発症者で aa である父と保因者で Aa である母の交配を考えてみよう（図 3・31）．

　これで，升目の空欄に両親の可能な対立遺伝子を縦方向と横方向にコピーして埋めていけばよい．同じ升目に入る文字が大文字と小文字になる場合は大文字を先に書く（図 3・32）．

	a	a
A		
a		

図 3・31　パネットの方形：両親の配偶子．

	a	a
A	Aa	Aa
a	aa	aa

図 3・32　パネットの方形：子の可能なすべての遺伝子型．

5．各遺伝子型と表現型が発生する確率を計算する．

　四つの升目の方形では，各升目は次の二つの可能な統計のいずれかを表す．

・両親が，それぞれの遺伝子型の子をもつ確率．ここでは，各升目は 25% の確率を表している．

・それぞれの遺伝子型をもつ子の推定割合．これは，子の数が十分多い場合のみ機能する．

3・7・3　配偶子の融合

　図 3・32 の例の結果は，遺伝子型 Aa の子をもつ確率が 50%，遺伝子型 aa の子をもつ確率が 50% ということを示している．ヒトは少数の子しか産まないことが多いので，この解釈が適切である．もしこれが数百の種子を生産する植物に関するものである場合には，結果は"子の 50% が Aa，50% が aa となるはずである"と解釈できる．

　結果がどうであれ，各子孫は配偶子が融合したときに

二つの対立遺伝子が一緒になった結果である．この過程で，二つの一倍体の配偶子が結合して，接合子とよばれる 1 個の二倍体細胞をつくる．これは，新しい子孫の最初の細胞である．

3・7・4　優性対立遺伝子と共優性対立遺伝子

　パネットの方形作成の 5 段階を使って，ある世代から次の世代に遺伝形質が受け継がれる理論的な可能性を調べてみよう．

エンドウの丈の高低

　1865 年メンデル（Gregor Mendel）というオーストリアの修道士が，エンドウという植物がその特徴をどのように受け継ぐかについての実験結果を発表した．当時，"遺伝子"という用語は存在せず（メンデルは代わりに"因子"という用語を使った），DNA が果たす役割については，1 世紀近く後に発見されることになる．

　まず，メンデルがエンドウで行った交配について考えてみよう．メンデルは純系（pure line）の丈の高い植物を得て，純系の丈の低い植物と交配させた．純系とは，丈の高い植物の親はすべて丈が高く，丈の低い植物の親はすべて丈が低いことを意味する．言い換えれば，メンデルはどの植物もヘテロ接合体ではないことを知っていたということになる．メンデルは，交配の結果として，すべてが丈の高い植物，高いものと低いもの，すべてが低いもののどれが得られるかを，知りたいと考えた．

　答を得るのにメンデルは数カ月かかったが，パネットの方形を使えば数秒でわかる．結果は 100% 背の高い植物であった．なぜなら，得られる子はすべて Tt であるが，エンドウでは，丈を高くする対立遺伝子（T）が，低い植物の対立遺伝子（t）よりも優性であり，したがってヘテロ接合体（Tt）では丈が低いという形質を覆い隠すからである．

　このような交配によって生み出された世代は，雑種第一世代で，通常 F_1 世代とよばれる．F_1 世代の丈の高い植物同士を交配して雑種第二世代（F_2）をつくるとどうなるだろうか．パネットの方形によって結果を得ることができる（図 3・33）．

	T	t
T	TT	Tt
t	Tt	tt

図 3・33　パネットの方形：雑種第二世代の遺伝子型．

	t	t
T	Tt	Tt
t	tt	tt

図 3・34　検定交雑．ヘテロ接合体（Tt）の丈の高い植物と劣性ホモ接合体（tt）の丈の低い植物との検定交雑．

この結果は，次の二つの解釈ができる．

- 丈の高い植物となる確率は 75%，丈の低い植物となる確率は 25% である．
- 植物の 75% は丈が高くなり，25% は丈が低くなるだろう．

F_2 世代の 75% は丈が高いが，それらの遺伝子型は異なる．丈の高い植物のいくつかは優性ホモ接合であり，他のものはヘテロ接合である．

また，実際の実験では，F_2 世代の正確に 25% が丈の低い植物である可能性は低い．その理由は交配の結果が本質的に偶然によるものだからである．何百もの同様の交配の結果であれば，その数はおそらく 25% に非常に近くなるだろう．

検 定 交 雑

　植物育種家は，F_2 世代の特定の丈の高い植物が，丈の高い純系であるか（優性ホモ接合体，TT），または純系ではない（ヘテロ接合体，Tt）かを知る必要があるかもしれない．それを知るために，育種家は丈の高い植物（遺伝子型が未知）と遺伝子型が確実にわかっている植物を交配するだろう．つまり交配するのは丈の低い植物で，劣性ホモ接合（tt）でなければならない．この方法が**検定交雑**（test cross）で，交配の結果得られた植物を調べることで，丈の高い植物の遺伝子型が TT なのか Tt なのかを明らかにすることができる．

　交配の結果として丈の高い植物と丈の低い植物が混在する場合，育種家は丈の高い植物がヘテロ接合であると結論づけることができる（図 3・34）．

　一方，すべての子が例外なく丈が高い場合，丈の高い植物が TT であると結論づけることができる．

複対立遺伝子

　ここまでのところ，遺伝子については，優性 A か劣性 a かの二つの可能性しか考慮してこなかった．この場合，三つの異なる遺伝子型が可能であり，二つの異なる表現型を生じることができる．しかし，実際の遺伝学はこれほど単純ではない．同じ遺伝子に対して三つ以上の対立遺伝子が存在する場合があり，これを**複対立遺伝子**（multiple allele）という．ヒトの **ABO 式血液型**（ABO blood type）を決定する対立遺伝子もこれに当てはまる．

　ヒトの ABO 式血液型には，A，B，AB，O の 4 種類の表現型がある．これら四つの血液型を決める遺伝子には三つの対立遺伝子があって，6 種類の異なる遺伝子型を生み出すことができる．

　ABO 式血液型の遺伝子は，文字 I および i と，I に付く上付き文字で表し，三つの対立遺伝子は，I^A，I^B，および i と記述される．I^A，I^B は，共優性（共顕性）の対立遺伝子を表す．

- I^A：A 型抗原とよばれる構造を合成するのに必要な酵素を産生し，A 型の血液にする対立遺伝子．
- I^B：B 型抗原とよばれる構造を合成するのに必要な酵素を産生し，B 型の血液にする対立遺伝子．
- i：A 型抗原も B 型抗原も生成せず，O 型の血液にする劣性対立遺伝子．

これらをすべての可能な組合わせで交配すると，6 種類の遺伝子型がつくられ，前述の 4 種類の表現型が生じる．

- $I^A I^A$ または $I^A i$：A 型の表現型を示す．
- $I^B I^B$ または $I^B i$：B 型の表現型を示す．
- $I^A I^B$：AB 型の表現型を示す（共優性のため，両方の型の抗原が生成される）．
- ii：O 型の表現型を示す．

それでは，ある夫婦が 4 人の子をもち，それぞれの子が異なる ABO 式血液型をもつことは可能であろう

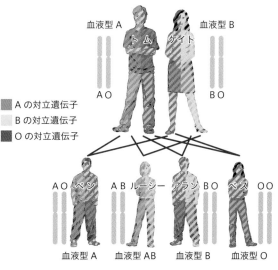

図 3・35　ABO 式血液型対立遺伝子を示すパネットの方形．

	I^A	i
I^B	$I^A I^B$	$I^B i$
i	$I^A i$	ii

血液型 A　トム　ケイト　血液型 B

AO　　　　　　　　　　BO

■ A の対立遺伝子
□ B の対立遺伝子
■ O の対立遺伝子

AO ベン　　AB ルーシー　アラン BO　　ベス OO

血液型 A　　血液型 AB　　血液型 B　　血液型 O

図 3・36　ABO 式血液型の遺伝．

か．このことが起こる唯一の場合がある．一方の親は A 型であるが，O 型の対立遺伝子の保因者であり，もう一方の親は B 型であるが，O 型の対立遺伝子の保因者

である場合である．交配は，$I^A i \times I^B i$ となり，そのパネットの方形を図 3・35 に，血液型の遺伝を図 3・36 に示す．では，この夫婦に 4 人の子がいて，全員が AB 型である可能性はあるだろうか．これも理論的には起こりうるが，統計的には起こりそうにもない．

3・7・5 二遺伝子雑種

一遺伝子雑種交配を調べたときは，一つの遺伝的形質のみが考慮されていたが（p.65 参照），同時に二つの形質を調べるのが必要なこともある．メンデルは，ある交配実験で次の二つの形質を調べた．

- 種子の形: 丸い種子（R）と，しわのある種子（r）がある．丸の対立遺伝子が優性である．
- 種子の色: 内部が緑色の種子（y）と，黄色の種子（Y）がある．黄色の対立遺伝子が優性である．

この交配をパネットの方形で調べると，すべての対立遺伝子がランダムに組合わされる場合，16 の可能な組合わせがあることがわかる（図 3・37）．p.65 の AA および Aa 遺伝子型の場合のように，対立遺伝子のいくつ

	RY	*Ry*	*rY*	*ry*
RY	*RRYY*	*RRYy*	*RrYY*	*RrYy*
Ry	*RRYy*	*RRyy*	*RrYy*	*Rryy*
rY	*RrYY*	*RrYy*	*rrYY*	*rrYy*
ry	*RrYy*	*Rryy*	*rrYy*	*rryy*

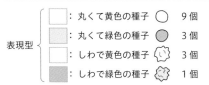

表現型
- ◯ : 丸くて黄色の種子　9 個
- ⬤ : 丸くて緑色の種子　3 個
- ◯ : しわで黄色の種子　3 個
- ⬤ : しわで緑色の種子　1 個

図 3・37　エンドウの種子の形質（色と形）の遺伝を示すパネットの方形.

かの組合わせは同じ表現型を生じる可能性がある．遺伝子型 $RRYY$ と $RrYy$ の両方が，丸くて黄色の種子を生じる．R と Y が連鎖した遺伝子（次項で説明する）でない限り，それらは独立して分離する（メンデルの独立の法則；§7・1・4 参照）．このことは，R と Y は相手と一緒であろうとなかろうと，次世代に受け継がれるということを意味する．R と Y は互いに依存することなく，どちらがより起こりやすいということもない．減数分裂において対立遺伝子がシャッフルされるとき，それらは配偶子間で均等に分配される．その結果，子では，特定の予測可能な比率が存在するはずである．これらは，図 3・37 に示すメンデルの二遺伝子雑種交配の実験で説明できる．

3・7・6 連鎖遺伝子と連鎖群

モーガン（Thomas H.Morgan）と彼の共同研究者がショウジョウバエでの実験で，メンデルの独立の法則に従わない遺伝の仕方を発見した．これは，同じ染色体上にある複数の遺伝子が通常，一緒に次世代に受け継がれるからで，互いに **連鎖**（linkage）しているといわれる（図 3・38）．

同じ染色体上にあるために一緒に遺伝する遺伝子のまとまりは，**連鎖群**（linkage group）といわれる．これは，常染色体と性染色体にある遺伝子のどちらにも当てはまる．図 3・38 では，緑色と黄色の遺伝子が連鎖している．どちらも赤色の遺伝子には連鎖していない．

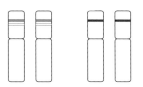

図 3・38　連鎖. 2 組の対になった染色体. 連鎖している遺伝子と，連鎖していない遺伝子を区別せよ.

ショウジョウバエでは，体色（灰色または黒色）の遺伝子は，翅の長さ（長いまたは短い）の遺伝子と同じ連鎖群にある．対立遺伝子は次のとおりである．

- G: 灰色の対立遺伝子
- g: 黒色の対立遺伝子
- L: 長い翅の対立遺伝子
- l: 短い翅の対立遺伝子

純系（ホモ接合体）の親は

- $GGLL$: 灰色の体色で長い翅の親
- $ggll$: 黒色の体色で短い翅の親

優性ホモ接合体の純系のショウジョウバエ（$GGLL$）と劣性ホモ接合体の純系のショウジョウバエ（$ggll$）を交配すると，両方の形質に対してすべてヘテロ接合になる（$GgLl$）．このハエを $ggll$ と交配したとする．G と L，g と l はそれぞれ連鎖しているので，パネットの方形では $GgLl$ と $ggll$ しか生じない（完全連鎖，図 3・39）．

	GL	*gl*
gl	*GgLl*	*glgl*
gl	*GgLl*	*glgl*

図 3・39　連鎖している遺伝子のパネットの方形.

ところが，二つの遺伝子座がある程度離れていると，減数分裂の過程で図 3・40 のように **乗換え**（crossing over, 交差ともいう）が起こり，遺伝子の組換えが生じる．そうすると親には存在しなかった *GGLl* と *ggLl* という組合わせが生じる．この二つは組換え体である．乗換えが起こる確率は遺伝子座間の距離によって異なる．

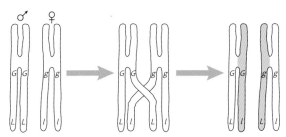

図 3・40 乗換え（交差）． ▨で示した染色分体は，対立遺伝子の新しい組合わせをもっている．これらはもとの親の染色体では見られなかったものである．

3・7・7 多遺伝子遺伝と連続的な変化

多遺伝子遺伝（polygenic inheritance）では，一つの形質の発現に二つ以上の遺伝子が影響を与える．異なる遺伝子座の複数の対立遺伝子が関わると，可能な遺伝子型の数が大幅に増加する．ヒトのほとんどの形質は，一つの遺伝子で決定するには複雑すぎ，多くの組合わせの結果であると考えられている．

これは，たとえば数学の適性，音楽的才能，または特定の病気に対する感受性など，遺伝的要素が十分に解明されていない形質の原因となる遺伝子を見つけることが難しい理由の一つである．

単一遺伝子の優性および劣性対立遺伝子では，可能な表現型の数は限られている．たとえば，あるヒトは囊胞性線維症になるか，ならないかのどちらかである．複数の対立遺伝子があれば，それに応じて一つの形質に対する可能性の数が増加する．たとえば，ABO 式血液型には三つの対立遺伝子があり，四つの可能な表現型がある．

表現型を決定する遺伝子が3，4，または5個あると，可能性の数が非常に多くなり，表現型の中に特定の遺伝子型の間の違いを見ることは不可能である．数多くの表現型が現れて形質の測定値が連続的な場合，**連続変異**（continuous variation）となる．ヒトの皮膚の色は連続変異の例であり，皮膚の色素の強度は複数の遺伝子の相互作用の結果であると考えられている．こうした形質を**多遺伝子形質**（polygenic trait，ポリジーン形質）といい，形質は連続的な変化を示す．結果をグラフとしてプロットし，頻度の棒グラフの中点を結べば滑らかな鐘形の分布曲線が生成される（図 3・41）．

ヒトの場合，身長，体型，知的才能などの形質の遺伝的要素にも連続変異がみられる．これらはそれぞれ，環境要素の影響も受ける．たとえば，ヒトの身長は高身長の遺伝子を受け継ぐかどうかによって決まるが，成長するときの栄養状態にも依存する．

一方，変化が連続的でない場合，それは**不連続変異**（discontinuous variation）とよばれる．不連続変異のデータは棒グラフとして表示できる（図 3・42）．この場合あるグループから別のグループへと途切れなく移行するパターンは存在しない．

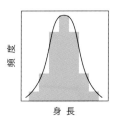

図 3・41 連続変異．ヒトの身長は連続変異の例で，平均値の両側に等しい分布を示す．

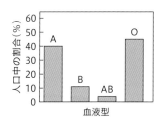

図 3・42 不連続変異．血液型は不連続変異の例である．

3・7・8 ヒトの常染色体遺伝病

両親が二人とも健康なのに，遺伝病に苦しむ子供が生まれるということは，どうして起こるのだろうか．これは，病気の原因になる対立遺伝子が劣性であり，健康な両親が共に病気をひき起こす対立遺伝子の保因者であるということによる．囊胞性線維症の場合を考えよう，正常な粘液を産生する対立遺伝子を *F*，囊胞性線維症の対立遺伝子を *f* とする．図 3・43 は囊胞性線維症の家族を示しており，両親のジェームズとヘレンは保因者（*Ff*）である．病気が起こるのは唯一遺伝子型 *ff* をもつ場合である．そのため，ジェームズとヘレンは囊胞性線維症に苦しむことはないが，子にそれを伝える可能性をもっている．パネットの方形を描いてみると，ジェームズとヘレンには囊胞性線維症の子が生まれる確率が4分の1（25%）あり，子供たちの遺伝子型には三つの可能性がある（マークの *Ff*，クロエの *ff*，リーの *FF*）．

このような疾患は常染色体劣性遺伝性疾患とよばれる．劣性対立遺伝子によってひき起こされ，その遺伝子の遺伝子座は，性染色体 X または Y ではなく，22 対の常染色体の一つに存在するからである．以下はいくつかの常染色体劣性遺伝性疾患の例である．

・ 白皮症（アルビニズム）
・ 囊胞性線維症
・ フェニルケトン尿症（PKU）
・ 鎌状赤血球貧血

- テイ・サックス病
- サラセミア

　上記の症状のいくつかは聞いたことがあるかもしれないが，すべては知らないであろう．これらの病気は非常にまれであるため，一生のうちにこれらの病気に遭遇する人はほとんどいないであろう．最も頻繁に発生する常染色体劣性遺伝性疾患でさえ，人口の約 2000 人に 1 人以下しか発症せず，他の疾患は通常 10 000 人あるいは20 000 人に 1 人以下しか発症しない．

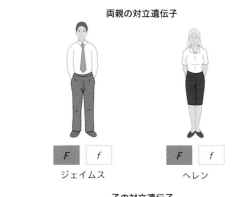

両親の対立遺伝子

ジェイムス　　　　　ヘレン

子の対立遺伝子

マーク　　　クロエ　　　リー

図 3・43　嚢胞性線維症の遺伝.

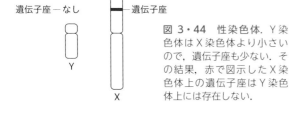

遺伝子座－なし　　　遺伝子座

Y　　　　X

図 3・44　性染色体．Y 染色体は X 染色体より小さいので，遺伝子座も少ない．その結果，赤で図示した X 染色体上の遺伝子座は Y 染色体上には存在しない．

3・7・9　性染色体関連遺伝病
性染色体上の遺伝子
　Y 染色体は X 染色体よりもかなり小さいため，X 染色体に比べて遺伝子座が少なく，遺伝子も少ない．このために，X 染色体上の対立遺伝子が対になる遺伝子座をもたないことが起こる．たとえば，遺伝子座が X 染色体の末端にある遺伝子は，セントロメアからの距離が短い

Y 染色体上には，対応するものが存在しない（図 3・44）.

性に連鎖する遺伝（伴性遺伝）
　X または Y 染色体上に遺伝子座をもっている遺伝子の遺伝形質は，**伴性**（sex linked）とよばれる．多くの場合，伴性の遺伝形質は，どちらか一方の性に，より大きな影響を及ぼす．この特殊性をもつ遺伝形質の二つの例は 2 色覚と血友病である.

- **2 色覚**（dichromatism）とは，特定の色（多くの場合，緑と赤）を区別できない形質である．2 色覚のヒトには，これら二つの色は同じように見える.
- **血友病**（hemophilia）は，血液が正常に凝固しない障害である．ほとんどのヒトでは，皮膚の小さな切り傷や擦り傷では数分後に出血が止まり，最終的にかさぶたが形成される．この過程は血液凝固とよばれる．血友病の患者は血液凝固が正常に起こらず，多くの小さな血管の破裂である打撲傷など，ほとんどのヒトが軽傷とみなせるものから出血して死に至る危険がある．このような出血は内臓でも発生する可能性がある.

伴性遺伝の対立遺伝子と遺伝子型
　2 色覚と血友病の対立遺伝子はどちらも X 染色体上にのみあるため，X を使って対立遺伝子を表す.

- X^b: 2 色覚の対立遺伝子
- X^B: 正常な色覚の対立遺伝子
- X^h: 血友病の対立遺伝子
- X^H: 正常な血液凝固の対立遺伝子
- Y: Y 染色体上に対立遺伝子は存在しない

　Y 染色体には対立遺伝子がないため，Y は上付き文字なしで単独で記述される．2 色覚のすべての可能な遺伝子型は次のとおりである.

- $X^B X^B$: 正常色覚の女性の表現型を示す
- $X^B X^b$: 正常色覚だが 2 色覚の保因者である女性の表現型を示す
- $X^b X^b$: 2 色覚の女性の表現型を示す
- $X^B Y$: 正常色覚の男性の表現型を示す
- $X^b Y$: 2 色覚の男性の表現型を示す

　上記のリストで，^{B} と ^{b} を ^{H} と ^{h} に置き換えれば，血友病の遺伝子型を示すことができる.

3・7・10　伴性遺伝の遺伝様式
　X^b などの伴性劣性対立遺伝子は，世界中のほとんど

のヒト集団でまれである．このため，このような対立遺伝子を一つもつ可能性は低く，二つもつ可能性ははるかに低くなる．これが，2色覚の女性が非常に少ない理由である．女性の場合，X^BX^b となる可能性が高く，完全な色の識別ができるため，劣性対立遺伝子を覆い隠すのである．同じことが血友病にも当てはまる．

今まで見てきたように，女性には三つの可能な遺伝子型があるが，男性には二つしかない．X^BX^b のヘテロ接合体になることができるのは女性だけであり，その結果，保因者になることができるのも女性だけである．

男性にはX染色体が一つしかないため，2色覚に関連して考えられる遺伝子型は X^BY または X^bY の二つだけである．劣性対立遺伝子 X^b が一つしかない場合でも，男性は2色覚になる．これは，劣性対立遺伝子に関するこれまでの説明，"通常，ヒトは劣性形質をもつには劣性対立遺伝子が二つ必要であり，一つだけでは保因者となる"に反する．しかし伴性の場合には，男性では単一の劣性対立遺伝子が表現型を決定する．そして男性はX連鎖対立遺伝子の保因者になることはない．

2色覚や血友病に加えて，ヒトや他の動物の，伴性遺伝をする形質の例にはデュシェンヌ型筋ジストロフィー，ショウジョウバエの白い眼の色，三毛猫の毛の色などがある．

練 習 問 題

19. 女性よりも男性の方が2色覚遺伝子の影響を受ける理由を説明せよ．
20. 下のパネットの方形を見て答えよ．
    (a) 母親と父親の遺伝子型を述べよ．
    (b) 子（男子と女子）の可能な遺伝子型を述べよ．
    (c) 子（男子と女子）の表現型を述べよ．
    (d) この家族の保因者はだれか．
    (e) 両親の次の子が血友病になる確率を求めよ．

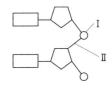

	X^H	Y
X^H	X^HX^H	X^HY
X^h	X^HX^h	X^hY

X^H：正常な血液凝固の対立遺伝子

X^h：血友病の対立遺伝子

21. 連鎖群という用語を定義せよ．
22. ある遺伝性疾患は，常染色体優性遺伝性疾患である．このことから，この病気をひき起こす遺伝子の遺伝子座についてどんなことが推測できるか．
23. 両親の遺伝子型が，それぞれ $AaBb$ と $aabb$ であるとする．二つの異なる遺伝子が連鎖しており，乗換えが起こるとすると，子の遺伝子型はどのようになるか．またそれらのなかで組換え体はどれか．ただし，両親の一人は同じ染色体上に A と B をもつものとする．

章 末 問 題

1. 下の図はヌクレオチドが結合してジヌクレオチドを形成したものを示している．

（a）（ⅰ）図のⅠの官能基はなにか．（1点）
　　（ⅱ）図のⅡの結合の種類はなにか．（1点）
（b）転写の過程における，DNAのセンス鎖とアンチセンス鎖の違いを説明せよ．（1点）
（c）原核生物と真核生物のDNAの違いを説明せよ．（2点）

(計5点)

2. ヌクレオソームを構成しているものはどれか．
   A　DNAとヒストン
   B　DNAとクロマチン
   C　クロマチンとヌクレオチド
   D　成熟RNAとヒストン　　　　　（計1点）

3. RNAのある一部のヌクレオチドの配列が，GCCAUA-CGAUCG のとき，DNAのセンス鎖の塩基配列はどれか．
   A　CGGUAUGCUAGC　　　B　GCCATACGATCG
   C　CGGTATGCTAGC　　　　D　GCCAUACGAUCG

(計1点)

4. 岡崎フラグメントとはなにか．
   A　RNAプライマーゼの短い断片で複製時にDNAに結合する
   B　DNAの短い断片で，DNA複製時につくられる
   C　複製フォークの移動方向と同じ方向にDNAポリメラーゼⅠによって付加されるヌクレオチド
   D　DNAポリメラーゼⅢによってDNAに置き換えられるRNA断片

(計1点)

5. 真核生物において成熟mRNAが形成されるときに，除去されるのはどれか．
   A　エキソン　　　　B　イントロン
   C　コドン　　　　　D　ヌクレオソーム

(計1点)

6. 次のことを説明せよ.
   （a）リボソームの構造（6点）
   （b）mRNA を形成する転写の過程（8点）

（計14点）

7. 図の X と記された構造物は翻訳の過程でどのような順序で働くか.

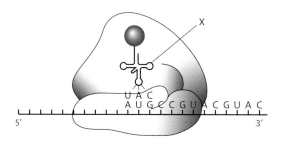

　A　アミノ酸と結合し，その後アンチコドンと結合する
　B　アンチコドンと結合し，その後アミノ酸と結合する
　C　コドンと結合し，その後アミノ酸と結合する
　D　アミノ酸と結合し，その後コドンと結合する

（計1点）

8. 遺伝暗号がすべての生物で共通であるから可能になることはどれか.
　A　同一の種で遺伝暗号を交換できる
　B　種の間で遺伝子をやりとりできる
　C　クローンを作製できる
　D　細菌が感染する

（計1点）

9. 以下の遺伝疾患のうち，遺伝子の塩基置換が原因で起こるものはどれか.
　A　ダウン症　　　　B　鎌状赤血球貧血
　C　AIDS　　　　　D　2型糖尿病

（計1点）

10. ヒトゲノムの塩基配列決定法（シークエンシング）から得られた結果について概要を説明せよ.　（計3点）

11. 次の核型は，以下のどれに当てはまるか.

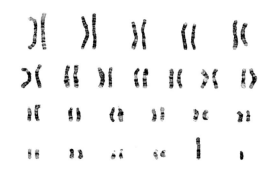

　A　正常な男性　　　　B　正常な女性
　C　ダウン症の女性　　D　ダウン症の男性

（計1点）

12. 以下に示す DNA 解析から，親子関係の可能性として最も考えられるのはどれか.

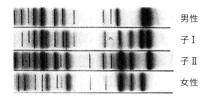

　A　子Ⅰ，子Ⅱ共に男性，女性と親子関係がある.
　B　子Ⅰは男性と親子関係があるが，子Ⅱは関係がない.
　C　子Ⅰ，子Ⅱ共に，男性，女性と親子関係がない.
　D　子Ⅱは男性と親子関係があるが，子Ⅰは関係がない.

（計1点）

13. 下の家系図に示す遺伝病が優性対立遺伝子によるものであることの証拠として，この家系図からわかることはなにか.

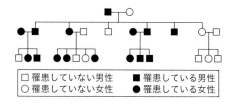

| □ 罹患していない男性 | ■ 罹患している男性 |
| ○ 罹患していない女性 | ● 罹患している女性 |

　A　二人の罹患していない両親から，罹患していない子が生まれる.
　B　二人の罹患している両親から，罹患している子が生まれる.
　C　一方が罹患し，一方が罹患していない両親に，罹患している子が生まれる.
　D　二人の罹患している両親から，罹患していない子が生まれる.

（計1点）

14. 性決定と血友病の遺伝における性染色体の役割について説明せよ.（7点）

15. ABO 式血液型の遺伝について説明せよ.（9点）

16. 伴性遺伝（X 連鎖）の保因者の遺伝子型はなぜヘテロ接合体でしかあり得ないのかを説明せよ.（2点）

17. （a）多遺伝子遺伝の定義を述べよ.（1点）
　　（b）多遺伝子遺伝はどのようにして連続的な変異を起こすのかを例をあげて説明せよ.（2点）

（計3点）

4 ヒトの生理学

本章の基本事項

- バランスのとれた食物はヒトの健康にとって不可欠である.
- 小腸壁の構造は食物を動かし,消化し,吸収することに適している.
- 血液の化学組成は肝臓によって調節される.
- 血管系はたえず物質を細胞に運び,同時に老廃物を集めている.
- 心機能は外部および内部の要因によって影響される.
- 肺はガス交換が受動的に起こるように,能動的に外呼吸している.
- 赤血球とヘモグロビンは呼吸ガスの輸送に欠くことができない.
- 骨格系には,内骨格と外骨格がある.
- 筋肉は筋線維という特殊化した細胞の集合体である.
- 筋肉の収縮には,アクチンとミオシンというタンパク質の相互作用が必須である.

　ヒトの体は細胞からできており,細胞は組織へ,組織は器官へ,器官は器官系へと編成されている.人体の解剖学と生理学はきわめて複雑であり,またヒトの健康や病気の原因とも密接に関係しているので,研究者は人体をこれからもずっと研究するだろう.本章では,体の主要な器官,特に消化器系,肝臓,心臓脈管系,そして呼吸器系の生理学と,器官系間の相互作用,さらに私たちが体を動かすしくみについて学ぶ.あなたが将来医学系の職業につきたいと思っているにせよ,自分の体のしくみについてより多くのことを知りたいと思っているにせよ,本章の内容はとても魅力的であり,身近なものであろう.

4・1 消化と吸収

本節のおもな内容

- 必須栄養素は,ヒトの体が合成できないので,食物から摂取しなければならない栄養素である.
- ミネラルやビタミンの摂取は少量でいいが,不足すると種々の病気になる.
- 必須アミノ酸の不足は,タンパク質合成に影響する.
- 消化は酵素による高分子の分解過程である.
- 胃の酸性条件は,加水分解反応を進め,食物中の病原体の制御に役立つ.
- 膵臓は消化酵素を小腸の内腔に分泌する.
- 小腸絨毛上皮細胞の構造は栄養素の吸収に適応している.
- 栄養素を吸収するためには,種々の膜輸送法が必要である.

4・1・1 必須栄養素

必須栄養素とは

　栄養素は食物中にみられる化学物質で,ヒトの体によって利用される.ある一部のアミノ酸や脂質はヒトの体内で合成されるが,多くの物質は合成されない.他の分子から合成できないので食物からとらなければならないものは,**必須栄養素**(essential nutrient)とよばれる.それらは,ミネラル,ビタミン,必須アミノ酸,必須脂肪酸,などである.

食物中のミネラル: 必須元素

　ミネラル(mineral)は,生物が種々の目的のために必要とする無機物質(元素)である.例をあげると,解剖学的構造を形成する物質(たとえば骨のカルシウム)や,重要な分子に取込まれて生理学的役割を果たす物質(たとえばヘモグロビン中の鉄)などである.食物中に必要とされるミネラルの多くは,液体(血液,細胞質,細胞間の液体など)に荷電イオンとして容易に溶けるので,電解質とよばれる.荷電イオンとしては,上述のカルシウム(Ca^{2+})や鉄(Fe^{2+})のほかにも,ナトリウム(Na^+),マグネシウム(Mg^{2+}),塩化物(Cl^-)などがある.

　これらの構造や分子はたいてい体内では"寿命が長い".したがって必要なミネラルは少量である.しかし常に一定量がなくてはならない.私たちの骨は常につくり変えられていて,そのために常に少量のカルシウムを必要とする.Ca^{2+}は体内で他の目的にも利用され,常に少量が失われるので,補充しなければならない.ヘモグロビンを含む赤血球の寿命はおよそ4カ月しかない.赤血球の構成要素は肝臓でリサイクルされ,鉄の大部分は

骨髄でさらに赤血球を産生するのに用いられる. しかしリサイクルの効率は 100% ではないので, 鉄の一定量がどうしても失われる. 特に女性は月経時に鉄を失うので, 男性より多くの鉄を食物からとらなければならない.

ビタミン: 必須有機化合物

ミネラルとは異なり, ビタミン (vitamin) は有機化合物 (炭素を含む) である. ビタミンは生物が産生するが, 多くの生物は他の生物 (とりわけ, 果物や野菜) からのビタミンの摂取に依存している. ミネラルと同様, ビタミンもごく少量を摂取すればよい. なぜならビタミンは多くの場合, 体の中で比較的長く保たれる物質を産生するのに用いられるからである.

必須ビタミンと非必須ビタミンの考え方を示す最良の例は, ビタミン C (アスコルビン酸) である. ビタミン C は脊椎動物を含む大部分の動物で, 必須ビタミンではない. しかしヒトでは必須ビタミンであり, 食物から摂取しなければならない. 十分量のビタミン C を長期間摂取できないと, 壊血病とよばれる重篤な病気にかかる. ヒト, 他の数種類の霊長類, およびモルモットのみが, これまでに知られている, ビタミン C を必須ビタミンとする動物である.

ビタミン C は, ある動物では腎臓でグルコースから産生され, 他の動物では肝臓で産生される. グルコースからのビタミン C の合成は段階的に働く 4 種類の酵素を必要とする. そのうち第四の酵素をコードする遺伝子はすべてのヒトで欠失しており, それが私たちの食物にビタミン C が不可欠な理由である.

ヒトの食物に必須のもう一つの成分はビタミン D である. ビタミン D は正常な骨形成に重要である. 幼児期にビタミン D とカルシウムの適切な供給がなければ, 骨の変形を伴う病気であるくる病にかかることがある. ヒトの皮膚の表皮は, 太陽光の紫外線によって刺激されるとビタミン D を合成する前駆体を含んでいる. 紫外線に当たることは, 日焼けや皮膚がんの危険性があるので, そのような危険性と, ビタミン D を得ることのバランスを考えなければならない.

必須アミノ酸: 20 種類のうち 9 種類が必須である

ヒトの必須アミノ酸 (essential amino acid) の正確な数を知ることは容易だと考えられるだろう. 20 個のアミノ酸のうち 9 個 (イソロイシン, ロイシン, リシン, メチオニン, フェニルアラニン, トレオニン, トリプトファン, バリン, ヒスチジン) は, だれにとっても生涯疑いなく必須である. それ以外については, 若干あいまいになる. たとえば, 若い人にのみ必須なアミノ酸や,

特定の病気に罹患している人のみに必須のアミノ酸がある. "必須" な物質とはなにかということを記憶しておかなければならない. 必須な物質は, 私たちの生理機能にとって他の物質よりとくに重要というわけではないが, それを他の物質から合成することができないので, 食物に含まれていなければならない. アミノ酸についていえば, いくつかの必須アミノ酸が欠如すると, あるタンパク質が合成できないことになる. ヒトの体はアミノ酸を蓄えることはできないので, 必須アミノ酸は日常の食物に含まれている必要がある. タンパク質源を 1 種類またはごく少数の種類の食物から得るような文化圏に住んでいる人々は, その主要なタンパク質源に必須アミノ酸が不足していると, 栄養不良に陥る危険性がある.

たとえば, いくつかの文化圏では, 人々は食物の大部分を 1 種類の主食に依存している. そのような主食の一つがトウモロコシである. トウモロコシにはリシンとトリプトファンが欠けている. タンパク質源としてトウモロコシに過度に依存している人々は, これらのアミノ酸の取込みが少ないので, 種々の症状を訴えるようになる. 研究者たちは, リシンやトリプトファン含量を増やした改良型トウモロコシを開発しつつある.

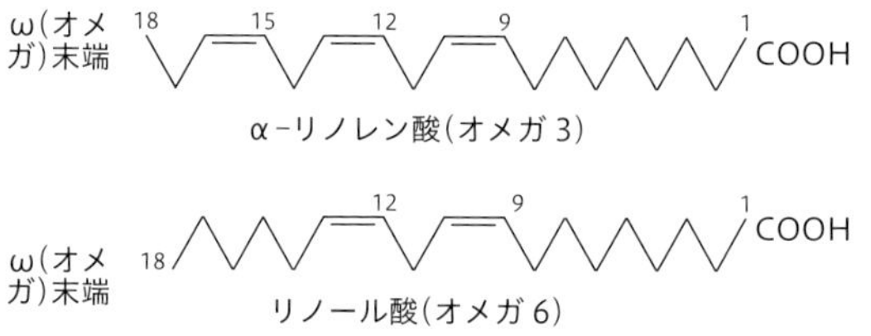

図 4·1　2 種類の必須脂肪酸の模式図. 炭素番号 1 はカルボキシ基の炭素. 折れ曲がりの部分に炭素原子がある. 二重結合の最初の炭素原子にも番号を付けてある. 炭素原子のまわりの水素原子は省略してある. 左端は ω 末端とよばれる.

必須脂肪酸: 2 種類が必須である

2 章で, トリアシルグリセロールとリン脂質の構成要素である脂肪酸 (fatty acid) には種々の種類があることを学んだ. すべての脂肪酸はカルボキシ基と長い炭化水素鎖をもつことを思い出そう. 長い炭化水素鎖のすべての炭素間の結合が単結合である場合 (飽和脂肪酸) と, 複数の結合が二重結合である場合 (不飽和脂肪酸) がある. 脂肪酸の性質は, 炭素数と二重結合の位置によって決定される. ヒトは図 4·1 に示す 2 種類の脂肪酸, すなわち, オメガ 3 (ω-3) とオメガ 6 (ω-6) を食物から摂取する必要がある. ヒトはそれらの脂肪酸を他の脂肪酸や前駆体から合成する酵素をもたないからである. このことは脂肪を摂取することが必ずしも健康に悪いことではない, ということを示している. 摂取する脂肪の

源とその種類とが，健康にとって重要である．

4・1・2　消化と酵素

外分泌は消化過程に必須である

　外分泌腺（exocrine gland）は，体の特定の場所で有用な分泌物を産生する腺で，分泌物はその場所まで導管によって運ばれる．外分泌腺の導管は一般に体の2箇所に通じている．一つは体表である（汗や乳など）．第二の主要な分泌先は，消化管（digestive tract, gut）の内腔である．その代表的な例が消化（digestion）に必要な消化液である．どれも消化管の特定の場所で必要とされる．表4・1に消化に関わる重要な外分泌をまとめた．

表 4・1　消化に関わる重要な外分泌

外分泌物	外分泌腺	分泌部位	機　能
唾　液	唾液腺	口　腔	食物を湿らす．アミラーゼ（消化酵素）を含む．
胃　液	胃壁の胃腺（3種類の細胞）	胃の内腔	粘液が胃壁を保護する．タンパク質を変性する塩酸，ペプシン（消化酵素）を含む．
膵　液	膵　臓	十二指腸	トリプシン・リパーゼ・アミラーゼ（消化酵素），胃液を中和する炭酸水素塩を含む．
胆　汁	肝　臓	胆嚢と十二指腸	脂質を乳化する．

表 4・2　食物分子

分　子	食物中の分子	消化後の分子
タンパク質	タンパク質	アミノ酸
脂　質	トリアシルグリセロール	グリセロール, 脂肪酸
糖質（炭水化物）	多糖，二糖，単糖	単　糖
核　酸	DNA, RNA	ヌクレオチド

消化における酵素の役割

　私たちが摂食する食物は，大きすぎて細胞膜を通過できない高分子を含んでいる．しかし，分子が血流に入るためには，腸細胞の細胞膜と毛細血管の細胞膜を通過しなければならない．したがって食べた食物は，化学的に適当な大きさにまで消化されなければならない．表4・2は食物中の種々の分子と，消化前後におけるそれらの分子としての形を示している．

　食物の消化では，分子は加水分解によってより小さい分子になる（表4・2の右欄）．それらの分子は，再重合されて，体にとって有用な高分子になる．

　食物が消化管を通過するにつれて多くの消化酵素（digestive enzyme）が食物に添加される．それぞれの酵素は決まった栄養素に特異的に作用する．たとえば，リパーゼは脂質に特異的な酵素であり，アミラーゼはデンプンに特異的である．すでに学んだように，酵素は反応の触媒として作用するタンパク質である．酵素の機能は，触媒として反応の活性化エネルギーを低下させることである．これは，酵素が関与する反応は，酵素なしに起こる同じ反応より少ないエネルギーで起こることを意味する．多くの場合，エネルギーの注入は熱の形で起こる．酵素が触媒する反応は，酵素なしの反応より低温でも反応速度が速い．消化における反応は，どれも加水分解なので，よく似た反応である．

4・1・3　ヒト消化器系の解剖学

　ヒトの消化器系は基本的に長い消化管と，消化管につながった2個の付属器官（膵臓と肝臓）からなる．消化管は口から始まって肛門で終わる．摂食した固体または液体の食物は，消化後に，血管に取込まれるか，吸収されなければ糞便として排出される．

　図4・2に示したヒト消化器系は，単純化してあるので，これを見て消化器系を描いて名称をつける練習をしてほしい．肺と心臓（描かれていない）は胸腔に，口と食道の一部以外の消化器系は腹腔に収まっている．

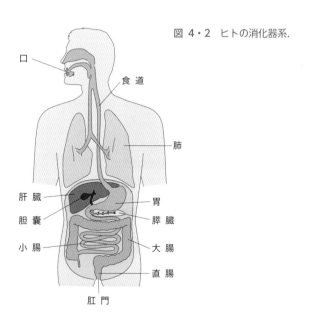

図 4・2　ヒトの消化器系．

消化管は筋肉質の管である

　食物は消化管の中を，重力によって一方向に移動するのではない．実際，食物はしばしば重力に逆らって移動

しなければならない．それでは食物はどのように，一方向に移動するのだろうか．答えは筋肉，特に平滑筋である．**平滑筋**（smooth muscle）は自律神経系によって支配され，私たちは平滑筋が収縮することを意識することはない．消化管は，輪走筋と縦走筋という2層の筋肉をもっている（胃にはこのほかに斜走筋がある）．内側の輪走筋の収縮線維は輪を形成していて，一方縦走筋の線維はそれと直交するように配列している．この2層の筋肉の収縮による運動と食物の移動は，**蠕動運動**（peristalsis）とよばれている．

　蠕動運動は胃でも食物とタンパク質消化酵素を含む消化分泌物を混ぜるのに用いられ，胃の場合には撹拌とよばれる．その他の消化管では，蠕動運動が食物塊のすぐ後方で起こり，それによって食物は消化管中を前方に進み続けると同時に，種々の酵素と混合される．蠕動運動は食道では比較的早く，腸では非常に遅くなる．

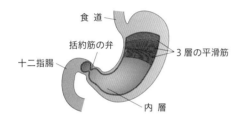

図 4・3　胃の構造．食物は食道から胃に入る．十二指腸との境界の弁（幽門弁）は胃における消化の間は閉じている．3層の平滑筋が食物と胃液を混合する．

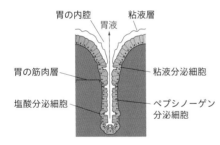

図 4・4　胃腺の構造．胃粘膜にある多くの胃腺の一つ．腺の表面には胃液の成分である塩酸，ペプシノーゲン，および粘液を分泌する細胞がある．

4・1・4　胃における消化
胃における分泌とその調節

　胃（stomach）は摂取した食物の単なる貯留場所ではなく，初期の消化が行われる場所である（図4・3）．消化のためには，胃の内表面を構成する細胞のあるものは外分泌腺の細胞でなければならない．胃粘膜の奥深くまで入り込んでいる胃腺には3種類の腺細胞がある（図4・4）.

　食物を食べる前から胃は消化の準備を始める．食物のことを考えることや，食物の嗅覚，視覚，味覚が自律神経系のインパルスを脳幹の延髄に送らせる．延髄は副交感神経系によってそれに反応する．活動電位が迷走神経という脳神経によって直接胃に送られる．それにより胃は，塩酸（HCl）と**ペプシノーゲン**（pepsinogen）の産生を開始し，胃の内腔に分泌する．同じ活動電位が，胃の下部にある内分泌細胞を刺激して，**ガストリン**（gastrin）というホルモンを分泌させる．ガストリンは血流に入り，胃の多くの細胞に運ばれて，より多くの HClとペプシノーゲンの分泌を促す．ペプシノーゲンは胃の内腔に到達して HClと触れると，活性型のペプシンという酵素に変換される．**ペプシン**（pepsin）は多数存在するプロテアーゼ（タンパク質分解酵素）の一つである．

　食物が胃に入ると，胃壁が内部の圧力によって拡張し，その信号が自律神経系の迷走神経を経て延髄まで送られる．延髄は再び信号を胃の腺細胞に送り，HClとペプシノーゲンの分泌を継続，増加させる．

　最後に，胃の最下部にある弁が開いて部分消化された食物（糜粥<rp>（</rp>びじゅく<rp>）</rp>とよばれる）が十二指腸に送り込まれると，いくつかの信号により胃腺からの HClとペプシノーゲンの分泌が停止する．これには，胃腺の活動を低下させる**セクレチン**（secretin）というホルモンも関与している．

消化過程における HCl の役割

　消化は，高分子（たとえばタンパク質）を吸収可能な低分子（たとえばアミノ酸）に分解する化学的過程であることを思い出そう．タンパク質は，胃に入ったときにはタンパク質分子に固有の二次，三次，四次構造をもった，線維状または球状の形をしている（§2・4参照）．すでに学んだように，タンパク質をこのような立体構造に保っている結合がある．そのなかには，離れたアミノ酸を結合している多くの水素結合やイオン結合がある．また，タンパク質の変性をもたらす外界の要因の一つがpH であることも思い出そう（§2・4参照）．胃の強酸性環境は大部分のタンパク質にとって正常の pH とはかけ離れているので，タンパク質は変性してしまう．これは分子の形を保っている水素結合やイオン結合の多くが破壊されていることを意味する．その結果，タンパク質の構造が"開いて"，消化酵素（加水分解酵素）がアミノ酸間のペプチド結合に容易に接近できるようになる．

　ペプシノーゲンは HClの作用を必要とする酵素である．上述のように，ペプシノーゲンは，不活性型として分泌され，HClと接して活性型の酵素，すなわちペプシンになる．ペプシンの機能は長いポリペプチド鎖を短

いペプチドに加水分解する反応を触媒することである．短いペプチドはのちに他のタンパク質消化酵素の作用を受ける．胃の強酸性環境は，ペプシンの活性化に加えて，ペプシンの酵素作用にも至適環境を提供する．

HCl の機能の最後の一つは，いくつかの病原菌の取込みを制御することである．多くの食物は細菌や菌類を含んでいる．それらの大多数は消化管に対して害があるわけではない．わずかな割合のものが有害（病原体）であり，胃の強酸性環境はこれらの病原体が小腸に移動する前に殺すことを可能にしている．

4・1・5 消化における膵臓の役割

膵臓（pancreas）は多機能の臓器である．膵臓はグルコース代謝に関与する二つの重要なホルモン（インスリンとグルカゴン）に加えて，**リパーゼ**（lipase），**アミラーゼ**（amylase），および**エンドペプチダーゼ**（endopeptidase）とよばれるタンパク質消化に関わる酵素を産生する（表4・3）．これら3種類の酵素は，膵臓からの管を通って小腸の始部に放出される膵液の一部をなしている．図4・5をよく見ると，膵管がわかるだろう．膵管は3種類の酵素を小腸の内腔に放出し，そこに胃で部分的に消化された食物が入ってくる．

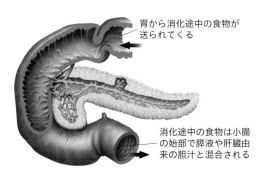

胃から消化途中の食物が送られてくる

消化途中の食物は小腸の始部で膵液や肝臓由来の胆汁と混合される

図4・5　膵臓と膵管の模式図．膵管は小腸の始部に開口している．緑色の管は，肝臓（図には示していない）からの胆汁を運ぶ胆管．胆汁は脂質の消化を助ける働きがある．

表4・3　膵臓から分泌される消化酵素

酵素	基質	作用
リパーゼ	脂質(脂肪, 油脂)	脂質をグリセロールと脂肪酸に分解
アミラーゼ	デンプン	デンプンを二糖のマルトースに加水分解する．別の酵素がマルトースをグルコースに加水分解する．
トリプシン（エンドペプチダーゼ）	タンパク質（ポリペプチド）	エンドペプチダーゼは長いポリペプチドを短いポリペプチドに加水分解する．別の酵素がさらにアミノ酸まで加水分解する．

4・1・6 消化と吸収における小腸の役割

小腸における消化の概要

摂取した食物が小腸（small intestine）を通過する間になにが起こるかを知る例として，デンプンがどのように消化され，その単量体（モノマー）がどのように吸収されるかを見ていこう．

デンプンの消化は口腔内で食物と唾液が混ざることで始まる．唾液はアミラーゼを含んでいて，アミラーゼはデンプンの多糖（ポリサッカリド）を加水分解して二糖であるマルトースにする．アミラーゼの加水分解活性は胃の強酸性環境によって終了する．したがって，胃の内容物が小腸に送り込まれるとき，デンプンはほとんど未消化のままである．

前述のように，膵臓は膵液を産生して**十二指腸**（duodenum）とよばれる小腸の最初の部分に分泌する．膵液の成分の一つがアミラーゼである．小腸の pH は中性ないし弱塩基性で，これはアミラーゼにとって最適の pH である．アミラーゼはデンプンをマルトースに分解する．蠕動運動によって食物が小腸内腔を移動する間，加水分解反応は継続する．

小腸にはデンプンの消化を完了させる別の酵素が存在する．**マルターゼ**（maltase）という酵素が，マルトースを2分子のグルコースに加水分解する．マルターゼは小腸内面の細胞が産生する．この酵素の大部分は小腸上皮細胞の細胞膜に結合したままで，内腔の食物と接している．

小腸絨毛の構造と栄養素の吸収

小腸の内表面の細胞は粘膜という膜を構成している．粘膜は**絨毛**（villus, 複数形 villi, 柔毛と表記することもある）とよばれる多数の小さい突起をもっている．個々の絨毛は多くの細胞からなり，その主要な機能は小腸内腔の分子を選択的に吸収することである．実際の吸収は，栄養素と直接に接している上皮細胞で起こる．絨毛上皮細胞は**微絨毛**（microvillus, 複数形 microvilli）とよばれる，腸の内腔に伸びている微小な膜の突起をもっている．絨毛と微絨毛は，腸の内面がなめらかである場合に比べて，吸収のための表面積を大幅に増加させている．絨毛内部には栄養素の吸収のための毛細血管が張り巡らされ，消化された単量体を血流で運んでいる（図4・6）．さらに，リンパ系の細い管も存在し，乳糜管とよばれる．乳糜管も栄養素のいくつかを吸収する．大部分の単量体は絨毛の上皮細胞を通過したあと，内部の毛細血管網に吸収されるが，脂肪酸のようなより大型の単量体は乳糜管に吸収される．

絨毛から血管またはリンパ系に吸収される一部の物質

としては，水，グルコース（および他の単糖），アミノ酸，ヌクレオチド，グリセロール，脂肪酸，無機イオン，ビタミン，などがある．

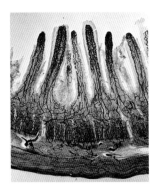

図 4・6　絨毛の毛細血管網の顕微鏡写真．小腸絨毛の毛細血管網がはっきりと見えている．写真下部には，縦走筋と輪走筋の層も見える．

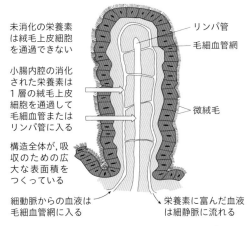

未消化の栄養素は絨毛上皮細胞を通過できない

小腸内腔の消化された栄養素は1層の絨毛上皮細胞を通過して毛細血管またはリンパ管に入る

構造全体が，吸収のための広大な表面積をつくっている

リンパ管

毛細血管網

微絨毛

細動脈からの血液は毛細血管網に入る

栄養素に富んだ血液は細静脈に流れる

図 4・7　小腸絨毛の構造．小腸の 1 mm^2 には 10〜40 本の絨毛がある．したがってヒトの小腸全体では数百万本の絨毛があることになる．

小腸絨毛上皮細胞の効果的吸収に対する適応

消化された分子は，小腸絨毛上皮細胞を通過して，絨毛内部の毛細血管またはリンパ管に取込まれなければならない（図 4・7）．小腸内腔に面した絨毛細胞の表面には，微絨毛とよばれる顕微鏡的な，指のような突起が多数存在する（図 4・8，図 4・9）．上述のように，微絨毛は絨毛と共に吸収表面の表面積を増大させている（表面がなめらかなときに比べて）．

分子のあるものは，絨毛細胞の細胞膜を能動輸送のしくみを使って吸収される．能動輸送は ATP を必要とするので，上皮細胞はミトコンドリアを多くもっている．さらに，細胞膜にはしばしば飲作用（ピノサイトーシス）小胞が観察される．飲作用も小腸内腔から絨毛細胞内部へ分子を吸収するしくみの一つで，ミトコンドリアからの ATP を必要とする．体細胞のほとんどは細胞間

液に囲まれている．器官の外周にある細胞でさえ，細胞間での分子の移動がある．しかし絨毛上皮細胞ではそれは起こり得ない．もし細胞間液やそこに溶解している物

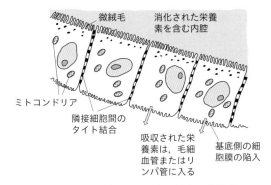

微絨毛　　　消化された栄養素を含む内腔

ミトコンドリア

隣接細胞間のタイト結合

吸収された栄養素は，毛細血管またはリンパ管に入る

基底側の細胞膜の陥入

図 4・8　小腸絨毛上皮細胞の構造と膜輸送．消化された分子は毛細血管網やリンパ管に入るためには上皮細胞を通過しなければならない．

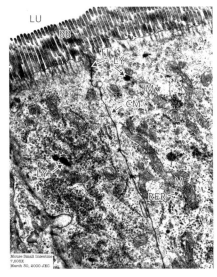

図 4・9　小腸上皮細胞の内腔面の透過型電子顕微鏡写真．LU: 小腸内腔，BB: 微絨毛，TJ: タイト結合，M: ミトコンドリア，RER: 粗面小胞体，LY: リソソーム（細胞内での消化のための酵素を含む），CM: 細胞膜．

質が隣接する細胞間を移動してしまえば，栄養素が通過すべき選択的障壁がないことになってしまう．消化された分子が絨毛上皮細胞の選択的透過性をもった膜を通過することが，その分子が酵素による消化を完了していることを保証する．そのために，絨毛上皮細胞はタイト結合（図 4・8 参照）とよばれる膜間のタンパク質性の結合によって互いに密着している．タイト結合では，細胞と細胞がある種の膜タンパク質を共有している．それにより細胞はきわめてしっかりと結合され，ほとんどの分子は細胞間を通過できず，したがってまず上皮細胞に取込

まれて，さらにそこから出ていかなければならないのである．

上皮細胞が栄養素を吸収するための輸送機構

栄養素の分子が絨毛粘膜の上皮細胞層を通過するためには，以下のようないくつかのしくみがある（図4・10）.

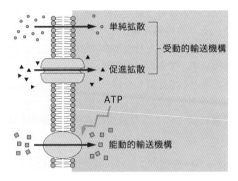

図 4・10 小腸絨毛上皮細胞が栄養素を取込むしくみ. 小腸上皮細胞が栄養素を取込むには，輸送する分子の大きさと極性によって異なるしくみが利用される. 本図には，細胞膜が陥入して多くの分子を一度に取込むエンドサイトーシスは示していない.

受動的輸送機構: ATP を利用しない

- 単純拡散（simple diffusion）：濃度勾配に従って，細胞膜を単純に通過する運動. 例としては，きわめて小さい分子や，膜のリン脂質層に溶解できる脂肪酸のような非極性分子の輸送がある.
- 促進拡散（facilitated diffusion）：濃度勾配に従って細胞膜を通過する運動であるが，分子はある程度の大きさと極性をもつために，タンパク質性のチャネルを通過しなければならない. 例としてはグルコースやアミノ酸の輸送がある.

能動的輸送機構: ATP を消費する

- 膜ポンプ（membrane pump）：分子は濃度勾配に逆らって，ATP を利用するタンパク質性のポンプによって膜を通過する. 例としては，グルコースや，ある状況におけるアミノ酸の輸送がある.
- エンドサイトーシス（endocytosis, 飲食作用）：飲作用と食作用（ファゴサイトーシス）に大別される. 分子は細胞膜が陥入した袋に取込まれ，小胞として膜の反対側まで運ばれる. 例としては，完全には消化されていない高分子などがある.

練 習 問 題

1. 4種類の必須栄養素を記せ.

2. 必須栄養素と非必須栄養素の違いはなにか.
3. 長い間壊血病はヒトに特異的であると考えられていた. 科学者は，ラットやマウスに長期間ビタミンCを与えないでも壊血病を起こさせることができなかったからである. この実験が壊血病の症状をひき起こさなかったのはなぜか.
4. くる病（ビタミンDの不足による病気）が子供にのみ発症するのはなぜか.
5. 外分泌腺の一般的な機能を説明せよ.
6. サンドイッチにはたいてい糖質，脂質，タンパク質が含まれる. 生化学の観点では，これらの分子は消化によってどうなるだろうか.
7. 朝食のシリアルに含まれるグルコース分子を摂食した. グルコースの分子が，口から筋肉に到達するまでに経由する場所をできるだけ多く示せ.
8. 胃液の三つの成分はなにか. それぞれの機能も述べよ.
9. 膵臓は消化過程でどのような役割を果たすだろうか.
10. 絨毛上皮細胞が，消化した栄養素を吸収して血流やリンパ系に栄養素を運ぶことに適応しているのは，どのような点か.

4・2 肝 臓 の 機 能

本節のおもな内容

- 肝臓は消化管からの血管を受容し，栄養素の量を調節する.
- 肝臓は血中の毒素を除去し，解毒する.
- 赤血球の構成成分は肝臓でリサイクルされる.
- 赤血球の分解はクッパー細胞による食作用に始まる.
- 鉄は骨髄に運ばれて新しい赤血球のヘモグロビン産生に用いられる.
- 過剰なコレステロールは胆汁酸塩に変換される.
- 肝細胞では血漿タンパク質が産生する.
- 過剰な栄養素の一部は肝臓に蓄えられる.

4・2・1 肝臓の血管系

肝臓（liver）は主要な2本の血管から血液を供給され，1本の血管へと血液を送り出す（図4・11）. 肝動脈は大動脈の分枝であり，酸素を含む血液を肝臓に運ぶ. 肝門脈は肝臓に血液を供給するもう1本の血管である. 2本の血管は，類洞（sinusoid）とよばれる肝臓の毛細血管に血液を送り込む. すべての類洞は肝静脈に血液を送る. 肝静脈は肝臓から血液を受け取る唯一の血管である.

肝門脈（hepatic portal vein）は小腸のすべての絨毛

にある毛細血管網から血液を受け取る．この血液は普通の器官に到達する血液とは異なっている点が二つある．

- 肝門脈の血液は，すでに毛細血管網を通っているので，圧が低く，低酸素である．
- 食物の種類，小腸における食物摂取・消化・吸収のタイミングによって，栄養素（とりわけグルコース）の量がかなり変動する．

　肝静脈の血液も低血圧で低酸素であるが，肝門脈の血液とはちがって，栄養素量はあまり変動しない．肝静脈の栄養素が安定しているのは，栄養素の蓄積と，必要に応じた放出という，肝臓の主要な機能を反映している．

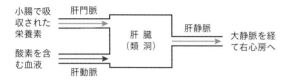

図 4・11　肝臓の血管系の模式図．

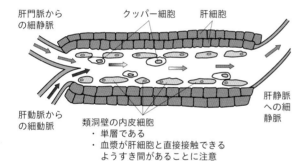

図 4・12　肝臓の類洞．類洞は肝臓における毛細血管網であるが，体の他の部分における毛細血管網とは構造も機能も異なっている．

4・2・2　肝臓の類洞と毛細血管

　肝細胞（hepatocyte）の機能は，血液から特定の物質を除去し，別の物質を添加することである．酸素に富んだ肝動脈の血液と，時によって豊富な栄養素を含んだ肝門脈の血液は，共に類洞に流入する．類洞は血液と肝細胞の間で物質交換が起こる場所である（図4・12）．

　類洞は典型的な毛細血管網とは，以下の点で異なる．

- 類洞は毛細血管より太い．
- 類洞は細胞間にすき間のある内皮細胞によって裏打ちされている．
- このすき間はタンパク質のような高分子が肝細胞と血液の間で交換されることを，可能にしている．
- 肝細胞は血液成分と直接に接していて，より効率の良い交換ができる．

- 類洞は，古い赤血球から放出されるヘモグロビンを分解して細胞構成要素のリサイクルを助けるクッパー細胞を含んでいる．
- 類洞は酸素に富む肝動脈からの血液と栄養素に富む肝門脈からの血液の混合血液を受け取り，この混合血液はその後肝静脈のより細い枝に流れる．

4・2・3　肝臓における毒素の除去

　ほとんどの人は毎日驚くほど多数の毒性物質を摂取している．それらの毒素は，ごくわずか列挙するだけでも，農産物に施された殺虫剤や除草剤，食品保存料，食品添加物，薬，アルコールなど，がある．私たちがその多くを毒素として認識しないのは，体にはそれらを処理して排出する効果的なしくみが備わっているからである．肝臓にはこのような過程に有用な2種類の細胞がある．

1. クッパー細胞：クッパー細胞は特殊化した白血球であり，多くのリソソームを含んでいる．類洞の内表面に存在して，食作用によって古い赤血球や細菌を血液から除去する．
2. 肝細胞：肝臓で最も数の多い細胞で，血液中の化学的毒素を活発に除去する．血液が類洞を流れるときに，肝細胞は血液の液体成分（血漿）に浸る．肝細胞は血漿から毒素を抽出し，2段階で毒素を除去する．第一に，毒素を化学的に修飾して毒性を低下させ，第二に弱毒化された毒素を水溶性にする化学成分を添加する．水溶性の弱毒化物質は，血液に戻され，腎臓から尿の成分として排泄される．

アルコール消費は時間と共に肝臓障害を起こす

　アルコールを頻繁に多量に摂取する人は，肝臓障害の恐れがある．有用な栄養素と同様に，肝門脈は吸収されたアルコールをまず肝臓に運ぶ．最初に除去されなかったアルコールは，肝動脈によって再び類洞に戻される．血液が肝臓内を流れるたびに肝細胞はアルコールを血液から除去しようと試みる．したがってアルコールは他の組織より肝臓に大きな影響を与える．長期にわたるアルコールの過剰摂取は，以下のような影響を与える．

- 肝硬変：これは肝細胞，血管，肝臓の管などがアルコールに触れることで障害を受けた瘢痕である．肝硬変の部分はもはや機能しない．
- 脂肪の蓄積：障害を受けた部分は，正常な肝臓組織の代わりに脂肪で置き換えられることが多い．
- 炎症：アルコールの作用の結果，障害を受けた肝臓組織が膨潤することで，アルコール性肝炎とよばれる．

障害が軽度であれば肝臓は自己修復が可能であるが，長期にわたるアルコールの過剰摂取は生命にも関わる．

4・2・4 血中栄養素の調節

血漿中に溶解している溶質の濃度は少しは変化するが，溶質はそれぞれホメオスタシス（恒常性維持）によって正常な範囲に収まっていて，その範囲から外れると体には問題が生じる．

グルコースを例に取ってみよう．多くの人では血中グルコース量（血糖値）は朝に最も低く，食後に最高になる．デンプンのように糖質に富んだ食物を消化すると，肝門脈の血液のグルコース量はきわめて高くなる．この血液が類洞に入ると，過剰なグルコースは周囲の肝細胞に取込まれ，**グリコーゲン**（glycogen）という多糖に変換される．これによりグルコース量は正常範囲に保たれる．蓄えられたグリコーゲンは肝細胞の電子顕微鏡写真では，大きな顆粒として認められる．

長期間糖質を摂食しなかったとしよう．細胞が呼吸のためにグルコースを消費するので，血糖値は低下する．グルコース量を正常範囲に保つために，顆粒中のグリコーゲンはグルコースに再変換されて類洞から血中に加えられる．

ホメオスタシスを維持しているのは，膵臓における**インスリン**（insulin）と**グルカゴン**（glucagon）の産生である．血糖値が上限に近づくとインスリンが分泌されて，肝細胞を刺激してグルコースを取込んでグリコーゲンに変換させる．血糖値が下限に近づくと膵臓はグルカゴンを産生して，肝細胞がグリコーゲンをグルコースに転換する．

グリコーゲン以外にも，表4・4に示す栄養素が肝臓に蓄えられる．

表4・4 肝臓に蓄積する栄養素

栄養素	機能など
グリコーゲン	グルコースがつながった多糖
鉄	ヘモグロビンから回収され，骨髄に送られる
ビタミンA	正常な視覚に必要
ビタミンD	正常な骨の成長に必要

4・2・5 ヘモグロビンのリサイクル

赤血球（erythrocyte）はおよそ4カ月の寿命をもつ．すなわち，赤血球はおよそ120日ごとに骨髄の血球産生組織からの細胞で置き換えられる．それが必要なのは，赤血球は無核であり，細胞分裂で新しい赤血球をつくることができないからである．赤血球は細胞内の新しいタンパク質をつくることもできない．

赤血球がその生涯の最後に近づくと，細胞膜は弱くなり，ついには破裂する．多くの場合これは脾臓か骨髄で起こるが，血管のどこでも起こりうる．破裂により何百万という数のヘモグロビン分子が血流中を流れることになる．血液が肝臓の類洞を流れると，ヘモグロビンは類洞内のクッパー細胞によって飲込まれる．ヘモグロビンは巨大なタンパク質であるので，この飲込みは食作用による．

ヘモグロビン（hemoglobin）は，4個のポリペプチド鎖（グロビン）と，グロビンの中心に存在するヘム基からなる．ヘム基はタンパク質ではなく，その中心には鉄原子が1個ある．したがってヘモグロビン分子は，4個のグロビン，4個のヘム基，および4個の鉄原子からなる．ヘモグロビンが構成要素に分解されるのはクッパー細胞のなかである．主要な過程を以下に示した（図4・13参照）．

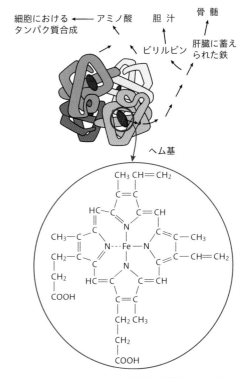

図4・13 ヘモグロビンの構造と再利用．ヘモグロビンの構成要素は，赤血球がおよそ4カ月後に死滅すると再利用される．ヘム基中央の鉄原子に注目．

- 4個のグロビンタンパク質はアミノ酸に分解される．
- アミノ酸は血流に戻され，すべての細胞のタンパク質合成に用いられる．
- 鉄原子はヘム基から外され，そのあるものは肝臓に蓄えられ，あるものは骨髄に送られて新しい赤血球

の産生に利用される.

- 鉄がヘム基から外れると，残ったものはビリルビンや胆汁色素とよばれる分子である. これは肝細胞に吸収され，胆汁の主要成分となる.

4・2・6　胆汁と血漿タンパク質

　肝臓のよく知られた機能の一つは胆汁（bile）の産生である. 胆汁は脂肪分の多い食物の消化に際して十二指腸に分泌され，脂肪を乳化する. 脂質は疎水性で，水に溶けないので，凝集する性質がある. 凝集すると露出している表面積が小さいので，脂質を分解するリパーゼという酵素が，働きにくくなる. 胆汁が十二指腸に分泌されると，乳化によって脂質が化学的に変化するわけではないが，凝集塊が壊れてリパーゼが消化を触媒する表面積が増加する.

　肝細胞は余分なコレステロールを胆汁酸塩とよばれる類似の分子に変換する. 胆汁酸塩はビリルビンに添加されて胆汁成分を形成する. 胆汁酸塩が，胆汁の乳化作用に関わる部分である.

　肝細胞の良く知られたもう一つの機能は，種々のタンパク質を血流に加えることである. これらのタンパク質は血漿という血液の液体部分中を循環するので，血漿タンパク質（plasma protein）とよばれる. 血漿タンパク質には多くの種類があるが，重要なのは以下の2種類である.

- 血液の浸透圧を保ち，胆汁酸塩や脂質可溶性の物質の運搬体として働くアルブミン（albumin）.
- フィブリンに変換されて血餅の線維要素となるフィブリノーゲン（fibrinogen）.

練習問題

11. 肝臓に入る血管と肝臓から出る血管について簡単に記述せよ.
12. ヒトは1日に何百万個もの新しい赤血球を産生するのに，それほど多くの鉄を食事で必要としないのはなぜか.
13. ヒトが長時間摂食しなかったり，激しい運動をしたりすると，肝臓ではどのようなことが起こるか.
14. 慢性的な飲酒はなぜ肝臓に障害を与えるか.

4・3　心臓脈管系

本節のおもな内容

- 動脈は，心室から体の組織に血液を高圧で輸送する.
- 組織中の血液は毛細血管中を流れる. 毛細血管は透

過性の壁をもっていて，それにより組織細胞と血液との間で物質交換が可能になる.

- 静脈は組織からの血液を集めて，低圧で心房へと戻す.
- 静脈と心臓の弁は，血液の逆流を阻止して循環を保っている.
- 心拍は，右心房に存在する洞房結節（ペースメーカー）とよばれる特殊化した筋線維（筋細胞）群から始まる.
- 洞房結節は電気信号を送り出して，それが心房と心室の壁を伝わる間に心筋の収縮をひき起こす.
- 伝導線維が，心室全体の協調のとれた収縮を保証する.
- アドレナリン（エピネフリン）は体の激しい活動に備えて心拍を上げる.
- 心音は，房室弁と半月弁の閉鎖によるもので，これによって血液流が変化する.
- 心疾患はしばしば重篤の症状をひき起こし，さまざまな治療法が開発されている.

4・3・1　動脈，毛細血管，静脈

　動脈（artery）は心臓（heart）から毛細血管（capillary）まで血液を運搬する. 静脈（vein）は毛細血管からの血液を集めて心臓に戻す. 血管が動脈であるか静脈であるかということはそのなかの血液が酸素に富んでいるか酸素を含まないかということとは関係がない. たとえば，右心室を出る血液は肺動脈を流れるのであるが，肺組織の毛細血管で酸素を受け取らなければならない. この血管が肺動脈であるのは，それが心臓と毛細血管網の間にあるからである. 新たに酸素を得た血液は，肺静脈を通って心臓に戻る.

　動脈は比較的厚い平滑筋層をもち，自律神経系によって血管の内腔を変化させる. 動脈は平滑筋層のほかに，弾性線維をもち，心室の収縮によるかなり高い血圧を維持することができる. 血液が動脈に押し出されると弾性線維は伸長して，血管が血圧（blood pressure）の上昇に耐えられるようにする. 収縮が終了すると，弾性線維はもとの長さに戻るときにも圧力を生じる. それによってポンプの作用の合間にも血圧を維持する作用をする. 動脈は心室と直接つながっているので，動脈血の圧力は高いことを思い出してほしい. 細動脈を出た血液は，1本の毛細血管に流入するのではなく，毛細血管網に入る.

　血液が毛細血管網に入ると，血圧はほとんど消失する. 血球は毛細血管中を1列になって進む. 毛細血管壁は細胞が1層で，一方動脈や静脈の壁は分子の出入りには厚すぎるので，化学的な交換は常に毛細血管で起こる. 静脈は毛細血管網からの血液を低血圧で受け取

る．静脈の血圧は低いので，血流の速度は動脈に比べて遅い．それに対応して，静脈の壁は薄く，直径は大きい．静脈はまた，多くの"一方通行"の弁をもっていて，流速の低い血液が常に心臓に向かって流れるようにしている．表4・5に3種類の血管の特徴をまとめてある．

表 4・5 動脈，毛細血管，静脈の比較

動 脈	毛細血管	静 脈
厚い壁	壁は1細胞	薄い壁
物質交換なし	すべての物質交換	物質交換なし
内部に弁なし	内部に弁なし	内部に弁あり
血圧高い	血圧低い	血圧低い

4・3・2 心筋細胞

心筋（cardiac muscle, myocardium）は，アクチン（actin）とミオシン（myosin）というタンパク質がサルコメア（sarcomere, 筋節）とよばれる収縮単位の中に配列しているようすなど，いくつかの点で骨格筋と類似している（§4・5・4参照）．骨格筋は細胞が融合して多核細胞になっているが，心筋細胞は単細胞のままで，介在板（intercalated disc）とよばれる結合部で隣接の細胞とつながっている．介在板にはギャップ結合とよばれる開口部があり，それを通して細胞質が自由に行き来できる．このように細胞質を共有することで，心筋細胞は電気刺激を素早く伝えることができる．ギャップ結合がなければ，心拍を開始する筋肉内のインパルスの伝導は遅くなり，協調的な収縮は難しい．

心筋細胞は介在板で結合され，頻繁に枝分かれする収縮単位を形成する（図4・14）．筋組織は比較的大きいミトコンドリアに富み，多くの血液供給を受けている．これらの適応によって心筋は疲労しにくい．収縮単位の枝分かれと介在板による細胞の結合という構造は，心筋

細胞が一つの単位として活動する目的にかなっている．この活動に必要なのは，収縮活動を同期させる信号である．

図 4・14 心筋．分枝する心筋細胞を示す．断面に，介在板の半分，サルコメアおよび核（紫色）を示す．

4・3・3 心臓の二重のポンプ

ヒトの心臓（heart）は2個のポンプが並んだ形をしている．心臓の両側とも，静脈からゆっくり入ってくる血液を集める部屋をもっている．壁の薄い筋肉質のこれらの部屋は心房（atrium）とよばれる．両側には，心室（ventricle）とよばれる壁の厚い筋肉質のポンプもあり，血圧とよぶ力で血液を心臓から送り出す．この両側にあるポンプは，ヒトの生涯にわたって休みなく働いている．

心臓の左右の部分は，血液の二つの流路を形成している（図4・15）．右側は，肺循環への血液を送り出す．肺循環の毛細血管網は肺にあり，そこで血液が酸素を吸収して二酸化炭素を放出する．

心臓の左側は，体循環とよばれる経路に血液を送り出す．体循環で心臓から出発する最初の動脈は，大動脈である．大動脈から分枝する血管が，体のすべての器官や

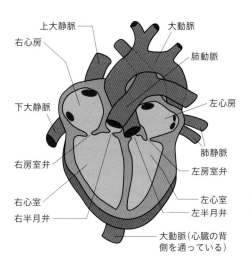

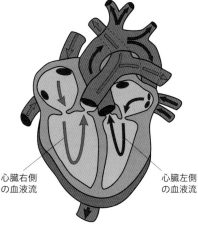

図 4・15 ヒトの心臓の解剖図と血液の流れ．右図の ⟶ は酸素の少ない血液を，⟶ は酸素を多く含む血液の流れを表す．

細胞に血液を供給する. 毛細血管網は各器官や組織にあり, 二酸化炭素を吸収して酸素を放出する.

4・3・4 心 周 期

心周期 (cardiac cycle) は, 心臓の1拍に相当する一連のできごとである. より正確には, 1心周期は1拍の開始から次の1拍の開始までに起こるすべてのできごとを指している. 心周期の頻度は, 1分間あたりの心拍数 (脈拍数) で表される.

心臓の部屋が収縮するのは, その部屋の心筋線維が収縮せよという電気信号を受け取るからである. それによりその部屋の血圧が高まり, 血液は適当な出口から部屋を出る. これは**収縮期** (systole) とよばれる. 収縮期にないときには心筋は弛緩している. これは**拡張期** (diastole) とよばれる. 両側の心房は同時に収縮し, 両側の心室は, 心房の収縮期に少し遅れて同時に収縮する.

心 臓 の 弁

心臓の**弁** (valve) は血流を一方向に保つ. 心臓の各部屋は血液を受容する開口部と血液を送り出す開口部をそれぞれ一つもたなければならない. 部屋が収縮するときは, 血液は決まった方向に動かなければならない (図4・15 右参照). 心臓の弁は血液の逆流を防ぐ役割をもつ.

心房と心室の間の弁は房室弁とよばれ, 左右にある. 血液が心室を出るところにある弁は半月弁とよばれ, これも左右にある.

それぞれの弁には複数の別名があり, 教科書によって使われ方が異なる. 誤解を生じないように, 表4・6によく用いられる別名をあげた.

表 4・6 心臓の弁の別名

弁の名前	別 名
右房室弁	三尖弁
左房室弁	二尖弁, 僧帽弁
右半月弁	肺動脈弁, 肺半月弁
左半月弁	大動脈弁, 大動脈半月弁

血液が心房に入るところには弁がないことに気づいたかもしれない. では血液が大静脈や肺静脈に逆流しないのはなぜだろうか. そのしくみには2通りある.

- 大静脈と肺静脈はどちらも静脈であり, すべての静脈に備わっている受動的なフラップ弁がある. これらの弁は血流の方向に反っていて, 血流が正しい方向に向いているときは開いているが, 血流が逆流するとその圧力を受けて閉まり, 逆流を防ぐ.
- 心房収縮はそれほど大きな圧力を生じない. 心房壁の筋肉は心室に比べるときわめて薄いので, 収縮力は心室より弱い. したがって, 心房の弱い圧力と, 血液を供給する静脈のフラップ弁により, 血液が心房に入る部分には弁が必要ないのである.

心 音

聴診器で直接心音を聴くと, "どっくん"という音が聞こえる. これが1回の心周期 (心拍) で, 大部分は弁が閉じる音である. 心臓の弁は四つあるが, 上述のように左右が同調するので, 心音は2回しか聞こえない. 房室弁が閉じるときが "どっ" (I 音という), 二つの半月弁が閉じるときが "くん" (II 音という) である. その後次の心周期が始まるまで, 静かになる.

4・3・5 心拍数の調節

心臓の組織の大部分は筋肉, 特に心筋である. 心筋は, 神経系の調節なしに自発的に収縮, 弛緩する. これは筋原性収縮とよばれる. しかし, 心臓の筋原性活動も, 収縮のタイミングが統一されて目的にかなうためには, 調節を受ける必要がある.

右心房の壁には, 筋線維 (筋細胞) とニューロン (神経細胞) の両方の性質をもつ特殊化した組織がある. これは**洞房結節** (sinoatrial node, **SA 結節**) とよばれる. 洞房結節は, 左右の心房の収縮を開始させる "電気"信号を送り出す**ペースメーカー** (pacemaker) として働く. 安静時の**心拍数** (heart rate) が72のヒトでは, 洞房結節からの信号は0.8秒に1回送られる. 右心房にはまた, **房室結節** (atrioventricular node, **AV 結節**) とよばれる, 特殊化した筋組織がある. 房室結節は洞房結節からの信号を受容して約0.1秒後に別の電気信号を送りだす. この第二の信号は, 左右の壁の厚い筋肉質の心室に到達して, 収縮させる. これによって, まず左右の心房が, ついで左右の心室が協調して収縮することの説明ができる (図4・16). これらの信号を伝える線維は, 伝導線維系とよばれる.

運動時など体の活動が活発化するときには, 心拍数は安静時心拍数より増加する必要がある. これは激しい運動や活動時には細胞呼吸のための酸素要求が高まるからである. また, 血管中に蓄積する二酸化炭素を取除く必要もある. 運動が始まって二酸化炭素濃度が上昇し始めると, 延髄とよばれる脳幹の一部がその上昇を化学的に感知する. すると延髄は心臓神経 (交感神経) を通る信号を送って, 心拍数を適正なレベルに上昇させる. 運動後に血中の二酸化炭素濃度が減少し始めると, 延髄から別の信号が送られる. これは迷走神経という脳神経によって伝わる. 迷走神経からの電気信号が洞房結節に作

用して心拍数のタイミングを調節し，心臓は安静時心拍数に戻る．

心拍数は化学物質によっても変化する．最も一般的なものはアドレナリン（エピネフリン）である．興奮によるストレスがかかると，副腎はアドレナリンを血中に分泌する．アドレナリンは種々の作用をもつが，とりわけ洞房結節に作用してより頻繁な"発火"をもたらして心拍数を上げる．それはしばしばきわめて劇的である．

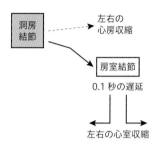

図 4・16 心拍数に対する筋肉による調節．洞房結節がペースメーカーとして働く．房室結節は洞房結節からのシグナルを受けて心室へインパルスを送る．その間に心房が収縮する．わずかに遅れて心室が収縮する．

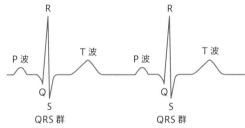

図 4・17 2回の心周期における心電図．左から右へ進行する．縦軸は電位，横軸は時間である．

4・3・6 心周期と心電図の関係

心電図（electrocardiogram, ECG）は，洞房結節と房室結節からの電位を縦軸に，時間を横軸にとったグラフである．皮膚の何箇所かに，二つの結節からの電位変化を測定する電極を取付ける．心電図に現れる繰返しパターンの一つ一つが1心周期である．前節で，心周期は洞房結節からのインパルスで始まると述べた．これが比較の出発点である．正常な心電図の"読み方"は以下のとおりである（図 4・17）．

- P波：この部分は洞房結節による電位であり，したがってこれが心房の収縮期を示す．
- Q波：房室結節がインパルスを送る時点．
- QRS群：これは，房室結節からのインパルスが伝導線維を伝わり，心室の特殊な心筋であるプルキンエ線維に広がる時点で，したがって心室の収縮期を示す．
- T波：房室結節が再分極（イオンが静止電位の状態に戻る）し，次の心周期のためのインパルスの発出の用意をする．

- 洞房結節も再分極する必要があるが，その電気的活動は QRS 群に隠れてしまう．
- 心電図は洞房結節と房室結節の発火のずれを明瞭に示す．このことは，心房と心室の収縮期の時間的ずれを示している．

4・3・7 心房や心室内の圧力変化

心臓の弁は，弁の両側の血圧に応じて開閉する．血圧の変化は，血液が心房や心室に入ったり出たりする運動も説明する．心臓の左右は，二重のポンプとして同期して運動する．心臓の機能を知るには，片側だけを見ればよく，もう一方の側は同じ時期には同様の血圧と血液量があると思えばよい．

左側での血圧と血液量の変化を見てみよう．血圧の数値を記憶する必要はなく，ただ血圧によって血液の移動と弁の開閉が決まることだけを理解すればよい．

心房と心室が共に静止状態にあるとき

前述のように，心房と心室が収縮していないときは拡張期，収縮しているときは収縮期という．どちらも静止状態にあるときは，どちらも拡張期である．

図 4・18 は心臓の左側で，左心房の開口部からは肺静脈が入っている．心房，心室，血管内の数字は血圧をmmHg 単位で表したものである．弁はその両側の圧力差で開閉する．この図のように，どちらも拡張期にあるときは，心房の圧力が心室よりわずかに高く，それによって房室弁は開いている．肺静脈からゆっくりと左心房に戻ってくる血液の大部分は，この開いた弁を通って受動的に左心室に流れる．大動脈の血圧が左心室よりはるかに高いことに注目する必要がある．この血圧差によって，左半月弁が閉じられ，心室への逆流が阻止されている．

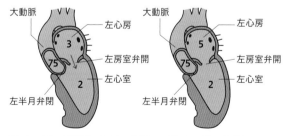

図 4・18 拡張期における血圧〔mmHg〕．少量の血液が受動的に左心房から左心室に流入する．

図 4・19 心房の収縮期における血圧〔mmHg〕．

心房が収縮期，心室が拡張期にあるとき

図 4・19 では，心房が収縮期にある．この収縮によ

る血圧はそれほど高くはない．心房の壁は比較的薄い筋肉で，高い圧力を生み出すことはできない．多くの血液は，開いている房室弁を通って心室に集まっているので，高い血圧は必要ないのである．収縮によって心房に残っていた血液も心室に移動する．

心房が拡張期，心室が収縮期にあるとき

図4・20は，心室の収縮期の初期と後期の血圧を示している．心室の収縮が始まると，心室の圧力が心房より高くなる．したがって房室弁は心房への逆流を防ぐために閉じる（聴診器ではⅠ音とよばれる音が聞こえる）．大動脈の血圧は依然として心室より高いので，半月弁は閉じたままである．このときには心室にかなり大量の血液があり，また心室には筋肉が発達している．このような要因の組合わせによって，収縮期が続くと心室の血圧がかなり高くなる．最終的には心室の血圧が大動脈より高くなり，半月弁が開いて，心室は血液を大動脈に押し出す．心室の収縮が終了すると血圧が大動脈より下がり，半月弁が閉じる（聴診器ではⅡ音として聞こえる）．心房も心室も拡張期に戻り，こうして心周期が繰返される．

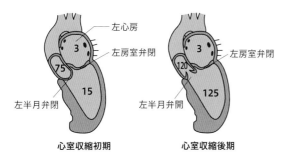

図4・20　心室の収縮期の初期と後期における血圧〔mmHg〕．

4・3・8　主要な心疾患とその治療
プラーク形成とアテローム性動脈硬化

アテローム性動脈硬化（atherosclerosis）はプラーク（plaque）とよばれる物質が動脈にゆっくりと集積することである．プラークは脂質，コレステロール，細胞の死骸，そしてカルシウムからなる．その形成は生涯の早い時期に始まり，重大な問題になるまでには長い年月を要する．動脈にプラークができ始めると，動脈は硬くなり，柔軟性を失う．動脈の内面には内皮とよばれる裏打ちがある．若者の動脈内皮はなめらかでプラークはない．年齢と共にだれでもプラーク形成が始まる．どれほど形成されるかは多くの要因に依存するが，遺伝と食生活がとりわけ重要である．

冠動脈の閉塞と心筋梗塞

心臓には，心筋に酸素の豊富な血液を供給する3本の冠動脈（coronary artery）がある．これらの動脈は，大動脈から直接分岐するもので，肺から戻ったばかりの血液を含んでいる．心筋は一生の間休むことなく収縮と拡張を繰返していることを思い出してほしい．したがって，心筋は多くの酸素を必要とする．3本の冠動脈のどれか，あるいはそこから分枝した血管の1本が閉塞すると，心筋のどこかで酸素の供給が停止する．アテローム性動脈硬化が，部分的あるいは完全な閉塞をもたらすと，まさにそれが起こる．閉塞とは，プラーク形成が相当に進んで，血管が"養う"組織に最低限の血液を送ることができなくなる状態である．

冠動脈やその重要な枝が閉塞することを，**急性心筋梗塞**（acute myocardial infarction）とよぶ．

冠動脈性心疾患に影響する危険因子

冠動脈性心疾患（coronary heart disease, **CHD**）は冠動脈におけるゆっくりと進行するプラーク形成とそれに伴う症状を表す用語である．初期段階では自覚症状がないので，何年間も無症状のことがある．すべての人で，同じ速度でプラーク形成が進行するわけではない．プラーク形成とその結果としての心臓病を決定する要因は，自分で制御できる要因とできない要因の二つに分類される．

ほとんどの人は仕事をしている期間に，CHDの危険因子と上手に付き合っていかなければならない．ある因子の効果とCHDの相関を知ることはきわめて難しい．以下に述べるように，多くの因子が他の因子に影響を与える．

- 太り過ぎの人はしばしば高血圧とコレステロール値に問題を抱えている．
- 座ってばかりのライフスタイルは肥満をもたらすことが多い．
- ストレスは喫煙や過食に導くことがあり，その結果として高血圧やコレステロール値の問題も起こりやすい．

CHDに対する因子とその影響を同定しようとする研究者は，ある因子が他の因子に影響することを考慮しなければならず，そのことがこの種の研究の説明を複雑にしている．

心拍調節における人工ペースメーカーの利用

人工ペースメーカー（artificial pacemaker）は電池で作動する機器で，皮膚の下，多くの場合は胸の上部に埋

め込む．人工ペースメーカーは，その名のとおり，健康な洞房結節と同様に心拍を調節する．機器には1本または数本のリード線がついており，それらは血管を通って心臓内部に達する．リード線の行く先は，患者の心臓病の種類と，リード線の本数による．この人工ペースメーカーは電池で作動し，きわめて微弱な電気ショックを規則的な間隔で送り，それぞれの刺激が心周期をひき起こす．人工ペースメーカーは，徐脈，頻脈，不整脈など多くの心臓病の患者に適応可能である．人工ペースメーカーの電池の寿命は，現在平均して7年である．患者は，多くの場合，電池の寿命が切れないうちに，人工ペースメーカー全体を取替えることになる．

切迫した心臓疾患を処置するための除細動器の利用

　心筋梗塞を起こした人は，心停止や正常な心周期の電気刺激をもたない心臓（不整脈とよばれる）におびえることになる．どちらにしても，血液は酸素を必要とする器官や組織に効果的に送り出されないことになる．除細動は，心臓に電気ショックを与えて，洞房結節から始まる電気信号をリセットすることである．成功すれば心臓は，電気ショックを1回与えるだけで心臓自身の正常な拍動を続けることができる．

　近年，小型で持ち運びのできる除細動器が利用可能になり，すべての救急隊員が持参するようになった．このような除細動器は，**自動体外式除細動器**（automated external defibrillator, **AED**）とよばれる．今では，ショッピングセンター，競技場，スポーツジムなどの多くの人が集まる場所にはAEDを設置することが当たり前になっている．これらの場所のAEDは，音声による説明がついていて，機器は操作が容易なので，だれでも使えるようになっている．

血栓症

　血栓症（thrombosis）という用語は，血管中に血液の塊（血栓）が形成される状態をさす．ある人々は，エコノミー症候群（深部静脈血栓症）という，多くの場合足の大きな静脈に生じた血栓に悩むことがある．これは飛行機や車で旅行する場合に，長時間座っているときなどに起こる．深部静脈血栓症のより大きな危険性は，血栓の一部が剝がれて小静脈に移動し，完全な閉塞を起こすことである．特に移動する血栓が肺の静脈に入ってしまうと，きわめて危険である．治療は，抗凝固剤によって行われる．この薬は"血液を薄くする"と言われるが，実際は薄くするのではなく，単に血栓の形成をすばやく阻止する薬である．

高血圧

　高血圧（hypertension）は，"正常"より高い血圧（blood pressure）のことである．正常の血圧とよべる単一の血圧値は存在しない．なぜなら，個人の血圧は種々の要因によって大きく変動するからである．高血圧は長年にわたって進行することが多いので，血圧を規則的に測定して血圧上昇の傾向があるかどうかを確認することが望ましい．心臓がより多くの血液を押し出し，動脈が細ければ細いほど，血圧は高くなる．動脈の柔軟性の喪失とプラーク形成が高血圧の最大の原因である．正常血圧を決定することは難しいが，日本高血圧学会ではある範囲を定めている（表4・7参照）．血圧には二つの値がある．一方は収縮期血圧であり，他方は拡張期血圧である．普通は収縮期血圧115，拡張期血圧68，のように表される．単位はmmHgである．

- 収縮期血圧：心臓が拍動している（心筋が収縮している）ときの，動脈における最高値である．
- 拡張期血圧：心筋が休止していて血液が満たされるときの，動脈における最低値である．

表 4・7　日本高血圧学会による成人の血圧値（診察室血圧）の分類〔mmHg〕[†]

分　類	収縮期血圧		拡張期血圧
正常血圧	<120	かつ	<80
正常高値血圧	120〜129	かつ	<80
高値血圧	130〜139	かつ/または	80〜89
Ⅰ度高血圧	140〜159	かつ/または	90〜99
Ⅱ度高血圧	160〜179	かつ/または	100〜109
Ⅲ度高血圧	≧180	かつ/または	≧110
(孤立性)収縮期高血圧	≧140	かつ	<90

[†]　出典"高血圧治療ガイドライン2019"，日本高血圧学会高血圧治療ガイドライン作成委員会編，p.18，ライフサイエンス出版(2019)．

練習問題

15. 血液が心臓内を通過するときに関係するすべての部屋，弁，および血管（心臓に入る直前と心臓から出た直後の血管のみ）の名称をあげよ．右心房から順に名前をあげよ．
16. ヒト胎児の右心房と左心房の間には穴が開いている．これにより胎児の血流はどのようになるか，なぜ胎児ではそのような循環のパターンが存在するのか．
17. 心臓の弁を開閉させる要因はなにか．
18. 実験動物でも人でも，人工心臓や人工弁が考案されて，移植されている．これらの人工臓器の弁は，どのようにして，いつ開閉すべきかを，知るのだろ

うか.

19. 心電図は心臓の電気的活動を記録するグラフである. 電位は洞房結節と房室結節に由来する. 運動をして心拍数が上がると, それ以後の心電図にはどのような変化が現れるか.

20. 1回の心周期において, 洞房結節からの信号と房室結節からの信号に時間的ずれがあるのはなぜか.

21. 心臓の細胞はなぜ電気刺激を効率よく伝えることができるのか.

4・4 呼吸器系とヘモグロビン

本節のおもな内容

- 外呼吸は, 肺胞における空気と隣接の毛細血管の血液間の酸素と二酸化炭素の勾配によって起こる.
- 肺胞のI型肺細胞はきわめて扁平な細胞で, ガス交換を行うことに適応している.
- II型肺細胞は界面活性剤を分泌する. 界面活性剤は肺胞内部の表面張力を低下させて肺胞がつぶれることを防止している.
- 空気は気管と気管支を通って肺に入り, 細気管支を経て肺胞に到達する.
- 筋収縮によって胸腔の圧力が変化し, 肺へ空気を出入りさせる.
- 酸素解離曲線はヘモグロビンの酸素に対する親和性を示す.
- 二酸化炭素は血液に溶解し, 多くは赤血球のヘモグロビンに結合する.
- 胎児ヘモグロビンは胎盤において容易に酸素と結合する.
- ボーア効果によって, 活発に呼吸している組織でより多くの酸素がヘモグロビンから放出される.

4・4・1 呼吸器系の概観

　肺 (lung) は, 体細胞が十分な酸素を受け取り, 二酸化炭素を放出できるように, 心臓や血管系と協調して働く. 多くの人はなぜ酸素を必要とするか深く考えることはないが, 酸素が必要なことは知っている. 酸素を必要とする (そして二酸化炭素の放出を必要とする) 過程は, 細胞の**呼吸** (respiration, **内呼吸**ともいう) である. 簡単に言うと, この過程はグルコース分子中の化学結合を段階的に切断してエネルギーを放出させる生化学的過程である. このエネルギーの多くはアデノシン三リン酸 (ATP) 分子に蓄えられる. 好気呼吸をする生物では, この過程は酸素を必要とし, グルコース分子の6個の炭素は二酸化炭素分子として放出される.

　私たちは生きている限り, 肺への空気の出し入れを

行っている. これは**外呼吸** (external respiration) とよばれる. 呼気が肺にとどまる時間はごくわずかだが, それでもガス交換が起こるには十分な時間である. 肺には, **肺胞** (alveolus, 複数形 alveoli) とよばれる小球が多数存在する. 肺胞の酸素は血管に拡散し, 血管中の二酸化炭素は肺胞に拡散する. 呼気と吸気のたびごとに, 酸素が肺組織の大部分を構成している多数の肺胞に隣接した毛細血管網に入り, 二酸化炭素が毛細血管から出るための, 濃度勾配を維持している.

4・4・2 呼吸のしくみ

　私たちは, 生きている間ずっと呼吸を続けている. 呼吸のたびに, 普段は無意識に行う複雑な一連のできごとが起こっている. 肺の組織は筋肉をもたないので, 肺自体は外呼吸のための運動ができない. しかし, 肺の周囲には, 横隔膜, 腹筋, そして外肋間筋, 内肋間筋などの筋肉がある.

　呼吸のしくみは圧力と容積の逆相関に基づいている (図4・21). 簡単にいうと, 容積の増加は圧力を減少させ, その逆も起こる. 圧力と容積は逆に作用する. 肺は胸腔に収まっている. 胸腔は外部の空気とは遮断されている. 肺が外部に通じるのは気管 (とその先の口や鼻) を通してのみである. したがって, 呼吸のしくみについては, 相互に影響を与える二つの環境, すなわち胸腔という閉じた環境と肺の内部環境を考える必要がある.

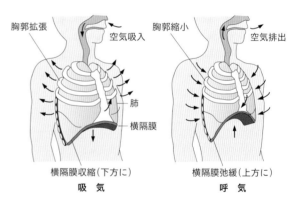

図 4・21　呼気と吸気のしくみ.

吸気に至る運動

　外呼吸は空気を肺に取込む**吸気** (inspiration) と, 肺から空気を送り出す**呼気** (expiration) とからなる. 吸気は以下の過程で起こる.

1. **横隔膜** (diaphragm) が収縮し, 同時に外肋間筋

と腹筋の働きで，胸腔がもち上げられる．全体として この運動によって胸腔の容積が増加する．

2. 胸腔の容積が増加することによって，胸腔内の圧力が低下する．これにより受動的な肺組織を圧迫する圧力が低下する．

3. 肺組織は，かかる圧力が低下するので，容積が増加する．

4. これにより肺内部の圧力が低下し，部分真空状態（周囲より圧力が低い状態）となる．

5. 肺の部分真空に対抗するように，口または鼻腔から空気が入り，肺胞を満たす．

呼気のときにはこれらの段階が逆方向に起こる．

すべての段階は，人が運動して呼吸が深くなると，より頻繁に激しくなる．たとえば，腹筋や肋間筋は胸腔の容積をより増大させて，それにより呼吸が深くなり，より多くの空気が肺に入る．

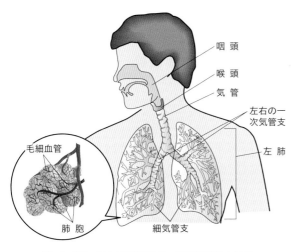

図 4・22 ヒトの呼吸器系. 空気は口または鼻を通り，喉頭（声帯がある）を経て気管に入る．気管は何回も分枝して細気管支となる．空気は最終的に豊富な毛細血管網が取巻く肺胞に至る.

4・4・3 肺胞におけるガス交換

空気を口または鼻腔から取込むと以下の道筋を通って肺胞に至る（図 4・22）．

- 空気はまず**気管**（trachea）に入る
- 次に左右の**一次気管支**（primary broncus）に入る
- しだいに**気管支**（bronchus）は細くなる
- 細気管支とよばれるきわめて細い枝になる
- 最終的に空気は肺胞とよばれる袋に入る

肺胞は最小の細気管支の先端にブドウの房のような塊をつくっている．1個の肺にはおよそ3億個の肺胞がある．肺胞塊には，それを取囲む1個ないしは数個の毛細血管網がある（図 4・23）．

これらの毛細血管網の血液は，右心室から肺動脈を経てやってくる．この血液は酸素に乏しく，二酸化炭素を多く含んでいることを思い出してほしい．血液が肺胞塊周囲の毛細血管網の中にあるときに，酸素が，2個の細胞の膜を通過して肺胞から血液に拡散する．最初の細胞は肺胞を構成する単層の細胞であり，2番目は毛細血管の壁を構成する細胞である．二酸化炭素はこれらの細胞を逆向きに通過する．呼吸が続くと，肺胞のガスは新鮮であり，酸素と二酸化炭素は，正常なガス交換のために必要な濃度勾配を維持する（図 4・24）．

肺胞は肺細胞とよばれる特殊な細胞で構成されている

肺胞は進化の奇跡と言っても良いほど，効率的なガス交換に適応している．前述のように，肺胞の構造の特性の一つは1層の細胞から構成されているということで，これが酸素と二酸化炭素の拡散を容易にする．細胞は**肺細胞**（pneumocyte）とよばれ，2種類ある．

Ⅰ型肺細胞はきわめて扁平な細胞で，表面積が広く，拡散に適している．この細胞は，傷ついても細胞分裂で補うことができない．

Ⅱ型肺細胞は立方体をしているので，表面積は比較的

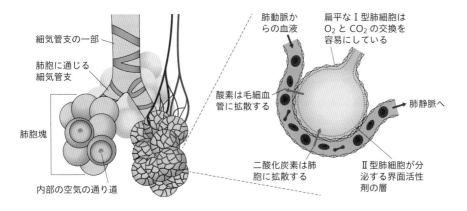

図 4・23 ヒトの肺内部の構造. ひと塊の肺胞が毛細血管網によって取囲まれていて，効率よくガス交換を行う．右図は1個の肺胞の断面図.

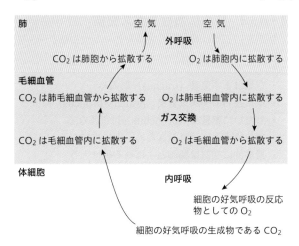

図 4・24　肺，毛細血管，体細胞間のガス
交換．外呼吸，ガス交換，内呼吸の関係．

小さい．この細胞は**界面活性剤**（surfactant，**サーファク
タント**）として作用する液体を分泌する．この液体は肺
胞の湿った内表面の表面張力を低下させ，肺胞の壁同士
が接着してしまうことを防止する．Ⅱ型肺細胞は，障害
を受けると分裂して，Ⅰ型もⅡ型も補うことができる．

4・4・4　ヘモグロビン

　ヘモグロビンは，血液中で酸素を運搬する機能をもつ
赤血球に含まれるタンパク質分子である．赤血球は，基
本的に，ヘモグロビン分子で満たされた細胞質を含む細
胞膜である．赤血球はヘモグロビン以外には核も細胞小
器官ももたない．ヘモグロビン 1 分子は，最大 4 分子の
酸素分子と 1 分子の二酸化炭素分子と可逆的に結合でき
る．

　ヘモグロビン分子は 4 本のポリペプチドからなる．
それぞれのポリペプチドはその中心部に 1 個のヘム基
をもち，ヘム基はその内部に鉄原子をもっている（図
4・13 参照）．ヘモグロビンが酸素と可逆的に結合する
というのは，ヘム基内の鉄原子が結合するのである．ヘ
モグロビンは 4 個のヘム基に合計で 4 個の鉄原子をもっ
ているから，最大で 4 分子の酸素と結合できるのである．

4・4・5　ヘモグロビンと酸素の結合

　タンパク質が状況に応じてその立体構造を変えること
ができる，ということを学んだ．たとえば，酵素による
触媒活性に関する誘導適合仮説は，基質が酵素の活性部
位に入ると酵素の形が変化するという仮説であった（§
2・5・2 参照）．酸素がヘモグロビンに結合すると同様
のことが起こる．ヘモグロビンは酸素分子がヘム基の鉄
原子にいくつ結合しているかによって，四つの形をとり

うる．これらの形は，ヘモグロビンの酸素との結合能力
に影響を与える．これはヘモグロビンの酸素に対する親
和性とよばれる．酸素に対する結合傾向が大きいほど，
親和性は高くなる．

　すでに 3 個の酸素分子を結合しているヘモグロビン
分子は，酸素に対する最大の親和性をもっている．逆
に，酸素分子をもたないヘモグロビン分子の酸素に対す
る親和性は最も低い．これでは意味がない，と思われる
かもしれないが，ヘモグロビンに結合した酸素分子は，
ヘモグロビンの酸素に対する親和性を増大させるよう
に，ヘモグロビンの形を変えるのである．ヘモグロビン
は最大 4 個の酸素分子と結合できるので，4 個の酸素と
結合したヘモグロビンは酸素に対する親和性をもたな
い．

　ヘモグロビンの略号は Hb_4 である．Hb_4 に酸素分子
が結合するということは，2 個の酸素原子が加わるとい
うことである．したがって，酸素に対するヘモグロビン
の親和性は，低いものから高いものへの順で，Hb_4，
Hb_4O_2，Hb_4O_4，Hb_4O_6 となる．

4・4・6　酸素解離曲線

　酸素解離曲線（oxygen dissociation curve）は，ヘモ
グロビンやミオグロビンが種々の条件下でどのようにふ
るまうかを示したものである（図 4・25）．横軸は酸素

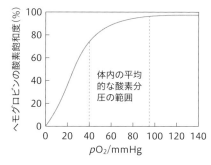

図 4・25　ヒト成体ヘモグロビンの酸素解離曲
線．赤の破線は，体内の酸素分圧の範囲を示す．

分圧を示す．分圧は，混合気体の中で 1 種類の気体が
示す圧力である．われわれが呼吸する空気は，混合気体
であり，酸素はその一成分にすぎない．血液や体内の組
織にも異なるガスの混合物があり，ここでも酸素は一成
分にすぎない．混合気体の全体が示す圧力を全圧とい
い，そのなかで酸素が示す圧力が酸素分圧である．

　酸素解離曲線の縦軸はヘモグロビンの酸素飽和度であ
る．ヘモグロビンは 4 個の酸素分子をもつまでは飽和
しない．ヒト**成体ヘモグロビン**（adult hemoglobin）の
酸素解離曲線を見てみよう．

グラフが急なＳ字状であることに注目してほしい．この形は，少なくともいくつかの酸素がヘモグロビン分子に結合していると，ヘモグロビンの酸素に対する親和性が変化することを示している．グラフの左下端では酸素がほとんど結合していない．グラフの上半分では，ヘモグロビンがすでにいくつかの酸素を結合していて，酸素に対する親和性が増大し（タンパク質の形の変化による），グラフの傾斜は急である．最後にほとんどのヘモグロビンが飽和すると，グラフは平らになる．

グラフ上で，体内での酸素分圧が一定に保たれている範囲に注目してほしい．正常範囲の上限（およそ95 mmHg）は，肺での酸素分圧である．グラフからは，肺では97％以上のヘモグロビンが酸素で飽和していることがわかる．正常範囲の下限（およそ40 mmHg）ではおよそ75％のヘモグロビンが飽和している．この酸素分圧は，活発に細胞呼吸を行う体組織に典型的な分圧である．このことは，ついさきほど肺にあったヘモグロビンのおよそ20％が，体組織に達すると1個ないし2個の酸素分子を放出（解離）したことを示している．ヘモグロビン分子は普通，呼吸の盛んな組織内でも，酸素を完全に"空にする"ことはないが，それでも比較的狭い酸素分圧の範囲内で，かなりの量の酸素を放出する．酸素解離曲線という名称は，酸素を解離することに由来する．

ヘモグロビンとミオグロビンの比較

ミオグロビン（myoglobin）は筋肉に見られる酸素結合タンパク質である．ミオグロビン分子は1本のポリ

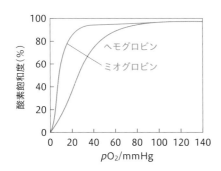

図 4・26　ヒト成体ヘモグロビンおよびミオグロビンの酸素解離曲線．ミオグロビンは酸素分圧がとくに低い，つまり活発に呼吸をしている筋組織のみで酸素を解離する．

ペプチド，すなわち1個のヘム基と1個の鉄原子からなる．1個のミオグロビンは1個の酸素分子とのみ結合できる．ミオグロビンの機能は，筋肉が激しく運動して嫌気状態になるまで酸素をためておくことである．そのような状態になると初めてミオグロビンは酸素を放出し，

乳酸発酵の開始を遅らせる．

図 4・26 を見ると，ミオグロビンのカーブはヘモグロビンのカーブより左にあることがわかる．酸素分圧が非常に高いところを除けば，横軸のどこであっても，ヘモグロビンが酸素を解離していてもミオグロビンは酸素を結合していることがわかる．低い酸素分圧のもとでもミオグロビンが酸素を保持できるこの能力が，ミオグロビンに，組織が嫌気的条件に入ることを遅らせる機能をもたせている．あなたが激しい運動をしているときに，最後の酸素の蓄えを提供してくれるのはミオグロビンであることを，覚えておこう．

成体ヘモグロビンと胎児ヘモグロビンの比較

胎児が産生するヘモグロビンは成体ヘモグロビンと比較すると，分子組成が少し違っている．それは，**胎児ヘモグロビン**（fetal hemoglobin）が成体ヘモグロビンより酸素に対する親和性が高い必要があるからである．つまり，胎盤の毛細血管において，成体ヘモグロビンは酸素を解離しやすく，胎児ヘモグロビンは酸素と結合しやすくなければならないからである．胎児ヘモグロビンは，胎児の呼吸している組織に到達して初めて酸素を解離する．

図 4・27 に見られるように，胎児ヘモグロビンのカーブは常に成体ヘモグロビンの左にある．横軸のどこをとってみても，同じ酸素分圧のもとでは成体ヘモグロビンは胎児ヘモグロビンと比べて少ない酸素しか結合しない．

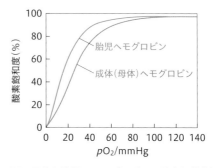

図 4・27　母体と胎児のヘモグロビンの酸素解離曲線．胎児ヘモグロビンは，ヒトの組織における通常の酸素分圧において，成体ヘモグロビンより酸素に対する親和性が大きい．

ボーア効果

ヘモグロビンの酸素に対する親和性は，二酸化炭素の分圧が高い環境では低減する．そのような環境は細胞呼吸の活発な組織で見られる．いいかえると，ヘモグロビンは体組織の毛細血管内では酸素を解離するように誘導

される．この効果は**ボーア効果**（Bohr effect）とよばれ，二酸化炭素がヘモグロビンに結合してその形を変え，酸素を放出させることでもたらされる．

　体の種々の環境中で成体ヘモグロビンになにが起こるか考えてみよう．図4・28の左側のカーブは，ヘモグロビンが二酸化炭素の分圧が比較的低い肺を通過するときの様子である．この環境では酸素は容易にヘモグロビンに結合する．右側のカーブは，二酸化炭素を老廃物として排出している呼吸の活発な組織におけるヘモグロビンのふるまいである．二酸化炭素は血流に入り，そのなにがしかがヘモグロビンと結合する．この状況では，酸素は，酸素分圧の高さによらずヘモグロビンから解離しやすい．これがボーア効果で，体組織では酸素を放出しやすく，肺では酸素を結合しやすくしている．

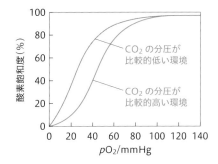

図 4・28　ボーア効果．CO_2 分圧が異なる環境におけるヘモグロビンの酸素解離曲線から，ヘモグロビンは二酸化炭素分圧が高いときに酸素を解離しやすいことがわかる．

4・4・7　血液中における二酸化炭素の運搬

　内呼吸はすべての生物に共通の過程である．内呼吸によって，グルコースのような糖がATP分子を生成するために酸化される．内呼吸の主要な老廃物は二酸化炭素である．多くの動物と同様に，ヒトでも二酸化炭素は細胞から拡散して，近くの毛細血管網に入る．二酸化炭素は血流に入ると，以下の3通りの方法で肺まで輸送される．

- 少量の二酸化炭素はそのまま血漿に溶けて運ばれる．
- いくらかの二酸化炭素は赤血球に入って，ヘモグロビンと可逆的に結合する（1個のヘモグロビンは1分子の二酸化炭素を運ぶことができ，これがボーア効果の基礎である）．
- 大部分（およそ70%）の二酸化炭素は，赤血球に入り，炭酸水素イオンに変換されて，血漿中に移動し，輸送される．

炭酸水素イオンの生成

　赤血球の細胞質には炭酸脱水酵素という酵素があっ

て，二酸化炭素と水を結合して炭酸（H_2CO_3）を生成する反応を触媒する．炭酸はついで炭酸水素イオン（HCO_3^-）と水素イオンとに解離する（図4・29）．

　この反応で生じた炭酸水素イオンは赤血球の細胞膜にある特殊なタンパク質チャネルを通って細胞質から出る．輸送のしくみは促進拡散で，1個の炭酸水素イオンを赤血球の外に放出するときに1個の塩化物イオン（Cl^-）を血漿から赤血球内に移動させるというしくみである．この負に荷電した2個のイオンを交換することは，細胞膜の両側での電荷の平衡を維持するもので，Cl^- 移動とよばれる（図4・30）．

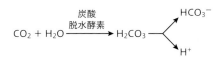

図 4・29　炭酸水素イオンの生成．炭酸脱水酵素は炭酸の生成を触媒し，炭酸は自発的に炭酸水素イオンとなる．

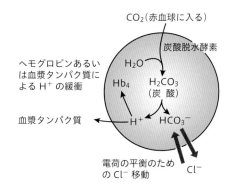

図 4・30　赤血球における二酸化炭素の変化．二酸化炭素が赤血球に入ると，炭酸が生成し，ヘモグロビンや血漿タンパク質による緩衝が起こる．

血液の pH を狭い範囲に維持する

　血漿の pH は 7.35 から 7.45 の間の狭い範囲に保たれるように，調節されなければならない．人が運動してより多くの二酸化炭素を生じると多くの水素イオンが産生するので，調節には緩衝作用による機構が必要である．一方，炭酸の解離による水素イオンは赤血球の細胞質にも血漿中にも残存してはいけない．これらの液体からの一時的な水素イオンの除去は，pH 緩衝とよばれる．赤血球の細胞質で炭酸が分解されると，生じる水素イオンの一部は一時的にヘモグロビンの種々の場所に結合することができ，それによって液体からは除去される．赤血球から出る水素イオンの大部分は血漿中の溶質として循環しているタンパク質に結合し，これも溶液からは除去される．こうして，血液の pH は調節されて狭い範囲に維持される（図4・30参照）．

4・4・8 延髄の呼吸中枢

骨格筋を使うには ATP 分子の利用が必要であり，したがって好気呼吸速度の上昇が必要である．運動する筋組織は静止状態の筋組織よりずっと多くの酸素を消費し，ずっと多くの二酸化炭素を生じる．体にはこれらの呼吸ガスの輸送速度が増大する要求に見合うようにするしくみがなければならない．このような状態での一つの必要性は，外呼吸速度の上昇である．

外呼吸速度は，脳幹の一部である延髄（medulla oblongata）のある領域の支配下にある．この領域は呼吸中枢とよばれ，外呼吸速度を上げる必要があるときには，二つのしくみが働く．

- 大動脈や頸動脈の内壁にある化学受容体が二酸化炭素濃度の上昇により血液 pH の低下を検出する．するとこれらの受容体は延髄の呼吸中枢に活動電位を送る．
- 延髄自身も同じ化学受容体を含んでいる．延髄にある毛細血管網を血液が流れると，二酸化炭素濃度の上昇と pH の低下が検出される．

正常血液の pH（7.35〜7.45）は，ごくわずかに塩基性である．正常状態ではヘモグロビンと血漿タンパク質による緩衝作用が，pH の変動を防止する．しかし，激しい運動などで二酸化炭素が多量に生じると，緩衝機構が追いつかず，炭酸の分解による過剰の水素イオンが血液の pH を正常範囲の下端まで下げる．

外呼吸速度を上げるには，延髄の呼吸中枢が横隔膜，肋間筋（肋骨の間の筋肉），腹腔の筋肉に活動電位を送る．呼吸のしくみは変わらず，頻度のみが変化する．身体的活動が停止または低下すると，化学受容体は血流中の二酸化炭素濃度の低下，あるいはそれに伴う血漿 pH のわずかな上昇を検出し，外呼吸速度を遅くする．

4・4・9 肺の疾患とその治療法

肺気腫の原因と結果

肺気腫（emphysema）は肺胞がしだいに破壊される病気である．最も重要な原因は喫煙である．肺気腫は，COPD（慢性閉塞性肺疾患）と総称される病気の一つである．肺気腫は慢性の病気で，ゆっくり進行し，健康な肺胞を大きくて不規則な形態に変え，大きな嚢胞を生じる．それによりガス交換のための表面積が減少し，血液に入る酸素量が少なくなる．これが"息苦しさ"の原因である．最初，息苦しさは患者が激しい運動をしたときだけ起こるが，時間の経過と共に十分なガス交換が行えない状態が続くようになる．長期間の喫煙が肺気腫の最大の原因であるが，排気ガス，石炭の粉末，汚染した空気などを恒常的に吸引することも肺気腫の原因となる．

肺気腫には治療法がない．しかし喫煙や上記の危険因子の吸引をやめれば，症状の進行を劇的に遅らせることができる．常識的なことだが，肺気腫に罹患することを避ける方法は，喫煙を始めないこと，ほこりや化学的塵埃を扱う作業をするときにマスクを着用することである．

肺がんの原因と結果

肺がん（lung cancer）は，肺に生じるがんで，きわめて転移しやすい．肺がんの転移先としては，脳，骨，肝臓，副腎が多い．肺がんの増殖は，細気管支や肺胞の健康な領域を奪ってしまう．増殖規模が大きければ，それだけ肺組織は機能不全になる．肺がんは，肺内部の出血もひき起こす．

肺がんは一つ以上の発がん物質が肺に入って細胞に突然変異を起こさせ，異常増殖をもたらすことでひき起こされる．時には体が初期がんを排除することもできるが，いつもとは限らない．たいてい，発がん物質はタバコの煙と共に肺に入るが，他の煙や物質も発がん物質の源になることが知られている．

肺がんの死亡率はかなり高く，種々の治療法は早期に診断されたときに最も有効である．

練 習 問 題

22. 肺胞はどのように効率的なガス交換に適応しているだろうか．
23. 呼吸に2組の筋肉が関与しているのはなぜか．
24. 成体ミオグロビンと胎児ヘモグロビンが成体ヘモグロビンより酸素に対する親和性が高くなければいけないのはなぜか．
25. ボーア効果はどのような生理的利点をもつか．
26. 運動などによって活発に活動すると血液の pH が下がるのはなぜか．
27. 激しい運動が血液をより酸性にするという言い方が不正確であるのはなぜか．
28. 活発な運動をしても意識的に呼吸を早くする必要がないのはなぜか．

4・5　運 動 と 筋 肉

本節のおもな内容

- 骨と外骨格は筋肉に固定点を提供し，てことして機能する．
- 滑膜関節は特定の動きが可能だが他の動きはできない．

- 体の動きは対をなす拮抗筋が反対方向の運動を起こすことを必要とする.
- 骨格筋線維は多核の細胞で, 特殊な小胞体を含む.
- 筋線維は多くの筋原線維を含む.
- 筋原線維は収縮性のサルコメアからできている.
- 骨格筋の収縮はアクチンフィラメントとミオシンフィラメントの滑り込みによって起こる.
- アクチンフィラメントとミオシンフィラメントが滑り込むためには ATP の加水分解と架橋形成が必要である.
- カルシウムイオン, トロポミオシンおよびトロポニンが筋収縮を制御する.

4・5・1　内骨格と外骨格

　動物の**骨格**（skeleton）は体を支持する. 加えて, 骨格は筋肉（骨格筋）を付着させる. 骨格という言葉を聞くと, 脊椎動物に特徴的な骨を思い浮かべるだろう. それは体内の骨で, **内骨格**（endoskeleton）とよばれる骨格を構成する. 昆虫のような多くの動物は, **外骨格**（exoskeleton）とよばれる別の種類の骨格をもっている（図 4・31）. 外骨格はその名のとおり, 動物の体外にあ

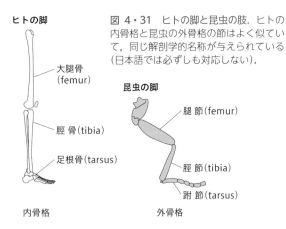

ヒトの脚

大腿骨（femur）

脛 骨（tibia）

足根骨（tarsus）

内骨格

昆虫の脚

腿 節（femur）

脛 節（tibia）

跗 節（tarsus）

外骨格

図 4・31　ヒトの脚と昆虫の肢. ヒトの内骨格と昆虫の外骨格の節はよく似ていて, 同じ解剖学的名称が与えられている（日本語では必ずしも対応しない）.

る骨格で, キチンとよばれる物質でできている. 内骨格と同様に, 外骨格もまた体を支持し, 筋肉を付着させる. 筋肉の付着点は, 内骨格の場合は骨の外側, 外骨格の場合は内側にある. 外骨格の多くの個々の骨や節は, さまざまな動きの効率を最大化するためのてことしても機能している. 外骨格をもつ動物のなかには, 進化によって, 力とジャンプの能力において信じられないほどの離れ業を可能にしたてこの作用をもつ種も生じた. その代表的な例は, アジアツムギアリ（*Oecophylla smaragdina*）で, このアリは, 体重の 100 倍以上の重さの物を持ち上げることができる. もう一つの例は, 飼い猫に感染す

るノミ（*Ctenocephalides felis*）で, 体長の 150 倍を超える距離をジャンプする.

4・5・2　筋　肉　対

　筋肉が収縮する際, その筋肉の一端は動かない骨（または外骨格）に接続され, 同じ筋肉のもう一方の端は, 動く骨に接続されている. 動かない骨は, 目的の動きのための固定点と考えられる. それぞれの筋肉は短縮することしかできないので, ある動きをひき起こすためには, それぞれ反対の動きをする 1 対の筋肉がなければならない. 反対の動きをするこれら対をなす筋肉は, 拮抗筋とよばれている. 図 4・32 と図 4・33 は, 昆虫の関節と人間の関節が, 対をなす拮抗筋によってどのように動くかを示している.

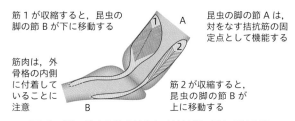

筋 1 が収縮すると, 昆虫の脚の節 B が下に移動する

筋肉は, 外骨格の内側に付着していることに注意

昆虫の脚の節 A は, 対をなす拮抗筋の固定点として機能する

筋 2 が収縮すると, 昆虫の脚の節 B が上に移動する

図 4・32　昆虫の肢の対をなす拮抗筋. 昆虫の肢の節は, 対をなす拮抗筋の作用によって上下に移動する.

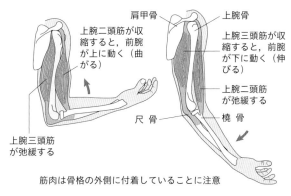

肩甲骨

上腕骨

上腕二頭筋が収縮すると, 前腕が上に動く（曲がる）

上腕三頭筋が収縮すると, 前腕が下に動く（伸びる）

上腕二頭筋が弛緩する

尺 骨

橈 骨

上腕三頭筋が弛緩する

筋肉は骨格の外側に付着していることに注意

図 4・33　ヒトの前腕の筋肉. ヒトの前腕は, 三頭筋および二頭筋の作用によって上下に動く.

4・5・3　滑　膜　関　節

　哺乳類の体のなかには, **滑膜関節**（synovial joint）という**関節**（joint）がある. これは, 滑液とよばれる潤滑剤を含む被膜がある, 骨と骨の間の関節である. 被膜内の骨端表面は, 骨と骨の接触を保護するために軟骨で覆われている.

　滑膜関節の例としては, ヒトの肘関節がある（図 4・34, 表 4・8）. 肘は**蝶番関節**（hinge joint）の例でも

表 4・8　ヒト肘関節の構成要素と機能

構成要素	機　　能
軟　骨	摩擦を軽減し，衝撃を吸収する
滑　液	滑りを良くして摩擦を軽減し，軟骨細胞に栄養分を供給する液体
関節包	関節の周囲にあって関節腔を取囲み，骨をまとめる
腱	筋肉と骨をつなぐ
靱　帯	骨同士をつなぐ
上腕二頭筋	収縮すると前腕を曲げる
上腕三頭筋	収縮すると前腕を伸ばす
上腕骨	肘の筋肉の結合部位であり，てことして働く
橈　骨	上腕二頭筋のてことして働く
尺　骨	上腕三頭筋のてことして働く

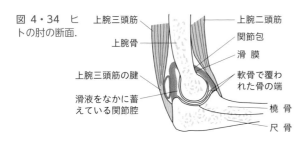

図 4・34　ヒトの肘の断面.

あり，ドアの開閉に似た動作をする．腕を前に出して固定し，手のひらが上，下になるように手を回すときは肘の蝶番関節を使わない．その代わりに，前腕の二つの骨（橈骨と尺骨）を動かして回転させる．肘関節は回転を行うことができないため，そのような回転運動の方法が進化した．上腕骨が肩で体と結合する関節は，**球関節**（ball-and-socket joint）の一例で，肘関節に比べて自由度が高く，さまざまな方向に動かすことができる．同じ形式が足にも存在し，股関節は自由に動く球関節，膝関節は蝶番関節である．

4・5・4　筋組織と筋線維

筋肉も体の他の組織と同じように，細胞からできている．筋組織には，平滑筋，心筋，骨格筋（横紋筋）の3種類がある．ここでは，**骨格筋**（skeletal muscle）の構造と働きについて考えていく．骨格筋の細胞は収縮のために高度に分化しているため，多くの細胞ほど，その構造はわかりやすくない．それぞれの筋肉は，その細長い形状から**筋線維**（muscle fiber）とよばれている数千個の細胞から構成されている．筋組織はまた，周囲の結合組織，血管，神経を含んでいる（図 4・35）.

筋線維（筋細胞）は，**筋鞘**（sarcolemma）とよばれる細胞膜をもち，細胞内に複数の核をもつ．筋鞘には，細胞内部に陥入するトンネル状の延長部が複数あり，横行小管またはT管とよばれている．

筋線維の細胞質は**筋形質**（sarcoplasm）とよばれ，エネルギーの蓄えとしてグリコーゲンを貯蔵している．筋形質には，ミオグロビンとよばれるヘモグロビンに似た分子も存在する．ミオグロビンは酸素を貯蔵し，筋肉が高度に使われてヘモグロビンからの通常の酸素供給が限界に達した場合にのみ，その酸素を放出する．

筋原線維（myofibril）は筋線維内で，その長軸方向の端から端まで伸びている．筋原線維は多数あり，互いに平行に並んでいる．筋肉の収縮に必要なアデノシン三リン酸（ATP）を供給するために，多数のミトコンドリアが筋原線維の間に詰め込まれている．筋原線維には，アクチンとミオシンというタンパク質を主要な要素とするサルコメアとよばれる収縮単位がある．サルコメアの繰返しによって，骨格筋は縞模様を示し，**横紋筋**（striated muscle）とよばれる．

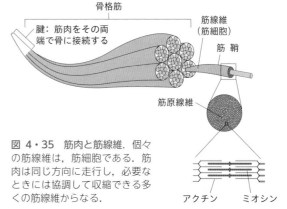

図 4・35　筋肉と筋線維．個々の筋線維は，筋細胞である．筋肉は同じ方向に走行し，必要なときには協調して収縮できる多くの筋線維からなる．

筋原線維の収縮単位はサルコメアである

筋原線維は，サルコメアとよばれる多くの隣り合った収縮単位で構成されている．一つのサルコメアは，一つのZ線から次のZ線まで伸びている（図 4・36）.非常

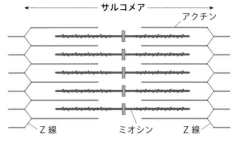

図 4・36　弛緩期の単一サルコメアの構造．Z線はサルコメアの両端にある.

に簡単に言えば，筋組織は各サルコメアが短くなるため収縮することができる．サルコメアは互いに連結されて

いるため，筋肉全体が短くなる．このようにして，筋肉は骨（または外骨格）に接続されている腱を引っ張り，骨格（または外骨格）の動きが発生する．

図4・36のサルコメアの図を見ると，**ミオシンフィラメント**（myosin filament）は頭部のような構造をもち比較的太く，**アクチンフィラメント**（actin filament）は比較的細いことに注意するように．これらのフィラメントはどちらもタンパク質であり，それが食物の供給源である筋組織にタンパク質が豊富に含まれている理由である．また，ミオシンはサルコメア内では途切れのない一つのタンパク質であるため，これ以上短くなることはない．一方，アクチンフィラメントは移動することができ，それぞれの端がサルコメアの中心に向かって滑るため，サルコメア全体を短くすることができる（Z線が互いに近づく）．それでは，サルコメアのアクチンフィラメントはどのようにして一斉に中心に向かって移動し，全体として筋肉を収縮させるのだろうか．

筋収縮の滑走フィラメント理論

筋収縮の以下の段階を理解するには，図4・35，図4・36，および図4・37および図4・38を参照するように．

- 運動ニューロンは，**神経筋接合部**（neuro-muscular junction）とよばれるシナプスに活動電位を伝える．
- **アセチルコリン**（acetylcholine）とよばれる神経伝達物質が，ニューロンの軸索終末のシナプスボタンと筋線維の筋鞘の間のシナプス間隙に放出される．
- アセチルコリンは筋鞘上の受容体に結合する．

- 筋鞘のイオンチャネルが開き，ナトリウムイオン（Na^+）が筋線維の細胞質に流入する．
- 結果として生じる活動電位はT管を通って伝わり，筋小胞体からのカルシウムイオン（Ca^{2+}）の放出をひき起こす．
- 放出された Ca^{2+} は，筋形質に一気に流入する．
- その後，**ミオシン頭部**（myosin head）がアクチンフィラメント上の結合部位に結合する（図4・37の段階2）．
- ミオシン頭部はすべてサルコメアの中心に向かって屈曲する．
- Z線が互いに近づき，全体のサルコメアが短くなる（図4・37の段階3）．
- ATPがミオシン頭部に結合し，アクチンフィラメントからミオシンの分離をもたらす．そして，運動ニューロンからの次の活動電位を待ち構える（図4・37の段階4）．

筋収縮過程でのトロポニンとトロポミオシンの役割

上述の筋収縮の過程で，"その後，ミオシン頭部がアクチンフィラメント上の結合部位に結合する"と述べたが，アクチンフィラメント上の結合部位が常に利用できるとは限らないため，この重要なステップが筋収縮の発生時期を決定する．筋肉が収縮していないとき，アクチン上の結合部位は**トロポミオシン**（tropomyosin）とよばれる細いタンパク質の線維で覆われている．さらに，**トロポニン**（troponin）とよばれる別のタンパク質がトロポミオシンに一定の間隔で結合している．トロポニンは Ca^{2+} の結合部位をもっている．もう一度，上述の筋収縮の過程を見てみると，"放出された Ca^{2+} は，筋形

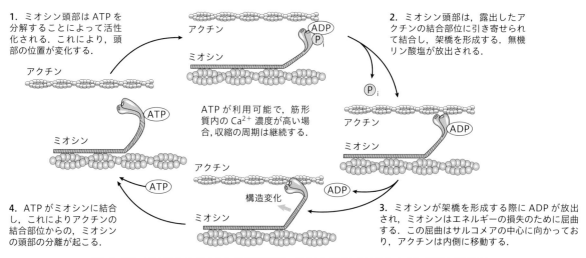

図 4・37 アクチンとミオシンの相互作用．サルコメアにおけるミオシン頭部とアクチンフィラメントの相互作用を1個のミオシン頭部と1本のアクチンフィラメントで表した図．

質に一気に流入する"とある．筋形質とは，筋線維内部の細胞質のことで，Ca^{2+} は，多くのアクチンフィラメントがサルコメア内に位置している細胞内で一時的に高濃度になる．この Ca^{2+} はトロポニンと結合し，トロポミオシンフィラメントを刺激して動かし，アクチン結合部位を露出させる．そして，瞬時にミオシン頭部はアクチン結合部位を見つけ，屈曲運動を起こす．その結果，サルコメアの短縮，筋肉全体の収縮が起こる（図4・39）．

すでに述べたように，Ca^{2+} の筋形質への流入は，運動ニューロンからの活動電位によって開始される．運動ニューロンは無作為に活動電位を送信するのではなく，大脳が自発的に運動を行うように"決定"した場合にのみ，活動電位が送信される．このように，Ca^{2+} の放出とトロポニンとの相互作用，ならびにトロポミオシンは，神経系と筋肉系，そして動かされる骨格系との間の連関の一例である．

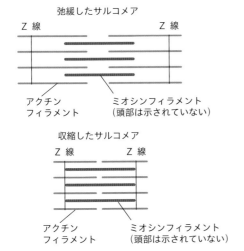

図4・38 弛緩期と収縮期のサルコメア．収縮期のサルコメアではZ線が近寄っていることに注意．多数のサルコメアが連続しているので，そのすべてが短くなると，筋線維全体が短くなる．それにより骨の運動がもたらされる．

練 習 問 題

29. 骨と外骨格がもつ共通の機能を三つあげよ．
30. 筋肉が対をなす拮抗筋をもつ理由を説明せよ．
31. 筋肉の収縮における Ca^{2+} はセカンドメッセンジャーとよばれている．どうしてか説明せよ．
32. ヒトの肘において，次の機能を提供しているものはなにか．
　(a) 顔面に向かって橈骨と尺骨を上に移動させる．
　(b) 上腕二頭筋を橈骨と肩甲骨に固定する．
　(c) 肘関節ではほぼ摩擦のない動きをする．
　(d) 橈骨と尺骨を顔面から離れるように下向きに動かす．

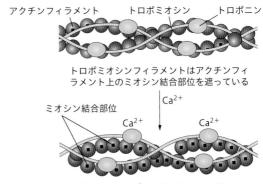

図4・39 筋収縮におけるトロポニンとトロポミオシンの作用．運動ニューロンが筋肉に活動電位を伝え，それが筋形質への Ca^{2+} への流入をもたらす．ミオシン頭部はエネルギーを獲得し，アクチンのミオシン結合部位が空くとそこに結合する．

章 末 問 題

1. (a) 栄養素という用語を定義せよ．（1点）
　(b) 栄養とくる病の関係を説明せよ．（3点）
　　　　　　　　　　　　　　　　　（計4点）
2. ヒトの消化器系の模式図を描け．　（計4点）
3. 左側の図は小腸の断面図，右側の図は1本の絨毛の縦断面の拡大図である．この図に基づいて，小腸の構造が食物の吸収という機能とどのように関係しているか，三つあげよ．　　　　　　　（計3点）

4. 骨粗鬆症は閉経後の多くの女性における主要な健康上

の問題である. 卵巣からのエストロゲン分泌が減少すると, しだいに骨からカルシウムが排出され, 骨が弱って骨折の危険が増大する. 食事がカルシウムの排出に影響するかどうかを検討するために, 雌ラットから卵巣を除去し, 1日に1gの各種サプリメントを加えた食事を摂取させた実験群と加えなかった対照群に分けて, ラットから排出されるカルシウム量を測定した. カルシウム排出率は, (実験群の排出量/対照群の排出量) で表される. 結果を下のグラフに示す.

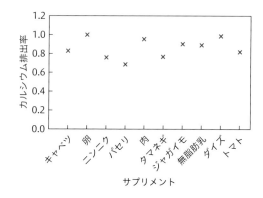

(a) (i) どのサプリメントがカルシウム排出を減少させるのに最も有効か. (1点)
    (ii) 最も有効でないサプリメントはどれか. (1点)
(b) グラフに示すサプリメントのうち, 7種類は植物性, 3種類は動物性である. 植物性と動物性のどちらがカルシウム排出の減少に有効かを, 議論せよ. (3点)
(c) このグラフの結果に基づいて, ヒトにおける骨粗鬆症を軽減する試みについて考えを述べよ. (3点)

(計8点)

5. 肝臓における赤血球とヘモグロビンの分解について述べよ.

(計4点)

6. 動脈, 静脈, 毛細血管の構造と機能の関係を説明せよ.

(計9点)

7. 血餅は網目状のタンパク質を含む. そのタンパク質は以下のどれか.
   A フィブリン   B フィブリノーゲン
   C ヘモグロビン   D トロンビン

(計1点)

8. 酸素解離曲線におけるボーア効果を説明せよ. (計6点)

9. 二酸化炭素 (CO_2) を排出することは体にとってきわめて重要である. 体内では, CO_2 は, 溶解した CO_2, 炭酸イオンとして結合, タンパク質 (赤血球中のヘモグロビンや血漿タンパク質) への結合, という3種類の形態をとる. どの形態をとるかということは, 下表のように体の活動状態によってかなり変化する.

表 静止期および運動時における血漿中の CO_2 の運搬[†]

輸送形態	動 脈 mmol L^{-1} (血漿)	静止期静脈 mmol L^{-1} (血漿)	運動時静脈 mmol L^{-1} (血漿)
溶解 CO_2	0.68	0.78	1.32
炭酸イオン	13.52	14.51	14.66
タンパク質に結合した CO_2	0.3	0.3	0.24
血漿中の全 CO_2	14.50	15.59	16.22
血液 pH	7.4	7.37	7.14

(a) 静止期における静脈血の血漿中の, 炭酸イオンとして結合している CO_2 の割合 (%) を計算せよ. (1点)
(b) (i) 運動によって, 静脈血の血漿における総 CO_2 量がどう変化するかを比較せよ. (1点)
    (ii) 運動によって最大の増加を示す CO_2 の輸送方法はどれか. (1点)
(c) 表に示した pH の変化を説明せよ. (3点)

(計6点)

10. 吸気時に起こるのはどれか.
    A 外肋間筋と横隔膜の両方が収縮する
    B 内肋間筋は収縮し, 横隔膜は弛緩する
    C 外肋間筋と横隔膜の両方が弛緩する
    D 内肋間筋と横隔膜の両方が弛緩する

(計1点)

11. 骨格筋の収縮機構を説明せよ.   (計9点)

12. 骨格筋が神経インパルスを受容すると, 収縮過程が起こる. 収縮における Ca^{2+}, トロポミオシン, ATP の役割の正しい組合わせは下表のどれか.

	Ca^{2+}	トロポミオシン	ATP
A	トロポニンに結合	結合部位の露出	ミオシンに結合
B	ミオシンに結合	結合部位の露出	トロポニンに結合
C	アクチンに結合	結合部位の露出	ミオシンに結合
D	トロポニンに結合	ミオシンに結合	アクチンに結合

(計1点)

5 ヒトの体の防御とホメオスタシス

本章の基本事項

- ヒトの体は病原体が侵入する危険に抵抗するための構造と機能を備えている.
- 免疫は, 自己・非自己の認識と, 非自己物質の破壊に基づいている.
- すべての動物は含窒素老廃物を排出し, また動物によっては水の平衡や溶質濃度を調節する.
- ホルモンは全身的なシグナルが必要なときに利用される.
- ホルモンは常に一定量分泌されるのではなく, またきわめて低濃度でも効果を表す.

ヒトの体を取巻く環境には, 体にとって脅威となる多くの病原性生物やウイルス, 化学物質などが存在する. それらの物質から自らの身体を守ることを, 生体防御という. 生体防御の基本は, 病原性生物などを体内に入れないための防御障壁の存在と, 体内に侵入した病原性生物を認識して破壊する免疫である. とくに, 最初に侵入した病原性生物を記憶して, 2回目以降の侵入に際してすばやく, かつ強力に排除する獲得性免疫は, ヒトの生体防御にとってきわめて重要である.

一方, 環境の物理化学的状態はいつも同じではない. それに対して生物は, 環境が変化しても体内の状態を一定に保つしくみ, すなわちホメオスタシスを進化させてきた. とくにヒトのような複雑な体制をもつ動物は, そのために多くの器官系を動員している. 本章では, 腎臓を中心とした排出系を取上げ, 体内の水の平衡や血液中の溶質濃度がどのように維持されるかを学ぶ.

さらに, ホメオスタシスの最も重要な担い手である内分泌系についても, 本章で学ぶことになる. ホルモンは種々の内分泌器官から分泌され, 血液によって体中に運ばれ, 特定の器官や細胞のみに作用して, 種々の効果を及ぼす化学物質である. 体内に存在する多くのホルモンは, ホメオスタシスに関与すると同時に, ヒトの生殖にも不可欠の物質である. その作用には, 負のフィードバックというしくみが重要であることも, 本章で学ぶ基本的な事項の一つである.

5・1 生体防御と免疫

本節のおもな内容

- 皮膚と粘膜は, 病原体に対する一次防御を提供する.
- ファゴサイトーシス (食作用) をもつ白血球は病原体を取込み, 非特異的免疫をもたらす.
- 哺乳類では, B細胞はT細胞によって活性化される.
- 活性化されたB細胞は抗体を産生する形質細胞と記憶細胞のクローンを形成する.
- 抗体は病原体の破壊を助ける.
- ワクチンは, 病原性はないが免疫応答をひき起こす抗原を含んでいる.
- 白血球は抗原に応答してヒスタミンを放出し, ヒスタミンはアレルギー症状をひき起こす.
- HIVは, ヒトT細胞に感染し, 免疫能力を低下させる.
- 抗生物質 (抗生剤) は原核細胞の代謝を阻害するが, 真核細胞の代謝は阻害しない.
- 細菌のいくつかの株は遺伝子の変化により, 複数の抗生物質に対する耐性を獲得している.

5・1・1 一次防御の役割

ヒトの体は多くの病原性因子にさらされている. 病気の原因となりうるすべての生物とウイルスは**病原体** (pathogen) とよばれる. 病原体には, ウイルス, 細菌, 原生動物, 菌類, および種々の蠕虫（ぜんちゅう）が含まれる. しかし, ほとんどの病原体は, それにさらされても病気をひき起こさない. それはまず, 私たちの体がそれらの病原体が侵入することに対してきわめてしっかりと防御しているからであり, さらに, 万が一病原体が侵入しても多くの場合その病原体に対する免疫をもっているからである. この興味深くて重要な課題について学ぼう.

皮膚と粘膜は一次防御を形成する

健康を維持する最善の方法は, 病原体が病気をひき起こすことを阻止することである. その方法の一つは, 感染源から離れることである. 今でも感染力の強い病人を隔離するのはごく普通のことである. しかし, あらゆる感染源から逃れることは不可能である. したがってヒトの体は, 病原体が体に入り, 感染するのを阻止する巧妙な方法を備えているのである.

その方法の一つが**皮膚**（skin）である．皮膚が２層からなることを思い起こそう．下の層は真皮とよばれ，活発な層である．真皮には汗腺，毛細血管，感覚受容器，それに皮膚の構造と強度を維持する真皮細胞などが含まれる．その上にある層は表皮とよばれる．表皮の層では，細胞は下部で生まれ上部へ移動して死滅し，これらの死滅した細胞は，生きていないので病原体に対する良い障壁となっている．皮膚が無傷でいれば，生きた組織にのみ侵入する病原体から保護されていることになる．皮膚に傷や擦過傷ができたときに，その部位を清潔にして覆っておく必要があるのはそのためである．

病原体は，皮膚以外のいくつかの箇所から体に侵入することがある．そのような侵入点は，**粘膜**（mucous membrane）（図５・１）によって覆われている．粘膜細胞は粘着性のある粘液を分泌する．粘液は入ろうとする病原体を捕らえ，感染することのできる細胞に病原体が到達することを阻止する．粘膜をもつ組織のいくつかは，線毛を備えている．線毛は髪の毛のような細い突起で，波状に運動することができる．この運動は捕らえた病原体を，気管のような粘膜組織から外に運ぶ．表５・１には粘膜をもつ組織の例を示してある．

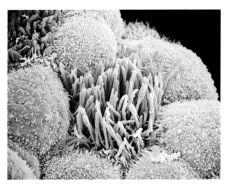

図５・１ 気管粘膜の走査型電子顕微鏡写真（擬似カラー）．大型の白い細胞は粘液を分泌する細胞．ピンク色の突起は線毛．

表 5・1 粘膜組織の存在部位

粘膜組織	機　　能
気　管	肺への空気の出入り
鼻　腔	鼻と気管への空気の出入り
尿　道	膀胱から外界への尿の輸送
腟	子宮から外界へつながる生殖管

血液凝固は感染と血液の喪失を抑える

毛細血管，細動脈，細静脈などの小さい血管が破れると，血液が閉鎖血管系から漏れ出る．血管が破れるのは皮膚が多く，その場合には病原体が体内に侵入する可能性が生じる．体は，破損した血管をふさいで，血液の損失と病原体の侵入を阻止する一連の血液凝固反応を進化させてきた．

血漿中には血漿タンパク質とよばれる多様な分子が流れている．それらのタンパク質は，**血液凝固**（blood clotting）への関与など，多くの役割をもっている．血液凝固タンパク質はプロトロンビンとフィブリノーゲンである．これらは常に血漿中に存在するが，出血に伴う現象によって"目を覚まされる"まで，不活性である．血液中にはさらに，血小板とよばれる細胞の破片が循環している．**血小板**（platelet）は骨髄で赤血球や白血球と共に産生されるが，細胞そのものではない．きわめて大きな細胞が多くの細片にちぎれて，その細片が血小板になる．血小板は核をもたず，その生存期間は８〜10日と比較的短い．

細い血管が損傷したときになにが起こるか考えてみよう（図５・２）．血管の細胞が損傷すると，細胞は血小板が損傷部位に付着することを促す化学物質を放出する．損傷した組織と血小板は，プロトロンビンを**トロンビン**（thrombin）に変換する凝固因子という物質を放出する．トロンビンは，可溶性のフィブリノーゲンを比較的不溶性の**フィブリン**（fibrin）に変換することを触媒する酵素である．フィブリンは，網目状のネットワークをつくって血小板の止血栓を安定化する．細胞の破片が次々とフィブリンの網目に絡まってすぐに安定な塊（血餅）が形成され，それ以上の出血と病原体の侵入を阻止する．

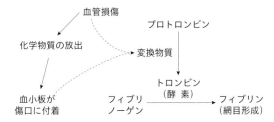

図 5・2 血液凝固の過程．凝固過程は損傷した血管から始まり，フィブリンの網目形成へと進む．網目は血球を捕捉して血餅をつくる．

5・1・2 初期の免疫応答

病原性細菌のような病原体が体に入ってしまうと，**免疫応答**（immune response）とよばれる一連の現象が始まる．体がその病原体と初めて出会ったときには，応答は一次免疫応答とよばれる．２回目以降の応答は二次免疫応答という．一次免疫応答が有効になるには１週間程度はかかり，したがって，免疫系が病原体を抑えて

最終的に排除するまでの間，症状が続くことはよく経験するところである．二次免疫応答はより早く，より強力なので，症状を感じることはまれである．ある特定の抗原に対する二次応答を樹立する能力が，私たちが病気に対する"免疫"とよぶものである．これについては，本節の後半で詳しく学ぶ．

ファゴサイトーシスをもつ白血球の役割

白血球は，血液中にあって，体内に入った病原体との闘いを助け，1回以上出会った多くの病原体に対する免疫を付与する細胞である．病原体を排除する闘いのごく初期に関与する白血球はマクロファージ（macrophage, 大食細胞）とよばれる．マクロファージは大型の白血球で，侵入した細胞を取囲むように形態を変化させ，ファゴサイトーシス（phagocytosis, 食作用ともいう）とよばれる働きで病原体を取込むことができる．マクロファージは形を変えることができるので，小血管から出たり入ったりすることができる．したがって，マクロファージが血管外で最初に侵入細胞に遭遇することもまれではない．

マクロファージは，ある細胞に遭遇すると，それが体の一部である，すなわち"自己（self）"であるか，あるいは体の一部ではない"非自己（non-self）"であるかを認識できる．この認識はすべての細胞やウイルスの表面を構成するタンパク質分子に基づいている．もしマクロファージが出会う細胞表面の一群のタンパク質が"自己"であると決定されると，その細胞は放っておかれる．もし"非自己"と決定されると，マクロファージはその細胞をファゴサイトーシスで飲み込んでしまう．ファゴサイトーシスをもつ細胞は普通，多くのリソソームを含んでいて，飲み込んだ物質を化学的に消化してしまう．このタイプの応答は非特異的応答とよばれる．なぜなら，病原体の身元が明らかにならないまま，それが"非自己"のものだという理由によって，排除されてしまうからである．

5・1・3 免疫応答の基礎

病原体が哺乳類の体に侵入すると，免疫系が応答して病気をひき起こす可能性のある因子や生物を破壊しようと試みる．残念なことに，免疫系はどの"侵入者"が病気をひき起こし（たとえばウイルス），どの侵入者がそうでない（たとえば移植された臓器）かを認識できない．認識は，単純に"自己"か"非自己"かだけである．ある個体のすべての体細胞は同じ遺伝情報を含んでいて，すべての細胞は細胞膜上に共通のタンパク質群をもっている．哺乳類のある白血球はこのタンパク質群を

認識でき，同じタンパク質があればその細胞を"自己"とみなす．ウイルス，細菌，菌類，あるいは移植臓器も異なる細胞膜タンパク質（ウイルスの場合は外被タンパク質）をもっていて，それゆえ"非自己"とみなされる．抗原という用語は，"非自己"とみなされるすべての分子に対して用いられる．

リンパ球が産生する抗体は特異免疫をもたらす

抗体（antibody）は特異的な病原体に応答して体がつくるタンパク質分子である．言い換えると，麻疹ウイルスに感染すると麻疹ウイルスに対する抗体をつくるし，インフルエンザウイルスに接触するとインフルエンザウイルスに対する抗体を産生する．それぞれの抗体は異なる病原体に応答して産生されるので，異なっているのである．病原体は，細胞膜をもつ細胞であるか，あるいはキャプシドとよばれるタンパク質性の外被をもつウイルスである．細菌のような細胞性の侵入者は外表面に埋め込まれたタンパク質をもっている．これらの外来性のタンパク質は免疫系の用語では抗原（antigen）とよばれる．上述のように，"非自己"タンパク質は免疫応答を誘起するから，抗原である．

抗体はY字形をしたタンパク質である．Yのふたまたの部分は抗体が抗原に結合する部位である．抗原は病原体（たとえば細菌）の表面にあるタンパク質なので，抗体は病原体に付着する（図5・3）．

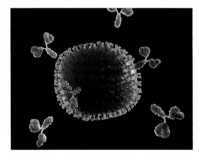

図 5・3 インフルエンザウイルスに結合しようとする抗体の模式図.

白血球のうちリンパ球とよばれる細胞には，B 細胞（B リンパ球）と T 細胞（T リンパ球）があり，抗体を産生するのは B 細胞のうちの形質細胞（plasma cell, プラズマ細胞）である．だれもがきわめて多数の異なる抗体産生形質細胞をもっている．そして，一般的には 1 種類の形質細胞は 1 種類の抗体しか産生しない．問題になるのは，体にはきわめて多くの感染が起こるかもしれないのに，1 個の形質細胞は比較的少数の抗体しか産生できない，ということである．しかし私たちの免疫応答

も進化し続けていて，必要なときには同じ形質細胞を数多くつくり出すことができる．典型的な一次免疫応答は以下の段階を追って進行する．

1. 特異抗原（たとえばかぜウイルスなど）が特定される．
2. 抗原（たとえばかぜウイルスの外被のキャプシドタンパク質）に結合できる抗体を産生する特異的な形質細胞が選ばれる．
3. その形質細胞は細胞分裂によって繰返し分裂して，同じ細胞の**クローン**（clone）を大量につくり出す．
4. 形質細胞のクローンが抗体産生を開始する．
5. 放出された抗体が血管中を循環して，適合する抗原（つまりウイルスのキャプシドタンパク質）を見つける．
6. 抗体は種々のしくみで病原体を排除する．
7. クローン中のいくつかの抗体産生形質細胞はそのまま血管系に残り，同じ抗原の二次的侵入に対する免疫に備える．この寿命の長い細胞は，**記憶細胞**（memory cell）とよばれる．
8. 記憶細胞は同じ抗原に再び出会うと，迅速に応答する（二次免疫応答）．

5・1・4 哺乳類の免疫応答の段階

哺乳類の白血球のなかには，多くの異なる種類のB細胞がある．それぞれのB細胞（形質細胞）は特定の抗原に結合する特異的な抗体を産生・分泌する．問題は，哺乳類は必要とされる抗体分泌量に十分なB細胞をもっていない，ということである．白血球は血球のおよそ1%にすぎず，したがって1種類のB細胞の数は多くはない．その代わりに，必要とあれば特異的な抗原と闘うB細胞のクローン形成（多くの細胞分裂）をひき起こす細胞間コミュニケーションが存在する．

抗原に最初に遭遇する白血球は前述のマクロファージとよばれる大型の食細胞である．マクロファージが病原体の非自己抗原に出会うと，ファゴサイトーシスによって病原体を飲み込み，部分的に消化する．侵入者の分子の一部がマクロファージの細胞膜上に抗原ペプチドとして表示される．これは抗原提示とよばれる．血液中では**ヘルパーT細胞**（helper T cell）という白血球が提示されている抗原を化学的に認識し，活性化される（図5・4）．

ヘルパーT細胞は免疫応答を，非特異的（非自己）なものから抗原特異的なものに変換する．それは，今や抗原の性質が決まったからである．ヘルパーT細胞は（活性化された）B細胞と化学的に連絡する．このB細胞は必要な抗体を産生することができる．このように，細胞間コミュニケーションの経路は下のようになる．

マクロファージが抗原を提示 ——→
　　ヘルパーT細胞が活性化 ——→
　　　　　　　　　　　　　B細胞が活性化

ヘルパーT細胞が特異的なB細胞を活性化すると，活性化されたB細胞は一連の細胞分裂を開始し，分裂した娘細胞のクローンは同じ抗体を産生する．クローン化されたB細胞には2種類ある．

- ただちに抗体を産生し，一次感染と闘うことを助ける形質細胞
- 一次感染時には抗体を産生しないが，寿命が長くて血中を循環し，二次感染を待っている記憶細胞

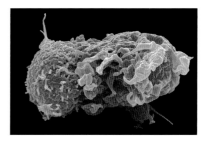

図5・4 マクロファージとヘルパーT細胞の走査型電子顕微鏡写真（疑似カラー）．マクロファージ（赤色）がヘルパーT細胞（青色）に病原体の情報を伝える．これが抗体産生に至る抗原特異的免疫応答の第一歩である．

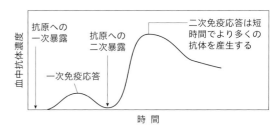

図5・5 一次および二次免疫応答における抗体産生量．二次免疫応答は，一次免疫応答の直後に起こることもあるし，何カ月あるいは何年もあとに起こることもある．

二次免疫応答

抗原提示，T細胞とB細胞の活性化，そしてB細胞のクローン形成は，一次感染のときに起こるできごとである．哺乳類の免疫系は病原体の破壊を助けるが，一次免疫応答の段階に時間がかかるので病原体から完全に体を守ることはできない．その間に病原体は特異的な病気の症状をもたらす．この症状がどれほど重篤になるかは，病原体の増殖速度と病原体によって障害を受ける組織の種類による．

同じ病原体の2回目の感染では，一次感染で生じた記憶細胞がまだ血流中を循環している．この寿命の長い細胞は，同じ病原体にすばやく応答することができ，一次感染と比べて数も多くなり，より多くの抗体を産生する（図5・5）．

5・1・5 抗体の作用

抗体は特異的な抗原に応答して形質細胞が産生するタンパク質分子である．分子的性質という点ではほとんどの抗体は類似している．それらは，Y字形のタンパク質で，多くのアミノ酸配列は共通である．Yのふたまたの先端にはそれぞれの抗体に特異的なアミノ酸配列がある．この二つの領域は抗体の抗原結合部位とよばれる．2箇所の抗原結合部位は同一で，同じ型の抗原に結合できる．

抗体はいくつかのやり方で免疫応答を助ける．一つは病原体に結合して免疫系の他の細胞による破壊のための“目印”をつけることである．第二は，2箇所の抗原結合部位で2個の抗原と結合することである．これによって抗原を結合し，抗体が抗原を結びつけることで病原体はしばしば大きな塊になる．病原体が凝集することは，マクロファージなどの食細胞が病原体を見つけて破壊することを容易にする．抗体が病原体の破壊を助けるさらに別のやり方は，病原体と闘う他の細胞やタンパク質を動員することである．

5・1・6 ワ ク チ ン

免疫の基本原理の一つは，生体は少なくとも一度は病原体と遭遇しなければそれに対する免疫が成立しない，ということである．かぜのようないくつかの病気では，私たちは単に感染を待ち，症状を経験し，そして免疫が成立する．同じかぜのウイルスについては二度と症状が出ないかもしれないが，それまでにかかったことのない異なるかぜウイルスの結果，またかぜをひくかもしれない．

多くの病気について，私たちは最初の病原体の感染の代わりとしてワクチンを開発してきた．**ワクチン**（vaccine）は普通，病原体の病気をひき起こす能力を失わせたあとの化学成分からなる．一次免疫応答に関わる白血球は，化学成分を抗原つまり非自己とみなす．それにより一次免疫応答が成立する．この応答には，のちに本当の病原体が感染したときにすばやく抗体をつくることのできる記憶B細胞の形成も含まれる．

ワクチン接種は感染を防止できないが，その後に本物の病原体が感染したときの二次免疫応答は，一次応答に比較して，早く，そして抗体量も多い．ワクチン接種後は，多くの動物は本物の病原体に早く応答できるので，症状はとても軽いか，まったく現れない．

2019年からの新型コロナウイルスのパンデミックな流行に対するワクチンとして，mRNAワクチンという，まったく新しいタイプのワクチンが用いられた．それまでのワクチンが，上述のように，病原体のタンパク質などから病原性を失わせたものであったのに対して，mRNAワクチンは，新型コロナウイルスのタンパク質をコードしたmRNAを，特別な脂質の小胞のなかに入れたものを注射する．小胞が細胞膜と融合してmRNAが細胞内に取込まれ，細胞は通常のタンパク質合成と同様のしくみでウイルスタンパク質を合成する．それが抗原となって抗体が産生されるのである．mRNAは細胞内では速やかに分解されるので，細胞のゲノム中に取込まれることはない．

mRNAワクチンは，従来のタンパク質ワクチンに比べて臨床的に応用できるようになるまでの開発期間が短く，副反応も少ないといわれている．ただし，新しい技術であるので，今後新たな問題が生じる可能性を指摘する声もある．

5・1・7 アレルギー反応

ヒトや他の動物の免疫系が，病原体から体を守るように働く，ということを学んできた．しかし，免疫系自体が問題を起こすこともある．そのような一例が**アレルギー反応**（allergy）である（図5・6）．アレルギー反応

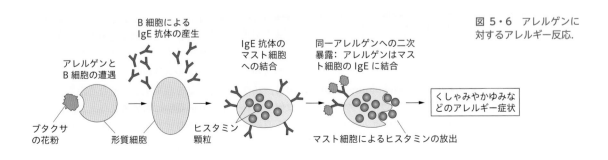

図5・6 アレルゲンに対するアレルギー反応．

は，病原性をもたない**アレルゲン**（allergen）とよばれる物質がある種の白血球と遭遇すると起こる．アレルゲンの例は，花粉，落花生，卵白，ハチ毒など，多数に上る．特別なアレルゲンに対してアレルギー性のヒトや動物がそのアレルゲンと最初に出会うと，IgEとよばれる特別なクラスの抗体を産生する．IgE抗体は，マスト細胞という白血球に結合する．アレルゲンが二度目にやってくると，IgE抗体はアレルゲンに結合し，マスト細胞にヒスタミンという化学物質を大量に放出させる反応をひき起こす．ヒスタミンは，充血，くしゃみ，皮膚のかゆみ，皮膚の発赤その他のアレルギー特有の症状をひき起こし，いくつかの症状は重大なこともある．

5・1・8　免疫と疾病
種間を越える病気

HIVや，SARS，エボラ，H1N1などのウイルスは，重大で時に致死的症状をもたらす以外に，ある共通点をもっている．これらは，ある動物種に起原をもつが，他の種，とくにヒトにも感染するようになる，ということである．幸いなことに，ウイルスがそのようにある種から他種へ感染するということは，自然界ではそれほど頻繁に起こることではない．そうなるためには，種々の条件や機会が整わなければならない．多くの条件のなかの一つは，ウイルスがある細胞を宿主として認識するためのタンパク質の一致である．もし二つの種が，ウイルスに多くの突然変異が生じるほど長期間にわたって共存していると，その突然変異によってウイルスは新しい宿主に侵入することができるようになる．

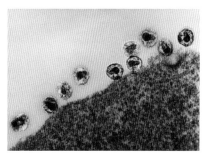

図 5・7　HIV感染白血球の透過型電子顕微鏡写真（擬似カラー）．

HIVと免疫系

HIVは，ヒト免疫不全ウイルス（human immunodeficiency virus）の略語である．すべてのウイルス同様，HIVも感染する生物や細胞種が厳密に決まっている．不幸なことに，感染するヒトの宿主細胞はこれまで述べた免疫応答に関与する重要なリンパ球なのである（図5・7）．HIVが感染したヒトでは，いずれはリンパ球数が急速に減少し，十分な量の抗体を産生する能力を失う．HIV感染から，免疫応答能力を失うまでには，何年もかかるのが普通であるが，ひとたびその能力を失うと，いわゆる**エイズ**（acquired immunodeficiency syndrome, **AIDS**，後天性免疫不全症候群）とよばれる病気になる．

エイズの兆候が始まると，患者は以前のように病原体と闘うことが難しくなり，種々の感染が重複して起こる．エイズ患者の多くの生命を奪うのは，このような二次感染の病気である．本書の執筆時には，HIV感染患者を救済する効果的な治療法は見つかっていないが，感染からエイズの症状の開始までの期間を延ばすさまざまな治療が見いだされてきた．

HIVはどのように感染するか

ヒトからヒトへのHIVの感染をもたらす最も普通の経路は，感染者との無防備な性交渉と，HIV陽性者に用いられた注射針の使用である．さらに，HIV陽性の母親から子に，妊娠中，分娩時，あるいは哺乳中に感染することもありえる．かつてはいくつかの国で，輸血中にHIVが感染することもあったが，現在では血液や血液製剤へのHIVの混入が常にチェックされているので，その危険は少ない．血友病治療のための注射も，人血から精製された製剤の場合にはHIVを拡散することが知られていた．現在では多くの国で，製剤は細菌から遺伝子操作によって生産されるので，HIV感染の危険はない．

5・1・9　細菌感染に対する抗生物質の利用

細菌は原核細胞である．ヒトなどの動物は真核細胞からなる．細菌の細胞壁は真核生物である動物にはない．**抗生物質**（antibiotics）は，原核細胞と真核細胞の違いを利用するもので，細菌には重要である生化学的現象を選択的に阻害するがヒトや動物には影響のないものである．抗生物質には，標的とする生化学経路に応じて，多くの種類がある．ある抗生物質は，細菌のタンパク質合成を選択的に阻害するが，私たちの細胞のタンパク質合成能力には影響しない．別のタイプは，細菌の細胞壁の合成を阻害し，それによって増殖や分裂を阻止する．

このことから，抗生物質がウイルスには効かない理由も明らかになる．ウイルスは新しいウイルスを産生するのに，私たちの体細胞を利用する．それを阻害する物質は何であれ，私たちの細胞にも障害を与える．抗生物質は，原核細胞に障害を与えたり，それを殺したりする化学物質であり，真核細胞やその代謝には害を与えない．

ウイルスはそれ自身の代謝をもっていないので，抗生物質はウイルスに起因する病気には処方されない．

未解決の難問：細菌の抗生物質耐性

すべての抗生物質は，真核細胞とは異なる原核細胞の生化学的性質のある過程を標的としていることを，思い出してほしい．細菌は，地球上の他の生物と同様に，遺伝的変異を示す．細菌の個体数はとてつもなく多く，また細菌はきわめて急速に増殖できるので，細菌集団中にどのような抗生物質にも耐性をもつ遺伝的変異体が存在する可能性はきわめて高い．そのような変異体は，短い期間に増殖して，すべての細菌が抗生物質に耐性である集団に変えてしまうこともある．こうして生き延びた細菌は，新しい細菌株となる．

抗生物質の長期にわたる過度な利用は，現在存在するほとんどすべての抗生物質に対して耐性の，多くの病原細菌種を生み出している．

いくつかの細菌株は複数の抗生物質に対して耐性である．黄色ブドウ球菌 *Staphylococcus aureus* はブドウ球菌感染症とよばれる病気の原因となりうる細菌である．この細菌のいくつかの株は MRSA（メチシリン耐性黄色ブドウ球菌）とよばれ，多くの抗生物質に対する耐性を獲得している．MRSA 感染は治療がきわめて難しく，しだいに発生頻度が高くなっている．

練習問題

1. 病原性ウイルスのいくつかのもの（たとえば HIV，エボラウイルス）が時として致死的であるのに，他のものは比較的穏やかで短期間の症状しかひき起こさないのはなぜか．
2. 非特異的および特異的免疫応答の違いはなにか．
3. ウイルスは，宿主細胞に感染していないときはなにをしているか．
4. 動物の免疫における記憶細胞の重要性はなにか．
5. 天然痘（痘瘡）は世界的なワクチンプログラムでどのように根絶されたか．

5・2　腎臓と浸透圧調節

本節のおもな内容

- 含窒素老廃物の種類は，進化の歴史と生息場所に関連する．
- 腎臓と昆虫のマルピーギ管系は浸透圧調節および含窒素老廃物の排出を行う．
- 糸球体やボーマン嚢の微細構造は限外沪過を容易にしている．

- 近位尿細管は能動輸送によって有用な物質を選択的に再吸収している．
- ヘンレのループは腎髄質の高張状態を維持する．
- ADH は集合管における水の再吸収を調節する．
- 腎不全の治療には血液透析が用いられる．

5・2・1　含窒素老廃物と排出

動物の血漿は常に変化する液体である．体細胞中での反応は全体として代謝とよばれる．血流は代謝に必要な物質を補給し，組織から老廃物を除去する．尿素のような老廃物が常に血液に加わるので，血液は絶えず沪過され，浄化されなければならない．

尿素（urea）はアミノ酸の代謝で生じる老廃物である．生体は過剰のアミノ酸を蓄えることができない（タンパク質合成に当面必要なものを除く）．多くの動物で，過剰なアミノ酸は脱アミノとよばれる反応を受ける．その名のとおり，アミノ酸のアミノ基（NH_2）が除かれる．アミノ基は，アンモニア，尿素，あるいは尿酸のいずれかに取込まれる．哺乳類を含むいくつかの動物では尿素などの老廃物分子を沪過して血液を浄化するのは腎臓の役割である．他の動物は，昆虫のマルピーギ管のように，同様の機能を遂行する異なる器官をもっている．器官の違いはあっても，排出は体から代謝過程の老廃物を取除くことである．

進化の歴史や生息場所と含窒素老廃物の種類

アミノ酸の脱アミノによる老廃物は，1個以上の窒素原子を含むので，含窒素老廃物（nitrogenous waste）とよばれる．3種類の含窒素老廃物には，有利な点と不利な点とがある．すべての動物はその進化の歴史と無関係ではない．もしある種の祖先が含窒素老廃物のいずれかを利用していたとすれば，そこから派生した種も同じ含窒素老廃物を利用していると思われる．言い換えれば，動物は，たとえ新しい種になるのに十分な変化を遂げたとしても，まったく新しい生理的性質を進化させることはできないのである．含窒素老廃物の有利な点と不利な点を見ていこう．

表5・2からは，それぞれの動物がその生息場所と進化の歴史に基づいて，含窒素老廃物のどれかを利用していることがわかるだろう．

魚類は含窒素老廃物としてアンモニア（ammonia）を利用している．魚類は水中に生息するので，毒性の高いアンモニアを希釈して流しだすことができる．アンモニアの利用は，エネルギー的に“安価”であるという利点がある．

表 5・2　3種類の含窒素老廃物

含窒素老廃物の構造	生物例	有利な点	不利な点
アンモニア H–N(H)(H)(H)	魚 類	産生にごくわずかしかエネルギーを要しない.	血液や組織に対して毒性をもつ. 多くの水を利用して体からすぐに排出する必要がある.
尿 素 H_2N–C(=O)–NH_2	哺乳類	尿酸に比べ産生のためのエネルギーは少ない. きわめて高濃度のときのみ血液や組織に対して毒性.	アンモニアに比べ産生に多くのエネルギーを要する. 希釈と排出にいくらかの水を要する.
尿 酸	鳥 類	血液や細胞質のような液体に比較的不溶. 動物卵などの特別な構造中に貯蔵可能. 希釈と排出にごくわずかの水しか要しない.	構造が複雑で産生に多量のエネルギーを要する.

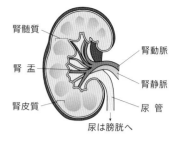

図 5・8　ヒト腎臓の断面図.

哺乳類は尿素を産生して排出している. 尿素はかなり高濃度になったときのみ毒性をもつので, 哺乳類は組織や血中にある程度の尿素があってもやっていける. 体のしくみは, 腎臓からの定常的な排出によって尿素量が制御されていれば十分機能する. 尿素は尿の成分として, しばらくは膀胱に蓄えておける. 哺乳類にとって水は, 魚類ほど容易に手に入らないから, アンモニアに比べると希釈と排出にそれほど水を必要としないシステムをもっているのである.

鳥類と爬虫類は, 孵化に至るまでの発生に必要な栄養素と水分を含む卵を利用する. 進化の観点からは, これは直接の祖先である両生類の水性環境から爬虫類と鳥類を切り離す, 大きなできごとであった. ここで解決すべき重大な問題は, 殻で閉じられた卵にはアンモニアをためておくことができない, ということであった. 進化の過程での解決策は, **尿酸**（uric acid）であった. 尿酸の産生にはエネルギーを消費するが, 水には不溶なので胚発生の途中で卵内に生じる特別な構造のなかに蓄えておくことができる. 成体の鳥類は尿酸の産生を継続していて, しょっちゅう水を求める必要がない. 老廃物としてアンモニアや尿素を利用する動物は, 鳥類に比べると頻繁に水を飲む必要がある.

5・2・2　腎臓の解剖学

腎臓（kidney）の機能は老廃物を血液から沪過することである. 腎動脈とよばれる大きな血管が血液を左右の腎臓に運んでいる. 沪過された血液は, 腎静脈によって運び去られる.

尿（urine）は腎臓でできる液体である. 尿は水と, 血流から排除された溶存老廃物からなる. 尿は両側の腎臓の腎盂とよばれる領域で集められ, 尿管に入り, 尿管

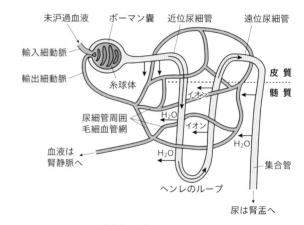

図 5・9　哺乳類腎臓の1本のネフロン. 破線は, 腎皮質にあるネフロンと腎髄質に伸びているネフロンの境界を示す. この模式図によって, 以後の項目における尿の形成過程を理解せよ.

を通って膀胱に至る. 図5・8の腎臓の断面を見ると, 腎盂を囲む腎髄質と, その外側の腎皮質という層があることがわかる.

ネフロンは腎臓の沪過単位である

片方の腎臓には**ネフロン**（nephron）とよばれる沪過単位がおよそ125万個存在する. ネフロンは以下の構造をもつ（図5・9）.

- **糸球体**（glomerulus）とよばれる, 血液から種々の物質を沪過する毛細血管
- 糸球体を囲む, **ボーマン嚢**（Bowman's capsule）とよばれる袋
- ボーマン嚢から出発し, **近位尿細管**（proximal convoluted tubule）, **ヘンレのループ**（loop of Henle）,

遠位尿細管（distal convoluted tubule）からなる尿細管（convoluted tubule）
- 尿細管周囲毛細血管網とよばれる，上述の尿細管を取囲む第二の毛細血管網

血液はボーマン嚢で限外沪過される

個々のネフロンは，輸入細動脈とよばれる腎動脈の細い支脈をもっている．この血管はまだ沪過されていない血液をネフロンに運んでくる．ボーマン嚢の内部で，輸入細動脈は枝分かれして糸球体とよばれる毛細血管網を形成する（図5・10）．糸球体は他の毛細血管網と似ているが，血管の壁には血圧が上昇すると開くきわめて小さい窓がある（有窓毛細血管）．血圧の上昇は，糸球体から血液を流し出す輸出細動脈が輸入細動脈より細いことによる．直径の太い血管と細い血管がつながっていると，結合部，すなわち糸球体のところで血圧が上昇する．

限外沪過というのは，糸球体（正確にはそこの小窓）において毛細血管網の高い血圧によって種々の物質が沪過されることをいう．糸球体から限外沪過された液体は基底膜を通過するが，そこでタンパク質のような高分子は沪液に入ることを阻止される．沪液はついで近位尿細管に入る．沪過されなかった血液は細胞やタンパク質のような分子と共に，輸出細動脈を経てボーマン嚢から出る．

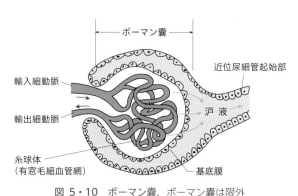

図5・10　ボーマン嚢．ボーマン嚢は限外沪過とよばれる過程が起こる部位である．

再吸収は必要な物質を回収する

ボーマン嚢を出た沪液（原尿）は，尿と共に失われてはいけない多くの物質を含んでいる．沪液に含まれている大量の水，多くの無機イオン，グルコースは保持されなければならない．これらの物質は"回収"して血流に戻す必要がある．再吸収過程のほとんどは近位尿細管で起こる．物質は尿細管の沪液から出て，尿細管周囲毛細血管網から血流に戻る．この血管網は尿細管の周囲に張り巡らされているので（図5・9参照），この名称がある．

近位尿細管の壁には1層の細胞がある（図5・11）．内部は内腔とよばれ，沪液はこの内腔を流れる．尿細管細胞の内表面には再吸収の表面積を増大させるための微絨毛がある．

再吸収を行うためにいくつかの輸送機構が働く．分子ごとに輸送機構はいろいろであるが，一般的なパターンもある．

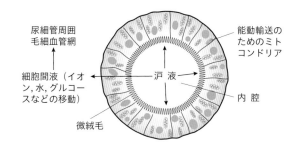

図5・11　近位尿細管の断面図．効率的な再吸収に対する適応に注目せよ．それらの適応とは，1細胞の厚さしかないこと，微絨毛があること，能動輸送（ATPを必要とする）のための多くのミトコンドリアがあること，尿細管周囲毛細血管網と近接していること，などである．

無機イオン

すべてではないにしても大部分の無機イオン（Na^+，Cl^-，K^+ など）は，再吸収によって沪液を出て血流に戻されなければならない．無機イオンはまず能動輸送によって尿細管の細胞に入り，ついで尿細管外の細胞間液に入る．最後に無機イオンは尿細管周囲毛細血管網に取込まれる．

水

無機イオンが沪液から尿細管の細胞，細胞間液，そして尿細管周囲毛細血管網へと移動するにつれて，水は浸透によって同じ方向に移動することになる．水が溶質の経路に従って低張領域から高張領域へと移動することを思い出してほしい（§1・3）．正常環境下では，多くの水は，調節機構が，体がどれほどの水を尿として排出できるかを決定するまで沪液中にとどまっている．

グルコース

正常に機能している腎臓では，糸球体の沪液に含まれるすべてのグルコースは血流に再吸収される．この完全な再吸収は，能動輸送によってのみ説明される．もしグルコースが促進拡散によって移動するのであれば，再吸収による最大値は50％である．なぜなら，50％になると濃度勾配が消失するからである．

5・2・3 ネフロンと浸透圧調節

水は生命を支える溶媒である. 水は細胞質, 血漿, リンパ, 細胞間液などを含むほとんどすべての体液の溶媒である. 毎日いくらかの水は尿として排出されなければならないが, 排出される水の量は多くの生理的要因に依存している. それらの要因としては以下のものがある.

- 最近, 液体あるいは固形食物として摂取した水の量
- 発汗速度: 運動量や環境温度の影響を受ける
- 呼吸速度: 活動のレベルに依存する (呼気にはかなりの水が含まれる)

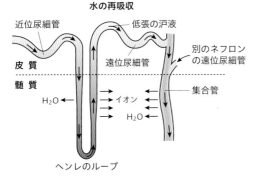

図 5・12　ヘンレのループと集合管. イオンはヘンレのループの上行部分から外に出る. これにより腎髄質の細胞間液を集合管の尿より高張にする.

ヘンレのループは腎臓髄質に高張環境をつくり出す

濾過直後の濾液中の水の多くが, 濾液が近位尿細管を出ても維持されている. この水と溶存している溶質はヘンレのループ (図 5・12) の下行部分に入る. ヘンレのループのこの部分は水には浸透性だが無機イオンに対しては比較的不透性である. 濾液はついで上行部分に入り, ここは水には比較的不透性であり, 無機イオンに対しては浸透性である. 濾液がループの上行部分を通過すると, 無機イオンはポンプによって汲み出され, 細胞間液に入る.

ヘンレのループは腎臓の髄質まで下行する. したがって髄質は尿細管や集合管の液体に比べて多くのイオンを含んでいる (高張である). いくらかの水もループの下行部分から浸透によって出ていくが, 上行部分と遠位尿細管に入る濾液は依然としてかなり低張である (比較的多くの水を含んでいる).

抗利尿ホルモンが集合管における水の再吸収を
調節する

集合管に入った濾液は尿といっても良いかもしれないが, かなり薄い尿である. 水の含量はとても高く, それ

により周囲の髄質の液体に対して低張である. もしこの体積の水が常に尿として体から出てしまうと, そのヒトは水の損失を補うために大量の水を飲まなければならない (同時にしょっちゅうトイレに通わなければならない). それゆえ, ほとんどの場合, この水の少なくとも一部は集合管の壁から再吸収される.

集合管 (collecting duct) では水に対する透過性が変化する. 透過性は, 抗利尿ホルモン (antidiuretic hormone, **ADH**, バソプレッシンともいう) の存否に依存する. ADH は脳下垂体後葉から分泌され, すべてのホルモンと同様に, 血流を循環する. ADH の標的器官は腎臓の集合管である (図 5・13). 集合管が髄質の非常に高張な細胞間液のなかに伸びていることに注目してほしい. もし ADH が存在すると, 集合管は水に対して透過性になり, 水は浸透によって集合管から出て髄質の細胞間液に入る. 水はそこから尿細管周囲毛細血管網に入り, 体全体の組織で利用可能になる. ADH が存在しないと, 集合管は水に対して不透性になる. すると水は種々の老廃物溶質と共に集合管内にとどまり, 尿は薄くなる.

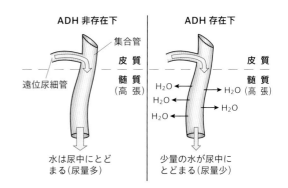

図 5・13　ADH による水の再吸収の調節.

長いヘンレのループは水の保持に対する適応である

動物の腎臓はきわめて多様である. たとえばカエルの仲間は実質的にヘンレのループを欠いているので, 高張の髄質と集合管からの水の再吸収を含むしくみで水を保持できない. カエルの尿は常にとても薄い.

カエルと対極にいるのが砂漠地帯に生息する脊椎動物である. 水が乏しいということは, これらの動物が水の保持に対する行動および生理的適応をもっていることを意味している. 興味深く良く研究されている動物は, 米国の南西地域の砂漠地帯に生息するカンガルーネズミ (*Dipodomys spectabilis*) である.

カンガルーネズミの水の摂取は, もっぱら食物に由来する. カンガルーネズミが巣穴から出るのは涼しい夜間

だけである．かれらはもっているほとんどすべての水を再利用して，尿からはごくわずかの水しか失わない．カンガルーネズミは長いヘンレのループをもち，それがADHと集合管のしくみを使って水を再吸収するための広い高張領域をつくっている．

腎臓は血液にどのような変化をもたらすか

この質問に対する回答は，腎臓に入る腎動脈と腎臓から出る腎静脈の血液組成を比較すればよい．健康な動物では腎静脈血は動脈血に比べて，次のような性質をもっている．

- 低い尿素量
- 低い無機イオン（Na$^+$，K$^+$，Cl$^-$など）量
- 少ない水
- ほぼ等量のグルコース
- ほぼ等量のタンパク質
- 完全に同数の血球

5・2・4　腎臓の病気と治療

腎臓の完全なあるいはほぼ完全な機能不全には多くの原因がある．腎臓が機能不全に陥ったときには，患者には二つの選択肢がある．一つは血液透析（図5・14）

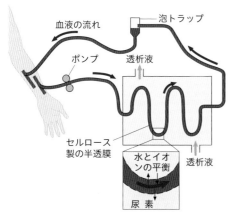

図 5・14　血液透析の模式図．透析膜の表面積はこの模式図に示すより，はるかに大きい．

である．透析では，患者の血液をポンプで大きな表面積をもつ膜（透析膜）を含む装置に導く．膜の片側には患者の血液，他方には患者の血液と組成はほぼ同じであるが尿素を含まない溶液（透析液）がある．尿素は膜を通して拡散できるほど小さい分子なので，ゆっくりと透析液に入る．水やいくつかのイオンの平衡も，膜の片側の液体中の濃度を変えることで，調節することができる．血液透析は1回に数時間を要し，1〜3日に1回行う

必要がある．

腎不全の患者の第二の選択肢は，腎移植である．すべての臓器移植と同様に，患者の免疫系が移植臓器を拒絶しないように，患者とドナーの組織が適合することが必須である．人は腎臓は一つでも普通に暮らすことができるから，血液や組織のタイプが一致すれば，家族など近縁のものが腎臓を提供する．もし家族が腎臓を提供できないときには，患者は亡くなった方からの腎移植を待たなければならない．待機リストはとても長くなることもある．型が一致した腎臓でも組織型が完全に適合することはないので，移植を受けた患者は，多くの場合，生涯免疫抑制剤を使用する必要がある．

練習問題

6. ある物質は患者の尿で調べることができる．血液中のある物質は尿で見いだされるが，他のものは見られないのはなぜか．
7. 多くの水を飲んでいて，ここしばらく運動をしていない人では，ADH産生量はどのようになっているか述べよ．
8. 激しい運動をしたが水を摂取する機会がなかった人のADH産生量はどのようになっているか述べよ．
9. 腎臓の沪過活動は血流から尿素を排除しない．なぜ尿素の完全な排除は必要ないのか．
10. 糖尿病で治療を受けていない人の尿にグルコースが現れる理由を述べよ．

5・3　内分泌系とホメオスタシス

本節のおもな内容

- 内分泌腺はホルモンを直接血流に分泌する．
- ステロイドホルモンとペプチドホルモンは異なる経路で標的細胞の遺伝子発現を制御する．
- 視床下部は脳下垂体前葉および後葉からのホルモン分泌を制御する．
- 脳下垂体から分泌されるホルモンは成長，成長に伴う変化，生殖，ホメオスタシスを制御する．
- インスリンとグルカゴンは膵臓から分泌されて血糖値を調節する．
- チロキシンは甲状腺から分泌されて，代謝率を調節し，また体温の調節にも関わる．
- レプチンは脂肪組織細胞から分泌され，視床下部に作用して食欲を抑制する．
- メラトニンは松果体から分泌され，概日リズムを調節する．
- Y染色体上のある遺伝子が胚期の生殖腺を精巣に分化させ，精巣はテストステロンを分泌する．

- テストステロンは胎生期の雄性生殖器官の発達を促し，思春期には精子生産と男性の二次性徴の発達をもたらす.
- エストロゲンとプロゲステロンは胎生期の雌性生殖器官の発達を促し，思春期には女性の二次性徴の発達をもたらす.
- 月経周期は卵巣と下垂体のホルモンを含む，正および負のフィードバック機構によって制御される.

5・3・1　内分泌系の概観

内分泌腺（endocrine gland）はホルモンを産生して直接，血流に分泌する. ホルモン（hormone）は化学的メッセンジャーであって，産生される腺からは遠く離れた体部に生理的作用をもたらすのが一般的である. そのためにホルモンは血流によって体中に運ばれる. あるホルモンの影響を受ける細胞は，そのホルモンの標的細胞（target cell）とよばれる. いくつかの内分泌腺は，副腎のように，左右1対になっているが，膵臓のように単一のものもある（図5・15）. 膵臓は外分泌と内分泌両方の機能をもつ唯一の器官である.

いくつかのホルモン（たとえばレプチン）はきわめて特異的な標的組織をもち，一方あるもの（たとえばインスリン）はかなり広範囲の組織を標的とする.

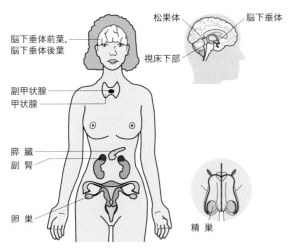

図5・15　ヒトの主要な内分泌腺. それぞれの内分泌器官は1種類または複数のホルモンを分泌して血流に放出し，ホルモンは体内の標的器官に運ばれる.

ホルモンとホメオスタシス

ヒトの体のさまざまな生理的指数は，普通ある範囲に収まっている. これをホメオスタシス（homeostasis, 恒常性維持）という. 指数として代表的なのは，血液pH，体温，血中二酸化炭素濃度，組織中の水平衡（バ

ランス），血糖値などである.

これらの指数は正常のホメオスタシスの範囲内（期待値）にあることが望まれる. たとえば，体温は普通37℃であるといわれる. しかし，運動をしているとか，冬に戸外にいるなどの行動によっては，実際の体温はどうしても変動する.

変動した指数を期待値に戻す生理的過程は，負のフィードバック機構とよばれる. 負のフィードバック（negative feedback）による制御は，サーモスタットの働きのようなものである. サーモスタットは，変数が設定値を上回ったときや下回ったときに，必要な一連の動作を開始する.

神経系と内分泌系がホメオスタシスの維持に対して協調的に作動する. 神経系によって行われるホメオスタシス機構の多くは自律神経系の制御下にある. 内分泌系は種々のホルモンを産生する多くの内分泌腺からなる.

本節では，ホルモンの作用機構，ホルモンによるホメオスタシスのいくつかの例と，ヒトの生殖におけるホルモンの役割を学ぶ.

5・3・2　化学物質としてのホルモン

ステロイドホルモン

多くのステロイドホルモン（steroid hormone）はコレステロールから合成され，脂質に分類され，したがって脂質としての化学的性質と溶解度をもっている. 細胞膜（と多くの細胞内膜）がリン脂質の二重層であることを思い出そう（§1・3）. このことは，ステロイドとリン脂質が共に比較的非極性であるので，ステロイドが容易に細胞膜を通過することを意味している. ステロイド

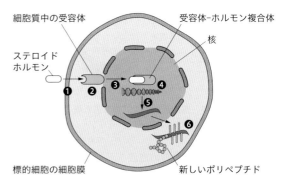

図5・16　ステロイドホルモンの作用機構. ❶ 非極性（脂溶性）のステロイドホルモンは細胞膜のリン脂質二重層を通過して細胞内に入る. ❷ 細胞質の受容体と結合して，受容体–ホルモン複合体を形成する. ❸ 複合体は核膜を通過して核に入る. ❹ 複合体は特異的な遺伝子のDNAに結合し，この図の場合は，遺伝子の転写を促進する. ❺ mRNAが合成される. ❻ 小胞体上のリボソームがmRNAから新しいポリペプチドを翻訳する.

ホルモンは細胞質に入ると，受容体タンパク質と結合して受容体–ホルモン複合体を形成する（図5・16）．以後の過程を簡単に述べると，複合体は核膜を通過して一つまたは複数の特異的な遺伝子に選択的に結合する．複合体はある場合には転写を抑制し，ある場合には促進する．このようにして，ステロイドホルモンは標的細胞中のタンパク質の産生を調節する．ステロイドホルモンの標的細胞は，ホルモンの存在によってその生化学的性質が劇的に変化する．人体内に存在するステロイドホルモンとしては，エストロゲン，プロゲステロン，テストステロンがある．

ペプチドホルモン

ペプチドホルモン（peptide hormone）はアミノ酸からなり，したがってタンパク質であるので，この名前がある．ペプチドホルモンが標的細胞に到達すると，ホルモンは細胞膜の外表面に存在する受容体に結合する（図5・17）．受容体が存在するかどうかで，その細胞がそのホルモンの標的細胞であるか否かが決まる．酵素と基質と同様に，ペプチドホルモンとその受容体分子との間では，分子の形や電荷が"適合"しなければならない．ペプチドホルモンが受容体タンパク質と結合すると，セカンドメッセンジャー分子が細胞質中で活動を開始する．セカンドメッセンジャーはしばしばカスケード反応（連鎖反応）によって細胞質中の他のメッセンジャー分子を活性化する．

この反応過程の最終的なメッセンジャー分子は，次の二つの可能性のどちらかを実行する．

1. 転写因子を活性化して，転写因子が核に入り，タンパク質合成の転写過程を促進または抑制する（図5・17，❹ₐ）．
2. 細胞質中の酵素を活性化して，それまでは起こらなかった反応を進める（図5・17，❹ᵦ）．

5・3・3 脳下垂体と視床下部

脳下垂体（pituitary gland，下垂体ともいう）はよく"ホルモンの司令塔"とよばれる．たしかに，脳下垂体は多くのホルモンを産生し，そのうちのいくつかは他のホルモンの産生と分泌に影響する．しかし，脳下垂体自身は主として近傍の視床下部（hypothalamus）によって支配されている（図5・18）．脳下垂体は単一の腺ではなく，実は二つの異なる"葉"からなる二つの腺である．脳下垂体前葉と後葉は，視床下部との連絡方法が異なっている．

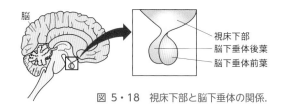

図 5・18 視床下部と脳下垂体の関係．

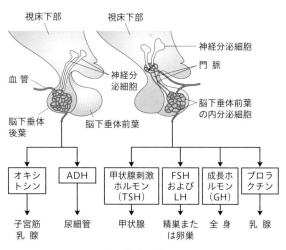

図 5・19 脳下垂体の構造と機能．脳下垂体後葉（左）は神経分泌細胞によって視床下部と関係している．脳下垂体前葉（右）は門脈系によって視床下部と関係している．

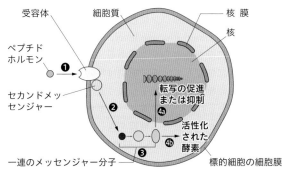

図 5・17 ペプチドホルモンの作用機構．❶ ペプチドホルモンは，標的細胞の細胞膜にある受容体タンパク質の相補的な形や電荷と適合すると，結合する．❷ 受容体タンパク質は一連の反応を開始させる．❸ 一連のセカンドメッセンジャー分子が活性化される．❹ₐ ある場合には，セカンドメッセンジャー分子が遺伝子発現を促進または抑制して，ポリペプチド合成を調節する．❹ᵦ 別の場合には，ある酵素が活性化されて，その酵素によって触媒される反応が開始する．

脳下垂体後葉（posterior pituitary gland）は神経分泌細胞とよばれる細胞の軸索を含んでいる（図5・19）．この細胞は細長い細胞で，その樹状突起と細胞体は視床下部にあり，軸索が後葉まで伸びている．オキシトシンやADHのようなホルモンは，細胞の細胞体部分（つまり視床下部内）で産生され，軸索を通って後葉に達す

る. ついでホルモンは神経伝達物質の放出と同様のしくみで分泌される. これが, これらのホルモンが視床下部で産生されるといわれる理由であるが, 実際は脳下垂体後葉から分泌される.

視床下部と脳下垂体前葉 (anterior pituitary gland) との関係はこれとは異なっている (図5・19参照). 視床下部は, それ自身が産生するホルモンを取込む毛細血管網を含んでいる. 視床下部ホルモンも神経分泌細胞によって産生されるが, この細胞は視床下部内部にとどまっている. 視床下部ホルモンはしばしば, 生殖腺刺激ホルモン放出ホルモン (GnRH) のように, 放出ホルモンとよばれる. 毛細血管網は集合して門脈とよばれる血管になる. 門脈は脳下垂体前葉に達する. そこで門脈は再び枝分かれして第二の毛細血管網になり, 放出ホルモンは血管を出て, 前葉の標的細胞に到達する. 放出ホルモンは前葉細胞を刺激して, 特異的なホルモンを分泌させる. たとえば, GnRHは, 卵胞 (沪胞) 刺激ホルモン (FSH) と黄体形成ホルモン (LH) の両方の分泌を刺激する. 前葉が産生するこれらのホルモンは, 放出ホルモンが出たのと同じ毛細血管網の血流に入る. 生殖系 (§5・3・6参照) で学ぶように, LHとFSHの標的細胞は女性と男性の生殖器である.

プロラクチンとオキシトシンによる泌乳の調節

哺乳類の妊娠, 出産には, 胎児の発生, 出産, 新生児の成長などに必要な多くのホルモンの変化がある. 泌乳 (milk secretion) に必要なホルモンもある. 泌乳に直接関与するホルモンとしては, プロラクチンとオキシトシンという, 二つの脳下垂体ホルモンがある (図5・20). 妊娠中のプロラクチン量の増加が乳房の乳腺細胞

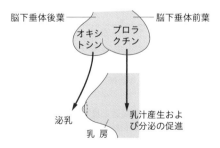

図5・20　プロラクチンとオキシトシン. 乳汁の産生, 分泌, 放出に対するプロラクチンとオキシトシンの作用の模式図.

の発達を促す. 妊娠中は一般にエストロゲン量が多く, それが細胞の泌乳を抑えている. 出産後, 二つのできごとが乳汁の分泌を刺激し, 母乳による栄養摂取が可能になる. 第一は出産に伴うエストロゲンの劇的な低下であ

り, 第二は子宮の収縮を刺激するオキシトシン量の増加である. エストロゲンによる抑制効果がなくなるとプロラクチンが乳腺細胞を刺激して乳汁を産生させる. さらに, オキシトシンは乳腺の管のまわりの平滑筋を収縮させ, 乳汁が放出される. どちらのホルモンの産生も, 乳児による乳首への吸引の刺激によって増加する. これは正のフィードバックとよばれる生理的な調節の一つである. 乳児に母乳を与えない女性が, まもなく母乳の産生を停止することも, これで説明できる.

その他の脳下垂体ホルモンとその機能

脳下垂体からは, 9種類のペプチドホルモンが分泌される. 表5・3に主要なホルモンの機能をまとめてある.

表5・3　脳下垂体前葉・後葉から分泌される主要なホルモン

機 能	ホルモン	おもな働き
生 殖	黄体形成ホルモン (LH), 卵胞刺激ホルモン(FSH)	女性では卵巣細胞の排卵の準備, 男性では精子産生
成 長	成長ホルモン (GH)	細胞分裂と個体の成長の刺激
成長の調節	GH, LH, FSH	GHは生後のすべての成長に必要. LHとFSHは思春期に増加し, 排卵や精子産生など, 多くの機能をもつ
ホメオスタシス	抗利尿ホルモン (ADH, バソプレッシン)	ADHの分泌は, 腎細管での水の再吸収に必要であり, したがって浸透圧調節のホメオスタシスに関与する

5・3・4　血糖値の調節とホルモン

インスリンとグルカゴンはどちらも膵臓で産生・分泌され血糖値 (blood glucose level, 血中グルコース濃度) の制御に関わるホルモンである. 細胞は細胞呼吸をグルコースに依存している. 細胞は呼吸をけっして止めないから, 血糖値は常に低下しようとする. 多くの人は1日に3回かそれ以上, グルコースまたは消化によって化学的にグルコースになる糖質を含む食事をとる. グルコースは小腸の絨毛にある毛細血管網の血流に取込まれ, 血糖値を上げる. したがって, 血糖値が変動する原因の一つは単に血液が常に一定量のグルコースを供給されないからである. 血糖値の増減は毎日の24時間の生活の間に起きている. しかし, 血糖値は正常なホメオスタシスの範囲内で少しずつ増減するとしても, 体にとって決まった値に近いところで維持されなければならない. このことは負のフィードバック機構によって保証されている.

腸の絨毛内では，グルコースは毛細血管，細静脈，静脈を通り，さらに肝門脈を経て肝臓に送られる．肝門脈中のグルコース濃度は最後の食事の時間と食物中のグルコース量によって変動する．肝門脈は，血糖値が大きく変動する唯一の血管である．他の血管は，肝細胞によって処理されたあとの血液を受容する．肝細胞は，インスリンとグルカゴンという2種類の膵臓ホルモンによって活動を開始する．これらのホルモンは拮抗的に働く．つまり，血糖値に対して逆の作用をもっている（図5・21）．

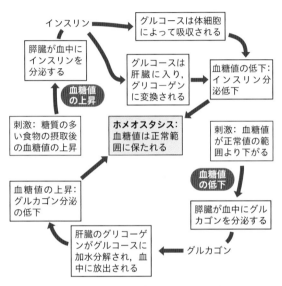

図 5・21　負のフィードバックによる血糖値の調節．

血糖値が正常値より高くなると何が起こるか

膵臓（pancreas）にはインスリンを産生するβ細胞がある．産生されたインスリンは血流に分泌され，体細胞はすべて血液と化学的に連絡しているので，すべての細胞がインスリンにさらされる．インスリンは細胞膜のタンパク質チャネルを開かせる効果をもつ．これらのチャネルはグルコースが促進拡散とよばれる過程で細胞内に拡散することを助ける．

インスリンにはもう一つ重要な効果がある．グルコースを多く含む血液が肝門脈を経て肝臓に到達すると，インスリンは肝細胞がグルコース（単糖）を取込んでグリコーゲン（多糖）へと変換することを促進する．グリコーゲンは肝細胞の細胞質に顆粒として貯蔵される．同じ効果は筋肉でも起こる．

インスリンの二つの効果は，血糖値を下げるという同じ結果をもたらす（図5・21参照）．

血糖値が正常値より低くなると何が起こるか

血糖値が下がり始めるのは，長時間食事をしなかったり，長時間激しい運動をしたりしたときである．どちらの場合も体は肝臓（および筋肉）に蓄えてあるグリコーゲンを利用する必要がある．この場合，膵臓のα細胞がグルカゴンというホルモンの産生・分泌を開始する．グルカゴンは血管中を循環し，肝細胞や筋線維に蓄えられたグリコーゲン顆粒の加水分解を刺激し，単糖であるグルコースを生じる．グルコースが血中に入って，最終的に血糖値が上昇する（図5・21参照）．

糖 尿 病

糖尿病（diabetes）は高血糖を特徴とする病気である．1型糖尿病は膵臓のβ細胞が十分量のインスリンを産生しないことで起こる．2型糖尿病は，体細胞の受容体がインスリンに適切に反応しないことで起こる．インスリンはグルコースが（チャネルを通って）ほとんどすべての体細胞に促進拡散されることを助長する，ということを思い出そう．この拡散は血流中のグルコース量を低下させる．糖尿病の治療を行わないと，血液中には十分なグルコースがあるが，それを必要とする体細胞には十分な量がないことになる．

1型糖尿病は適正な時間にインスリンを注射することで制御できる．2型糖尿病は食事で制御する．どちらのタイプも，制御しないでおくと以下のような多くの重篤な結果をもたらす．

- 網膜の障害とその結果としての失明
- 腎不全
- 神経障害
- 心臓脈管系の病気の危険性増大
- 創傷治癒能力の低下（それに伴う壊疽，足などの切断の必要性）

1型糖尿病は自己免疫疾患である．体自身のもつ免疫系がβ細胞を攻撃，破壊するので，患者はインスリンをほとんど，あるいはまったく産生できない．このタイプの糖尿病は10%以下である．1型糖尿病は小児や若年の成人に発症することが多いが，どの年代でも発症しうる．

2型糖尿病は，体細胞がかつてはインスリンに反応していたのに，もはや反応しなくなった結果である．早期には膵臓は正常量のインスリンを産生するが，しばらくするとその量は減少する．糖尿病のおよそ90%以上が2型である．2型糖尿病は遺伝的家系，肥満，運動不足，加齢などと関係していて，ある人種ではより頻繁である．

5・3・5 その他のホルモン
チロキシン

　チロキシンを産生，分泌する腺は，気管の前側にあるチョウのような形をした腺で，**甲状腺**（thyroid gland）とよばれる（図5・15参照）．チロキシンはアミノ酸と四つのヨウ素から合成されT_4と略される．もう1種類，三つのヨウ素をもつトリヨードチロニン（T_3と表す）も甲状腺ホルモンである．T_3もT_4も標的細胞（ほとんど全身の細胞）に入り，T_4は多くの場合T_3に変換される．T_3は細胞核に入り，転写調節因子として働いて，mRNA合成を増加させ，結果的にタンパク質合成を増加させ，これらのタンパク質は細胞の代謝を活性化する．このようにしてチロキシンの影響を受ける細胞はより多くの酸素や活性化した代謝の指標となる物質を必要とする．チロキシンの分泌過剰は甲状腺機能亢進症，分泌が低下した場合は甲状腺機能低下症となり，どちらも重篤な症状を呈することがある．

　チロキシンは代謝率を上げるだけでなく，体温も調節する．代謝率の増加は化学反応の増加による熱の発生を上げる．したがって，チロキシンの増加は体温を上昇させ，また逆のことも起こる．

レプチン

　レプチンは脂肪組織が産生するホルモンである．体に脂肪が多く蓄積するほどより多くのレプチンが産生され血中に放出される．レプチンの標的細胞は脳幹の視床下部にあり，レプチンは食欲を抑える作用をもつ．進化的には，考え方は単純である．脂肪を十分に蓄えているヒトは，もうそれ以上食べる必要がない．残念なことに，この単純な論理は常に真実であるとは限らない．そのことは，今日の近代社会における肥満の多さを見れば明白である．肥満のヒトは血中のレプチン濃度が高いことが知られている．研究者は，そのようなヒトがなぜこの高濃度の食欲制御ホルモンに対して感受性を失っているかを研究している．レプチンが，脂肪の蓄えが少ないときには食欲を増大させるのに，蓄えが多いときに抑制的に働かないのではないか，と考える研究者もいる．

メラトニン

　脳の奥深くに**松果体**（pineal gland）とよばれるとても小さい腺がある（図5・15参照）．多くの動物は概日リズムとよばれる毎日の24時間周期の活動を調節するのに，松果体の助けを借りている．松果体から産生・分泌されるホルモンはメラトニンとよばれる．松果体は，日中はごくわずかしかメラトニンを産生せず，日没後に多くなり，午前2時から4時の間に最大となる．自然の概日リズムは短期間で光を浴びる時間を変えると変化する．特に光の当たり方の変化が睡眠時間の中断と組合わさると変化が大きい．これは"ジェットラグ"とよばれ，短時間にいくつかの時間帯を通過して旅行するときに起こる．同様の失調症状は，一時的に夜間の仕事に就く人や，睡眠と覚醒のパターンが不規則な人に起こりやすい．ジェットラグによる失調効果は，本来のリズムが自然に取戻されるまでメラトニン錠剤を服用すると軽減されると言われる．

5・3・6 ヒトの生殖とホルモン

　ヒトの**生殖**（reproduction）というできごとに社会が取入れている文化的な"束縛"がいろいろあるが，生殖は基本的に雄性配偶子（精子）と雌性配偶子（卵子）が受精することである．受精は，精子と卵子が融合した接合子の遺伝的構成の半分ずつがそれぞれの親に由来することを保証している．すべての有性生殖と同様に，ヒトの生殖も種の遺伝的多様性を保証するという，大きな目的に役立っている．男女どちらにおいても，性的二型（男女の形態の違い）の発達と生殖生理の調節にホルモンが重要な役割を果たしている（図5・22，図5・23）．

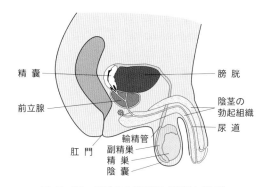

　　　　図5・22 男性の生殖器系（膀胱も示す）.

　たとえば，男性ではテストステロンというホルモンは，以下のような作用をもつ．

- 胚発生における雄性生殖器官の発生を決定する
- 思春期に二次性徴の発達を保証する
- 思春期以後の精子生産と性的欲求の維持を保証する

男女の生殖器系の構造は配偶子の生産と放出に適合している．さらに，雌性生殖器系は，受精が正しい場所で起こることを保証し，胚子や胎児が出生まで成長する環境を提供している（表5・4，表5・5）．

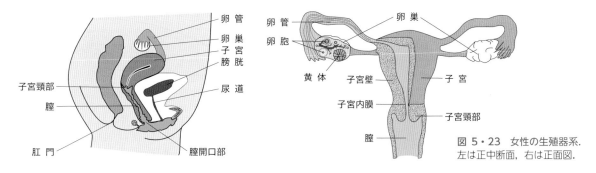

図 5・23　女性の生殖器系.
左は正中断面, 右は正面図.

表 5・4　男性の生殖器官の解剖学と機能

男性生殖器	機　能
精　巣	男性の生殖腺. 精子は精細管とよばれる細い管で産生される.
副精巣	精子を受け取り, 成熟させて, 鞭毛の運動によって遊泳できるようにする.
陰　嚢	精巣を体腔の外に維持する袋で, 精子の産生と成熟が体温より低温で起こることを可能にしている.
輸精管	射精時に成熟した精子を副精巣から尿道に運ぶ筋肉質の管.
精　嚢	精液の成分を産生して精液に添加する小器官.
前立腺	精子のための炭水化物を含む精液を産生する器官.
陰　茎	射精を容易にするために充血によって勃起する器官.
尿　道	種々の腺からの分泌によって生じた精液が最後に陰茎を出る管.

表 5・5　女性の生殖器官の解剖学と機能

女性生殖器	機　能
卵　巣	エストロゲンを産生, 分泌する. 卵子（二次卵母細胞）を産生, 放出する. 排卵が起きた部分は黄体となり, 一時的にプロゲステロンを分泌.
卵　管	卵子（と初期の胚）を子宮に運ぶ管.
子　宮	胚が着床して発生する筋肉質の器官.
子宮内膜	高度に血管が発達した子宮の内膜.
子宮頸部	子宮の下部で, 腟に通じ, 精子の通過と出産時の通路となる.
腟	外部生殖器から子宮頸部につながる筋肉質の管. 精液はここを通過する.

性 の 決 定

　男性（雄）になるか女性（雌）になるかを決定する遺伝学は, 父親から X 染色体を受け継ぐか Y 染色体を受け継ぐかによって決まる. 母親は 2 本の X 染色体をもつので, 卵子は X 染色体のみを含んでいる. すべての精子の半分は X を, 半分は Y 染色体を含んでいる. X 染色体をもつ精子が卵子と受精すれば女性になる. 反対に, Y 染色体をもつ精子が卵子と受精すると男性が生じる.

　それでは, XX や XY の組合わせの結果, 何が起こるのだろうか. 答えは, それぞれの胚が産生するホルモンにある. 男女の胚は受精後およそ 8 週まではほぼ同一である. その後, 女性胚の 2 本の X 染色体にある対立遺伝子（アレル）が, 比較的高濃度のエストロゲンとプロゲステロンをつくらせ, その結果周産期には雌性生殖器官の発達をもたらす. 一方, Y 染色体上の遺伝子は, 初期胚における精巣の発生と, 比較的高濃度のテストステロン産生をもたらし, その後の胎児の発生において雄性生殖器官をつくらせる. 雌性生殖器官も雄性生殖器官も, 8 週以前には共通の起原をもっていることは, 興味深いことである. 言い換えると, 卵巣になる胚期の組織は精巣にもなりうるし, 陰核を生じる組織は陰茎の一部にもなりうる. つまり, 雌性生殖器官と雄性生殖器官のいくつかは, 相同なのである.

5・3・7　思春期や月経周期における ホルモンの役割

　女性も男性も, 思春期（puberty）に達すると, 最初に男女を決定したのと同じホルモンが, 大量に産生・分泌される. この時期の多量のホルモン産生は, 二次性徴（思春期に初めて表れる性に特異的な属性）を生じさせる.

　女性の二次性徴は, 思春期のエストロゲンやプロゲステロンの増加によるもので, 乳房の発育, 陰毛や脇毛の成長, 尻の発達などがある.

　男性の二次性徴は, 思春期のテストステロンの増加によるもので, ひげ, 脇毛, 胸毛や陰毛の成長, 喉頭の拡大とそれに伴う声の低音化, 筋肉量の増大, 陰茎の成長などがある.

5・3・8　月 経 周 期

　思春期以後, 女性では月経周期（menstrual cycle）とよばれるホルモンのサイクルが始まる. このサイクルはおよそ 28 日周期である. 月経周期の目的は, 受精に備えた排卵のタイミングを合わせることと, 受精後の子宮内膜への着床に備えることである. 着床は, 子宮内膜

が血管に富んでいるときに起こらなければならない．血
管に富んだ子宮内膜は着床が起こらないと維持されな
い．子宮内膜の血管の崩壊は，月経へと導く．月経は，
妊娠が成立しなかったサインである．

視床下部と下垂体のホルモン

　女性の脳幹にある視床下部は，月経周期の調節中心で
ある（図 5・24）．前述のように，視床下部は生殖腺刺
激ホルモン放出ホルモン（GnRH）というホルモンを分
泌する．GnRH は下垂体前葉から FSH と LH を分泌さ
せる．

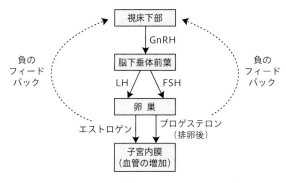

図 5・24　月経周期に関わるホルモンの概略．

卵巣に対する FSH と LH の作用

　FSH と LH は卵巣に対していくつかの作用をもって
いる．その一つは，卵巣の卵胞細胞による別の生殖関連
ホルモンの産生・分泌を増加させることである．それは
エストロゲンである．すべてのホルモンと同様，エスト
ロゲンも血中に入る．その標的組織は子宮内膜である．
エストロゲンの作用の一つは子宮内膜の血管密度を増加
させて，子宮内膜の血管を豊富にすることである．エス
トロゲンのもう一つの作用は，下垂体からの FSH と LH
の分泌を刺激することである．これは月経周期における
正のフィードバックである．一方のホルモンの増加が他
方のホルモンの増加をもたらすのである．

　FSH と LH のもう一つの作用は，グラーフ卵胞
（Graafian follicle）を成熟させることである．卵巣内に
は，生殖細胞である卵母細胞のほかに，卵胞細胞もあ
り，FSH と LH の働きで，卵胞細胞が卵母細胞を取囲
んで卵胞という構造を形成する．卵胞細胞はこれらのホ
ルモンの作用で増殖し，卵胞は大きくなり，排卵に備え
る．排卵直前の卵胞は特にグラーフ卵胞とよばれる（図
5・25）．

　FSH と LH の量が急激に増えることが排卵（卵母細
胞がグラーフ卵胞から放出されること）をひき起こす．

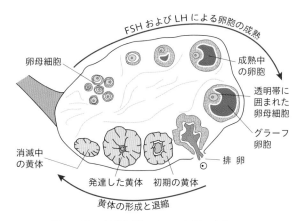

図 5・25　月経周期における卵巣の変化．28
日周期の変化を一つの卵巣内に示している．

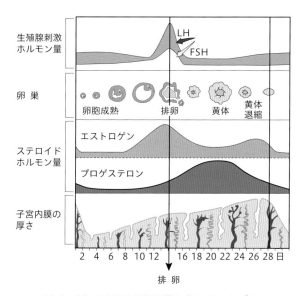

図 5・26　28 日の月経周期に起こるできごと．
どの現象も同じ時間軸で示されていることに注意．
排卵と受精可能な日は，周期のなかごろである．

卵母細胞はグラーフ卵胞の内側の卵胞細胞層を伴って卵
管に入る．外側の卵胞細胞はそのまま卵巣内にとどま
り，黄体（corpus luteum）とよばれる腺構造を形成す
る．黄体はプロゲステロンという別のホルモンを産生・
分泌する．黄体がホルモン（プロゲステロン）産生活性
をもつのは排卵後 10～12 日間のみである．プロゲステ
ロンは肥厚して血管に富んだ子宮内膜を維持するホルモ
ンである．プロゲステロンがつくられる限り内膜は崩壊
せず，胚の着床が可能である．さらに，エストロゲンと
プロゲステロンが同時に多量に存在すると，視床下部に
対する負のフィードバックを生じる．視床下部は GnRH
を産生せず，したがって FSH と LH の量は新たなグラー

フ卵胞の形成をもたらすレベルには達しない.

　妊娠が成立しないと，黄体は 10～12 日後に退縮を始める．それによりプロゲステロンとエストロゲン量の低下が起こる．すると内膜の血管に富んだ状態は維持されなくなる．毛細血管などの小さい血管が破裂し，月経が起こる．プロゲステロンとエストロゲンの低下は視床下部が GnRH の分泌を開始するサインとなり，こうして新たな月経周期が始まる．月経初日は周期の最初の日とされるが，それはこの現象がわかりやすいからである（図 5・26）．

練 習 問 題

11. ペプチドホルモンとステロイドホルモンの作用の違いを説明せよ.
12. プロラクチンは妊娠期間中産生されているホルモンで，乳汁の産生と分泌をもたらす．それでは妊娠中の女性が出産以前に乳汁を分泌しないのはなぜか.
13. インスリン，グルカゴン，チロキシン，レプチン，メラトニンについて，できれば本文を見ないで，その機能について簡単に述べよ.

章 末 問 題

1. 血餅に含まれるタンパク質は以下のうちどれか.
   A フィブリン　　　B フィブリノーゲン
   C ヘモグロビン　　D トロンビン

   （計 1 点）

2. ワクチン接種と抗体産生の関係について説明せよ.

   （計 8 点）

3. 抗生物質が細菌には有効であるがウイルスには有効でないのはなぜか，説明せよ. （計 3 点）

4. 抗利尿ホルモン（ADH）の分泌調節について説明せよ.

   （計 6 点）

5. あるネフロンにおいて，ある分子が限外沪過されてから血流に再吸収されるまでに通過するすべての細胞層をあげよ. （計 3 点）

6. 脳下垂体後葉のホルモンについて，"産生"と"分泌"という用語の使い方に気をつけなければならないのはなぜか. （計 3 点）

6 ヒトの神経系と行動

本章の基本事項

- ニューロンは情報を伝え，シナプスは情報を調節する．
- ニューロンの変化は，胚発生の最も初期の段階から始まり，生涯の最後まで続く．
- 脳の領域はさまざまな特化した機能を果たしている．
- 生物は環境の変化を感知することができる．
- 行動様式は遺伝によって受け継ぐ，または学習することができる．
- ニューロン間の伝達は，化学伝達物質の放出と受容を操作することによって変えることができる．
- 自然選択によって，特定の種類の行動が選択される．

"ビデオゲームは脳の機能に長期的な影響を及ぼすか" "第二言語を学ぶことは脳をより効率的にするか"

動物モデルと新しい技術の両方を使う科学者は，これらの質問に対する答えを見いだしつつある．たとえば，米国インディアナ州の医学部の放射線科医であるワン（Yang Wang）は，機能的磁気共鳴画像法（fMRI）を使用して，暴力的なビデオゲームを見ている青少年の脳を研究している．技術はまた，ニューロン（神経細胞）が発生中の脳内でどのように移動して相互に連絡するかについて，データを収集することを可能にした．今では，私たちの脳は，一生を通して可塑的であることがわかっている．脳は，新しい言語を学ぶような新しい経験を通して形づくられ続ける．薬物が脳にどのように影響するかに関する研究により，平衡失調のある人々の生活を改善する薬物の開発が可能になった．動物モデルの研究は，依存症の問題を理解するのに役立った．

胚の脳における神経発生の研究によって，ニューロンが化学的メッセージを産生し，それに応答することがわかった．ニューロンは分子を使って互いに連絡する．未熟なニューロンが最終的な位置に移動し，脳が成熟すると，数百兆個もの接続（シナプス）が形成され，一部は

その後失われる．一方，経験によって強化された接続は，学習と記憶として残る．

本章では，外界からの情報の収集ならびに，外界に対する反応，ホメオスタシス（恒常性維持），ヒトの記憶や思考を可能にしている神経系について，その中心的役割を果たしているニューロンとシナプス，神経系の発生と構造，および脳の機能を学び，さらに動物のさまざまな行動様式について考えてみよう．

6・1　ニューロンとシナプス

本節のおもな内容

- ニューロンは電気インパルスを伝導する．
- ニューロンの髄鞘形成は跳躍伝導を可能にする．
- ニューロンはナトリウムイオンおよびカリウムイオンを，膜を通して移動させて静止電位を生じる．
- 活動電位はニューロンの脱分極と再分極からなる．
- 神経インパルスはニューロンの軸索に沿って伝導する活動電位である．
- 神経インパルスの伝導は，軸索の連続する部分を閾値電位に到達させる局所電流の結果起こる．
- シナプスは，ニューロン間およびニューロンと受容器細胞または効果器細胞との間の接合部である．
- シナプス前ニューロンが脱分極すると，神経伝達物質がシナプス間隙に放出される．
- 神経インパルスは閾値電位に達した場合に限り発生する．

6・1・1　ヒトの神経系の構成

脳（brain）と脊髄（spinal cord）は中枢神経系（central nervous system, **CNS**）を構成する．これら二つの構造は感覚情報を種々の受容器から受け取り，解釈して処理する．反応することが必要なら，脳や脊髄の一部が運動反応とよばれる反応を起こす．

この情報を伝える細胞はニューロン（neuron, 神経細胞）とよばれる．感覚ニューロン（sensory neuron）は感覚情報を中枢神経系へ伝え，運動ニューロン（motor neuron）は反応の情報を筋肉に伝える．

感覚ニューロンと運動ニューロンは共に末梢神経系（peripheral nervous system）を構成する．ニューロンは電気インパルスを体のある部位から別の部位にすばや

く伝える細胞である．多数のニューロンが集まって一つの構造となった場合，この構造は**神経**（nerve）とよばれる．神経線維を電話線，つまり，保護鞘が多数の個々の電線を囲んでいるようなものと考えてみよう．ケーブル内の個々の電線がニューロンである．中枢神経系と体部との間の連結は，次の2種類の神経によって起こる．

- **脊髄神経**（spinal nerve）は脊髄から直接伸長する．それは感覚神経と運動神経が混ざり合った神経である．脊髄神経は31対ある．
- **脳神経**（cranial nerve）は脳幹とよばれる脳の領域から伸長する．よく知られた例は視覚情報を眼の網膜から脳に伝える視神経である．脳神経は12対ある．

6・1・2 ニューロン

神経インパルス（nerve impulse）を伝達するように進化してきた細胞はニューロンとよばれる．ニューロンは大変長い場合がある．ヒトの体で，脊髄の下部から足の親指まで伸びたニューロンは約1メートルもの長さがある．もちろん，すべてのニューロンがそのように長いわけではなく，一部のニューロンはきわめて短い．

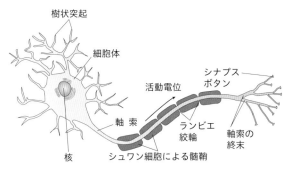

図 6・1 ニューロンの構造．髄鞘とランビエ絞輪の機能については，§6・1・4に述べた．

ニューロンは**樹状突起**（dendrite），**細胞体**（cell body），**軸索**（axon）の三つの主要な部分に分けられる（図6・1）．軸索の末端には，神経伝達物質とよばれる化学物質を放出して次のニューロンまたは筋肉にインパルスを化学的に伝えるシナプス終末がある．インパルスは常にニューロンの樹状突起の端から細胞体の膜に沿って軸索を伝わり，神経伝達物質の放出をもたらす．神経伝達物質分子はニューロンの樹状突起末端からは放出されないため，"メッセージ"はそこで止まり，インパルスは反対方向に伝わらない．

6・1・3 神経インパルス

しばしば神経インパルスは電流になぞらえられる．神経インパルスは電流と同じ方法で測定できるため，これはある意味で正しい．たとえば，活動電位の単位もボルト（ただし普通はミリボルト）である．しかし，その他の点では電流と活動電位は大きく異なる．本当の電流は，導体を流れる電子の流れだが，活動電位の本質はそうではない．神経インパルスが実際，何であるかを見てみよう．

神経インパルスは個々のニューロンによって運ばれる．ニューロンの軸索は通常かなり長く，ニューロンのインパルスの導体を軸索と考えると好都合である．高度に発達した神経系をもつヒトを含む生物のニューロンの軸索は，**髄鞘**（myelin sheath，**ミエリン鞘**ともいう）とよばれる軸索周囲を取囲む膜様の構造をもっている．髄鞘は，活動電位が軸索を通過する速度を大幅に増加させる．そのため，活動電位の本質を研究するためには，髄鞘をもたないニューロンの軸索（無髄ニューロン）を研究することが最善である．

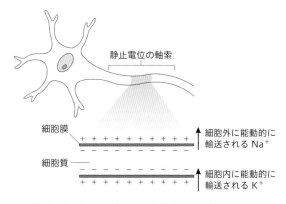

図 6・2 静止電位の状態の神経軸索．軸索を三次元の"管"と考えよ．そのため，図に表されているイオンの輸送は管のまわりのあらゆる方向に起こる．

静止電位：インパルスを送っていない状態

まず，インパルスを送っていないときに軸索がどういう状態かを見てみよう（図6・2）．ニューロンのある領域が，活動電位を送る準備はできているが実際には送っていないときの膜電位は**静止電位**（resting potential）とよばれ，ニューロンのこの領域は"分極している"といわれる．静止電位は，ナトリウムイオン（Na^+）とカリウムイオン（K^+）の二つの異なる方向への能動輸送によってひき起こされる．Na^+の大部分は軸索細胞から組織間液に能動的に輸送され，K^+の大部分は細胞質に輸送される．このナトリウムとカリウムの反対方向への能動輸送は，ナトリウム-カリウム（Na-K）ポンプ

とよばれる能動輸送機構による．このNa-Kポンプは，二つのK$^+$を“流入”させるたびに三つのNa$^+$を“流出”させる．さらに，軸索の細胞質に恒久的に存在する負に荷電した有機イオンがある．荷電イオンの配置の正味の結果は，軸索膜の外側に正味の正の電荷（内部に対して正）と軸索膜の内側に正味の負の電荷をもたらす（図6・2を参照）．

脱分極: インパルスを送っている状態

　活動電位（action potential）は多くの場合，ニューロンの膜に出入りするイオンの移動の自己伝導波として説明される．イオンの動きは軸索の長軸に沿ったものではなく，軸索の外側から内側へ，そして内側から外側への移動である．静止電位はNa$^+$とK$^+$の両方の濃度勾配をつくるために能動輸送（Na-Kポンプ）を必要とする．Na$^+$は膜の外側に能動的に輸送され，ナトリウムチャネルが開くと細胞内に拡散する．Na$^+$のこの拡散が“インパルス”または活動電位であり，軸索の内側が外側に対して一時的に正になる（図6・3）．これは，

細胞があり，種類ごとにインパルスを開始するために必要な最小の物理的刺激の大きさ（閾値）が異なる．閾値は，網膜細胞が反応する最小の光の強度である．最小強度に達しない場合，活動電位は始まらないが，最小強度に達すると活動電位が開始され，自己伝導し始める．インパルスに強弱はなく，受容器の閾値に達すると，インパルスが始まる．神経インパルスがニューロンに沿って自己伝導しているとき，ニューロンの膜の連続する各領域が閾値に達し，次の領域も閾値に達するために神経インパルスの自己伝導が起こる．

再分極: 静止電位への復元

　ニューロンは活動電位を1回だけ送るわけではない．一つのニューロンは非常に短い時間に数十の活動電位を送る場合がある．軸索のある部分がNa$^+$を拡散するチャネルを開いた場合，イオンが静止電位に特徴的な状態に復元されるまで，その部分は別の活動電位を送ることができない．イオンを静止電位の状態に復元させることは，拡散だけではできず，能動輸送が必要である．

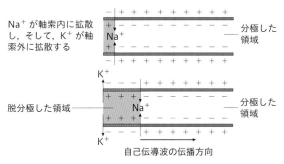

図 6・3　脱分極の間とその直後の神経軸索．

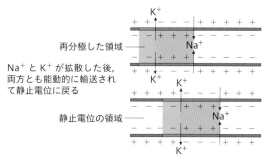

図 6・4　静止電位への復元．

軸索の一つの領域で発生するほぼ瞬間的なできごとであり，脱分極（depolarization）ともよばれている．軸索のこの脱分極した領域はその後，軸索の次の領域でナトリウムチャネルを開く．したがって，活動電位は軸索の下流に伝えられることになる．これが活動電位の自己伝導である．つまり，樹状突起の端でインパルスが一度生じると，そのニューロンのシナプス終末まで活動電位が自己伝導する．

　おのおのの活動電位が自己伝導されるためには，最小の閾値（threshold）に達しなければならない．一連の活動電位を開始する最初のニューロンは受容器ニューロンである．受容器ニューロンとはある種の物理的刺激を活動電位に変換して，一連の伝導を開始するように適応したニューロンである．たとえば，眼の網膜には受容器

　前に述べたように，脱分極は，Na$^+$が軸索の膜の外側から内側に拡散するときに起こる．つまり，これは，非常に短い時間ではあるが，拡散してきた多くのNa$^+$がK$^+$と共に軸索内部に存在することを意味する（これが，膜の内部が外部に対して正の電位になる理由である）．これも前に述べたように，Na$^+$とK$^+$を静止電位の状態にする能動的な輸送メカニズムがNa-Kポンプである．このポンプは，Na$^+$を一方向に，K$^+$を他の方向に膜を横切って移動させることによってのみ機能する．結果として，活動電位の発生（脱分極）の直後にナトリウムチャネルは閉じ，カリウムチャネルが開き，K$^+$を軸索から拡散する．これが再分極（repolarization）の最初の段階である．問題は，Na$^+$とK$^+$が，静止電位をとることができるように，膜を隔てて存在することである．幸いにも，Na$^+$とK$^+$は，Na-Kポンプに

よって特徴的な比率（二つの K^+ がポンプで取込まれるごとに三つの Na^+ が汲み出される）で膜を横切って再び能動的に輸送される．K^+ が膜の局所領域から拡散することから始まるこの一連のできごと全体は，再分極とよばれる．再分極は，膜の局所領域が次のインパルスを送るために必要である（図6・4）．

以上のような活動電位の発生と電位との関係をまとめたのが，図6・5である．

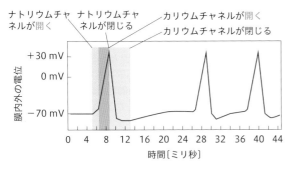

図6・5　三つの神経インパルスにおける軸索の膜内外の電位の変化を示したグラフ．インパルスの一つに，重要なできごとを示している．

6・1・4　髄鞘を有するニューロンにおける跳躍伝導

高度な神経系をもつ生物の多くのニューロンには，髄鞘をもつ軸索があり，それらは有髄であるといわれる．軸索は長い線維のようなものなので，このような軸索は有髄線維とよばれる．髄鞘は**シュワン細胞**（Schwann cell）とよばれる一連の細胞であり，それぞれが複数回軸索のまわりに巻き付いて複数の層を形成している（図6・6）．髄鞘は，一つの軸索に沿って等間隔に配置され，それらの間には**ランビエ絞輪**（node of Ranvier）とよばれる小さなすきまがある（図6・1参照）．

跳躍伝導（saltatory conduction）は，インパルスが軸索に沿ってシナプス終末に向かって進む際に，ランビエ絞輪からランビエ絞輪へとスキップする現象である．いいかえれば，活動電位は，髄鞘のある領域の膜で時間とエネルギーを消費するイオンの移動を経る必要がない．これは，髄鞘が絶縁体として働き，膜を介した電荷の漏れを防ぐためである．軸索内の細胞質は伝導性であるため，活動電位が一つのランビエ絞輪から次のランビエ絞輪にスキップすることができる．これには利点が二つある．

- インパルスの特徴であるイオンの流入と流出の動きには時間がかかるため，インパルスは無髄線維のインパルスと比較してはるかに速く移動し，跳躍伝導

により膜の領域をスキップできる．これは，高機能な神経系をもった生物に特有の効率的な神経機能のために非常に重要である．

- Na-K ポンプが静止電位を再確立する必要がある唯一の場所はランビエ絞輪であるため，インパルスの伝導に ATP のエネルギーはほとんど費やされない．

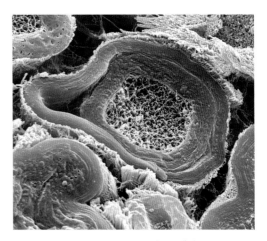

図6・6　有髄ニューロンの断面の擬似カラー走査型電子顕微鏡写真．軸索は中央のベージュ色の領域で，髄鞘は周囲の黄色と緑色の領域である．

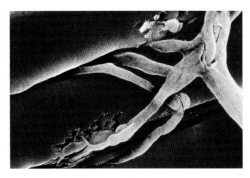

図6・7　シナプス．シナプスは，感覚受容器と一次感覚ニューロンの間，あるいは二つのニューロンの間，あるいは運動ニューロンと筋肉の間に形成される．この擬似カラー走査型電子顕微鏡写真は，ニューロン（緑色）と筋線維（赤色）との間のシナプスを示している．

6・1・5　シナプス: ニューロン間の化学的伝達

一つのニューロンと別のニューロンとの連絡は化学的であり，**シナプス**（synapse）とよばれる領域（図6・7）で，二つ（あるいはそれ以上）のニューロンが互いに隣接する場所で起こる．二つのニューロンは，一つのニューロンの軸索のシナプス終末が別のニューロンの樹状突起に隣接するように互いに並んでいる．**神経伝達物質**（neurotransmitter）とよばれる化学物質は，常に第一のニューロンのシナプス終末から放出され，それが第

二のニューロンの樹状突起によって受け取られると，神経インパルスが伝えられる．神経伝達物質を放出するニューロンはシナプス前ニューロンとよばれ，受け取るニューロンはシナプス後ニューロンとよばれる．

シナプス終末には膨らんだ膜領域があり，その内側には，化学神経伝達物質で満たされた多くの小胞がある．神経伝達物質の例はたくさんあるが，ヒトで最も一般的な例は，**アセチルコリン**（acetylcholine）である．活動電位がシナプス終末に到達すると，次の一連のできごとが起こる（図6・8）．

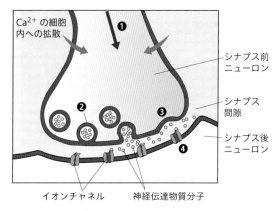

図6・8 シナプス伝達の機構．❶ 活動電位の到着，❷ シナプス小胞の細胞膜への融合，❸ 神経伝達物質分子のシナプス間隙への放出，❹ 神経伝達物質分子の受容体への結合．

1. 活動電位により，カルシウムイオン（Ca^{2+}）がシナプス終末内に拡散する．
2. 神経伝達物質を含む小胞が細胞膜と融合し，神経伝達物質を放出する．
3. 神経伝達物質は，シナプス前ニューロンからシナプス後ニューロンにシナプス間隙を越えて拡散する．
4. 神経伝達物質は，シナプス後ニューロンの膜にある受容体タンパク質と結合する．
5. この結合により，イオンチャネルが開き，Na^+ がこのチャネルを通って細胞内に拡散する．
6. これにより活動電位が発生し，脱分極するため，活動電位はシナプス後ニューロンの下流へと伝わり始める（活動電位が自己伝導する）．
7. 神経伝達物質が特定の酵素によって分解され（二つ以上の断片に分解される），神経伝達物質は受容体タンパク質から離れる．
8. ナトリウムチャネルが閉じる．
9. 神経伝達物質の断片は，シナプス間隙を越えて拡散し，シナプス前ニューロンのシナプス終末で再構成される（しばしば再取込みとよばれる）．

練習問題

1. 髄鞘をもったニューロンが，髄鞘をもたないニューロンより優れている点を説明せよ．
2. 個々のニューロンは，異なる"強さ"の活動電位を送ることはない．活動電位は伝導されるか，されないかのどちらかである．神経インパルスを伝導するために必要な最小電位を表す用語は何か．
3. 次に示す事象を，シナプス伝達が起こる際の正しい順序に並べよ．
   (a) シナプス後ニューロン上の受容体タンパク質に神経伝達物質が結合する．
   (b) 酵素が神経伝達物質を分解する．
   (c) Ca^{2+} がシナプス終末に流入する．
   (d) 神経伝達物質の断片を再取込みする．
   (e) 神経伝達物質がシナプス間隙を越えて拡散する．
   (f) Na^+ がシナプス後ニューロンのチャネルから拡散する．

6・2 神経発生

本節のおもな内容

- 脊索動物の胚と胎児の神経管は，外胚葉の陥入とそれに続く神経管の伸長によって形成される．
- ニューロンは，最初，神経管での分化によって生成される．
- 未成熟なニューロンは最終的な位置に移動する．
- 軸索は，化学刺激に反応して未成熟ニューロンから伸長する．
- 一部の軸索は，神経管を越えて体の他の部位に到達する．
- 発生中のニューロンは多数のシナプスを形成する．
- 使われていないシナプスは存続しない．
- 神経の刈込みでは，使われていないニューロンが失われる．
- 神経系の可塑性によって，神経系は経験と共に変化する．

6・2・1 神経管の形成

私たちの体のすべての臓器がたった一つの受精卵からどのように形成されるのか疑問に思ったことはあるだろうか．受精卵から完全に形成された生物までの発生は，**胚発生**（embryogenesis）とよばれる．科学者たちは，さまざまな動物モデルを研究することにより，胚発生の過程を理解するようになった（§7・2参照）．最終的な目標はヒトの胚発生を理解することであるため，同じ門の同じような発生様式の動物が研究されてきた．ヒトは脊索動物門（脊索動物），脊椎動物亜門（脊椎動物）に

属する．したがって，魚類，両生類，爬虫類，鳥類，哺乳類を含む脊椎動物はすべて，ヒトの動物モデルとなる可能性がある．カエルは，容易に入手可能であり，科学者が地元の池から収集できるため，広く研究されてきた動物である．20世紀の初頭には，胚発生の研究にヒヨコが追加された．鳥は温血脊椎動物であり，ニワトリの受精卵は世界中でほとんど費用をかけずに科学者が入手できる．歴史的に科学者は，正常および異常な胚発生を理解することを目的として，カエルなどの"より下等な"脊索動物の研究からヒヨコなどの"より高等な"脊索動物の研究に移行した．

これらの胚発生の研究によって，科学者は神経発生の主要な原理を見いだすことができた．たとえば，カエルの胚を観察すると，胚期の脊索動物の神経系がどのように発生するかがわかる．

受精後，カエルの胚の細胞は三つの異なる組織層に発生する．最外層〔**外胚葉**（ectoderm）〕は，成体のカエルの脳と神経系になる．内層〔**内胚葉**（endoderm）〕は腸と他の臓器を形成する．そして中間層〔**中胚葉**（mesoderm）〕は，成体のカエルの骨格，生殖器，循環器，排出器，および筋肉系に発達する．カエルの胚の中心にある空洞は，原腸とよばれる原始的な腸である．

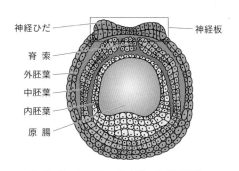

図 6・9　アフリカツメガエルの胚組織．

これらの層から，最初に発生する器官の一つは**神経管**（neural tube）で，最終的にはカエルの脳と脊髄になる．胚では，発生しているある組織の存在が別の組織の発生をひき起こす．この場合，中胚葉組織の脊索により，外胚葉が神経板に発生する．胚発生が続くと，神経板は折りたたまれて閉じられ，神経管になる．次に神経管が伸び，脳と脊髄になる．

図6・9はアフリカツメガエルの胚組織の図である．

神経管の閉鎖（図6・10）は，胚の体全体で同時には起こらない．脳を形成する領域は尾側領域よりもかなり進んでいる．尾部の神経管の閉鎖はゆっくりと起こり，胚発生中に完全に閉じないこともある．ヒトでは，発生27日目の後部（尾側）神経管の閉鎖の失敗は，二分脊椎の状態をもたらす．これがどれほど重症かは，露出した脊髄の量に依存する（図6・11）．

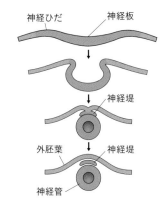

図 6・10　神経板からの神経管の形成．

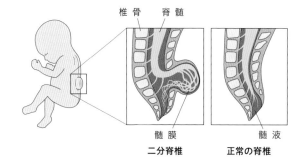

図 6・11　二分脊椎．二分脊椎は神経管の不完全な閉鎖によってひき起こされる．

神経発生とニューロンの移動

発生中の脊椎動物の胚における中枢神経系の神経細胞は，神経管に由来する．神経芽細胞は，神経細胞の未成熟な前駆細胞である．神経芽細胞から神経細胞への分化のプロセスは**神経発生**（neurogenesis）とよばれる．神経管が特定の脳の部分に変形し始めるとすぐに，二つの主要な細胞群が分化し始める．これら2種の細胞は，ニューロンと**グリア細胞**（glial cell）である．ニューロンはインパルスを伝えるが，グリア細胞はインパルスを伝えない．脳細胞の90％はグリア細胞であり，多くの機能をもっている．その重要な機能の一つは，ニューロンの物理的および栄養的な支持である．ヒトの大脳皮質の新生ニューロンのほとんどは，発生の5週目から5カ月目までに形成される．このときにグリア細胞は，未成熟なニューロンが移動するための足場を提供する（図6・12）．ニューロンはこのグリア細胞の足場に沿って最終目的地まで移動し，それから成熟して軸索や樹状突起を伸長する．

大脳新皮質の外表面

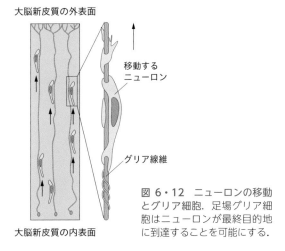

移動する
ニューロン

グリア線維

大脳新皮質の内表面

図 6・12　ニューロンの移動とグリア細胞. 足場グリア細胞はニューロンが最終目的地に到達することを可能にする.

6・2・2　軸索の成長

　ニューロンは成長する際に, 遠い領域に向かって 1 本の長い軸索を伸長する. 軸索の先端には, 軸索を方向付ける成長円錐がある. 細胞培養では, 軸索の成長を観察することが可能である. 軸索は, 好ましくない表面に接触すると退縮するが, 好ましい表面では存続する. 軸索は 1 日あたり約 1 mm の速さで伸長する.

　最終的な場所に到達したニューロンは, 標的細胞とシナプス結合を形成する. これらの標的細胞は, ニューロンが応答する化学的メッセージを産生する. 標的細胞はシグナル分子を, 細胞外の環境に分泌するか, 標的細胞の表面に発現する. ニューロンは, 標的細胞とシナプスを形成することにより, 化学的メッセージに応答する.

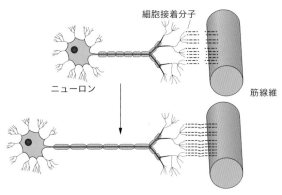

ニューロン

細胞接着分子

筋線維

図 6・13　軸索の伸長と細胞接着分子. シグナル分子である細胞接着分子は, 軸索を標的の筋細胞（筋線維）に誘導する.

　標的細胞からの特定の分子は, 成長円錐へのシグナルとして機能する. シグナル分子の 1 種に, **細胞接着分**

子（cell adhesion molecule, CAM）とよばれる分子がある. 細胞接着分子は, 軸索が成長している環境にある細胞の表面に発現する. 軸索の成長円錐には細胞接着分子特異的受容体とよばれる受容体があり, 受容体が細胞接着分子を認識すると, ニューロン内で化学伝達が起こる. これは, 軸索の伸長に寄与するニューロン内の酵素の活性化をもたらす.

　成長円錐上のいくつかの受容体は, 標的細胞から分泌される細胞外環境に拡散する分子の信号を受け取る. これらは化学栄養因子とよばれる. これらの因子は, 誘引的または忌避的である. 化学誘引因子は軸索を引き寄せ, それに向かって軸索を成長させる. 化学忌避因子は軸索を反発するため, 軸索は異なる方向に伸長する. 成長円錐は, どの経路をたどるべきか, どのような接続をもつべきかを示すさまざまな化学的刺激に反応する.

一部の軸索は神経管を越えて伸長する

　一部のニューロン, たとえば哺乳類の運動ニューロンは, 神経管の領域から軸索を送り出して標的細胞に向かって遠くまで伸長する必要がある. このようにして哺乳類は随意筋の動きを制御する能力を得る. 運動ニューロンは, 回路を形成するために中枢神経系（脳および脊髄）から離れて軸索を伸ばす必要がある. 脊髄から軸索を伸ばす運動ニューロンは, 体内で最も長いニューロンの一種である. 胚発生中, これらの細胞は, 中枢神経系内にある他のニューロンと同じ経路をたどって筋肉の標的とシナプスを形成する. 軸索を誘導する必要がある筋肉は, 細胞接着分子を産生する. 軸索の細胞接着分子受容体はニューロンの細胞内で酵素を活性化し, 軸索の成長円錐を筋肉に向かって成長させる（図 6・13）.

6・2・3　複数のシナプス

　脳の発生初期には膨大な数のシナプスが形成される. パスワードを思い出せず, 映画をダウンロードするのに必死になっている状況を想像してみよう. あるパスワードが機能するまで, これまでに使用したすべてのパスワードを試すだろう. 発生中のニューロンは同様のことを行い, 可能な接続をすべて試し, どれが最適かを調べる. 単一のニューロンは, 細胞体から放射状に広がる多くの分岐点で, 隣接するニューロンと無数の接続をつくることができる. すべての細胞が最良のパートナーになるわけではない. ニューロンの仕事は, 最適なパートナーを見つけることである. いいかえれば, 機能をもつシナプスのみが生き残り, 残りは徐々に衰退し, やがて消失する. 決して使用しないパスワードを忘れることが

どれほどたやすいかを考えればよい.

　脳のニューロンは,近くにある標的細胞とシナプスを形成し,その接続を試そうとする.その接続はうまくいくだろうか.多くはうまくいかず,そのような接続は排除される.機能的に互換性のあるニューロン同士の接続であれば,結果的に接続は強化される.

　米国コールドスプリングハーバー研究所の神経科学者ファン(Z. Josh Huang)は,ニューロンは利用可能なほとんどすべての相手と暫定的な接続をつくるというふるまいについて記述した.たくさんの相手を試し,最終的には適合した相手を一つ見つける.ファンはさらに,このような迅速な接続の際に働く機構の一つは,接続の場所に動員される神経細胞接着分子の一種による制御であると述べている.この細胞接着分子(CAM)は,免疫グロブリン CAM(IgCAM)とよばれる CAM の一種であり,錠前と鍵のような働きをする.CAM は,ある細胞の軸索の暫定的な突起と,近接した細胞の受容構造との間に,物理的で可逆的な,接着剤のような結合を形成する.最終的には,これらの結合の多くは,適切な相手の細胞との結合ではないことがわかり,失われる.

一部のシナプスは存続しない

　機能しないパスワードを使用しないように,ニューロンは機能しないシナプスを保持しない.軸索の成長円錐がどのようにして標的細胞に到達するかについての知識のほとんどは,脊髄から筋肉へと軸索を伸長したニューロンの研究から得られたものである.ニューロンが筋肉と接続する場所は,神経筋接合部とよばれる.軸索はシナプスを形成し,シナプスは筋線維を支配する能力を競う.ニューロンと筋肉からの特定の分子は,神経筋接合部の形成を促進する.最強の接続が存続し,残りは排除される.

　筋線維は,複数のシナプスが,その接続のために勝とうと激しく競う場である.最終的には,一つの運動ニューロンと筋線維間の最適な接続だけになる.発生が進むにつれて,他のシナプスは排除される.最後に,残ったシナプスの強度は増強される.このようにして,神経系の回路が形成される.

神経刈込み

　刈込み(pruning)により,ニューロンの総数が減少する.2歳または3歳の幼児では,ニューロンごとに15 000個のシナプスがある.これは成人の脳の場合の2倍である.神経刈込みは,使われていない軸索を排除する.神経刈込みの目的は,幼児期に形成された未熟な接続を排除し,成人期の複雑な配線に置き換えることであ

る.神経活動の他の説明で述べたように,刈込みは"使用するか失うか"の原則に従うようである.使用頻度の低いシナプスは排除され,強い接続をもつシナプスは維持される.不要な接続を削除すると,脳の効率が向上する.

　米国の国立衛生研究所(NIH)の支援を受けている科学者は,モデル生物としてマウスを使って刈込みを研究している.彼らは,グリア細胞の一種であるミクログリアとよばれる細胞が未使用のシナプスを刈込みすることを発見した.未使用のシナプスの正確な排除と,より活動的なシナプスの強化は,正常な脳の発達のために重要である.研究者は,ミクログリアがシナプスの不活発性に基づいて除去するシナプスを選択していると仮定している.

6・2・4 神経系の可塑性

　脳の**可塑性**(plasticity)は,脳が経験の結果として変化して適応する能力をもっているという概念で,現在広く受け入れられている.1960年まで,研究者たちは乳児または子供の脳だけが変化し,その後成人期では,脳は変化しないと信じていた.しかし現代の研究では,成人の脳にも可塑性があることが示されている.重篤な脳卒中を経験した後でも,脳は再配線することができる.今日では,脳が新しいニューロンと新しい回路を生み出すことができると理解されている.科学者たちは,可塑性は年齢と共に変化する可能性があり,環境と遺伝の両方の影響を受けることを解明している.したがって現在では,脳と神経系は以前考えられていたように静的ではないと理解されている.

　脳は,機能的および構造的な2種類の可塑性を示す.機能的可塑性とは,脳が損傷した領域から損傷を受けていない領域に機能を移動させる能力である.構造的可塑性とは,学習の結果として脳が実際にその物理的構造を変化させることができるという事実をさす.

　機能的可塑性の例は,脳卒中を患い,左腕が麻痺したテニスプレーヤーの研究によって示された.リハビリ中,理学療法士が彼の良い方の右腕と手を固定し,使えないように処置し,テーブルを掃除するという仕事を課した.彼は,最初はこの仕事はできないが,やがてゆっくりと動き方を思い出し始め,最終的に彼はテニスを再開している.脳卒中によって損なわれた脳領域の機能が,健康な領域に転移されたのである.無傷のニューロン間に新しい接続が形成され,これらのニューロンは活動によって刺激される.

　脳の構造的可塑性の例は,カナダのマギル大学の科学者によるロンドンのタクシー運転手の研究で明らかにさ

れている．彼らは，磁気共鳴画像（MRI）技術を使っ
てロンドンのタクシー運転手の脳の画像を取得して観察
し，経験豊富な運転手が他の運転手よりも大きな海馬の
領域をもっていることを発見した．これは，彼らの仕事
には大量の情報を保存し，空間を十分に理解するための
頭脳が必要だからだと思われる．ロンドンのタクシー運
転手は，仕事を開始する前に，市内の 320 の標準ルー
トで広範なテストに合格する必要がある．ほとんどの運
転手は，原動機付自転車に乗ってルートを練習すること
により，34 カ月以上かけてテストの準備をする．MRI
による検査は，タクシー運転手の海馬の構造的な変化
が，運転手がルートを走行している時間の長さと共に増
加することを示している．

脳卒中は脳機能の再編成を促進するかもしれない

　脳卒中患者の神経画像研究は，回復中に脳の機能的お
よび構造的再編成がなされることを示唆している．これ
には，軸索の発芽（軸索間の新しい接続），脳卒中後の
神経新生（新しいニューロンの損傷部位への移動），未
熟なグリア細胞の分化，ニューロンや血管との新しい結
合が含まれる．
　脳は脳だけで再編成のすべてを行うのか，それともこ
の再編成がどのように行われるのかについてなにかわ
かっているのか．脳卒中後，再編成の過程には化学的変
化と物理的変化の両方があることがわかっている．回復
を促進するためになにができるだろうか．
　霊長類の動物モデルでは，人間の介入によって改善で
きることが示されている．脳卒中後に手の動きが弱く
なったサルの場合，食べ物の報酬で運動をしたサルは，
運動しなかったサルよりも急速に改善した．肩の動きを
改善した脳の部分が手の動きを引き継いだのだ．このよ
うに，治療を受けたサルの脳は自らを再編成した．
　動物モデルに加えて，新しい技術により，脳が脳卒中
からどのように回復するかについての知識が増えた．機
能的磁気共鳴画像法（fMRI），陽電子放出断層撮影法
（PET），脳磁図（MEG）などの技術により，リハビリ
テーションや薬物に反応して起こる多くの脳の変化が解
明されてきた．脳卒中後によく起こる症状は，脳卒中後
失語症とよばれる，言語機能の部分的または完全な喪失
である．以前は，脳卒中後失語症の改善の機会は脳卒中
後の最初の 1 年であると推定されていた．現代の脳のイ
メージング研究の結果は，言語機能の回復がこの期間を
はるかに超えて起こる可能性があることを示している．
これらの脳のイメージングおよび脳磁図の技術は，臨床
医や研究者が回復を後押しするためのより良い戦略を計
画するのに役立つ．

4. 二分脊椎について説明せよ．
5. 未成熟ニューロンの分化と移動について概説せよ．
6. 神経の刈込みを説明せよ．

6・3 ヒトの脳

本節のおもな内容

- 神経管の前部が拡張して脳を形成する．
- 脳のさまざまな部分には特定の役割がある．
- 自律神経系は，脳幹にある中枢を使って身体の不随
  意な過程を制御している．
- 大脳皮質は脳の大部分を成し，ヒトでは他の動物よ
  りも高度に発達している．
- ヒトの大脳皮質は，おもに総面積が増加することに
  より拡大し，頭蓋内に収容するために広範に折りた
  たまれている．
- 大脳半球は高次機能を担っている．
- 左大脳半球は，体の右側の感覚受容器からの入力
  と，両眼の右視野に対する感覚受容器からの入力を
  受け取る．右半球はその逆である．
- 左大脳半球は体の右側の筋収縮を制御し，右半球は
  その逆である．
- 脳の代謝には大量のエネルギー入力が必要である．

6・3・1　神 経 管 と 脳

　§6・2では神経発生，つまり神経管とその形成過程
について述べた．脳を形成するために，ニューロンは神

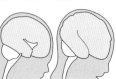

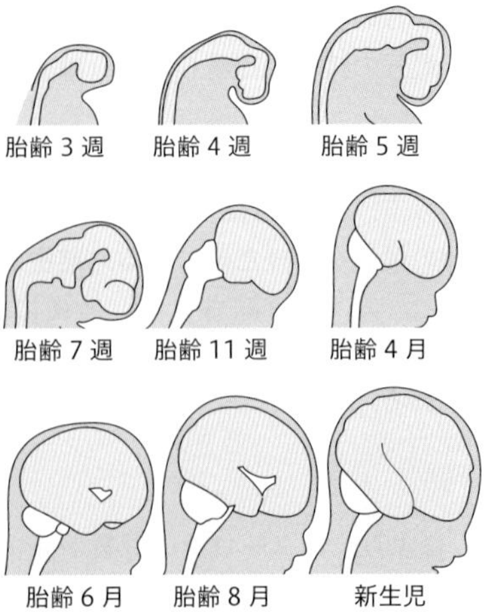

胎齢 3 週　　胎齢 4 週　　胎齢 5 週

胎齢 7 週　　胎齢 11 週　　胎齢 4 月

胎齢 6 月　　胎齢 8 月　　新生児

図 6・14　脳の形
成．神経管が拡張
して脳を形成する．

経管の外縁に移動し，壁を厚くする．最終的に，神経管
は中枢神経系全体，つまり脳と脊髄へと発生する．神経
管の前端（前脳）は，大脳半球へと劇的に拡張する（図

6・14）．神経管の後部は，脳の他の部分と脊髄へと発生する．神経発生は，最初に発生を開始する身体のシステムの一つであり，誕生前に発生を終了するシステムの一つでもある．脳の発生は，胚において最も複雑なシステムの一つである．

6・3・2 脳の各領域の機能

脳は体のなかで最も複雑な臓器である．重さ 1.4 kg のこのゼリー状の組織は，私たちの思考，感情，行動，記憶を生み出す．驚くべきことに脳には 1000 億個のニューロンが含まれ，おのおののニューロンは数千のシナプスをもっており，その接続の総数は文字どおり気が遠くなるほどである．われわれの日常において，日々新しい接続が形成されている．これらの新しい接続は，記憶，学習，および性格の特徴を保持する．一部の接続は失われ，他の接続が生まれる．同一の脳は二つとしてなく，脳は一生を通して変化し続ける．

脳は，血圧，心拍数，呼吸などの無意識の身体の過程を制御し監視する．脳は感覚器からの情報を洪水のように受け取り，身体の平衡，筋肉の協調，そしてほとんどの随意運動を制御する．脳の他の部分は，発語，感情，問題解決に対応する．そして，ヒトは脳によって考え，夢を見ることができる．

脳の図（図 6・15）に基づいて，脳の各部の機能を説明しよう．

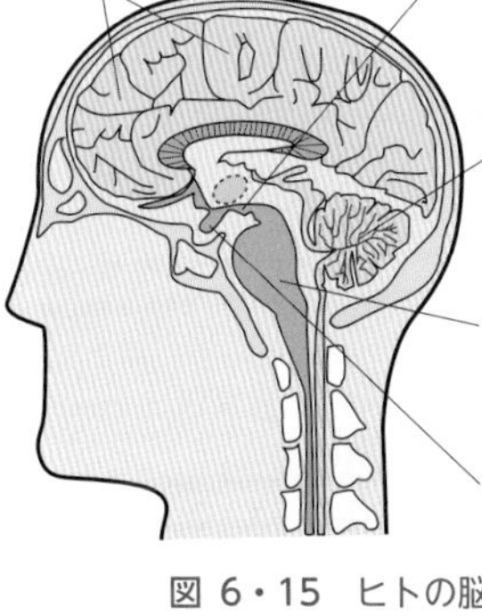

大脳半球は，知性，人格，感覚，運動機能，統合，問題解決に関連している

視床下部は，ホルモンを分泌する脳下垂体を制御する

小脳は，運動と平衡の制御と調整に関連している

延髄は，呼吸や心拍数などの生命維持に関わる身体機能を維持する

脳下垂体は，ホルモンを分泌する

図 6・15　ヒトの脳の部分．

- **大脳半球**（cerebral hemisphere）は，学習，記憶，感情などの複雑な機能を統合し，それらの中枢として機能する．
- **視床下部**（hypothalamus）はホメオスタシスを維持し，神経系と内分泌系を連携させる．また，脳下垂体後葉に貯蔵されるホルモンを合成し，脳下垂体前葉の機能を調節する因子を放出する．

- **小脳**（cerebellum，複数形 cerebella）は二つの半球と高度に折りたたまれた表面をもち，運動や平衡などの無意識の機能を調整する．
- **延髄**は，嚥下，消化，嘔吐，呼吸，心臓の働きなどの自動的およびホメオスタシスを維持するための活動を制御する．
- **脳下垂体**には後葉と前葉がある．どちらも視床下部によって制御されており，多くの身体機能を調節するホルモンを分泌する．

延髄の役割

延髄（medulla oblongata）には，口，咽頭（喉），および喉頭（のどぼとけ）の筋肉を調整する"嚥下中枢"がある．その働きによって食物塊が，嚥下中に食道から胃に下り，気管には入らないようにする．

延髄は，血中二酸化炭素濃度を監視することによって呼吸を制御する．二酸化炭素が増加する（低酸素を意味する）と，より多くの酸素を取入れるように呼吸数と呼吸の深さを増やす．

延髄は，心臓血管中枢でもある．心拍は，心臓抑制中枢によって抑制されると遅くなり，心臓促進中枢によって促進されると速くなる．運動を開始すると，心臓抑制中枢は機能を停止し心拍数の増加をひき起こす．より激しい運動の間，心臓促進中枢の直接刺激により心拍数が増加する．

脳の各領域の機能の特定

脳や神経系を含む複雑な情報処理のしくみの研究は，神経科学や神経生物学とよばれている．新しい技術に

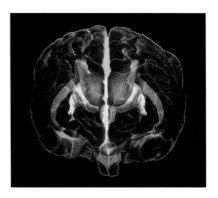

図 6・16　fMRI と CT によるヒトの脳の画像．正面から見た，ヒトの脳の三次元機能的磁気共鳴画像法（fMRI）とコンピューター断層撮影法（CT）によるカラー合成画像．脳室（ピンク色）は脳脊髄液を循環させ，脳を衝撃から守る．脳室の下には視床（オレンジ色）と視床下部（緑色，中央）があり，視床下部は感情と体温を制御し，脳下垂体（下端の丸い緑色の物体）からのホルモン放出を調節する化学物質を放出する．

よって脳の各領域の機能についての貴重な洞察が得られている．脳の一部が損傷したときになにが起こるかを示すために脳の損傷が研究されている．fMRI を使った脳の検査により，依存性薬物の脳への影響が明らかにされている（図 6・16）．さらに，障害をもった患者の脳を病理解剖することで，脳の各領域の機能を明らかにすることも重要である．

脳 病 変

　脳を研究する一つの方法は，脳の特定の領域に損傷を受けた人を調べることである．脳の特定可能な領域の病変は，脳のその部位の機能を示唆する．脳の右半分または左半分のいずれかにある病変の研究によって，左右の脳の違いがわかった．

　脳は左半球と右半球に分かれ，これらの**半球**（hemisphere）は，脳梁とよばれる軸索の太い帯によって接続されている．左右半球の機能はまったく同じではない．

　左脳半球には，あらゆる型のコミュニケーションに重要な領域がある．左脳半球の損傷は，脳卒中（脳の血管の損傷または閉塞）に起因することがある．左脳半球の損傷後，患者は発語や，手や腕で複雑な動きをすることが困難になる場合がある．そのため，左脳半球に損傷を受けた聴覚障害者は，手話を使ったコミュニケーションができなくなる可能性がある．

　右脳半球はコミュニケーションに関与していないが，言葉の理解には役立っている．右脳半球はすべての感覚由来の情報を受け取り，分析することを専門としている．右半球に病変をもっている場合，患者は顔を識別したり，物体を空間に正しく配置したりすることが困難になる．このような患者は，たとえば旋律を識別できない場合もある．

　脳病変の初期の実験は，1800 年代半ばに，特定のけがをした人を対象に行われた．二人の神経科医が，左脳に損傷を受けた人が発語と言語の問題を抱えていることを観察した．右脳の同じ領域に損傷を受けた人には言語の問題はなかった．言語に重要な脳の二つの領域は，その二人の神経科医，ブローカ（Pierre Paul Broca）とウェルニッケ（Carl Wernicke）にちなんで名づけられた．ブローカ野が傷害されると言葉を発する能力が妨げられ，ウェルニッケ野が傷害されると単語を文章に当てはめる能力が影響を受ける．どちらの領域も，左脳にある．

　別の一連の実験が 1960 年代に行われた．脳機能について調べようとしていた科学者たちは，てんかんの症状を緩和するために脳梁を切断する手術を受けた分離脳患者のグループを研究することに興味をもった．実験は，脳の分離が患者にどのように影響したかをみきわめるように立案された．研究者たちは，右視野からの入力が左半球によって受け取られ，左視野からの入力が右半球によって受け取られることをすでに知っていた．

　科学者たちは，スプーンの写真を中央に点があるカードの右側に投影した．分離脳の人が点を見ながら座ってスプーンの写真が点滅している場合，スプーンに関する視覚情報は視交叉を横切り，左半球に到達する．スプーンを特定するのに問題がない人は，"スプーンが見える"と言う（言語中枢は左半球にある）．

　スプーンが点の左側に投影される場合，情報は言語能力がない右脳に送られる（図 6・17）．この場合，患者はなにが見えるか答えられない．次に，科学者たちが同じ人にスプーンを左手で拾うように頼むと，被験者はスプーンを正しく取上げる．視覚情報は右半球に伝わり，"スプーン"という言葉を言葉にできない場合でも，"スプーン"とはなにかを理解する．その被験者が自分の手になにがあるかを尋ねられた場合，被験者は"スプーンです"と言うことはできない．右半球には言語能力がほとんどないからである．

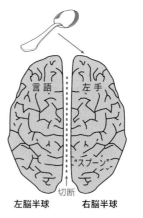

図 6・17　スプーンを使った分離脳の実験.

機能的磁気共鳴画像法（fMRI）

　機能的磁気共鳴画像法（fMRI）は，X 線ではなく，電波と強い磁場を使う．この装置によって脳の血流を調べることができ，被験者が課題を実行したり，刺激にさらされたりするときに，脳でなにが起こっているかを動画で記録できる．この方法は，毎秒 1 枚程度の画像を録画でき，脳の領域が活動する時期とその持続時間をある程度正確に割り出すことができる．これは，患者が実験条件に反応すると同時に脳活動が同じ領域で発生するか，異なる領域で発生するかを判定することができることを意味する．陽電子放出断層撮影法（PET）とよばれる別

の方法は，時間がかかるが，神経伝達物質や薬物によって活性化された脳の領域を識別できるという利点がある．医師はfMRIを使って以下のことを決定する．

- 手術計画
- 脳卒中の治療
- 脳腫瘍に対する放射線療法の照射領域
- アルツハイマー病などの脳変性疾患の影響
- 病気または損傷した脳がどのように機能しているかの診断

剖 検

　剖検（autopsy，病理解剖ともいう）は，特定の機能に関与している脳の部位を明らかにするためにも利用できる．言語に関係する脳の領域を発見したブローカは，奇妙な言語障害を患って亡くなった患者の脳を解剖した．患者は話し言葉を理解することができ，口と舌を動かすことができたので，運動障害はなかった．しかし，彼は書いたり話したりして自分の考えを表現することができなかった．この患者の脳の剖検において，左大脳半球にある左下前頭葉に病変が発見された．同様の障害をもつ他の8人の患者の脳を研究し，同じ病変を見つけ，ブローカは左脳半球のこの領域を言語中枢として記載した．現在では，左半球のこの領域はブローカ野とよばれ，特定の機能と関連付けられた脳の最初の領域となった．

6・3・3 自 律 神 経

　脳は中枢神経系（CNS）の一部で，他の神経系は末梢神経系（PNS）である．末梢神経系には，体性神経系と**自律神経系**（autonomic nervous system，**ANS**）の二つの機構があると考えられる．体性神経系は，感覚受容器から中枢神経系に感覚情報を伝え，運動の指令を中枢神経系から筋肉に送る．痛み反射弓はこの系の一部である．

　自律神経系は不随意であり，腺，平滑筋，心臓の活動を調節する．脳内では，自律神経系の中枢は延髄にある．自律神経系には，さらに**交感神経系**（sympathetic nervous system）と**副交感神経系**（parasympathetic nervous system）の二つの区分がある．

　交感神経系と副交感神経系は拮抗的である（表6・1，図6・18）．交感神経系は"闘争または逃走"反応に関連する．緊急事態に直面した場合は，グルコースと酸素の迅速な供給が必要である．交感神経系は，心臓の心拍数と拍出量（1回の収縮で左心室によって送り出される血液の量）の両方を増加させ，気管支を拡張して酸素を増やす．また，虹彩の放射状の瞳孔散大筋を収縮させることにより，眼の瞳孔を拡張する．緊急時には消化は必要ないため，消化器系に血液を運ぶ血管の平滑筋の収縮によって腸への血流は制限される（血管の直径を狭くする）．

　緊急事態ではなく，リラックスした状態にある場合，

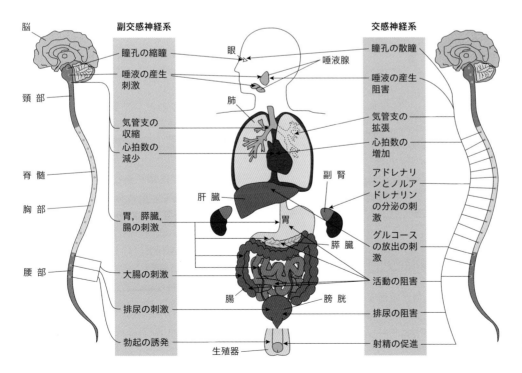

図 6・18 自律神経系の効果

表 6・1　二つの自律神経系

交感神経系	副交感神経系
緊急時に重要	通常に戻る際に重要
応答は"闘争または逃走"	応答はリラックスすること
神経伝達物質はノルアドレナリン	神経伝達物質はアセチルコリン
興奮性	抑制性

副交感神経系が引き継ぎ，体を通常の状態に戻す．瞳孔は，網膜を保護するために虹彩の輪状の瞳孔括約筋の収縮することによって小さくなる．心拍数が低下し，1回拍出量が減少する．消化器系に血液を運ぶ血管の平滑筋が弛緩し，血管の直径が拡大して，血流は消化器系に戻る．

瞳 孔 反 射

瞳孔反射（pupil reflex）を確認するには，被験者に目を閉じて突然目を開けるようにしてもらうとよい（図6・19）．目が開くと，突然の光に反応して瞳孔が小さ

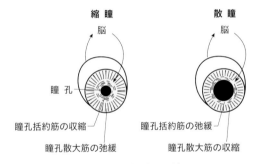

図 6・19　瞳 孔 反 射．

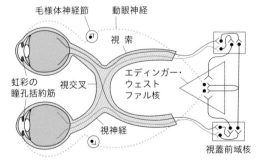

図 6・20　瞳孔反射における副交感神経経路．

くなる（縮瞳）．これは，痛みの反射と同程度の反射である．ただし，痛みの反射弓のように脊髄で接続するのではなく，脳神経の反射である．感覚ニューロンと運動ニューロンは，脊髄ではなく脳で接続される．

眼では，瞳孔とよばれるレンズの上の開口部を虹彩が囲んでいる．虹彩には，カメラの絞りのように瞳孔を開閉する2種類の平滑筋がある．アセチルコリンによる副交感神経反応によって，瞳孔は縮瞳する．眼科医は，神経伝達物質のアセチルコリンの作用を遮断するアトロピンとよばれる薬を使って患者の瞳孔を大きくする（散瞳）．縮瞳は，運動ニューロンが輪状の瞳孔括約筋を収縮させ，放射状の瞳孔散大筋が弛緩するために起こる．

瞳孔反射の経路は以下の通りである（図6・20）．

- 視神経は，眼の網膜からメッセージを受け取る．網膜には光の刺激を受ける光受容体がある．光受容体は，双極細胞（§6・4・3参照）とシナプスを形成し，次に双極細胞は神経節細胞とシナプスを形成する．神経節細胞の神経線維は視神経になる．
- 視神経は，脳幹の視蓋前域核に接続する（図6・20の□）．
- 視蓋前域核からメッセージがエディンガー・ウェストファル核（図6・20の◁）に送られ，その軸索は動眼神経に沿って眼に戻る．
- 動眼神経は毛様体神経節（図6・20の○）でシナプスを形成する．
- 毛様体神経節の軸索は虹彩の輪状の瞳孔括約筋を収縮させ，縮瞳が起こる．

脳　死

患者の治療における最近の進歩の結果として，脳からの神経インパルスがなくても，人工的に人体を維持することが可能である．脳幹は心拍数，呼吸数，および消化器系への血流を制御する．脳は体温，血圧，体液貯留を制御する．これらの機能はすべて，脳が機能していなくても制御可能である．

生命維持装置につながれている脳死（brain death）状態の患者を，生きていると考える人も，すでに死んでいると考える人もいる．脳死とは正確にはどういう意味だろうか．

脳死の法的な説明は，"医師が脳と脳幹が不可逆的にすべての神経機能を失っていると判断したとき"である．しかし患者はまだ昏睡状態にあるだけかもしれない．昏睡状態の患者には，測定可能な神経学的徴候がある．これらの徴候は，外部刺激に対する反応に基づいている．脳死を調べるとき，医師はまず毒物学テストを実施し，患者が神経反射を遅らせる薬物の影響を受けていないことを確認する必要がある．脳死判定には以下が含まれる．

- 四肢の動き：腕と足を上げて落下させた場合，落下

時に他の動きやためらいがあってはならない.

- 眼球の動き: 眼球は固定されたままである必要があり, それは脳から運動神経への反射の欠如を示す (頭が回転しているとき, 眼の回転運動がない).
- 角膜反射: 欠如している必要がある (綿棒で角膜を触れても, 目はまばたきしない).
- 瞳孔反射: 欠如している必要がある (瞳孔は, 非常に明るい光が両眼に当たっても収縮しない).
- 咽頭反射: 欠如している必要がある (意識が朦朧としているだけの患者の喉に小さなチューブを挿入すると, 咽頭反射が起こる).
- 呼吸反応: 欠如している必要がある (人工呼吸器から外されても, 患者は呼吸しない).

1人または複数の医師による評価の後, これらの機能のいずれも示さない患者は"脳死"と宣告されうる. 患者が反射反応と瞳孔反応のすべてを示さない場合, 脳が回復しないことは明確である.

しかし, 脳死した人でも, 脊髄反射が存在する可能性がある. 膝蓋腱反射はまだ機能している場合がある. 脊髄反射には脳が関与していないことを思い出してみよ. 一部の脳死患者では, 手または足を触れられた場合, 短い反射運動を示すことがある.

多くの医師は脳死を確認するためにさらなる検査を行う. 一般的に使用されるテストは, 脳波と脳血流の検討である. 脳波はマイクロボルト単位で脳活動を測定し, 非常に敏感なテストである. 患者が深い昏睡状態にある場合でも, いくらかの電気的活動が脳波記録に示される. 脳死患者の電気的活動の欠如は, 平坦脳波とよばれる (図6・21).

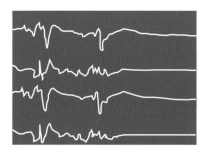

図 6・21　活動に続く平坦脳波を示す脳波記録.

脳への血流を測定するには, 放射性同位元素を血流に注入する. 次に, 線量計測器を頭の上に約30分間置く. 放射線が検出されない場合, それは脳死の決定的な証拠である.

このように, 脳死の診断は徹底した手続きである. テスト後, 結果に疑念の余地はない. この診断が下されて

も, 患者は依然として人工呼吸器で維持されうるが, 脳機能の回復はない.

6・3・4 大 脳 皮 質

大脳は神経管の前部から発生し, 成熟した脳の最大の部分である. 見てきたように, 大脳は左右の大脳半球で構成され, 大脳半球は**大脳皮質** (cerebral cortex) とよばれる灰白質 (周囲に髄鞘がない細胞) の薄層で覆われている. この層の厚さは5mm未満だが, 体のニューロンの75%が含まれている. 大脳皮質は, 推論, 視覚処理, 発語, 言語, 筋肉の動き, 複雑な思考, 想起といった課題を実行する場所である.

ヒトの脳は, 他の動物の脳よりも体の大きさの割に大きい. シャチの脳は実際の体積ではヒトより大きいが, 体のサイズを考慮して脳のサイズを比較すると, ヒトの脳はチンパンジーの3倍で, シャチの脳の2倍以上ある. ヒトの脳の拡大は大脳皮質の増大による (図6・22).

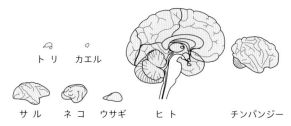

トリ　カエル

サル　ネコ　ウサギ　　ヒト　　チンパンジー

図 6・22　さまざまな動物の大脳皮質. 知能の高い動物ほど, 大脳皮質表面がより高度に発達している.

体の大きさと脳の大きさとの相関関係

体の重量と比較した脳の重量は, $E:S$比とよばれる. Eは脳の重量, Sは体重を表す. 表6・2は, さまざまな種の$E:S$比を示している. ヒトとマウスの$E:S$比は同じだが, 小鳥の$E:S$比はヒトよりも大きいことがわかる. したがって, 大きな動物と比較して脳のサイズが比較的大きい小鳥は, ヒトよりも知的能力が高いと結論づけるべきだろうか. 脊椎動物の脳の重量は, 体重と共に直線的に増加していないようにみえる. ただし, 傾向としては, 動物が大きくなるほど, 脳と体重の比率が小さくなる傾向がある. 小さなマウスは比較的大きな脳をもっており, 大きなゾウは比較的小さな脳をもっている.

単純な$E:S$比では脳の相対的な大きさを示すことは難しいので, $E=$脳の重量, $S=$体重, $C=$定数, $r=$指数の定数として, 方程式$E=CS^r$が提唱された. この式によって, 体重の異なるさまざまな種の脳の相対容量を

推定できる.

哺乳類のある種について C の値を決定できれば，その種の脳化指数（EQ）を，$C/$（哺乳類の C 値の平均）として求めることができる. もしその種の EQ が 3.0 であれば，その種の脳重量は，同程度の体重をもつ動物の脳重量の 3 倍ということになる. 一般に哺乳類の脳化指数では，ネコを 1.0 として表すことが多い. イルカの脳化指数は 5.31 で，チンパンジーのほぼ 2 倍である（表 6・3）.

表 6・2　さまざまな動物の脳と体の重量の間の $E:S$ 比

種	$E:S$ 比
小さなアリ	1：7
小 鳥	1：14
ヒ ト	1：40
マウス	1：40
ネ コ	1：110
イ ヌ	1：125
リ ス	1：150
カエル	1：172
ライオン	1：550
ゾ ウ	1：560
ウ マ	1：600
サ メ	1：2496
カ バ	1：2789

表 6・3　哺乳類の脳化指数（EQ）

種	EQ
ヒ ト	7.44
イルカ	5.31
チンパンジー	2.49
アカゲザル	2.09
ゾ ウ	1.87
クジラ	1.76
イ ヌ	1.17
ネ コ	1.00
ウ マ	0.86
ヒツジ	0.81
マウス	0.50
ラット	0.40
ウサギ	0.40

大脳皮質の拡大

卓越した認知能力とより高度な行動は，大脳皮質の大きさの増加と関連している. ヒトの脳を他の動物の脳と比較すると，最大の違いは大脳半球の表面積にあるようにみえる. たとえば，マウスでは大脳皮質の表面は平らだが，イヌでは屈曲が見られる. サルと類人猿では，皮質にさらに多くのしわが見られる. 脳を体の大きさに見合った頭蓋骨に収めるためには，脳は折りたたまれる必要がある. より複雑な行動には大きな表面積が必要だが，それでも頭蓋骨の限られた空間に収まる必要がある. 表面積を増やす一つの方法は，表面にしわを追加することである. A4 用紙をしわくちゃにすると，表面積は同じだが，平らな A4 用紙よりも場所をとらない. 種が進化してより複雑な行動をとることができるようになると，より多くの大脳皮質の表面が必要となった. しわが多ければ，表面積はより大きくなる. このようにして，大脳皮質のより大きな表面を限られたスペースに収めることができる.

大脳皮質の機能

大脳皮質の広範なしわと皮質に存在する多数のニューロンは，脳の皮質の重要性の証である. 大脳皮質によっ

表 6・4　大脳皮質の機能領域

部 位	機 能
前頭前野	思考の整理，問題解決，戦略の組立て
運動連合野	運動の調整
一次運動野	運動の計画と実行
一次性感覚野	触覚に関する情報の処理
感覚連合野	さまざまな知覚の感覚情報の処理
視覚連合野	視覚情報の処理
視覚野	視覚刺激の認識
ウェルニッケ野	書き言葉と話し言葉の理解
聴覚連合野	聴覚情報の処理
聴覚野	音量や音調などの音質の検出
ブローカ野	発語と言語の生成

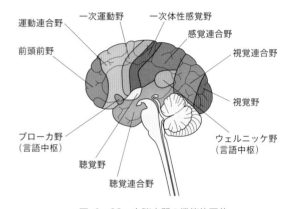

図 6・23　大脳皮質の機能的区分.

て実行される高次機能を表 6・4 に示す.

ブローカ野，側座核，視覚野

ブローカ野とウェルニッケ野は，大脳皮質の発語と言語に関連している二つの領域である（図 6・23）. 患者が脳損傷を起こして言語表出が欠如することを，ブローカ失語症とよぶ. ブローカはこの領域の言語機能を発見した.

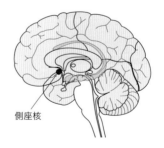

図 6・24　側座核. 脳の報酬系回路には，側座核が関連している.

側座核（図 6・24）は，脳の報酬系回路に関連し，おもにドーパミンとセロトニンの二つの神経伝達物質に応答する. ドーパミンは欲望を促進し，セロトニンは欲

望を阻害する. 側座核におけるドーパミンの活性化は, 報酬の期待と関連している. コカインやニコチンなどの薬物は側座核でのドーパミン産生を増加させる. ドーパミンの増加は依存をひき起こす可能性がある.

視覚野は, 眼の網膜の細胞から情報を受け取る脳の部位である. 視覚野 (図 6・23 を参照) は, 視覚を生み出すために協力する多くの脳の中枢の一つである.

左右の大脳半球

大脳皮質は, 左右の大脳半球の表面の薄い層であり, すべての高次機能を担っている. 大脳皮質は無髄ニューロンで構成されており, 灰白質とよばれている. 二つの大脳半球は, 脳梁とよばれる厚い線維の束によって接続されており, それを通して左右の脳の間で情報の伝達が行われる (図 6・25). 脳梁は有髄ニューロンで構成されている. 左右の大脳半球はそれぞれ右と左の半身を担っている. 左大脳半球は, 体の右側にある感覚受容器と両眼の視野の右側からの感覚入力を受け取り, 右半球ではその逆である.

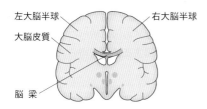

図 6・25 脳梁. 脳梁は二つの大脳半球をつなぐ.

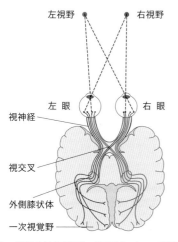

図 6・26 視覚の神経経路. 視神経によって脳に連結された二つの眼. 左視野の情報は右一次視覚野に伝えられる (∥). 右視野の情報は左一次視覚野に伝えられる (\\).

両側の皮質は, その部位が果たす活動に応じてさらにいくつかの領域に分かれている. たとえば, 図 6・23

を見ると, 一次体性感覚野と運動野がある. 一次体性感覚野は, 触覚などを受容するための主要な領域である. 右手からの感覚入力は左の一次体性感覚野に送られ, その逆も同様である.

視覚の神経経路は, 一次視覚野に到達する. 右脳は左視野から情報を受け取り, 左脳は右視野から情報を受け取る. 図 6・26 において, ∥ で示されている左視野由来の視神経が視交叉で交差し, 左視野からの情報が右脳で受け取られる. その逆も同様である.

左大脳半球は体の右側の, 右大脳半球は左側の運動を制御する

次に, 運動野を見てみよう. 運動野は随意運動を制御する. この場合も, 右大脳半球の運動野は体の左側の動きを制御し, その逆も同様である. これは, 脳卒中の患者で明白である.

脳卒中が起こった場合, 病巣は限局的であり, 左または右大脳半球のいずれかに発生する. 脳卒中は, 血管の閉塞または破裂によってひき起こされ, 脳細胞への酸素の流入を遮断する. 脳の左側の大脳半球の運動野が影響を受けると, 右腕と右足に麻痺が起こる. 麻痺の場所によって, 酸素の喪失によって脳のどちら側が損傷されたかがわかる. 幸いなことに, 脳には可塑性があるため, リハビリテーションによって脳の他の部分が機能を引き継ぎ, 運動が回復するように促される.

6・3・5　脳の代謝活性とグルコース

ニューロンは常に代謝活性が高い状態にあるため, 多量のエネルギーを消費する. 代謝は細胞によるあらゆる化学反応からなる. ニューロンは, 他の細胞と同様に構成成分の修復や再構築を行うが, ニューロン間のメッセージのやりとりに関与する化学的シグナルは, 脳が使う全エネルギーの半分を消費する. このように, 脳の細胞は体の他の細胞に比べて, 2 倍のエネルギーを必要とする.

グルコースは, ヒトの脳のニューロンの代謝を促進するおもなエネルギー源である. ニューロンはグルコースを貯蔵できないため, 血液は常にグルコースを提供する必要がある. グルコースの代謝速度は速く, ニューロンは精神活動中にグルコースを急速に使い果たす. 米国イリノイ大学医学部の科学者は, ラットを使った実験で, 若いラットは学習と記憶に関与する脳の領域に十分なグルコースを供給しているが, 老齢のラットはそうではないことを発見した. 老齢ラットに投与されたグルコースは, 若いラットに比べてはるかに早く消費される. グルコースがなくなると, 老齢ラットは, 学習に大きな障害

を来す.

　血液中の糖（グルコース）は, 食物から供給される. 果物, 野菜, 豆類, 穀物, 乳製品などの高品質の糖質は, グルコースの最高の供給源である. これらの食物は脳にグルコースを数時間にわたって供給する. 砂糖を含んだ菓子や飲み物などの食品はグルコースをすばやく提供するが, その供給は長くは続かず, 脳活動が低下することがある. 動物モデルによって, 脳内のグルコースレベルの持続が学習に有益であることがわかっている.

練 習 問 題

7. ヒトの脳の図を描き, 注釈をつけよ.
8. 次の脳の領域の具体的な機能を述べよ. ブローカ野, 側坐核, 視覚野.
9. ヒトの大脳皮質が, 折りたたみによって他の動物よりも高度に発達するようになった理由を説明せよ.
10. 脳の代謝には, なぜ大量のエネルギーの投入が必要なのかを説明せよ.

6・4　刺 激 の 知 覚

本節のおもな内容

- 受容体は環境の変化を検出する.
- 桿体と錐体は網膜にある光受容体である.
- 桿体と錐体は光の強度と波長に対する感度が異なる.
- 双極細胞は桿体と錐体から網膜神経節細胞に神経インパルスを送る.
- 網膜神経節細胞は視神経を介して脳に情報を送る.
- 両眼の右視野の情報は, 脳の左半球の視覚野に伝達され, 逆に, 両眼の左視野の情報は, 右半球の視覚野に伝達される.
- 中耳の構造体が音を伝達し増幅する.
- 蝸牛の感覚毛は特定の波長の音を検出する.
- 音の知覚による神経インパルスは, 聴覚神経を介して脳に伝達される.
- 半規管の感覚毛は頭の動きを検出する.

6・4・1　感覚受容器と刺激の多様性

　ある食べ物は心を慰める. 群衆の中で見慣れた顔を見ると安心できる. お気に入りの音楽を聴くと幸せになれる. 私たちは, 特定の味, 光景, 音を感情と関連づけている. このように, 感覚細胞は感情と記憶を制御する脳の特定の部位に情報を送っている.

　味と音はただの楽しみではなく, 命を守りもする. 私たちはカビの生えた食べ物の味を覚えている. 車が来るのが聞こえたら車を避ける. 煙のにおいを嗅ぐことによって多くの命が救われてきた.

　感覚器官（sensory organ）は脳への窓であり, 外の世界でなにが起こっているのかを脳に認識させる. 感覚器官は刺激されると, 中枢神経系に情報を送る. 神経インパルスが脳に到達すると感覚（sensation）をもたらす. 私たちは実質的には, 感覚器官ではなく脳で見て, 嗅いで, 味わう.

6・4・2　受容器は環境の変化を検出する

機 械 受 容 器

　機械受容器（mechanoreceptor）は, 機械的な力または何らかの種類の圧力によって興奮させられる. 触覚は, 圧力に敏感な圧受容器によってひき起こされる. 動脈では, 圧受容器が血圧の変化を検出する. 肺では, 伸展受容器が肺の膨張の程度に反応する. 私たちは筋線維, 腱, 関節, 靱帯にある固有受容器（自己受容器）によって, 腕と足の位置を知ることができる. また, 固有受容器は, 姿勢と平衡を維持するのに役立つ. 内耳には, その上を動く液体の波に敏感な圧受容器がある. これにより, 平衡に関する情報が得られる.

化 学 受 容 器

　化学受容器（chemoreceptor）は化学物質に反応する. この受容器によって, 私たちは味わい, においを嗅ぐことができる. また, 化学受容器は体内の環境についての情報を提供する. いくつかの血管にある化学受容器はpHの変化を監視し, pHの変化は, 呼吸速度を調整するように体に知らせる. 痛覚受容器は, 損傷を受けた組織から放出される化学物質に反応する化学受容器の一種である. 痛みは私たちを危険から守る. たとえば, 痛みの反射によって, 熱い物体から身を引く. 嗅覚受容器はにおいに反応する.

　どのようにしてにおいを感じるのか. パンの焼けるにおい, 玉ねぎ, コーヒーなど, においがするものはすべて, 良いにおいも悪いにおいも, 空気中に拡散する揮発性分子を放出している. これらの分子は鼻の嗅覚受容器に到達し, これらの受容器によって人は1万種類のにおいを検出することができる（図6・27）.

　鼻腔の上部には, 嗅覚受容器を発現する特殊なニューロンが集まった部位がある. あるにおい分子が複数の受容器を刺激する場合がある. いくつかの受容器の組合わせが, 特定のにおいとして脳によって認識される. 科学者たちは, 何百もの嗅覚受容器のそれぞれが特定の遺伝

子によってコードされていて，特定の遺伝子は異なるにおいを認識すると考えている．特定のにおいに対応した遺伝子がゲノム DNA にない場合，その人はそのにおいを感じることができない可能性がある．たとえば，消化されたアスパラガスが尿に生みだすにおいを感じない人も感じる人もいる．

表 6・5　眼のさまざまな部分の機能

部　位	機　能
虹　彩	瞳孔の大きさを調節する．
瞳　孔	光を通す．
網　膜	視覚の受容体がある．
房　水	光線を透過する．眼球を支持する．
硝子体液	光線を透過する．眼球を支持する．
桿　体	薄暗い場所での白黒の視力を与える．
錐　体	明るい場所での色の視力を与える．
中心窩	錐体細胞が密集し視力が最も鋭敏な領域．
レンズ	光線の焦点を合わせる．
強　膜	眼球を保護し支持する．
角　膜	光線の焦点を合わせる．
脈絡膜	迷光を吸収する．
結　膜	強膜と角膜を覆い，眼の潤いを保つ．
視神経	神経インパルスを脳に伝える．
まぶた	眼を保護する．

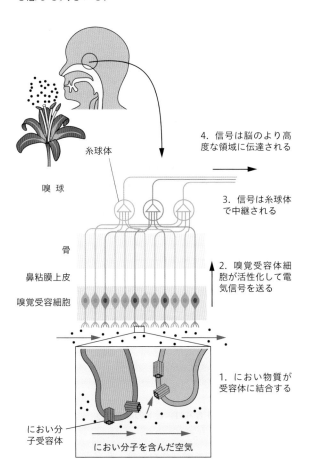

図 6・27　嗅覚系における受容体の機能．

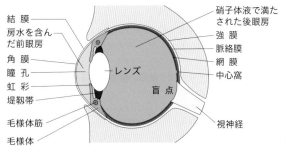

図 6・28　ヒトの眼．

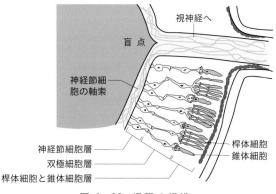

図 6・29　網膜の構造．

温度受容器

　温度受容器（thermoreceptor）は温度の変化に反応する．温度が上昇すると温受容器が反応し，温度が下がると冷受容器が反応する．ヒトの温度受容器は皮膚にある．

6・4・3　ヒトの眼の構造と機能

　光受容器（photoreceptor）は光エネルギーに反応し，眼（eye）にある．われわれの眼は光に敏感で，視覚を伝える．眼の桿体細胞（rod cell，桿体）は薄暗い光に反応し，白黒の視覚をもたらす．一方，錐体細胞（cone cell，錐体）は明るい光に反応し，色覚を伝える．眼の

さまざまな部分の機能を表 6・5 に示す．

網　膜

　視覚は光が眼（図 6・28）に入ってきて網膜の視細胞に焦点が合ったときに始まる（図 6・29）．視細胞には桿体細胞と錐体細胞があり，それぞれ独自の双極細胞

表 6・6　桿体細胞と錐体細胞

桿体細胞	錐体細胞
光に鋭敏で，薄暗い場所でもよく機能する	光にあまり鋭敏ではなく，明るい光の中で機能する
網膜には桿体細胞は1種類しかなく，可視光のすべての波長を吸収する	網膜には3種類の錐体細胞がありそれぞれ，赤色光，青色光，緑色光に敏感である
複数の桿体細胞からの神経インパルスは，視神経の単一の神経線維に伝わる（図6・30を参照）．	単一の錐体細胞からの神経インパルスは，視神経の単一の神経線維に伝わる（図6・30を参照）．

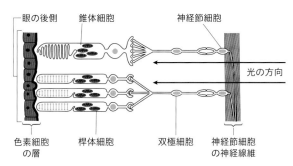

図 6・30　網膜の構造と機能.

（bipolar cell）とシナプスを形成している（図6・30，表6・6）．双極細胞は神経節細胞とシナプスを形成する．神経節細胞の軸索は視神経を構成し，視神経は視覚情報を脳に伝える．それぞれの細胞の機能は以下のとおりである．

- 桿体細胞は光に敏感な視細胞で，非常に薄暗い光であっても，その刺激を受けることができる．この細胞は双極細胞とシナプスを形成する．
- 錐体細胞は，明るい光によって活性化される視細胞で，双極細胞とシナプスを形成する．
- 双極細胞は，桿体細胞または錐体細胞から視神経の神経節細胞に神経インパルスを伝える網膜の細胞である．細胞体から伸びる二つの突起をもっているので，双極細胞とよばれる．
- 神経節細胞は双極細胞とシナプスを形成し，視神経を介して神経インパルスを脳に送る．
- 両眼の右視野からの情報は左脳の視覚野に，左視野からの情報は右脳の視覚野に送られる．

赤緑色覚異常

　通常の視覚は，おのおの赤，緑，青に反応する3種類の錐体を使い，3色覚とよばれる．一部の人は，3色覚の変異型である2色覚をもち，**赤緑色覚異常**（red-

green color blindness）をもつ．赤緑色覚異常は，伴性の形質として遺伝し，母親から息子に伝わる．女性がこの異常を表すことは非常にまれである．2色覚は，青錐体と緑錐体があるが機能的な赤錐体がない赤色覚異常，または，青錐体と赤錐体があるが緑錐体がない緑色覚異常のいずれかである．2色覚者は，受け継いだ変異の型に応じて物の見え方が変わる．色覚テストは多くのウェブサイトに見いだせる．

6・4・4　耳の構造と機能
聴覚のしくみ

　音波は空気分子の連続的な振動であり，外耳で捕捉される．それが耳道を伝わって，**鼓膜**（tympanic membrane）をわずかに前後に動かす（図6・31）．これが**中耳**（inner ear）に伝わって，以下のように聴覚をひき起こす．

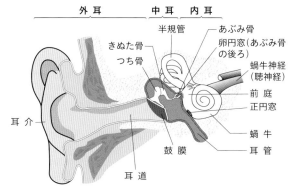

図 6・31　ヒトの耳の構造.

- 中耳にあるつち骨，きぬた骨，あぶみ骨は，鼓膜からの振動を受け，それを約20倍に増幅する．
- あぶみ骨は卵円窓をたたき，振動させる．
- この振動は蝸牛（cochlea）のなかの液体に伝わる．
- 蝸牛のなかの液体は，有毛細胞とよばれる特殊な細胞を振動させる．
- 有毛細胞は機械受容器であり，シナプスを介して聴神経の感覚ニューロンに対して神経伝達物質を放出する．
- 振動は神経インパルスに変換される．
- 神経伝達物質による化学的なメッセージは，感覚ニューロンを刺激する．
- 音の知覚によってひき起こされた神経インパルスは，聴神経によって脳に伝達される．
- 正円窓は圧力を和らげて，蝸牛のなかの液体が振動できるようにする．

蝸牛の不動毛（感覚毛）は特定の波長の音を検出する

蝸牛の有毛細胞には，細胞から突き出た不動毛があり，特定の波長の音を検出する．この不動毛が前後に曲がることで，有毛細胞自体に内部の変化が生じる．この変化が電気インパルスを発生させ，それが聴神経に伝わる（図6・32）．

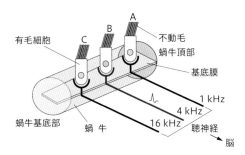

図 6・32 不動毛．蝸牛の不動毛は，特定の波長の音を検出する．Hz は音波の周波数で，ヘルツを表す SI の記号である．1 kHz は 1 秒間に 1000 回の波の振動を意味する．ヒトの可聴域は 20～20 000 Hz である．

波長が短くて高い周波数の波は高い音を，波長が長くて低い周波数の波は低い音を発生させる．脳で感知された音は，大脳皮質の聴覚野で処理される．聴力には個人差があり，年齢と共に変化する．また，聴力は高周波の騒音によっても影響を受けることがある．高周波の音を長時間聴きすぎると蝸牛の有毛細胞が損傷されることがあるが，有毛細胞は再生しない．そのため，多くのミュージシャンはコンサートで演奏する際，耳の保護具を着用している．

半規管の有毛細胞が頭の動きを感知する

ヒトの内耳には半規管（semicircular canal，三半規管ともいう）がある．半規管は平衡感覚を制御し，三次元的な体の位置を脳に伝える．この器官は内部をリンパ液で満たされ，有毛細胞がある．この有毛細胞上のリンパ液の動きによって，頭の回転を検出する．有毛細胞は，前庭神経に情報を送る感覚受容器であり，この情報は脳に中継され，体の位置を伝える．つまり，体が逆さまになっているのか，後ろに倒れつつあるのかといった情報を脳に伝える．私たちが不安定な姿勢でもバランスを保つことができるのは，耳の半規管にある有毛細胞の精密さがあってのことである．

練 習 問 題

11. 次に示す網膜の図に，各部位の名称と光の入る方向を示せ．

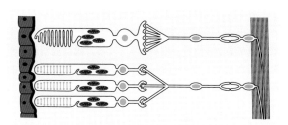

12. 2 色覚について説明せよ．
13. 音が耳でどのように知覚されるかを説明せよ．

6・5 生得的行動と学習的行動

本節のおもな内容

- 生得的行動は親から受け継いだものであるため，環境とは無関係に発達する．
- 自律的かつ不随意的な反応は反射とよばれる．
- 反射弓は反射をもたらすニューロンで構成されている．
- 条件反射の条件づけは新しい連合の形成を伴う．
- 学習的行動は経験の結果として発達する．
- 刷込みとは，生活史の特定の時期の学習であり，行動の結果とは無関係である．
- オペラント条件づけは，試行錯誤の経験からなる学習の一形態である．
- 学習は技能または知識の獲得のことである．
- 記憶とは，情報を符号化し，保持し，検索する一連の過程のことである．

6・5・1 生 得 的 行 動

生まれつきに備わっている行動は親から受け継いでいるので，環境とは無関係に発達する．この生得的行動（innate behavior）は遺伝子によって制御され，親から受け継がれる．たとえば，クモは最初から正しく巣をつくるが，その際，試行錯誤の学習はなされない．スズメバチは，スズメバチの種特有な巣をつくる．シロアリは独特な塚をつくる．昆虫に詳しい科学者は，形を見れば，どの種が巣，あるいは塚をつくったのかを判断できる．これらは遺伝学的にしくまれた行動で，動物の生存を確実にする．鳥には簡単な型のさえずりが生まれつきに備わり，ヒトの乳児には吸引行動が生まれつきに備わっている．

生得的行動は，一定の順序でなされる．その古典的な例としては，トゲウオ科の魚のイトヨの配偶行動がある（図6・33）．配偶は，雄が雌を見てジグザグダンスをすることから始まる．このダンスが雌の注意をひきつける．雌は雄の後を追い，雄はあらかじめ川底につくった

巣に雌を導く．雄が後退して巣の外に出ると雌が入って
くる．巣の入り口で雄が体を震わせると，雌は放卵す
る．雌が巣から出ると雄が入ってくる．雄は放精し，卵
を受精させる．この行動は，この種に特有のものであ
る．

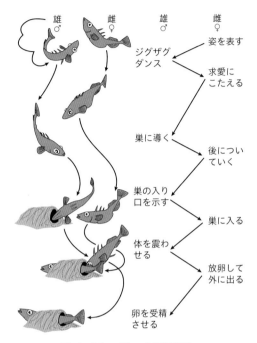

雄　　　雌　　　雄　　　雌
　　　　　　　　　　　　　　　　姿を表す
ジグザグ
ダンス
　　　　　　　　　　　　　　　　求愛に
　　　　　　　　　　　　　　　　こたえる

巣に導く
　　　　　　　　　　　　　　　　後について
　　　　　　　　　　　　　　　　いく

巣の入り
口を示す
　　　　　　　　　　　　　　　　巣に入る

体を震わ
せる
　　　　　　　　　　　　　　　　放卵して
　　　　　　　　　　　　　　　　外に出る

　　　　　　　　　　　　　　　　卵を受精
　　　　　　　　　　　　　　　　させる

図 6・33　イトヨの配偶行動．

6・5・2　無脊椎動物の生得的行動

　動物はさまざまな方法で多様な環境に順応しようとす
る．ある場所は他の場所より生息しやすい．ある場所は
食べ物がより豊富にあるかもしれないし，別の場所の方
がより安全かもしれない．さらに別の場所の方が，湿度
がより適切かもしれない．単純な無脊椎動物の環境刺激
に対する反応を研究することによって，生得的行動を評
価することができる．無脊椎動物の基本的な運動には，
刺激に対する方向性のある運動（走性）とない運動（無
定位運動）の2種類がある．

走　性

　走性（taxis，**タキシス**）とは，刺激に対する方向性
をもった反応のことである．動物が刺激の方に向かう場
合は正の走性があるといい，刺激から遠ざかる場合は負
の走性があるという．たとえば，動物が光に向かう場合
は正の走光性，遠ざかる場合は負の走光性と表す．走性
は生物が反応する刺激の種類によって分類される．
　走化性（chemotaxis）は環境中の化学物質に対する
反応である．水中の生物は，食物や水に溶けている化学

物質に向かったり，遠ざかったりする．走化性を調べる
際には，pH，溶解している薬剤，食品，殺虫剤の濃度
を変化させて実験を行う．
　走光性（phototaxis）は光に対する反応である．実験
は，異なる波長の光，異なる光強度，および異なるタイ
プの電球（紫外線，白熱光，蛍光）を使って行う．
　重力走性（gravitaxis）は重力に対する反応である．
生物を容器に入れて逆さにし，重力に対する反応を測定
する方法が考案されている．ゆっくりと回転するターン
テーブルの上に生物を置くと，重力の牽引力を乱す可能
性がある．
　走流性（rheotaxis）は水流に対する反応である．水
生生物は水流に沿って，あるいは水流に逆らって動く．

走性と実験生物

　プラナリアとユーグレナ（ミドリムシ）の2種類の
無脊椎動物が走性を調べるために良く使われる．
　プラナリアは湖や池に生息する扁形動物で，体の筋線
維の収縮によって活発に動く．単純な神経系をもち，前
端には二つの眼点があり，光で刺激される光受容体を
もっている．また，前端には化学物質に反応する化学受
容体がある．葉や岩の下で生活し，防御のために隠れて
おり，負の走光性を示す．生の肝臓など，好みの食物に
対しては正の走化性がある（生の肝臓は自然の生息地で
の死んだ魚に似ている）．プラナリアの興味深い研究と
しては，異なる波長の光に対する反応や，異なる食物に
向かってどれだけ速く移動するか（1分あたり何センチ
メートルかを測定）などがある．
　ユーグレナは単細胞の原生生物で，鞭毛をもち，水中
をすばやく進む．前端には光で刺激される眼点もある．
葉緑素をもっているため，光合成によって食物を得るこ
とができる．光合成は光を必要とするため，ユーグレナ
は走光性を示す．ユーグレナが異なる波長の光に反応す
るかどうかを判断するテストができる．

無 定 位 運 動

　無定位運動（kinesis，**キネシス**）とは，湿度などの
方向性のない刺激に反応する運動のことである．動物の
運動速度は方向ではなく，刺激の強さに依存する．走性
とは異なり，動物は刺激に向かったり離れたりして動く
わけではない．不適切な環境にいる場合，動物はより快
適な場所まで，迅速に，しかし，でたらめに方向性をも
たずに動く．"快適な場所"にいる場合，動物の動きは
遅くなる．遅い動きによって，その動物が好む環境に居
続ける可能性が高い．
　変速無定位運動とは，生物が刺激に反応して，速度を

変えて方向性なしに動く運動である.

　変向無定位運動とは，生物が刺激に反応して，方向性なしにゆっくりまたは急速に向きを変える運動である.

　ワラジムシ（*Porcellio scaber*）やダンゴムシ（*Armadillidium vulgare*）のような等脚目（ワラジムシ目）の生物は陸生の甲殻類で，無定位運動の研究に利用される（図6・34）. 陸上に住んでいても，鰓で呼吸をしており，そのために水分が必要である. 等脚目の生物は湿った場所に住み，乾燥した状態に長時間さらされると死んでしまう. 等脚目の生物は湿気に対して方向性のない運動を示す. 湿った環境ではゆっくりと動き，乾燥した環境では速く動く. 速く動くことで，乾燥した環境から抜け出す可能性が高くなる. 逆に，湿った場所にいる等脚目の生物は，その場所が適しているので，その場所にとどまる. 乾燥した場所にいる等脚目の生物は，でたらめな動きが増えている間に，湿った場所を見つけるかもしれない. 湿った環境を感知した途端，でたらめな動きは減退する.

図6・34　ワラジムシ（左）とオカダンゴムシ（右）.

6・5・3　反　　射

　あなたはハチに刺されたことがあるだろうか. 最初に気づくのは痛みであり，刺し傷が刺激になる. 幸いにも，私たちには痛覚受容器（侵害受容器）があって，痛みを知らせてくれる. 刺された直後の反応は痛みの逃避反射である. この反射には，腕から脊髄，そして腕の筋肉に戻る一連の神経が関与する. この**反射**（reflex）によって，あなたはそれについて考えるまでもなく，ハチを払い落とす. 反射はその手続きのために脳まで伝えられる必要がないので，非常に速くなされる. 脳で反射を制御することはない. 多くの反射は自律神経系によって制御されている.

反　射　弓

　反射弓（reflex arc）は，受容器細胞，感覚神経，脊髄の介在ニューロン，そして効果器（筋肉）に伝達する運動ニューロンで構成されている. 通常，反射は体を保護するものである. たとえば，瞳孔反射は，眼を損傷する可能性のある過度の光から眼を保護する. 瞬目反射もまた，眼を損傷から保護する. くしゃみは，気道から刺激物を取除く反射である. 以下の痛み反射は，だれもが経験したことのあるものである.

痛 み 反 射

- 受容器細胞は刺激を受け取る. たとえば，痛覚受容器は，熱や圧力，傷ついた組織から産生される化学物質などの刺激を受け取る. 針で指を刺すと，痛覚受容器は傷ついた組織に反応する（図6・35）.
- 感覚受容器は刺激を検知し，感覚ニューロンで神経インパルスを発生させる.
- 感覚ニューロンはその神経インパルスを脊髄に伝達する.
- 感覚ニューロンの軸索は脊髄に入り，シナプスを介して化学的メッセージを介在ニューロンに伝える.
- 介在ニューロンは運動ニューロンとシナプスを形成し，神経インパルスを，シナプスを介して化学的に伝達する.
- 運動ニューロンは効果器に神経インパルスを伝える.
- 効果器は応答を実行する器官で，この場合は，効果器は収縮して針から指を引き離す筋肉である.

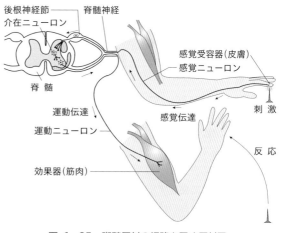

図6・35　脊髄反射の経路を示す反射弓.

反射条件づけ

　反射の古典的条件づけは，反射反応を変更するために使われる. 反射条件づけ実験では，被験者は新しい様式で刺激に反応する. たとえば，ヒトの場合，まばたきは反射反応である. だれかの顔の前で突然手を振ると，その人は思わずまばたきをする. 振った手は無条件にまばたき反応を刺激するので，無条件刺激とよばれ，まばたきは無条件反応とよばれる. 一方，本来はまばたきを起こさない中性的な刺激で反射反応（まばたき）をひきだ

すことができる．まず，中性刺激（たとえば，音）を被験者に経験させる．次に，一定期間，目の前で手を振る直前に音を鳴らすというトレーニングを行う．すると，その人は音だけでまばたきをして反応するようになる．このとき，音は**条件刺激**（conditioned stimulus），音に反応してまばたきをすることは**条件反射**（conditioned response）とよぶ．

ロシアの生理学者パブロフ（Ivan Pavlov）は，条件反射の成立を説明するためのイヌを用いた実験を立案した．イヌの唾液分泌は，口の中に食物があることに対する反射的な反応である．食物という無条件刺激は唾液分泌という無条件反射を誘発する．パブロフが使用した中性刺激は，鐘を鳴らすことであった（図 6・36）．彼はイヌが食物を口にする直前に鐘を鳴らした．訓練後，鐘を鳴らす（条件刺激）とイヌは唾液を出す（条件反射）ようになった．つまり，イヌは中性刺激だけで唾液を出すように条件づけられた．

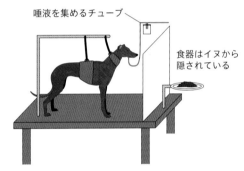

唾液を集めるチューブ

食器はイヌから隠されている

図 6・36　パブロフの実験の装置．

6・5・4　学 習 的 行 動

学習的行動（learned behavior，習得的行動ともいう）は遺伝的にあらかじめプログラムされたものではなく，経験の結果として発達する．あなたは本の読み方，自転車の乗り方，靴ひもの結び方を学んできた．これらの活動はすべて，それまで知らなかった新しい知識や，もともともっていなかった新しい技能をもたらす．このように，学習的行動とは，新しい知識や技能を得る過程と定義することができる．6歳のときにはある程度の読み方を知っているかもしれないが，多くの練習と教育によってその技能を向上させることができる．

学習（learning）の同じ原理は動物にも当てはまるだろうか．学習は，学習したことの実行でしか評価できない．学習は，神経系に記憶された行動の変化として説明することができる．たとえば，ラットはペダルを押すと餌が出ることを学習することができる．ラットは，そもそもケージの中を探索している間に偶然ペダルを押し，

繰返して餌が放出され，ペダルと餌を関連づけることを学習する．そして，餌を求めてペダルを押すことが，意図的な行為になる．これは学習を示唆する．しかし，行動の変容は必ずしも簡単には観察されないので，学習を評価するのは困難なことがある．

生得的行動と学習的行動をまとめたのが表 6・7である．

表 6・7　生得的行動と学習的行動の比較

生得的行動	学習的行動
動物の環境の状況から独立	動物の環境の状況に依存
遺伝子に制御される	遺伝子に制御されない
親から受け継ぐ	親から受け継がない
自然選択によって発展	経験を積むことよって発展
生存と生殖の可能性を高める	生存と生殖の可能性を高めることもあれば，そうでないこともある

6・5・5　刷 込 み

刷込み（imprinting）の興味深い話に，最初の動物行動学者（自然条件のもとで動物の行動を研究する学者）であったローレンツ（Konrad Lorenz）による，"どの

図 6・37　刷込み．ローレンツを母親として刷込まれたガチョウの雛はかれの後を追う．

ようにしてハイイロガンの雛がかれのあとを付いてまわるようになったのか"という研究がある．ローレンツは，ハイイロガンの雛は孵化後まもないころは，いつでもどこにでも母親のあとを付いて行くことに気づいた．かれは，いつ，どのようにして雛は学習したのだろうかと考えた．多くの観察ののち，かれは，刷込みが臨界期，つまり，孵化してから13〜16時間の間に始まることに気づいた．そして，あらゆる動く物体がハイイロガンの雛に刷込みをするのではないかと考えた．ローレンツは孵卵器のなかでヒナを孵化させ，最初に目にする動く物体が自分であるようにした．その雛たちはローレン

ツを刷込みして，ローレンツのあとをつけ，農場をま
わった（図6・37）．その後の実験でかれは，雛が鉄道
模型に取りつけられた箱にも刷込みすることを発見し
た．驚いたことに雛は，鉄道模型の上の箱を追って，線
路の上を歩いた．

ローレンツは，刷込みは雛の一生の特定の段階で起こ
るということを理解するようになった．これは，幼い動
物が通常は母親である動く物体に惹かれ，認識する迅速
な学習過程である．しかし，動物は電車の上の模型の箱
のような無生物にも刷込みするので，行動の結果は刷込
みを強化するものではない．つまり，刷込みは結果に関
係なく起こる．

6・5・6　オペラント条件づけ

スキナー（B. F. Skinner）は1930年代に活動した科
学者で，スキナーボックスとよばれる装置を開発した．
かれはスキナーボックスのなかにネズミやハトを入れ
た．箱は小さく，動物は箱のなかを探索する以外には大
してすることがなかった．最終的には，箱のなかにある
レバーに偶然触れ，餌が提供された．動物は餌がないと
きに，レバーを押すと餌が皿に出てくるということを，
徐々に学習した．レバーと餌を関連づける過程には時間
がかかるかもしれないが，最終的には動物は環境を操
作することを学習する．以下に，**オペラント条件づけ**
（operant conditioning）とよばれるこの型の学習につい
て説明する．

- もとの行動は，環境を探索している間に無意識に実
  行される．
- 実験者は，この行動が実行される可能性を変えたい
  と考える．この行動をオペラントとよぶ．
- スキナーボックスを使うと，オペラント条件づけの
  研究が簡単にできる．
- 実験者からの干渉はない．
- ハトやネズミのオペラント条件づけの例では，動物
  は特定の行動様式（レバーを押すこと）を実行する
  ことで環境の変化（餌が出てくること）をもたらす．

6・5・7　鳥のさえずりの学習

あなたは最近どんな技術を習得しただろうか．新しい
ゲーム，新しい楽器の演奏，新しい言葉を学んだろう
か．私たちは日々新しい技術や知識を獲得している．動
物が生き残り，効果的に繁殖するためには，どのような
技術を身につけなければならないのか．鳥のさえずり
は，動物が技術や知識を獲得する良い例である．

あなたは鳥のさえずりの違いを聞き分けることができ
るか．鳥は種に固有の受け継がれたさえずりをもってい

る．私たちの眼の色に違いがあるように，ある種の鳥は
さまざまなさえずりをもっている．また一方で，鳥は受
け継いださえずりを改良するために学ぶこともできる．
このように，鳥のさえずりには，受け継がれた要素と学
習された要素の両方がある．

鳥がさえずることができるのは，鳴管とよばれる発声
器官があるからである．鳴管は，気管の最下部にある構
造である．ヒトでは，喉頭（発声器）は気管の上部にあ
る．鳥は空気を鳴管の膜を通過させ，振動させて音を出
す．鳴管の膜の張力を変化させることで音程を調節す
る．また空気の流量を変えることで音量を調節する．

鳥のさえずりは，よく研究される動物の行動の例であ
る．雄にとってさえずることは重要である．雄はさえず
りで雌をひきつけ，雄のライバルを制止する．一般的に
雌はさえずらない．さえずりの学習に関する研究では，
鳥は孵化時に"大雑把なひな形"とよばれるものをもっ
ていることが示されている．このひな形の証拠は，鳥が
実験室で飼育され，聴覚の刺激が絶たれた場合，非常に
大雑把なさえずりしかできないという実験データで示さ
れている．この大雑把なさえずりは，種に固有のもので
ある．ムシクイという鳥の大雑把なさえずりは，スズメ
のそれと区別することができる．音響分光計を使えば，
その違いを正確に測定することができる．このような
データは，さえずりのひな形が遺伝によって受け継がれ
ていることの証拠となる．鳥のさえずりの次の段階への
発達はすべて後天的である（図6・38）．

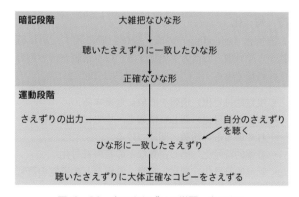

図6・38　鳥のさえずりの学習．鳥のさえ
ずりの大雑把なひな形は遺伝するが，成熟
した成鳥のさえずりの発達は学習される．

孵化後，記憶する段階がある．この段階では，鳥は沈
黙しているが，同種の成鳥のさえずりを聴いている．孵
化したての幼鳥は，遺伝によって受け継いだひな形を変
更しつつある．

聴いているうちに，自分のひな形を詳細にわたって成鳥のさえずりに合わせようとする．これは一種の暗記である．この暗記の段階は生後約100日で終わる．もし雄の鳥が100日以内に成鳥のさえずりを聴かなかった場合，自分が遺伝的に受け継いだひな形を修正することはない．この最初の100日間を感受期とよぶ．

第二段階は運動期で，幼鳥は聞いたさえずりを練習する．幼鳥は自分のさえずる声を聞き，成鳥（通常は父親）から聞いたさえずりに合わせて自分のさえずりをつくり始める．成鳥のさえずりを正確にさえずるためには，自分のさえずりを聞かなければならない．実験によると，100日間耳が聞こえなくなった鳥は，大雑把なひな形のさえずりだけをさえずるようになる．性的に成熟してくると，自分のさえずりが完成され，つがいになる相手を探し始める．

大雑把なひな形は生得的行動の良い例であり，一方，成鳥のさえずりは学習的行動が，動物が新しい技術を身につけるのにどれほど役立つかを示す例である．

6・5・8 記　　憶

あなたは生物学の試験を受けたとき，遺伝学についてどれくらい覚えていたか．たとえば，赤緑色覚異常のような伴性の形質に関する問題を解くことができたとしたら，あなたは関連した情報を学んで，それを記憶していたことになる．つまり，あなたは記憶（memory）に必要な符号化（記銘），保持（貯蔵），検索（想起）の過程を役立てていたことになる．

符　号　化

符号化（encoding）の際，脳は記憶に残すために感覚から受け取った情報を処理する．以下は脳が行う符号化の種類である．

- 視覚的符号化: 情報を心象に変換する．
- 精緻な符号化: 新しい情報を，すでに記憶に保存されている古い知識と関連づける．
- 音響的符号化: 話し言葉などの音の符号化．
- 感覚的符号化: 触覚，嗅覚，味覚などの感覚の符号化．
- 意味的符号化: 文脈の中で感覚入力を記憶すること．たとえば，赤橙黄緑青藍紫（せきとうおうりょくせいらんし）のような語呂合わせを用いて，光のスペクトルの色を順番に（赤，オレンジ，黄，緑，青，藍，紫）覚える記憶術．

保　　持

情報を保持（storage）する能力によって，獲得した知識を一定期間維持することができる．保持はニューロンの階層でなされる．ニューロンは互いにシナプスを形成し，分子の信号を使う．伝達される信号の数が増えると，シナプス接続の強さも増強する．これが，練習すれば完璧になる理由である．ある歌を何度も歌うと，ニューロン間の信号を繰返すことによって，その歌の記憶が良くなる．歌う練習を十分にすれば，その歌を完璧に歌えるようになる．このことから，教育や体験によって，新しい記憶がいかにつくられるかがわかる．

なにかを忘れてしまった場合，それはたいていシナプスの接続が減弱しているからである．今年の生物学の試験のために，伴性の形質に関する遺伝学の問題を勉強していても，少し復習をしないと来年は覚えていないかもしれない．

検　　索

検索（accessing）とは，保持されている記憶を取出すことである．記憶には，短期記憶（short-term memory）と長期記憶（long-term memory）の2種類がある．

- 短期記憶は，少量の情報を短期間，保持する．つまり，活発に考えていることを保持する．ここに保存されている情報は，順番に取出される．
- 長期記憶の情報は，長期間にわたって保持される．長期記憶は，脳の神経回路網の物理的な変化を伴う．繰返して使用することで，脳の回路が変化し，強化される．

記憶を検索する方法には，おもに認識と想起の二つがある．

- 認識（recognition，再認）とは，物理的な物体やできごとと，すでに経験したことのあるものとの関連性のことである．これは，現在の情報を記憶と比較することを含む．人ごみのなかで顔を見て，それがだれであるかを思い出せば，それは認識である．
- 想起（recall）とは，現在は存在しない事実，物体，またはできごとを思い出すことである．記憶を活発に再構築するには，記憶に関与するすべてのニューロンの活性化が必要である．これは認識よりもはるかに複雑である．認識は，単になにかが以前に遭遇したことがあるかどうかの判断を必要とするだけである．

多肢選択式問題は，限られた選択肢のなかで見たことのあるものを認識することができるので，論述試験よりも簡単である．論述試験の問題は，記憶からすべての情

報を思い出す必要があるため，より難しくなる．試験前の復習が有益である理由の一つは，"思い出す"ことによって長期記憶の記憶がひきだされ，それを短期記憶（または作業記憶）に戻すからである．最終的に，復習していることが長期記憶に再度保存され，記憶はより強固になる．

6・6 神経薬理学

本節のおもな内容

- 神経伝達物質には，シナプス後ニューロンで神経インパルスを興奮させるものものと，抑制するものがある．
- シナプス前ニューロンから受け取った興奮性と抑制性の神経伝達物質の総和の結果として，シナプス後ニューロンで神経インパルスが開始されたり抑制されたりする．
- 多くのさまざまな遅効性神経伝達物質は，脳内の即効性シナプス伝達を調節する．
- 記憶と学習は遅効性神経伝達物質によってひき起こされるニューロンの変化を伴う．
- 向精神薬は，シナプス後伝達を増加または減少させることで脳に影響を与える．
- 麻酔薬は感覚知覚の領域と中枢神経系の間の神経伝達を妨げることによって作用する．
- 覚醒剤はシナプスにおける刺激を模倣する．
- 依存症は遺伝的素因やドーパミン分泌などの影響を受ける．

6・6・1 興奮性および抑制性神経伝達物質

ニューロンはシナプスとよばれる空間を介して化学的に相互に連絡していることを前に学んだ（§6・1・5）．シナプス前ニューロンは電子メールを送信するように神経伝達物質を送り出し，メールが正しいアドレスに届くように，特異的なシナプス後ニューロンに届ける（図6・39）．神経伝達物質には，シナプス後ニューロンを興奮させるものと，抑制するものとがある．

興奮性神経伝達物質

アセチルコリンは興奮性神経伝達物質の一例である．興奮性神経伝達物質はシナプス後膜の陽イオンに対する透過性を高める．これにより，シナプス間隙にある陽イオンのナトリウムイオン（Na^+）がシナプス後ニューロン内に拡散する．シナプス後ニューロンは，Na^+ の流入によって局所的に脱分極し，活動電位が発生する．脱分極の間，ニューロンの内部は外部と比較して正味の正の電荷をもつようになる．Na^+ がニューロンの次の領域に拡散することで，次の領域が脱分極を起こす．このようにして，神経インパルスはニューロンに沿って，ある領域から次の領域へと，波のように運ばれる．

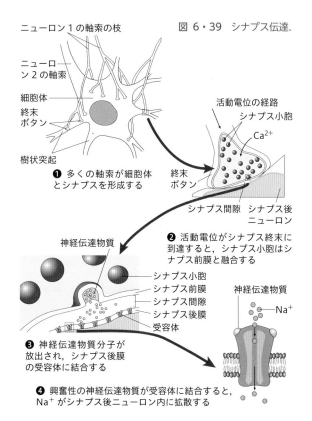

図 6・39 シナプス伝達.

ニューロン1の軸索の枝
ニューロン2の軸索
細胞体
終末ボタン
樹状突起
❶ 多くの軸索が細胞体とシナプスを形成する

活動電位の経路
シナプス小胞
Ca^{2+}
終末ボタン
シナプス間隙　シナプス後ニューロン
❷ 活動電位がシナプス終末に到達すると，シナプス小胞はシナプス前膜と融合する

神経伝達物質
シナプス小胞
シナプス前膜
シナプス間隙
シナプス後膜
受容体
❸ 神経伝達物質分子が放出され，シナプス後膜の受容体に結合する

神経伝達物質
Na^+
❹ 興奮性の神経伝達物質が受容体に結合すると，Na^+ がシナプス後ニューロン内に拡散する

抑制性神経伝達物質

γ-アミノ酪酸（γ-aminobutyric acid, **GABA**, 4-アミノ酪酸）は抑制性神経伝達物質の一例である．抑制性神経伝達物質はニューロンの過分極（ニューロンの内側の電位がより負になること）をひき起こし，活動電位の発生を抑制する．

抑制性神経伝達物質は，特異的受容体に結合する．これによって，負に荷電した塩化物イオン（Cl^-）がシナプス後膜を横切ってシナプス後ニューロン内に移動するか，正に荷電したカリウムイオン（K^+）がシナプス後

ニューロン外に移動する．この Cl^- のニューロン内への移動，またはニューロン外への K^+ の移動が，過分極をひき起こす．

加　重

　シナプス後ニューロンは，多くの興奮性刺激および抑制性刺激を受け取る．シナプス後ニューロンはそれらの刺激のシグナルを合算する．これをシグナルの**加重**（summation）とよび，加重が抑制性であれば神経インパルスはそこから先へ伝達されない．加重が興奮性であれば，神経インパルスはそこから先へ伝達される．これがシナプスにおける興奮性ニューロンと抑制性ニューロンの活動の間で起こる相互作用である．このように，中枢神経系はメッセージの加重によって決断を下す．

6・6・2　シナプス伝達の調節
即効性神経伝達物質と遅効性神経伝達物質

　神経伝達物質は受容体に結合する化学物質で，いわばニューロンへの“出入口”である．しかし，それはドアの内側に“入る”ことはない．神経伝達物質はシナプス後ニューロンに作用して，イオンに対するゲートを開かせる．イオンの流れは，脱分極（神経インパルスの継続）か過分極（神経インパルスの終了）のどちらかをひき起こす．

　脳内には2種類の神経伝達物質が見つかっている．

- 即効性神経伝達物質：受容体に結合してから1ミリ秒以内に標的細胞に作用する．
- 遅効性神経伝達物質：標的細胞に数百ミリ秒から1分で作用する．

　遅効性神経伝達物質はセカンドメッセンジャー分子に作用する．次に，セカンドメッセンジャー分子が標的細胞に直接作用する．この2段階のプロセスのために，より時間がかかる．

　シナプス伝達の図6・39を見ると，Na^+ がシナプス後膜のゲートを通って移動しているのがわかる．セカンドメッセンジャーを必要としないので，その速度は非常に速い．

　図6・40は脳内の即効性の伝達と遅効性の伝達を比較した図である．

　上図は，即効性の伝達で，一次伝達物質（神経伝達物質）がシナプスを横切って移動し，シナプス後ニューロンで一次受容体に結合することを示している．これにより，イオンチャネルのゲートが開く．

　下図は，遅効性の伝達で，イオンチャネルのゲートを開くためには，細胞内部のセカンドメッセンジャー分子

が必要である．それゆえ，伝達が遅いことに注意せよ．実際，細胞内部のセカンドメッセンジャーとセカンドメッセンジャーの受容体の間には多くの生化学的段階があるため，10〜30倍遅くなることがある．

　遅効性の神経伝達物質の例として，ドーパミン，セロトニン，アセチルコリンがある．

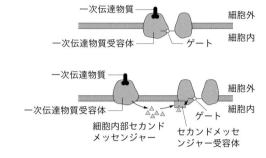

図6・40　シナプス後膜での即効性伝達（上）と遅効性伝達（下）

遅効性神経伝達物質が即効性神経伝達物質を調節する

　遅効性の神経伝達物質は，神経修飾物質とよばれることもある．これらは脳脊髄液中に放出され，脳内の即効性神経伝達物質を調節する．少なくとも100の化合物が遅効性神経伝達物質として分類される．これらの化合物は，二つの方法で即効性伝達を調節する．

- シナプス前ニューロンからの神経伝達物質の放出効率を調節する．
- シナプス後ニューロンの効率を調節する．

6・6・3　学習と記憶
学　習

　遅効性神経伝達物質が脳内の即効性神経伝達物質にどのように影響を与えるのかについて関心をもつ理由は，遅効性神経伝達物質は，学習や記憶の能力に影響を与えるからである．遅効性神経伝達物質のニューロンに対する作用によって，脳は“学習”と“記憶”の機能を果たすことができる．科学者たちは，あるニューロンでの特異的な分子活動を特定することによって，記憶と学習を細胞レベルで研究してきた．カンデル（Eric Kandel）は神経科学者で，モデル動物である，海生の巨大なカタツムリの仲間であるアメフラシについて，ニューロンの研究を行った．カンデルは，遅効性の神経伝達物質であるセロトニンをアメフラシに吹きかけると，次のようなことが起こることを発見した．

- セロトニンはシナプス前ニューロンに作用する．

- これにより，シナプス前ニューロンにカルシウムイオン（Ca^{2+}）が流入する．
- Ca^{2+} の増加は，セカンドメッセンジャーであるサイクリックアデノシン一リン酸（cAMP）の産生をひき起こす．
- cAMP は別の分子であるプロテインキナーゼ(PKA)を活性化する．
- PKA はシナプス前ニューロンからシナプスへの神経伝達物質の放出を促進する．
- それにより，鰓引っ込め反射がひき起こされる（図6・41）．

アメフラシの水管が1回刺激されると，鰓が引っ込む．2回目のごくわずかな刺激でも，同じように強く鰓を引っ込める．こうして，何らかの学習が行われる．4回または5回の刺激を与えると，記憶は数日続く．アメフラシは，水管が刺激されると，保護のために鰓を引っ込めることを学習する．

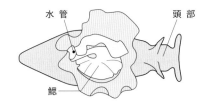

図 6・41　アメフラシ．アメフラシは，水管が刺激されると，鰓引っ込め反射を示す．

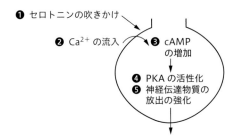

図 6・42　遅効性の神経伝達物質がシナプス前ニューロンに及ぼす影響．

動物の行動がニューロンの化学的活性に基づいているというのは驚きではないだろうか．上記の生化学的連鎖反応は，シナプス内の神経伝達物質を増加させ，短期記憶を強化する．アメフラシの例ではセカンドメッセンジャーである cAMP を利用する（図6・42）．

記　憶

カンデルと共同研究者らは，アメフラシの実験を続け，長期記憶と短期記憶がどのように異なるのかを発見した．長期記憶では，タンパク質の合成が必要である．タンパク質の合成には，ニューロンの核にある遺伝子の活性化が必要である．このタンパク質がシナプスの形と機能を変え，その結果として長期記憶をもたらす．

長期記憶を形成するためには，より強力で長期的な刺激が必要である．そのため，アメフラシにセロトニンを5回吹きかけて投与した．シナプスにおける追加のセロトニンの効果を理解するには，図6・43と，下に簡条書きにした要点とを一緒に参照のこと．

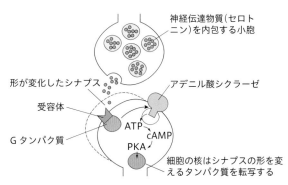

図 6・43　遅効性神経伝達物質のシナプス後ニューロンへの影響．

- 5回の遅効性神経伝達物質のセロトニンの投与はシナプスにおけるセロトニンの濃度を上昇させる．
- シナプスのセロトニンはシナプス後膜の受容体によって受け取られる．
- この受容体には G タンパク質が共役している．
- G タンパク質は活性化され，同じくシナプス後ニューロンの細胞膜に組込まれているアデニル酸シクラーゼという酵素を活性化する．
- 活性化されたアデニル酸シクラーゼは，細胞内にある ATP 分子の cAMP 分子への変換を促進する．
- これにより，高レベルの cAMP（セカンドメッセンジャー）が産生される．
- cAMP が PKA を活性化する．
- この信号は核に到達し，転写を活性化する．転写によって遺伝子は新しいタンパク質を合成する．
- タンパク質は核の外に出て，シナプスの形を変える．これは，新しいシナプス結合を含め，シナプス機能に長期的な変化をもたらす．

このように，シナプスでの追加のセロトニンによる遺伝子の活性化は，シナプスの形態や機能を変化させ，長期記憶をもたらす．

6・6・4　向精神薬の影響

　薬物が脳や人格にどのような影響を与えるかを十分に理解するためには，アセチルコリンとノルアドレナリンという二つの主要な神経伝達物質を理解しておく必要がある．

コリン作動性シナプスとアドレナリン作動性シナプス

　アセチルコリンはすべての運動ニューロンから放出され，骨格筋を活性化する．それはシナプスを横切って移動し，シナプス後膜を脱分極させる．しかし，それがシナプス内にとどまってしまうと，シナプス後膜はいつまでも発火し続ける．これを防ぐために，アセチルコリンエステラーゼという酵素がシナプス内のアセチルコリンを分解する．アセチルコリンは副交感神経に関与している．つまり，逃走ではなく休養をひき起こす．

　アセチルコリンを利用するシナプスはコリン作動性シナプスとよばれる．ニコチンはコリン作動性シナプスの伝達を刺激するので，身体や性格を落ち着かせる効果がある．ニコチン依存の人は，タバコが吸えないと非常に不安になる．

　ノルアドレナリン（noradrenaline）はシナプス後ニューロンを脱分極させ，交感神経系に関与している．つまり，闘争-逃走反応をひき起こす．ノルアドレナリンを利用するシナプスは，アドレナリン作動性シナプスとよばれる．コカインとアンフェタミンは，アドレナリン作動性シナプスを刺激し，覚醒，活力，多幸感の増大をひき起こす．

　表6・8はコリン作動性シナプスとアドレナリン作動性シナプスを比較したものである．

表6・8　コリン作動性およびアドレナリン作動性シナプス

	コリン作動性	アドレナリン作動性
神経伝達物質	アセチルコリン（Ach）	ノルアドレナリン（NA）
神経系	副交感神経	交感神経
気分への影響	気分を落ち着かせる	活力，覚醒，多幸感の増加
シナプスでの伝達を増加させる薬	ニコチン	コカインとアンフェタミン

薬物の脳への影響

　薬物は，気分や感情の状態を変えることができる．ニコチン，コカイン，アンフェタミンなどの興奮性薬物は神経伝達を増加させ，ベンゾジアゼピン，アルコール，テトラヒドロカンナビノール（THC）などの抑制性薬物は神経伝達を減少させる．薬物は異なるメカニズムで脳のシナプスに作用し，その結果，感情の状態が変化す

る．薬物は，以下の方法でシナプス伝達を変化させる（図6・44）．

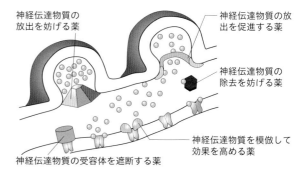

図6・44　シナプスにおける薬物の作用.

- 神経伝達物質の受容体を遮断する（薬物が神経伝達物質に似た構造をもっている場合）.
- シナプス前膜からの神経伝達物質の放出を妨げる.
- 神経伝達物質の放出を促進する.
- 神経伝達物質を模倣して神経伝達を高める（薬物が神経伝達物質と同じ化学構造をしている場合，同じ効果を発揮するが，分解されにくいため，シナプス内に長くとどまり効果が強くなる）.
- シナプスからの神経伝達物質の除去を妨げ，神経伝達物質の効果を延長させる.

向　精　神　薬

　向精神薬（psychoactive drug）は交感神経系による刺激を模倣している．この神経系については§6・2で学習した．交感神経系は“闘争-逃走反応”に関連し，興奮性である．

　ニコチンはタバコ製品に含まれ，アセチルコリンを模倣した向精神薬である．そのため，体と脳のコリン作動性シナプスに作用して鎮静効果をもたらす．アセチルコリンは受容体に受容されたのち，アセチルコリンエステラーゼによって分解されるが，この酵素は同じ受容体に結合するニコチン分子を分解することはできない．ニコチンはシナプス後ニューロンを興奮，発火させ，ドーパミンとよばれる分子を放出させる．ドーパミンは快感をもたらす，脳の“報酬”系回路の分子である．報酬系回路とは，快感効果を誘導し，活性化されると行動を強化する脳の機構である．

　コカインは，アドレナリン作動性のシナプスでの伝達を活性化し，覚醒と多幸感をひき起こす．また，ドーパミンの放出をひき起こす．コカインはシナプスからのドーパミンの除去を妨げるので，ドーパミンが蓄積する．そのため，シナプス後ニューロンの過剰刺激に至る．ドーパミンは報酬系回路にあるので多幸感に至る．

コカインはニコチンと同じように作用する．これらの薬物はどちらも依存症に至る可能性がある．

アンフェタミンは，アドレナリン作動性シナプスでの伝達を刺激し，活力と覚醒を増大させる．アンフェタミンは，ドーパミンとノルアドレナリンを有するニューロンに直接作用する．アンフェタミンは，シナプス前ニューロンの小胞に直接移動し，シナプス間隙に小胞の神経伝達物質の放出をひき起こす．通常，ドーパミンとノルアドレナリンはシナプス内の酵素によって分解されるが，アンフェタミンはこの分解を妨げる．このように，シナプスにおける高濃度のドーパミンが多幸感をひき起こし，高濃度のノルアドレナリンがアンフェタミンの覚醒作用と高い活力の効果の原因となっている．

鎮 静 薬

鎮静薬（sedative）は，神経系に作用して興奮を抑制する物質である．

ベンゾジアゼピンは不安感を軽減し，てんかん発作の予防にも用いられる．その効果は，おもな抑制性神経伝達物質である GABA（γ-アミノ酪酸）の活性を調節することである．GABA がシナプス後膜に結合すると，Cl⁻がニューロンに流入する．Cl⁻ がニューロンに流入すると，ニューロンは過分極化して発火しにくくなる．ベンゾジアゼピンは GABA の受容体への結合を増強させ，シナプス後ニューロンをさらに過分極させる（図6・45）．

図 6・45 シナプスにおけるベンゾジアゼピン系薬物の効果.

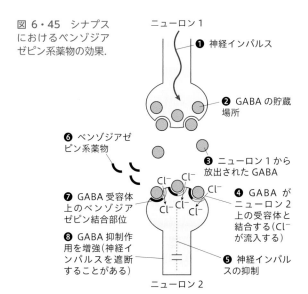

- ❶ 神経インパルス
- ニューロン 1
- ❷ GABA の貯蔵場所
- ❻ ベンゾジアゼピン系薬物
- ❸ ニューロン 1 から放出された GABA
- ❼ GABA 受容体上のベンゾジアゼピン結合部位
- ❹ GABA がニューロン 2 上の受容体と結合する（Cl⁻が流入する）
- ❽ GABA 抑制作用を増強（神経インパルスを遮断することがある）
- ❺ 神経インパルスの抑制
- ニューロン 2

アルコールは，シナプス後膜への GABA の結合を増加させ，ニューロンを過分極させるという点で，ベンゾジアゼピンと同様の作用をする．これがアルコールの鎮静効果を説明する．アルコールは興奮性神経伝達物質で

あるグルタミン酸の活性を低下させる．アルコールはまた，よく理解されていない過程によってドーパミンの放出を促進する．さらにアルコールは，シナプス間隙でドーパミンを分解する酵素の活性を阻害するようである．前述のようにドーパミンは報酬系回路で働く．

テトラヒドロカンナビノール（THC）は，大麻（マリファナ）のおもな精神活性化学物質である．THC は神経伝達物質のアナンダミドに似ている．THC はアナンダミドと同じ受容体（カンナビノイド受容体とよばれることもある）に結合する．THC は抑制性の神経伝達物質であり，シナプス後ニューロンを過分極させる．アナンダミドの役割は完全には理解されていないが，記憶機能に役割を果たしている可能性がある．大麻はヒトの短期記憶を障害する．アナンダミドは，記憶から不要な情報を排除することに関与している可能性がある．

6・6・5 THC とコカインの影響

大麻の使用者は，大麻を使うことによってくつろいだ心地良い気分になるという．なかには，頭がくらくらする感じや，もうろうとした感じがするという人もいる．THC は瞳孔を開き，色覚を強化することがある．他の感覚が強化されることもある．パニックや被害妄想を感じる人もいる．

シナプスでは，THC はカンナビノイド受容体に作用する．この受容体は，学習，短期記憶，問題解決，運動の協調といった精神活動や身体活動に影響を与える．

THC はアナンダミドに似ているので，アナンダミドが阻害するニューロンを阻害するが，おそらくシナプスには THC を分解する酵素はない．THC はシナプス内に長くとどまるため，その効果ははるかに大きくなる．

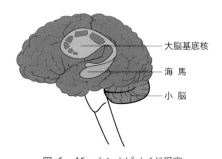

- 大脳基底核
- 海 馬
- 小 脳

図 6・46 カンナビノイド受容体が高濃度に存在する脳の領域.

カンナビノイド受容体は，海馬，小脳，大脳基底核に高濃度に存在する（図6・46）．海馬は短期記憶に重要であり，THC が海馬の受容体に結合すると，短期記憶を妨げる．また，THC は小脳と大脳基底核によって制御されている協調運動にも影響を与える．これも大麻使

用時の運動障害の原因の一つである.

　コカインの効果のいくつかは, 多幸感, 饒舌, 覚醒である. 一時的に食事や睡眠の必要性が減る傾向もある. コカインを大量に摂取すると, とっぴな暴力的行動をひき起こすことがある.

　コカインは神経伝達物質としてドーパミンを使うシナプスに影響を与える. コカインはシナプス前膜のドーパミン受容体に結合し, ドーパミンの再取込みを阻害し, シナプス間隙にドーパミンが残存するようにする. コカインは興奮性の神経伝達物質であり, シナプス後ニューロンを常に刺激する. シナプスに蓄積されたドーパミンは, 多幸感をひき起こす.

依存症の原因

　アルコール, タバコ, 向精神薬, そして一部の薬剤など, 多くの薬物や嗜好品が依存症につながる可能性がある. 精神疾患の症状を緩和するために薬物を服用する人や, 単に楽しみのために薬物を服用する人もいる. 体はしばしば耐性をもつようになり, 同じ効果を得るために, より多くの薬物を必要とする. 依存症とは, 薬物が脳を"再配線"し, 身体にとって必要不可欠な生化学物質になってしまった薬物に対する化学的依存のことである.

　多くの人は, 喫煙は単に悪い習慣だと思っている. 科学的な証拠は, 喫煙が脳を"再配線"することを示している. タバコ製品に含まれるニコチンは, アセチルコリンを模倣する. 簡単には分解されず, 報酬系回路のドーパミンの放出をひき起こす. タバコを吸う人は, ドーパミンの急上昇を強く欲している.

　ほとんどすべての一般的に乱用されている薬物の役割は, 脳にある報酬系回路を刺激するため, 薬物の離脱は多幸感とは逆の症状をひき起こす. 一般的な離脱症状は, 不安, 抑うつ, および薬物に対する強い要求である. アルコール依存症では, 離脱症状には, 発作や振戦せん妄(激しい震え)など, 時には致命的な場合がある. 依存症が続くとさらに害を及ぼす. 吸入した薬物は肺を損傷する可能性がある.

依存症の遺伝的素因

　依存症の遺伝的素因の証拠が, 双生児(twin)の研究で発見されている. 一卵性双生児は同じ遺伝子構成を共有しており, 二卵性双生児は平均して 50% の遺伝的類似性をもっている. 男性の双子の研究から, 遺伝的にドーパミン受容体が欠損していると依存症になりやすいという考えが支持された.

　ある研究で, 科学者は遺伝子操作されたアルコールを好むラットを正常なラットに対して比較した. アルコー

ルを好むラットは, そうでないラットよりもドーパミン受容体の発現が 20% 低かった. アルコールを好むラットは, エタノールと水を選択できる条件下で, 体重 1kg あたり 5g のエタノールを消費したが, アルコールの嗜好性がない正常なラットは体重 1kg あたり 1g 未満のエタノールを消費した.

ドーパミンの分泌

　ドーパミンは報酬系回路を活性化し, 快感や満足感を与える神経伝達物質で, コカインの使用によってシナプスに蓄積される.

　薬物依存症になると, ドーパミン受容体は常に刺激される. 過剰な刺激は受容体の数を減少させ, 残った受容体はドーパミンに対して感度が低下する. このプロセスは, 脱感作または耐性とよばれる. 耐性が起こると, 薬物によって, 以前より低い程度の反応しかひき起こされなくなる. 普通の幸福感さえ, それを得るためには, より多くの薬物が必要となる. この神経適応性の変化が, おそらく依存症をひき起こすのに重要である.

　最近, ノックアウトマウス(コカイン依存症にした遺伝子操作マウス)を研究している科学者たちは, ドーパミンと同等かそれ以上に重要な神経伝達物質, グルタミン酸を発見した(図6・47). グルタミン酸はコカインを求めるようになる学習や記憶を"監督"しているのかもしれない. さらなる実験によって, この仮説が明らかにされるだろう.

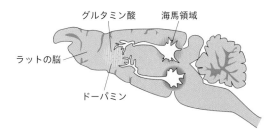

図 6・47　依存症におけるグルタミン酸の役割. 海馬(グルタミン酸が豊富な領域)の神経細胞を刺激すると, ラットがコカインを探し求めるようになる.

6・6・6　麻 酔 薬

　麻酔薬(anesthetics)は, ほとんどの人, つまり子供にさえ使用されている非常に有用な薬である. 歯の詰め物をしてもらうために歯医者に行くと, 中枢神経系の痛覚中枢に伝達される痛覚の受容体を遮断する分子が発見されたことをうれしく思う.

　痛覚の受容体からのメッセージが中枢神経系に到達すると, 痛みを感じる. 幸いなことに, プロカインが使え

る．プロカインは局所麻酔薬で，痛覚の中枢への神経伝達を遮断する．シナプス伝達（図6・39参照）で，Na^+ がシナプス後ニューロンに拡散すると，メッセージは神経に沿って運ばれる．この場合，痛みの神経インパルスは中枢神経系の痛覚の中枢に伝えられる．しかし，プロカインのような局所麻酔薬は，Na^+ が移動するイオンチャネルを遮断する．そのため，痛みのシグナルは中枢神経系に伝達されない．局所麻酔薬は局所的な痛みに対して薬剤誘発性の無感覚を生じさせる．

　一方，全身麻酔薬は通常，揮発性化合物であり，吸入されるため全身に影響を及ぼす．その結果，痛みに対する全般的な無感覚が生じる．正常な心拍数と血圧は維持されるが，可逆的な意識喪失が起こる．全身麻酔薬は通常外科手術に使用され，手術中，患者は完全に意識を失い，痛みを意識することがない．

　全身麻酔薬がどのように作用するかは正確にはわかっていないが，最近の研究では次のように中枢神経系に作用することがわかっている．

- イオンチャネルの機能を何らかの方法で変更することによって作用する．
- またはイオンチャネルに直接結合することによって作用する．

どちらの作用も痛みのシグナルが中枢神経系に伝達されることを防ぐ．

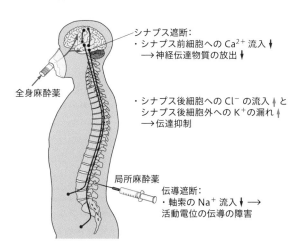

図 6・48　麻酔薬による手術に対する生理的反応の抑制.

図6・48に麻酔薬の作用機序と考えられるものを示す．全身麻酔薬は，多くのニューロン間の正常な伝達を一定期間遮断するように，ニューロンを変化させる．麻酔薬は，イオンチャネルを変更することによってこれをもたらし，あらゆる種類の感覚が脳に到達するのを一時的に遮断する．

6・6・7　エンドルフィン

　エンドルフィン（endorphin）はアヘン依存症を研究していた科学者によって最初に発見された．彼らは脳細胞でアヘン，モルヒネ，ヘロインの受容体を発見した．植物のケシがつくる分子の受容体を脳細胞がもっているというのは奇妙に思えるかもしれない．科学者は，モルヒネとヘロインがエンドルフィンに似ているために，脳の受容体に結合することを発見した．今日では，エンドルフィンは以下のような性質をもち，痛みを和らげる特性をもつ中枢神経伝達物質であることがわかっている．

- ストレス，傷害，運動中に脳下垂体から放出される．
- アヘン剤受容体に結合する小さなペプチドである．
- 痛覚に関与する神経インパルスの伝導を遮断する．
- 痛覚に関与するニューロンの膜の受容体に結合し，神経伝達物質の放出を遮断する．

練習問題

18. シナプス後ニューロンの機能について要約せよ．
19. 遅効性神経伝達物質が即効性神経伝達物質を調節する二つの方法について説明せよ．
20. 麻酔薬の意識への影響を概説せよ．

6・7　動物行動学

本節のおもな内容

- 動物行動学とは自然状態での動物の行動を研究する学問である．
- 自然選択は観察された動物の行動の頻度を変えることがある．
- 生存と繁殖の可能性を高める行動は，集団の中でより一般的になる．
- 学習的行動は，生得的行動よりも急速に集団内で広まったり，失われたりすることがある．

6・7・1　動物行動学と心理学

　動物行動学（ethology）とは，自然状態での動物の行動を研究する学問である．それゆえに，動物行動学者は一般的に"現場で"活動し，研究対象が観察活動の影響を可能な限り受けないようにして，その行動を観察する．一方，**心理学**（psychology）の研究者は，動物の外部環境を注意深く制御する実験室での研究手法を採用している．パブロフが行った条件づけの実験と，鐘に反応して唾液を出すように条件づけされたイヌを覚えているだろう．パブロフは心理学者だった．チンパンジーの

自然環境での行動を観察したことで有名なグドール（Jane Goodall）は動物行動学者である．動物の行動を研究する二つの研究手法の違いは，次の一文"心理学者は動物を箱の中に入れて外から見ているが，動物行動学者は自分自身を箱の中に入れて外の動物を見ている"にまとめられる．

6・7・2　学習的行動と生得的行動

　§6・5で学んだように，学習的行動は遺伝学的にプログラムされたものではない．学習的行動とは，知識や技能を得る過程である．技能は練習によって向上させることができる．知識は実行によって評価できる．学習的行動は環境的背景に依存する．環境的背景がなくなると，技能は時間と共に消滅する可能性がある．一方，生得的行動は遺伝学的にプログラムされている．それは羽毛や毛の色と同じくらい動物に深く根づいている．生得的な行動はDNAに暗号化されており，遺伝学的な変化によってのみ変えることができ，そのような変化は何世代をも経てなされる．

6・7・3　行動と自然選択

　動物の行動は単なる単一の反射ではない．それは，動物が生活している環境に対する複雑な反応の連続である．まさしく，どの動物が生き残り，どの動物が生き残れないかは，その環境や，その環境と動物の特徴の適合性によって決まる．動物の行動を研究している科学者は，ある種の動物の個体群が行動の頻度を変えていることを観察してきた．たとえば，鳥類にはより早く渡るものがいたり，サケには成熟が早いものがいたり，鳥類にはより極端な求愛行動の様式を示すものがいたりする．これらの行動の変化が極端になると，ついにはヨーロッパのズグロムシクイに起こったように新種が形成されることもある（以下参照）．注意深い観察を通して，動物行動学者は生存と繁殖の可能性を高める**自然選択**（natural selection）が，遺伝学的にひき起こされた行動に基づいて起こってきたことを示すデータを収集してきた．すなわち，自然選択によって，遺伝学的にひき起こされた行動が集団の中でより多くみられるようになった．

6・7・4　ズグロムシクイの渡り

　ズグロムシクイ（*Sylvia atricapilla*）とよばれる鳥の興味深い事例を考えてみよう．この鳥は，通常，スペインとドイツの間を渡る小型のムシクイで，春と夏にドイツで繁殖し，冬はスペインで過ごす（図6・49）．約50年前，鳥類学者（バードウォッチャー）は，ズグロムシクイに，スペインではなく英国に行って冬を越すも

のがいることに気づき，ズグロムシクイの行動を研究し始めた．鳥類学者らは，英国のズグロムシクイがスペインのズグロムシクイよりも10日早くドイツに帰ることに気づいた．また，ドイツに到着するのが早ければ早いほど，鳥たちはより多くの縄張りの選択ができ，より多くの卵を産むことに気がついた．このように，英国のズグロムシクイはスペインのズグロムシクイよりも明らかな強みをもっていた．

図6・49　ズグロムシクイの渡り．この地図は，ズグロムシクイの二つの異なる渡りのルートを示している．

　この行動に遺伝学的な基盤があるかどうかを究明するために，鳥類学者のバートホールド（Peter Berthold）は一連の実験を行った．前年の冬に英国にいた親鳥から一部の卵を採取し，前年の冬にスペインにいた親鳥から一部の卵を採取した．幼鳥は科学者によって飼育され，その後の渡りの方角が記録された．どの方角に飛ぶべきかを若い鳥に教える親はまわりにいなかった．研究で検討したすべての鳥は，親がしたのと同じ方向に渡る傾向があった．これは，ズグロムシクイは一定の方向に飛ぶように遺伝学的にプログラムされているという仮説を支持するものである．

　別の実験では，バートホールドは両方のグループの鳥を異種交配させた．何が起きたか予想できるだろうか．子孫の鳥はそれぞれの親の中間の経路をたどった．これは，渡る方向が遺伝学的に決められているという仮説をさらに多くのデータで裏付けた．

　ズグロムシクイが英国に行くようになったそもそもの理由は何だったのだろうか．突然変異によって渡る方角が変わった可能性はあるのだろうか．通常，突然変異はよく適応している生物には有益ではない．しかし，この場合は，人間がその結末に一役買ったのかもしれない．

何羽かの鳥がスペインではなく英国に渡った際，冬の鳥のための餌箱が英国の多くの庭にあるのを見つけた．間違った場所に行くと命に関わることが多いなか，英国の鳥の愛好家の行動が，英国のズグロムシクイを成功に導いた環境要因だったのかもしれない．

もう一人の科学者，ドイツフライベルク大学のロルシャウアー（Gregor Rolshauer）は，ズグロムシクイは現在，繁殖の時期によって二つの個体群に分かれていることを明らかにした．英国のズグロムシクイはスペインのズグロムシクイよりも10日早くドイツに到着し，スペインのズグロムシクイが到着する前にすでに繁殖している．二つの個体群は身体的にも違いが出てきている．たとえば，英国のズグロムシクイはくちばしが鋭く長いので，冬の庭の餌箱から種を食べるのに適している．スペインのズグロムシクイは，スペインの自然の恵みの果物を食べるために，短くて強いくちばしをもっている．これらの違いは，わずか30世代の間に生じた．これは，行動の遺伝学的基盤と，自然選択による行動変化の優れた例である．

6・7・5　チスイコウモリにおける血の分けあい

夕方になると，チスイコウモリはあたりを飛びまわり，恒温動物の獲物を探し，数時間後にはねぐらに戻り，子供を養い，巣の仲間とふれあう．最近の研究によると，雌のチスイコウモリは定期的に馴染みの仲間のコウモリに血液を吐き戻して与える．互いに血液を分けあうことは，大幅に生存の可能性を増加させる．

なぜ仲間の生存を助けることが自分の生存に役立つのだろうか．その疑問に答えるために，フロリダ大学でチスイコウモリの研究が行われた．それによると，チスイコウモリは2晩連続で食べ物がないと死んでしまう．食料を見つけるのは難しいため，毎晩，一つの群れの30％は，食料を見つけることができない．幸いなことに，食料を見つけられなかったコウモリは利他的なコウモリから吐き戻された食料をもらっている．

食べ物の分かちあいは利他的であるようにみえる．**利他的行動**（altruistic behavior）とは，自分を犠牲にして他の個体に利益をもたらす行動である．提供者のチスイコウモリが享受者のチスイコウモリに食料を与えると，享受者のコウモリの生存の可能性が高くなる．この行動は提供者の生存率を直接高めるのではないように思われる．多くの場合，利他的行為は，実際には親族の選択であり，いいかえれば親族を助けることは，実際には提供者自身の遺伝子が集団の中で存続するのに役に立っている．しかし，たとえばチスイコウモリの巣の仲間の多くは親族ではないという証拠がある．そのため，これ

を"互恵的利他行動"という．対等な立場にある個体が互いに資源を分けあうと，両者にとって有利になる．ある研究によると，チスイコウモリは少し前に食料を分けあったことのある仲間と食料を分けあう傾向が強い．親しい仲間に血液を吐き戻して与えるのは，自然選択によって発達した利他的な行動のようだ．この場合の選択要因は，親しい仲間と血液を共有する者は，繁殖のために生き残る者であるということである．したがって，この行動を支配する遺伝子は，集団内で継承され続ける．

6・7・6　ヨーロッパミドリガニにおける採餌行動

イガイ（ムール貝）を捕食するヨーロッパミドリガニ（浜ガニ）の観察によって，カニは大型のイガイではなく，中型を選んで捕食していることがわかった．なぜこのような餌の選択をするのだろうか．カニがイガイを捕食対象に選ぶとき，カニは恩恵と損失を比較して判断しなければならない．食物エネルギーの収量が最優先されると思うかもしれない．しかし，現在，カニを研究している科学者は，新しい仮説を立てている．大きなイガイを得て，砕いて食べることでより多くの食料を得ることができるが，小さくて砕きやすいイガイを選ぶことで，カニの爪の磨耗を防ぐことができるという証拠が集められている．

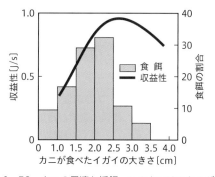

図 6・50　カニの最適な採餌．このカニはエネルギーの収益性が最も高い中型のイガイを好む．エネルギーの収益性とは，殻を割る際に使用される1秒あたりのエネルギー（単位はジュール，J）のことである．

交尾期になると，カニは特定の場所に集まってくる．ここでは雄のカニが雌を激しく奪いあう．損傷を受けていない大型の雄は，他の雄に比べて，雌と交尾する可能性が高くなる．つまり，イガイを食べて短期的にエネルギーを得ることよりも，爪を損傷する危険性の方が繁殖の成功のためには重要なのである（図6・50）．

6・7・7　ギンザケの繁殖戦略

遺伝子を受け継ぐには，いくつかの戦略が存在するだ

ろう. ギンザケ（コーホーサーモン）が使う戦略には, 色鮮やかでどう猛な大型の“わし鼻”の雄と, 小さくて迷彩色のコソコソした“ジャック”の雄の両方が関わる. どちらの戦略が優れているのだろうか. 行動生態学者はもともと, 大柄で筋肉質な“わし鼻”の雄が優れていると当然のように考えていた. しかし, さらなる研究によって, そうではなく, 小さくてコソコソした“ジャック”の方がより成功している可能性があることがわかった. “ジャック”は幼魚のころからより小さく, 川の浅瀬で成長する. 浅瀬には豊富な餌がある. そのため, “ジャック”は早く成長し, 早く海に向かうことができる. “ジャック”は“わし鼻”よりも少なくとも1年早く雌と一緒に産卵に戻る. よって, 多くの世代が経過すると, “ジャック”と交配した雌はより多くの子孫を産み出すことができることになる. 雌は, 雄の成熟時間が短くなるような形質を遺伝することができる.

　静かな戦略も功を奏しているようだ. 観察の結果, “わし鼻”が互いに争っている間に, “ジャック”は雌にこっそりと忍び寄ることが明らかになった. “ジャック”は“わし鼻”のように明るい色をしていないので, あまり目立たない. 雌と交尾している“ジャック”もまた攻撃的ではない. これにより産卵時間が長くなり, 雌がより多くの卵を産むようだ. ある観察では, “ジャック”の75% が雌と交尾したのに対し, “わし鼻”は58% しか交尾していなかった. どちらの戦略も有効だが, 二つの戦略をもつことで個体群の遺伝学的多様性が大きくなる.

6・7・8　ゴクラクチョウの求愛行動

　種の生存と繁殖には, 伴侶の選択が重要である. ゴクラクチョウ（フウチョウ）の多くの種は, 豊富な食糧と哺乳類の捕食者がいない場所のニューギニア島で進化してきた. 鳥類のこのグループは, **性選択**（sexual selection）の最も顕著な鳥類の例の一つである.

　ゴクラクチョウの雌は雄に比べて色や羽毛が少ない. 雄は雌の前で自慢げに見せびらかすために, 極端な色や羽毛, 派手な行動を見せる. 雄の羽毛の状態と色の質は, 自身が健康で, 健康な子孫をもたらすかどうかを雌に伝える. ほとんどの雄は豪華に美しく, 体を膨らませたり, 羽をスカートのように見せたり, めまいのするような円を描いて踊ったりと奇抜な行動を見せる.

　ほぼすべてのゴクラクチョウは, 動きと求愛誇示によってつがいの相手に求愛する. ゴクラクチョウは約40種あり, すべてが異なる求愛誇示と外観をもっている. 雄のワキジロカンザシフウチョウ（*Carola parotia*）は, 左脇腹の羽がスカートのようになるダンスをする.

雄の青いゴクラクチョウ, アオフウチョウ（*Paradisaea rudolphi*）は, 枝に逆さにぶら下がって青い羽を広げる. ある種で特定のダンスが一般的になるのは, その種の雌の好意的な反応に基づいて, その求愛誇示が時間をかけて進化してきたからである.

　これらの魅力的な特徴のすべては遺伝学的に決定されている. これらの形質は雄の子孫に受け継がれ, 何世代にもわたってその種のなかでより顕著になっていく. これが性選択である. 雌は, 最も精力的で体力のある雄を探す. 求愛ダンスは, この精力と体力を雌に証明する. 交尾相手を決めるのは雌なので, 雌の行動が雄の進化の仕方を決める.

6・7・9　ライオンの同期発情

　タンザニアのセレンゲティ国立公園の15のライオンの群れを調査したところ, 雌のライオンの群れが新しい雄にひき継がれると, 雌の生殖状態が同期することが明らかになった. 新しい雄が群れに引っ越してくると, その雄はすべての子ライオンを殺すか, 追い出す. 子ライオンを失うと, すべての雌は2週間以内に発情期に入る. これは, 子ライオンの損失に対する生得的で, 同期した反応である. 発情期は性的に受容可能な期間で, 雌は発情期に入るとにおいを発する. そして, 雌が交尾する準備が整うまで, 雄は雌のまわりに付いて回る.

　しかし, このような**同期発情**（synchronized estrus）は, 群れ（雌）にとってどのような利点があるのだろうか. 雌の遺伝子が次の世代へと受け継がれていくのに役立つのだろうか. 群れにいる雌は皆, おば, 姪, 姉妹などのように親類関係にあるのが普通である. 雌ライオンは, 主要なハンターであり, グループで狩りをする. 雌はグループの子ライオンの世話をする. すべての雌ライオンは, すべての子ライオンに授乳し, すべての子ライオンを保護する. 子ライオンは共同体の中で育まれる. つまり, 1匹の雌ライオンが死んだ場合, 別の雌が, 死んだ雌の子を育てる. いいかえれば, 群れのすべての雌は, 共通の遺伝子を守っているということである.

　子ライオンの生活は危険である. 群れの乗っ取りによる子ライオンの殺害はよくあり, 子ライオンはハイエナなどの捕食者の攻撃も受けやすい. 群れのすべての子ライオンにとって, 雌の発情期の同期の結果として, ほぼ同じ年齢になることは有益なのだろうか. 群れ中の子ライオンが, すべて異なる年齢である場合, 大きさのばらつきがあることによって, 幼い子ライオンがいじめられたり, 年長の子ライオンによって傷つけられたりする可能性がある. 子ライオンの年齢が異なっていたり, 幼すぎて放っておけない子ライオンがいたりすると, 雌が狩

りやパトロールをするのがより難しくなる．研究による
と，複数の子ライオンが同時に出産した場合，子ライ
オンの生存率が高くなるという明確な利点がある．子ライ
オンが性的成熟期まで生き残った場合，子ライオンの遺
伝子は，次世代のライオンの集団で継承される可能性が
高くなる．発情周期の同期というこの生得的行動は，子
孫の生存と繁殖の可能性を高め，その結果，雄と雌の両
方の遺伝子を次世代に伝えているのである．

6・7・10　アオガラと学習

　動物は技術を覚えることができても忘れてしまうのだ
ろうか．そのように思われる．英国のアオガラの話は，
この学習と忘却の過程について，いくつかの手がかりを
与えてくれる．20世紀初頭の英国では，牛乳が瓶に
入って玄関先に届けられるのが一般的で，牛乳の上には
クリームの層ができていた（当時はクリームと牛乳を分
離しないように混ぜあわせるホモジナイズは一般的では
なかった）．アオガラは，瓶が家に取入れられる前に，
瓶の上からクリームを吸っていた（図6・51）．ヨーロッ
パコマドリという別の鳥もこのようなことをしていた．

　乳製品販売会社が瓶の上部をアルミで覆うようになっ

図 6・51　牛乳瓶のふたを開けるアオガラ．牛乳瓶
の銀箔の上部をつついて，その下の牛乳にたどり着こ
うとするアオガラの姿は，イギリスではありふれた光
景だったが，今ではほとんど見られなくなった．で
は，この現象はどのようにして起こったのか，そして
なぜ今では見られなくなってしまったのだろうか．

てからは，アオガラは瓶の蓋を外してクリームを吸うよ
うになったが，ヨーロッパコマドリはできなかった．少
数のヨーロッパコマドリは蓋を外すことができたが，個
体群では一般的な行動にはならなかった．しかし，英国
全土のアオガラの個体群ではほぼ普遍的な行動となっ
た．科学者たちは，この学習的行動がどのようにして広
まっていったのかに興味をもつようになった．

　収集されたデータによると，アオガラは通常，昆虫を
探すために木の皮をむく．これは，アオガラが牛乳瓶の
蓋を剝がすのに使った技術に似ている．ヨーロッパコマ
ドリはどうだろうか．ヨーロッパコマドリは群れをなさ
ない鳥で，アオガラは群れをなす鳥のようである．群れ
のなかで社会的に学習が広まったというのが答えの一端
なのだろうか．カナダとオーストリアの研究者たちは，
アオガラの学習をテストし，その学習が社会的なもので
あるかどうかを調べるための実験を準備した．いずれの
実験も，アオガラの開栓は，一部のアオガラによる発明
と，社会的な交流によって広まった学習の組合わせであ
るという見解を支持した．

　最近では，かつてはアオガラにとって役に立ったこの
学習が，今では失われてしまったことを示す多くの研究
がある．何が変わったのだろうか．次に示すような変化
のために行動が抑制されてしまったようだ．

- 牛乳の種類（全乳が均質化され，分離したクリーム
  が上にたまることがなくなった）
- 入れ物の種類（プラスチックの蓋は，取外すのが難
  しい）
- 配達方法（今ではほとんどの人が牛乳を配達しても
  らうのではなく，店で買うようになった）

　これは，一部の鳥が学習的行動を発達させ，その後，
条件が変わったときに，その行動が失われたという好例
のようである．

練 習 問 題

21. 観察される動物の行動の頻度を自然選択がどのよ
　　うに変化させるかを説明せよ．

章 末 問 題

1. 神経系におけるシナプス伝達の原理について述べよ．
　　　　　　　　　　　　　　　　　　　（計6点）
2. 多くの脊椎動物種では，生殖を成功させるために，一
　　方または両方の性の個体が交尾相手のなかからいくつか

の特徴を選択している．性フェロモンは，同じ種の個体
間の化学的伝達に役立つ化学物質である．レッドガー
ターヘビ（*Thamnophis sirtalis*）の雄は，体の大きい雌
に求愛行動を示す．研究者らは，雄はフェロモンとして

作用する皮膚の脂質の組成によって，大きさの異なる雌を区別するという仮説を検証した．

皮膚の脂質のサンプルを，小型の雌（体長 46.2±2.7 cm）と大型の雌（体長 63±2.6 cm）から採取し，ガスクロマトグラフィーで分析して飽和および不飽和脂質の相対濃度を明らかにした．グラフは，異なる脂質がガスクロマトグラフィーのカラムによって分離された時間を示している．陰影のあるピークは飽和脂質を，陰影のないピークは不飽和脂質を表している．

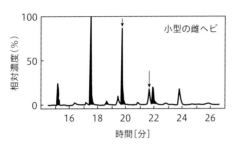

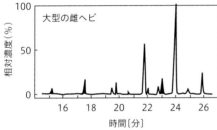

(a) 大型の雌のグラフにおいて，26 分のピークに対応する不飽和脂質の相対的濃度を述べよ．（1点）

(b) 小型の雌のグラフにおいて，矢印で示した不飽和脂質と飽和脂質について飽和脂質に対する不飽和脂質の比率を計算せよ．（1点）

(c) 大型の雌のフェロモンのグラフと小型の雌のフェロモンのグラフを比較せよ．（2点）

(d)（ⅰ）レッドガーターヘビの雄が大きい雌と小さい雌のヘビを区別できるという仮説を検証するための実験を提案せよ．（2点）

（ⅱ）雄のヘビが，より大きな雌を選ぶ利点について考えを述べよ．（1点）

（計7点）

3. 副交感神経と交感神経の役割を比較して説明せよ．

（計4点）

4. 西洋ミツバチ（*Apis millifera*）は，最初の 24 日間の間に一連の仕事の専門分野を経験する．下図は，1 匹の働きバチの生活における，最初の 24 日間の記録である．特定の日の，特定の活動の棒の高さは，その日の全活動に対するその活動に費やした時間の割合を示している．

(a)（ⅰ）1 日目に清掃に費やした時間の割合を求めよ．（1点）

（ⅱ）24 日目に巡回に費やした時間に対する採餌に費や

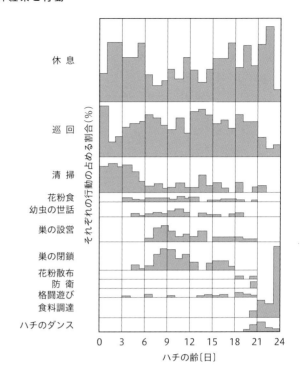

した時間の比率を計算せよ．（1点）

(b) 24 日間の間でハチの最も一般的な活動を二つあげよ．（1点）

(c) 休息と巡回以外の，24 日間のハチの活動の変化を述べよ．（3点）

(d) 巡回が社会的行動である理由について考えを述べよ．（1点）

（計7点）

5. パブロフのイヌの条件づけの実験の概要を述べよ．

（計3点）

6. (a) 下のヒトの眼の図において，図示された部位の名称を述べよ．（2点）

(b) 副交感神経の作用を一つ述べよ．（1点）

（計3点）

7. ミツバチの行動はしばしばにおいへの反応であることを示唆する証拠がある．科学者たちは，誘引性のにおいの発生源から 200 cm 離れた場所にハチを放した．実験群のハチは以前にそのにおいにさらされたことがあり，対照群はさらされたことがなかった．においの発生源に向かって指向性飛行するハチの割合と，においの発生源

を旋回するハチの割合を評価した.

![bar chart]

(a) 対照群と実験群において，指向性飛行するハチの増加率を計算せよ.（1点）
(b) 以前ににおいにさらされたことがハチの飛翔に及ぼす影響を記述せよ.（2点）
(c) 実験群が示す行動の種類を概説せよ.（1点）
(d) この研究からミツバチの生存について推測できるこ

とは何か.（3点）

（計7点）

8.（a）下の網膜の図において，図示された細胞の名称を述べよ.（2点）
　（b）光の通る方向を矢印で図に示せ.（1点）
　（c）桿体細胞と錐体細胞の機能を比較して述べよ.（3点）

（計6点）

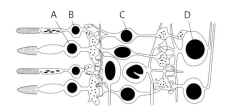

7 | ヒトの発生と進化

本章の基本事項

- 対立遺伝子は減数分裂時に分離し，配偶子の融合によって新たな遺伝子の組合わせを生じる.
- 有性生殖では一倍体の配偶子の形成と融合が起こる.
- 遺伝子プールは時間と共に変化する.

　ヒトを含めて多くの動物は，2個の配偶子の融合によって形成される. その結果生じる子が，固有の形質をもつようになるのはどのようなしくみによるのだろうか. その秘密の一端は，減数分裂の過程で，対立遺伝子がランダムに分配されること，染色体の乗換えによって父親の遺伝子と母親の遺伝子が混在するようになること，などの遺伝的多様性を生じるメカニズムが存在することにある. こうして生じる個体群全体の遺伝的多様性は，世代を経るに従って変化し，最終的には新しい種の分化へと導く.

　本章では，"遺伝的多様性"をキーワードとして，ヒトの発生と進化の遺伝的側面を学ぶ.

7・1　減数分裂と遺伝的多様性

本節のおもな内容

- 一つの二倍体の核は減数分裂により四つの一倍体の核をつくる.
- 染色体数の半減と配偶子の融合は，有性生殖による生活環を可能にする.
- DNAは減数分裂の前に複製され，すべての染色体は二つの姉妹染色分体から構成される.
- 減数分裂の初期に，相同染色体の対合，乗換え，凝縮が起こる.
- 分離以前の相同染色体対はランダムに定向する.
- 減数第一分裂での相同染色体対の分離は染色体数を半減させる.
- 染色体の乗換えとランダムな分配は遺伝的多様性を促進する.
- 異なる染色体をもつ両親からの配偶子の融合は遺伝的多様性を促進する.

7・1・1　減数分裂の意義

四つの一倍体核の形成

　ヒトの体の大多数の細胞はそれぞれ46本の染色体を含む. それに対し，配偶子（gamete，精子や卵子）は46本の染色体をもつことはありえない. もしもっていたら，精子と卵子が受精時に融合してつくられる子の細胞は全部で92本の染色体をもち，すべての新しい世代で染色体数は倍加し，大量の染色体をもつことになるからである. 多すぎる染色体数の蓄積の問題を回避するために，ヒトや他の動物は染色体数が半分の核をもつ卵子（ovum，複数形ova）や精子（sperm）を産生する. これにより，精子や卵子の核は染色体のすべてではなく，各染色体対（ペア）から一つずつの23本の染色体しか含まない（一倍体）. そのような半数の染色体しかもたない特別な細胞をつくるために，特別な細胞分裂様式が必要になる. それが減数分裂（meiosis）である. 減数分裂の結果，一倍体核をもつ四つの細胞が生じる.

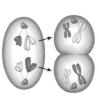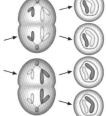

各染色体は同一のコピーをつくり，コピーは互いに接触したまま，並列する. 各コピーは同じ遺伝子を含んでいる.

細胞が二つに分裂する. 各対の一つの染色体はそれぞれの新しい細胞に分配される（これは，新しい細胞には染色体の対がないことを意味する）.

新しい細胞が再度分裂する. 各染色体は二つに分かれる. それぞれの半分が新しい細胞に分配される. 結果として4個の一倍体細胞ができ，これらが配偶子になる.

図7・1　減数分裂時の染色体数の半減. 減数分裂の各段階の詳細は本章で後述する.

染色体数の半減

　体細胞分裂では23対からなる46染色体を含む二倍体（$2n$）の核をつくるのに対し，減数分裂はそれぞれの対の片方だけからなる23染色体を含む一倍体（n）の核を形成する. 図7・1では左端の1個の細胞から右端の4個の細胞が産生されることに注目してほしい. またこの例では，染色体は2対としているので，染色体数は最初の親細胞では4（$2n=4$）である. それに対し，

最終的な染色体数は，親細胞の各対から1個ずつの染色体が配分されるので，染色体数は2（$n=2$）である．減数分裂によって，精巣や卵巣ではそれぞれ一倍体の精子や卵子を形成することで，受精時には受精卵は母親から半分，父親から半分の23＋23＝46本の染色体を受け取る．これが，染色体数が変化していく問題を防ぐ方法である．有性生殖の結果，46本のヒトの染色体数は維持される（図7・2）．

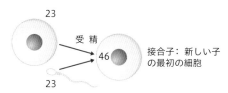

図 7・2　有性生殖における染色体数の維持.

受精
23
46
23
接合子：新しい子の最初の細胞

7・1・2　減数分裂の過程
DNA は減数分裂の前に複製される

　DNA は減数分裂開始前に複製され，完全なコピーがつくられる．その結果，一つの染色体は二つの**姉妹染色分体**（sister chromatid）が横並びになり，**セントロメア**（centromere）において結合する構造をとる．

　そのため，この時期の染色体はXやHの形で表される（図7・3）．

　実際は，染色体が細胞分裂のために準備を始める前は，染色体はすべてほどけており，核の中では見えなくなっている．そのため，顕微鏡下で細胞を見ても，いつも染色体が観察されるわけではない．染色体の凝集は細胞分裂の準備をしている早い段階でのみ起こるため，染色体が観察されるのはこの時期である．

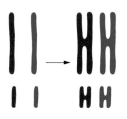

図 7・3　染色体の複製. 染色体対が複製される. 間期に複製されたあと, 染色体の二つの完全なコピーがセントロメアでつながっている.

減数分裂の過程

　減数分裂は，減数第一分裂（減数分裂 I）と減数第二分裂（減数分裂 II）とからなり，それぞれはさらに前期，中期，後期，終期に分けられる．

減数第一分裂（図7・4）前期:
1. DNA が凝集して染色体が観察できる.
2. **相同染色体**（homologous chromosome，片方は

父親由来，他方は母親由来）が対をつくる（対合）.
3. 乗換えが起こる.
4. 微小管からなる**紡錘糸**（spindle fiber）を形成する.

減数第一分裂中期:
1. 相同染色体が細胞の赤道面に沿って特別な順序なく整列する〔これは**ランダム配向**（random orientation）とよばれる〕.
2. 核膜が消失する.

減数第一分裂後期:
極方向からの紡錘糸が染色体と結合し，染色体を細胞の両極に引っ張る.

減数第一分裂終期:
1. **紡錘体**（spindle）と紡錘糸が消失する.
2. 通常，染色体はほどかれ，新しい核膜が形成される.
3. 多くの植物では減数第一分裂終期がない.

　減数第一分裂の最後に，**細胞質分裂**（cytokinesis）が起こり，二つの隔てられた細胞に分かれる．この時期の細胞はそれぞれの対の染色体の片方しかもたないので一倍体細胞である．しかし，それぞれの染色分体は結合した姉妹染色分体をもつので，S 期は必要ない．

　次に，姉妹染色分体を分けるために減数第二分裂が起こる．

減数第二分裂（図7・5）前期:
1. DNA は再び凝縮し染色体が見えるようになる.
2. 新しい紡錘糸がつくられる.

減数第二分裂中期:
1. 核膜が消失する.
2. 細胞の赤道面に染色体が並ぶ.
3. 反対の極から伸びる紡錘糸が各染色分体のセントロメアに結合する.

減数第二分裂後期:
1. 各染色体のセントロメアが分かれ，個々の染色分体が別個の染色体として動けるようになる.
2. 紡錘糸は個々の染色分体を細胞の両極へと引っ張る.
3. 染色分体は新しくつくられるどちらかの娘細胞へと引っ張られる.

減数第二分裂終期:
1. DNA 鎖がほどける.
2. 4個の一倍体細胞のそれぞれで核膜が形成され，細胞質分裂の準備が行われる.
3. 動物細胞では，細胞膜が中央でくびれて切れる.

植物細胞では新しい細胞板が4細胞を隔てるために形成される.

相同染色体の対

減数第一分裂前期

細胞の赤道面

減数第一分裂中期

減数第一分裂後期

減数第一分裂終期

図7・4 減数第一分裂の各段階.

減数第二分裂前期

減数第二分裂中期

減数第二分裂後期

減数第二分裂終期

図7・5 減数第二分裂の各段階.

相同染色体の分離

図7・6に見られるように，相同染色体は減数第一分裂後期に細胞の反対側に引かれる.

減数第一分裂の後期と体細胞分裂の後期の違いに注意してもらいたい．体細胞分裂では，それぞれの複製された染色体の姉妹染色分体が引き離されるのに対し，減数分裂では各相同染色体が細胞の反対側に引き離されるように分離する.

相同染色体は似てはいるが同一ではない．乗換えの最中にいくつかの対立遺伝子は交換されるため，相同染色体は同じ遺伝子を運んではいるが同じ対立遺伝子をもつとは限らない.

姉妹染色分体の分離

各染色体の姉妹染色分体の分離は減数第二分裂まで起こらない．図7・7に見られるように，減数第二分裂後期に染色体のセントロメアは分かれ，各姉妹染色分体が動けるようになり個別の染色体になる．紡錘体微小管は各染色分体を細胞の反対側に引き寄せる．ランダム配向によって，染色分体は新しくつくられる娘細胞のどちらかに引き寄せられる.

減数第二分裂終期に，4個の新しい細胞のそれぞれで新しい核膜がつくられる．4個の各細胞はもとの親細胞の遺伝物質の半分を異なる組合わせでもつ.

図7・6 減数第一分裂後期．相同染色体（二価染色体）は分離する．乗換えが起こったところで先端が入れ替わっている.

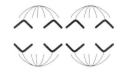

図7・7 減数第二分裂後期．姉妹染色分体は分離して細胞の反対側に引き寄せられる.

7・1・3 遺伝的多様性の起原

同 義 遺 伝 子

配偶子形成において，子孫が異なる形質をもつために，染色体ではなにが起こるのだろう．もしあなたの両親に多数の他の子供がいるとしても，あなたと同一の子供はいないだろう.

3章では耳垢の湿性と乾性など二つの対立遺伝子（優性・劣性）や，血液型（共優性を示す例）など複数の対立遺伝子をもつ単一の遺伝子の例に着目した．色覚異常や血友病などの伴性遺伝子の考え方についても学んだ.

しかし，もし2個，5個，もしくは10個の遺伝子が単一の形質を制御していたらどうなるだろう．オーケストラの個々の楽器が交響曲を奏でるのに寄与するように，多くの対立遺伝子がすべてその形質に寄与するために働くのだろうか．形質は二者択一なのだろうか，それとも両極端の間のさまざまな形質を示しうるのだろうか．このように，一つの形質に関与する複数の遺伝子があるとき，それらを**同義遺伝子**（multiple gene）とよぶ.

DNA 物質の交換

減数分裂に先立って細胞はDNAを複製し，染色体のコピー（染色分体）をつくる．減数第一分裂前期では，**対合**（synapsis）というプロセスによって，二つの相同染色体が**二価染色体**（bivalent chromosome）とよばれる一組のペアになる（図7・8）．相同染色体は同じ長さであり，同じ場所にセントロメアをもち，一般的には同じ場所に同じ遺伝子をもつことを思い出してほしい（§3・6参照）．相同染色体間の大きな違いは，二価染色体の片方は母親由来であり，他方が父親由来であることである．親はそれぞれ染色分体の各遺伝子について異なる対立遺伝子をもっていて，二つの相同染色体はけっして同一ではない．一方，同じ染色体からつくられた二

図 7・8 減数分裂における染色体の挙動. 減数第一分裂と第二分裂の終期は示していない.

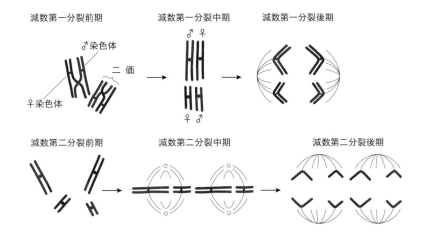

つの姉妹染色分体は、それらが間期の DNA 複製の結果であるために、同一である.

父親由来と母親由来の非姉妹染色分体の間での遺伝物質の交換、つまり乗換えは、染色分体が結合し離れる際に起こりうる. 正しく機能する乗換えが起きるためには、隣り合う非姉妹染色分体のまったく同じ場所で切断が起こらなければならない（図 7・9）.

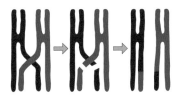

図 7・9 非姉妹染色体間の乗換え.

乗 換 え

乗換え（crossing over, 交差ともいう）が起こるためには、各染色分体は先端が分かれていなければならない. 二つの姉妹染色分体はそれぞれ他方の染色分体のまったく同じ場所と結合する. よって、二つの先端は交換され、その結果つくられる姉妹染色体は他方の遺伝物質をもつことになる. 二つの姉妹染色分体が他方と結合する部位はキアズマ（chiasma）とよばれる. 図7・9は一つのキアズマのみ示しているが、実際には染色分体に沿って多くのキアズマが形成されうる.

一度キアズマが形成されると、染色分体は互いに反発しあい、結合した回数と場所によって決まる互いに巻き付いたような十字形を形成する.

これまで見てきたように、乗換えの過程は 2 個の非姉妹染色分体が DNA の一部を交換するときに起こる. これは母親由来の染色体が父親由来の染色体の遺伝物質の一部をもち、そしてその反対も起こりうることを意味

する. よって、もともと劣性の対立遺伝子をもっていた染色体が、最終的に乗換え時に交換された優性の対立遺伝子をもちうる.

たとえば、母親由来の染色体が常染色体形質の **B** という対立遺伝子をもっていて、父親由来の染色体が劣性の **b** という対立遺伝子をもっているような二価染色体の乗換えを考えてみよう（図 7・10）.

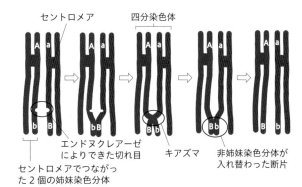

図 7・10 乗換えの結果. 母親の染色体（■）上の対立形質 **B** が父親の染色体（■）上の対立形質 **b** と入れ替わる.

乗換えが完了すると、遺伝子座を含む断片が交換され、対立形質の位置が入れ替わる. そして、父親由来の染色体（もはや 100% 父親由来ではない）は **B** をもち、母親由来の染色体は **b** をもつ. 二つの父親由来の染色分体はすでに同一の対立遺伝子をもっていないことに注意したい.

どんな乗換えの間にも、数百あるいは数千の遺伝子が非姉妹染色分体間で交換される. さらに、一つの二価染色体は複数のキアズマをもち、一つの染色分体が 2 回以上の乗換えを起こしうる. これも、染色分体がまったく同一でない限り、兄弟姉妹であっても両親の対立遺伝子

と同じ組合わせをもたない説明となる．

ランダム配向

　図7・4は減数第一分裂において染色体の相同な対が細胞の中心に沿って並ぶ様子を示している．前述のようにそれらが並ぶ様式は偶然によるので，ランダム配向とよばれる．乗換えと同様に，これもまた子孫の多様性を増す適応の一種である．ランダム配向の結果，男性は二つの同一の精子をつくることはほとんどない．同様に，女性がその生涯において同じ卵子をつくることはないだろう．これらは夫婦が同じ子を二度つくることがない理由の一つである．父親と母親が自然に同一の子を二人ももつ方法は，二人の子が同一の卵細胞と精子から生まれる双子（一卵性双生児）の場合のみである．

7・1・4　減数分裂と遺伝

独立の法則

　メンデルの**独立の法則**（law of independent assortment）は，配偶子が形成されるとき，娘細胞間のある対立形質のペアの分離は，別の対立形質のペアの分離とは独立であることを示している．独立の法則は，異なる性質を決定する対立形質は次の世代に独立して伝えられることを意味する．たとえば，花の色のような一つの形質が親から受け継がれるからといって，種子の色のような他の形質も同様に受け継がれるわけではない．

　しかし，多くの法則と同様に，例外が存在する．いくつかの遺伝子はあたかもつながっているように，片方が減数分裂で配偶子に分配されるときに，他方もついていく．そのような互いに連鎖した遺伝子については §3・7で解説している．

独立の法則と減数分裂

　メンデルが1800年代なかごろに実験を行っていたとき，減数分裂はまだ発見されておらず，彼は減数分裂についてなにも知らなかった．今日では，彼の思考にあったであろう "なぜ対立形質はそれぞれ独立に遺伝するのか" という疑問に答えることができる．

　その答えは減数分裂の過程を理解することで得られる．減数第一分裂中期の二価染色体の配向がランダムであることを思い出してほしい．一例として，4対の染色体をもつ細胞を考えてみよう（図7・11）．4個の二価染色体のそれぞれに，母親由来の染色体（■）と父親由来の染色体（■）がある．単純にするために，乗換えは示していない．図7・11はランダムな配向の結果のうち3例を示している．

　ヒトの各配偶子には23本の染色体があるため，ラン

ダムな配向による可能性のある組合わせの理論的な総数は 2^{23} になる．よって，ある女性が同じ卵をつくる可能性は 2^{23} 分の1，つまり 8388608 分の1になる．しかし，この計算は乗換えによって生じるさらなる多様性を考慮していないので，単純化しすぎている．

　さらに，この計算は一つの配偶子形成での数学的な可能性のみを考慮している．子をつくるときには2個の配偶子が必要で，（一卵性双生児でなければ）両親がまったく同一の子をつくる可能性はほとんどない．

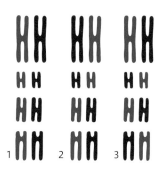

図7・11　染色体のランダム配向．4個の二価染色体の16の可能性のある配向のうちの3例．ヒトでは23の二価染色体があり，配向の可能性は800万を超える．

過剰染色体

　時として減数分裂中にエラーが生じ，子が異常な数の染色体（たとえば，46ではなく47など）を受け取ることがある．そのような異常の一種が**ダウン症候群**（Down syndrome）であり，21番染色体が1本多くなるときに起こる．過剰染色体は染色体の不分離の結果である．不分離は異なる段階で起こりうるが，多くの場合は相同染色体の21番目の対が減数第一分裂後期に分離に失敗したときに起こる．よって，女性がつくり出す卵子が一つではなく二つの21番染色体をもつ．そして，精子が卵子と受精したときに，21番染色体の総数は3になる．

練 習 問 題

1. 減数分裂の意義はなにか．なぜそれが，減数分裂によってつくられる娘細胞の多様性を生み出すのに重要なのか答えよ．
2. あなたの体の中の一倍体細胞の細胞種を答えよ．
3. 下記の事象が起こる減数分裂の段階を答えよ．
   (a) 姉妹染色分体が細胞の反対側に引かれる．
   (b) 相同染色体のペアが細胞の赤道面に沿って並ぶ．
   (c) キアズマが形成される．
   (d) 相同染色体が分離して細胞の反対側に引かれる．
4. 減数第二分裂の各段階を描き，名前をつけよ．
5. メンデルの独立の法則を説明せよ．またこの法則の例外を一つあげよ．
6. 次のグラフは，母親の年齢と子におけるダウン症候群の出現の相関を表す．染色体の不分離のリスクが

母親の年齢が上がると共に上昇することが明確に示されているが，ダウン症候群の子は 35 歳未満の母親からも産まれている．これはなぜか説明せよ．

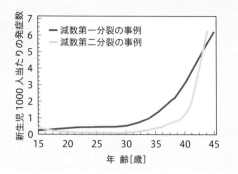

7・2 受精と発生

本節のおもな内容

- 精子形成と卵子形成は共に，体細胞分裂と細胞成長，2 回の減数分裂，分化の過程を含む．
- 精子形成と卵子形成の結果つくられる精子と卵子は，数も，含む細胞質の量も大きく異なる．
- 動物の受精は体内または体外で行われる．
- 受精には多精子受精を防ぐ機構がある．
- 妊娠の継続には子宮内膜への胚盤胞の着床が必要である．
- ヒト絨毛性ゴナドトロピン（HCG）は妊娠初期の，卵巣からのプロゲステロン分泌を促進する．
- 胎盤は母親と胎児の間の物質交換を容易にする．
- エストロゲンとプロゲステロンは完成した胎盤から分泌される．
- 出産はエストロゲンとオキシトシンを含む正のフィードバックによって制御される．

7・2・1　精子形成と卵子形成

精子形成: 減数分裂による雄の配偶子形成

　精子形成（spermatogenesis）は精巣（testis）で起こる．精子形成には体の内側よりも低い温度が必要なので，精巣は体の外側に位置する．精巣のなかでは，精子形成は精細管というごく細い管のなかで起こる．精細管の外側の壁の近くに**精祖細胞**（spermatogonium，**精原細胞**ともいう）とよばれる生殖上皮細胞がある．各精祖細胞はいつでも体細胞分裂または減数分裂を行うことができる．

　精祖細胞はその数を補充するために体細胞分裂を行う．精子形成は思春期に始まり，数百万もの精子が毎日つくられ，それがほぼ一生続く．

　精祖細胞は精子をつくるために減数分裂を行う．減数分裂ではもとの染色体の二倍体の数が配偶子では半分に減少する．ヒトでは，全部で 23 対（46 本）の染色体が 23 の個々の染色体になる．

　精祖細胞は最初に二倍体の核の中で DNA を複製する．この細胞は**一次精母細胞**（primary spermatocyte）とよばれ，細胞成長したのち，減数第一分裂によって 2 個の**二次精母細胞**（secondary spermatocyte）となる．二次精母細胞は減数第二分裂を経て**精細胞**（spermatid）となる．精細胞は形を変えて精子となる．

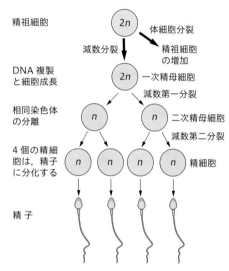

図 7・12　精子形成の各段階．

減数分裂と精子形成の各段階

　ヒトの細胞を例にしてあらためて減数分裂の各段階を追ってみよう（図 7・12）．ヒトの精祖細胞は二倍体であり 23 対の相同染色体を含んでいる．減数分裂への準備として，DNA 複製が起こり，46 染色体すべてが染色分体として存在している．

　減数第一分裂が起こり，一つの細胞が二つになる．相同染色体が分離するため，それぞれは 23 本の染色体をもつ．各染色体は染色分体としてまだ存在しているので，減数第二分裂とよばれる再度の分裂が起こる．減数第二分裂では染色分体が分かれる．それによって，もともと 23 対の相同な 46 本の染色体をもつ二倍体細胞から，それぞれが 23 本の染色体を含む 4 個の一倍体の精細胞がつくられる．

　精細胞では減数分裂は完了しているが，各細胞は十分に機能し運動性をもつ精子になるために分化を開始しなければならない．精細胞は精細管の内側にしばらくとど

まり，動くための鞭毛と受精に必要な酵素を蓄える**先体**（acrosome，**アクロソーム**）など，成熟した精子に特徴的な細胞の構造を形づくる．発達中の精子はこの分化の時期に栄養を必要とする．そのために，それぞれの精子は精細管中の**セルトリ細胞**（Sertoli cell）と接している（図7・13）．

減数分裂の各段階を追うごとに，細胞は精細管のより中心に近い方向に移動する．精細管は中央に管腔をもつ細い管である．精子は分化を終えるとセルトリ細胞から離れ，内腔を通って精巣上体とよばれる精巣の貯蔵領域へと運ばれる（図7・14）．

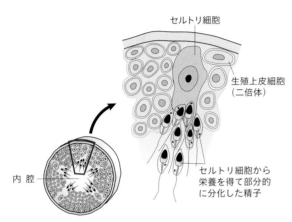

図 7・13　精細管の断面図.

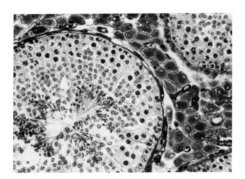

図 7・14　精細管の断面の光学顕微鏡写真. ほぼ完全な円形で示される管の外縁の細胞は精祖細胞である．細胞の減数分裂と分化が進むと，それらは中央方向に移動する．中心の明るい場所は，多くのほぼ完全な鞭毛をもつ精子が位置している内腔である.

卵子形成: 減数分裂による雌の配偶子形成

卵子形成（oogenesis）は雌の減数分裂のプロセスである．そのために，卵子形成と精子形成には，染色体の挙動を始めとして多くの類似点がある．卵子形成は精子形成と同様，減数分裂の最終生産物として4細胞を産

生する．しかし，卵子形成によってつくられる4細胞中3細胞は，小さすぎて受精したとしても生き残る受精卵とならないので，**生殖細胞**（germ cell），すなわち配偶子として使われない．これら3細胞は**極体**（polar body）とよばれ，減数第一分裂および第二分裂の間に分かれた染色体を受け入れる．4番目の一倍体の細胞はとても大きく，これが卵子である．卵子のさまざまな発生段階を追っていくに従い，精子形成と多くの類似性があることに気づくだろう．

出産の前に起こるできごと

下記に示す多くの現象は他の哺乳類においてもよく類似しているが，ここに記す詳細はヒトの卵子形成に特有のものである．

女性の胎児の**卵巣**（ovary）内で，**卵祖細胞**（oogonium，複数形 oogonia，**卵原細胞**ともいう）は繰返し体細胞分裂を行うため，母親の子宮内にいるうちに卵祖細胞の数が増える．これらの卵祖細胞は**一次卵母細胞**（primary oocyte）とよばれる大きな細胞へと成長する．卵祖細胞も一次卵母細胞も二倍体の細胞である．大きな一次卵母細胞は減数分裂の初期の段階に入るが，その過程は減数第一分裂前期で停止する．

同様に卵巣内では，**卵胞細胞**（follicle cell，**濾胞細胞**ともいう）が繰返し体細胞分裂を行う．1層の卵胞細胞が各一次卵母細胞を取囲み，その全体は一次卵胞とよばれる．女児が生まれたとき，彼女の卵巣には50万個に近い一次卵胞がある．これらの一次卵胞は女児が思春期を迎えるまでほぼ変わらない．

月経周期の中で起こるできごと

各**月経周期**（menstrual cycle）では，いくつかの一次卵胞中の卵母細胞が減数第一分裂を終える．そこで生じる二つの一倍体細胞はサイズが異なる．一方はとても大きく他方はとても小さい．小さい細胞は第一極体とよばれ，単に染色体の半分を受容する細胞として働く．卵形成中につくられた第一極体は後に退化する．他方の大きい細胞は**二次卵母細胞**（secondary oocyte）とよばれる．

すでに見てきたように，減数第一分裂は一倍体の細胞をつくり出し，それぞれの細胞は対をなす染色分体からなる染色体をもつ．1層の卵胞細胞は分裂を開始し，液体を分泌する．二つの卵胞細胞層が形成され，液体で満たされた空洞がそれらを隔てる．内側の層の卵胞細胞は卵母細胞を取囲み，その外側に液体で満たされた空間があり，さらに外側に卵胞細胞層がある．この全体の構造は**グラーフ卵胞**（Graafian follicle，**グラーフ濾胞**ともいう）とよばれる（図7・15）．二つの卵胞細胞層の間の

（図7・13内ラベル）
セルトリ細胞
生殖上皮細胞（二倍体）
セルトリ細胞から栄養を得て部分的に分化した精子
内腔

液体の増加は卵巣表面の隆起を形成し，結果的に排卵をひき起こす．

二次卵母細胞と内側の卵胞細胞層は排卵時に卵巣から放出される．減数第二分裂は受精まで完了しない．受精によって，二次卵母細胞の減数第二分裂の完了が促進される．よって，本当の意味での卵子は，精子が女性の配偶子（二次卵母細胞）を受精させ，一倍体の核が融合して受精卵つまり**接合子**（zygote）を形成するまでのほんのわずかな期間しか存在しない（図7・16）．

くかなっている．どちらも一倍体である．精子はとても小さい細胞で，動くための鞭毛と泳ぐためのATPを供給するミトコンドリアをもつ．各精子は前側の先端に，先体とよばれる細胞小器官をもつ．先体は受精のプロセスを助ける加水分解酵素を含んでいる．精子は不必要な細胞小器官や構造体を一切もたない．小さいサイズは長距離を泳ぐのを可能にし，不必要な構造体は負担になるからである（図7・17）．

図7・17 典型的な哺乳類の精子.

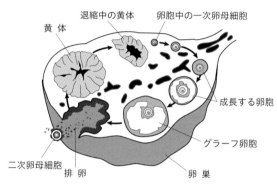

図7・15 ヒトの卵巣．グラーフ卵胞形成，排卵，黄体の形成と分解の各段階を示す．この図は卵巣の一回の月経周期の間に起こる現象をまとめたもので，これらの段階のすべてが同時に起こるわけではない．

表7・1 精子形成と卵子形成の比較と対照

精子形成	卵子形成
体細胞分裂は毎日精祖細胞を置き換える	体細胞分裂は女性の発生のごく初期にのみ起こる
ある程度の細胞成長が減数第一分裂開始前に起こる	大きな細胞成長が減数第一分裂開始前に起こる
2回の減数分裂により4個の一倍体の精子ができる	減数分裂により1個の卵子と3個の極体ができる
精子細胞は精子への分化が起こるまで精細管に残らなければならない	卵母細胞の卵子への分化は部分的に卵巣で起こり，排卵後まで続く
結果としてできる配偶子はきわめて小さく，ほとんど細胞質はもたず，限られた細胞小器官しかない	結果としてできる配偶子はきわめて大きく，多量の細胞質，栄養分，そして多くの細胞小器官をもつ
人生を通して毎日数百万～数千万の精子がつくられる（思春期に開始する）	全部で数千の卵母細胞の1個ずつの排卵は各月経周期に起こり，閉経期に終了する

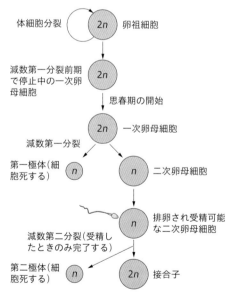

図7・16 卵子形成の概要．これらのできごとのいくつかは卵巣で起こり，いくつかは排卵後に起こることに注意．ヒトの卵形成は完了するまで長い年月がかかる過程である．

成熟した精子と卵子

成熟した雌雄の配偶子の構造と機能は，その目的に良

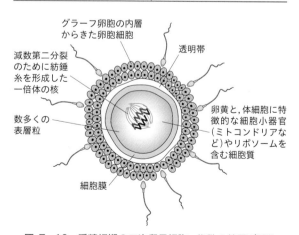

図7・18 受精初期の二次卵母細胞．複数の精子が減数第二分裂を終えようとしている卵子に受精を試みている．

多くの哺乳類で，卵子（二次卵母細胞，図7・18）は最も大きい細胞である．減数分裂時の細胞質の不等分裂によって，一つの細胞が新しい生命を始めるのに必要なほぼすべての細胞質，栄養分，細胞小器官を受け取る．卵中の栄養分は卵黄と総称される．加えて，細胞質は受精後すぐに必要となる表層粒とよばれる小胞を含む．細胞膜のすぐ外側には，受精のときに必要となる**透明帯**（zona pellucida）とよばれる糖タンパク質の層がある．ヒトの配偶子形成の過程は表7・1に示すように比較し対照できる．

7・2・2 受精と妊娠

動物の受精は体外のことも体内のこともある

体外受精とは，雌の動物が卵を産み，その種の雄が雌の体外で卵を**受精**（fertilization）させる方法である．子孫を残すためにこの生理的な行動戦略をとる動物は多い．その良い例は大多数の魚類にみられる．典型的な雌の魚は一度に数百〜数万の卵を産み落とす．同種の雄は卵が産み落とされた場所の上を泳ぎ，魚精とよばれる体液を放出する．魚精は数百万の精子を含む．このやり方は，多くの卵は受精しないので効率的ではない．しかし，産み落とされた多くの卵は局所的に濃縮された数百万の精子と出会い，合理的な数の卵が受精するのを保証する．この受精様式をもつ動物では子の発達に父親が関与することはほとんどなく，それも多数の卵が産み落とされるもう一つの理由である．事実，捕食や他の脅威によって子の多くは成体まで生き残らない．

動物がとる第二の生殖戦略は**体内受精**（internal fertilization）である．雌と雄は性交を行い，1個またはそれ以上の卵と受精するために，精子は雌の体内に送り込まれる．通常，体内受精を行う雌の卵の数は体外受精を行う種が産み落とす卵の数と比べて圧倒的に少ない．体内受精を行う動物には父親が高度に子の世話を行う種もある．これらの動物は子の生存率が非常に高いので，少数の卵のみを必要とする．

受　　精

受精に関連する多くの現象は動物種や体外受精か体内受精かなどの要素に依存する．ここではヒトの受精の前，最中，後に起こる現象について詳述する．

性交の結果，数百万〜数千万の精子が女性の膣中に放出される．運動精子は精液中のフルクトースを取入れ，とても長い旅路の燃料にする．精子は**子宮頸部**（cervix）（膣と子宮を隔てる頸部）を通って，**子宮**（uterus）に入る．精子は子宮内腔を泳ぎ始め，いくらかは2本の**卵管**〔oviduct，**ファロピー管**（Fallopian tube）ともいう〕の

開口部に入り込む（図7・19）．もし女性が月経周期の中間期にあれば，二次卵母細胞が2本の卵管のどちらかにあるかもしれない．一度の射精で数千万の精子が放出される理由は，ほんの数パーセントの精子のみが二次卵母細胞の場所までたどり着くことを考えれば明らかである．

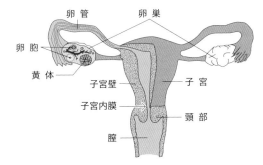

図7・19 排卵と受精．二次卵母細胞は2個ある卵巣の片方から排卵され，卵管に入る．膣に放出された精子は頸部，子宮内腔を通り，卵管に入る．受精はおもに卵管のなかで起こる．胚は子宮へと移動しながらすぐに発生を始める．

受精が起こる典型的な場所は片方の卵管のなかである．卵胞細胞層や二次卵母細胞を囲む透明帯とよばれる外被を突き抜けるには多くの精子を必要とするため，1個の精子が受精のすべての活動を成し遂げられるわけではない（図7・18参照）．複数の精子が透明帯（糖タンパク質のゲル層）に接近し，**先体反応**（acrosome reaction）とよばれる先体に含まれる加水分解酵素の放出を行う．1個の精子が最初に二次卵母細胞の細胞膜に到達し，卵子に侵入するために先体の加水分解酵素を使う．2個の配偶子の細胞膜が融合し，精子は父親由来の染色体一組を，卵子に含まれる母親由来の一組に追加する．

2個以上の精子が卵子に受精することを**多精子受精**（polyspermy）とよび，卵子の中に複数セットの染色体が存在することになる．多精子受精では生存能力のある胚は生じない．2個以上の精子が受精するのを防ぐために，最初に卵子の細胞膜を通過した精子は**表層反応**（cortical reaction）とよばれる一連の現象をひき起こす（図7・20）．卵子の細胞質には表層粒という小さい顆粒が多く存在する．表層粒はすべて細胞膜の内側にある．最初の精子と卵子が細胞膜を結合させると，表層粒が卵の内側の細胞膜と結合し，酵素を外側に放出する．これらの酵素は透明帯の化学変化を生じ，透明帯が他の精子を通すのを不可能にする．表層反応は最初の精子が到達してから数秒以内に起こり，最初の精子のみが実際に卵子を受精させることを保証する．受精した卵子は受精卵とよばれ，二倍体（$2n$）の状態になり，新しい生命がスタートする．

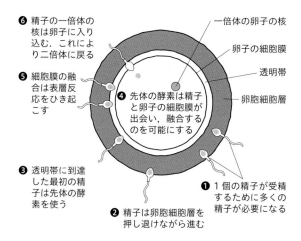

❻ 精子の一倍体の核は卵子に入り込む. これにより二倍体に戻る

❺ 細胞膜の融合は表層反応をひき起こす

❸ 透明帯に到達した最初の精子は先体の酵素を使う

❹ 先体の酵素は精子と卵子の細胞膜が出会い, 融合するのを可能にする

一倍体の卵子の核
卵子の細胞膜
透明帯
卵胞細胞層

❶ 1個の精子が受精するために多くの精子が必要になる

❷ 精子は卵胞細胞層を押し退けながら進む

図 7・20　哺乳類における多精子受精の防止.

初期発生: 胚盤胞の子宮内膜への着床

受精は受精卵が体細胞分裂を開始するのを促進し, 最初の分裂は受精後およそ24時間で起こる. 発生中の初期の個体は胚 (embryo, 胚子ともいう) とよばれる. 初期胚は分裂しながら卵管のなかを子宮に向かって動く. 体細胞分裂の頻度は分裂のたびに上昇し, 胚が子宮腔に到達するときにはおよそ100細胞のサイズになっており, 子宮の子宮内膜に着床する準備ができている. この時期の胚は細胞からなる中空のボール状であり, **胚盤胞** (blastocyst) とよばれる (図7・21). 胚盤胞は下記のように特徴づけられる.

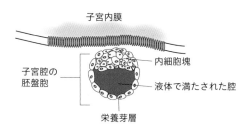

子宮内膜

子宮腔の胚盤胞
内細胞塊
液体で満たされた腔
栄養芽層

図 7・21　ヒトの胚盤胞の断面図. 胚盤胞は子宮内膜に到達し, 〰 で示した細胞層を通過して着床する.

- 胎盤の胎児部分の形成に関与する**栄養芽層** (trophoblast) とよばれる細胞層に囲まれている.
- **内細胞塊** (inner cell mass, 内部細胞塊ともいう) として知られる内側の細胞群は胚盤胞の片側に位置し, これらは将来胎児となる.
- 液体で満たされた腔がある.

胚盤胞が子宮の内腔に入ると, 胚盤胞は子宮内膜とよばれる内壁と直接接する. 月経周期のこの時期には, 子宮内膜には毛細血管床を含む多くの小さな血管が存在している. 胚は子宮内膜に沿って動くのをやめ, 子宮内膜

組織に沈み込むための一連の現象が始まる. この時期が**着床** (implantation) とよばれる. ヒトの卵子が大きい第一の理由は, 卵子が初期胚の発生に必要な栄養を抱えているからである. 受精後最初の1週間の間は, 胚は大きくならない. 細胞分裂により胚の細胞数は100個かそれより多くなるが, 胚のサイズは最初の卵子より大きいわけではない. 卵子に蓄えられている栄養は成長ではなく代謝に用いられる. ヒトの胚が子宮内膜の壁に着床するときに, 胚は蓄えていた栄養 (卵黄) を急速に使い果たす. 着床の結果, 胚と母親の子宮内膜はすぐに**胎盤** (placenta) をつくり出す.

ヒトの場合, 受精後9週以降の個体は**胎児** (fetus) とよばれる.

胎盤の役割

胎盤は胚盤胞の栄養芽層と母親の子宮組織の両方から形成される (図7・21参照). 胎盤は大きなパンケーキ形の構造をしており, 子宮壁に入り込んでいる側は母親によってつくられる結合組織と血管からなる. 胎児に近い側は胎児によってつくられる結合組織と微小血管を含む. 胎盤の胎児の側にはへその緒 (臍帯) とよばれる保護鞘が発達し, 3本の胎児血管を覆う. 完成すると, 保護鞘中の2本の胎児血管は胎児の血液を胎盤に運ぶ.

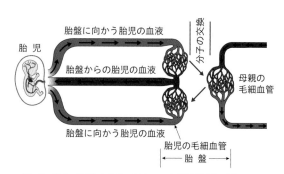

胎児
胎盤に向かう胎児の血液
胎盤からの胎児の血液
胎盤に向かう胎児の血液
分子の交換
母親の毛細血管
胎児の毛細血管
胎盤

図 7・22　胎盤の血流パターンを示す略図. 図示されている3本の胎児血管は保護鞘に包まれている. 母親と胎児の間で血管は交わらないので血液は交換されない.

表 7・2　胎盤における分子の交換

胎盤で胎児から母親に渡される分子	胎盤で母親から胎児に渡される分子
二酸化炭素	酸素
尿素	栄養分 (グルコース, アミノ酸, その他)
水	水
ホルモン	ホルモン
	ビタミンとミネラル
	もし母親が妊娠中に使用していたらアルコール, ニコチン, 他の薬

これら2本の血管中の血液は脱酸素化されており，老廃物を運ぶ．胎児血は母親の血流と物質を交換し，3本目の胎児血管は血液を胎児に戻す．胎児に戻る血液は酸素化されており，胎盤を通過する間に栄養が加えられている（図7・22）.

胎盤においては，胎児と母親の間で分子の交換は行われるが，血液が交換され混じりあうことはない．胎盤における分子の交換を表7・2に示す．

初期胚と胎盤はホルモンを分泌する

女性が妊娠すると，初期胚は**ヒト絨毛性ゴナドトロピン**（human chorionic gonadotropin, **HCG**）というホルモンを分泌する．これは早期妊娠テスト（EPT）で検出に用いられるホルモンである．HCG は母親の血流に入り，通常の月経周期と比べて長期にわたって卵巣の**黄体**（corpus luteum）を維持する．黄体は**プロゲステロン**（progesterone）を分泌し，血管の豊富な子宮内膜を維持する．黄体が維持され続けると，子宮内膜は壊されず，胚は血管の豊富な組織に着床できる．

最終的に胎盤自体が妊娠中のプロゲステロンを合成するようになり，妊娠期間全体のプロゲステロン量を継続的に増加させる．さらに，胎盤は高レベルの**エストロゲン**（estrogen）の合成を始め，これも妊娠期間全体で継続的に増加する（図7・23）.

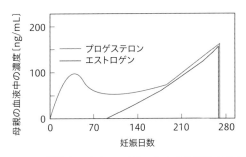

図7・23 妊娠中のホルモン変化．ヒトの妊婦の全妊娠期間中のプロゲステロンとエストロゲンの量を示す．ごく初期のプロゲステロンの上昇は卵巣（黄体）から分泌されるが，プロゲステロンの多くの分泌は胎盤で行われる．胎盤は妊娠期間の初期の3分の1の期間は測定可能なレベルのエストロゲンは産生しない．両ホルモンの突然の急落は出産によって2種のホルモンを分泌する器官がなくなることによる．

妊娠期間を通して，プロゲステロンとエストロゲンは共にそれ以上の卵母細胞の形成を阻害する．そのため，ヒトの女性はすでに妊娠していると新たに妊娠することはない．

出産に関わるホルモン

生理学における多くのフィードバック機構は負の

フィードバックとして作用する．これは体温や血糖のようなきわめて狭い範囲でホメオスタシスを維持しなければならないような生理現象の場合に非常によく機能する．誕生，あるいは**出産**（birth, parturition）は，哺乳類のホメオスタシスのような通常の現象とは異なる．出産は子宮収縮によって特徴づけられる．子宮収縮は最初は比較的弱く，まれに起こる．出産が進むと，子宮収縮はよりいっそう強くなり，頻度も上昇する．ここでのフィードバックコントロールは正のフィードバックとよばれ，先に起こったできごとによって後のできごとがより強力かつ頻繁になる．ホメオスタシスを維持するための因子はなく，一連のできごとは出産時に活発になるのみである．

この正のフィードバック機構に関与する主要なホルモンは視床下部でつくられ，脳下垂体後葉から分泌される**オキシトシン**（oxytocin）である．表7・3に示すように，胎盤でつくられるエストロゲンの効果の一つは子宮筋で**オキシトシン受容体**（oxytocin protein receptor）の産生を誘導することである．出産のときがくると，脳下垂体後葉は血流に少量のオキシトシンを放出する．子宮筋のオキシトシン受容体が反応して最初の収縮が起こる．最初の収縮は視床下部にシグナルを送り，視床下部はもう少し多くのオキシトシンを放出するように脳下垂体後葉にシグナルを送る．これは子宮収縮がとても強く高頻度になるまで何度も繰返される．子宮筋がこれ以上収縮できなくなってこの正のフィードバックループを終わらせるのが出産である．

表7・3 妊娠期間中のプロゲステロンとエストロゲンの機能

プロゲステロン	エストロゲン
子宮/胎盤に特徴的な血管の豊富な組織の維持を助ける 子宮の平滑筋の収縮を抑制（子宮は出産時の収縮のため筋肉が多い）	子宮の筋肉の発達を促進 最終的にプロゲステロンの作用に拮抗し，子宮収縮を抑制 妊娠後期に母乳の産生の準備のために乳腺の発達を促進 妊娠後期に子宮筋のオキシトシン受容体の産生を誘導

練習問題

7. 以下の生殖細胞がそれぞれ一倍体か二倍体か答えよ．
   (a) 精細管の外周に位置する精祖細胞
   (b) 精細管のなかの二次精母細胞
   (c) 女性の胎児の卵巣の卵祖細胞
   (d) 女性の新生児の卵巣の二次卵母細胞
   (e) 成人女性の排卵直後の二次卵母細胞
   (f) 受精直後の受精卵

8. 精子がその機能にどのように適応しているかを簡潔に示せ.

9. 卵子がその機能にどのように適応しているかを簡潔に示せ.

10. 出産におけるオキシトシンのフィードバック機構と, 血糖の調節におけるインスリンのフィードバック機構の機能的な違いはなにか答えよ.

11. 体外受精の不利な点はなにか答えよ.

12. 母親と胎児の血液型が異なっていても免疫反応が起こらないのはなぜか説明せよ.

7・3 遺伝子プールと種分化

本節のおもな内容

- 遺伝子プールは交配できる個体群に存在するすべての遺伝子とそれらの異なる対立遺伝子からなる.
- 進化は時間の経過に伴う個体群中での対立遺伝子頻度の変化を要する.
- 個体群の生殖隔離は時間, 行動, 地形の要素を含む.
- 隔離個体群の多様化に起因する種分化は徐々に起こる.
- 種分化は突然起こりうる.

7・3・1 交配できる個体群

遺伝子プール (gene pool) はある時点での**個体群** (population) がもつすべての遺伝子情報をさす. 遺伝子プールは個体群が示すさまざまな形質を生みだす遺伝子の容器のようなものだと考えられる. 大きな遺伝子プールは, 形質において相当な多様性を示す個体群に存在する. 一方, 小さな遺伝子プールは, 同系交配の場合に顕著に見られるように, 構成する個体がほとんど多様性を示さない個体群に存在する. 同系交配は近縁関係にある個体同士が**交配** (mate, inbreeding) することをさす.

対立遺伝子頻度 (allele frequency) は個体群におけるある遺伝子の特定の変異の割合をさし, 百分率で表される. たとえば, ある対立遺伝子が個体群のなかの染色体のうち 25% に存在したとする. これはこの遺伝子の遺伝子座のうち 4 分の 1 がその対立形質によって占められ, 他の 4 分の 3 はその対立形質をもたないことを意味する.

これはその個体群の染色体の 25% はその対立遺伝子をもつと解釈することもできる. これが, その個体群の個体のうち 25% がその対立遺伝子をもつことを意味しないことに注意してほしい. 本節の後半では, これらの数字が二倍体の場合にどうなるか一例を示す.

図 7・24 を見てほしい. 16 人の個体群の遺伝子プー

ルは 32 遺伝子からなる. T の数, t の数はどちらも 16 になり, 頻度はどちらも 50%, または 0.50 である. これは半分の人が劣性の対立遺伝子による表現型を示すことを意味しない. 劣性のホモ接合体で, その表現型を示すのはたった 4 人で, 頻度は 25% になる. 以上のように, 対立遺伝子頻度と特定の形質を示す人の数を混同しないように注意してほしい.

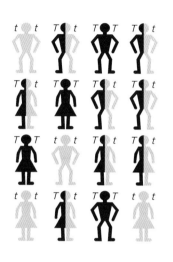

図 7・24 個体群の遺伝子プール. この遺伝子プールでは T と t の頻度は共に 50% になる.

7・3・2 進化と対立遺伝子頻度

遺伝子プールは一般的に時間が経過しても安定している. しかし, 変異の結果, 新しい対立遺伝子が生まれ, 古い対立遺伝子をもつ個体が死ぬと, その対立遺伝子は消えることもある. 進化の結果の一つは, 多世代にわたる自然選択を経て, いくつかの対立遺伝子が有利になり, より頻度が高くなることにある.

反対に, いくつかの対立遺伝子は個体群におけるその個体の生存に不利になり, 多くの子孫に受け継がれなくなる. このように, どんなときも対立遺伝子頻度は予測されるが, それはその時点での数値でしかない. 数世代経過したときに, 対立遺伝子頻度は同じではないかもしれない.

それに加えて, 移住によって個体群が混交すると, 対立遺伝子頻度に変化が起こりうる. 同じことは移住によって特定の対立遺伝子をもつグループが個体群から離れることによっても起こりうる. 理由がどうであれ, もし遺伝子プールが修正され, 対立遺伝子頻度が変化すると, 進化が起きたことがわかる. つまり, 対立遺伝子頻度の変化がなければ, 進化は起こらない.

ハーディー・ワインベルグの方程式

個体群における対立遺伝子, 遺伝子型, 表現型の頻度を計算するためには, **ハーディー・ワインベルグの方程式**

（Hardy-Weinberg equation）を用いる．この方程式は個体群がどれだけ早く変化しているかを決定し，交配の結果を予測するのに役立つ．どのように用いるか学ぶために，この方程式がどのようにできたかを理解することから始めよう．

§3・7で，パネットの方形が交配における親と子の遺伝子型を表すことを学んだ．ハーディー・ワインベルグの方程式のために，交配を対立遺伝子頻度のモデルとして新しい方法で見る必要がある．そのために，変数 p と q を用いる（図7・25）．

- p＝優性の対立遺伝子（図の対立遺伝子 T）の頻度
- q＝劣性の対立遺伝子（図の対立遺伝子 t）の頻度

個別に見ると，染色体の対立遺伝子の和は1になる．つまり $p+q=1$．もし $p=0.25$（または25％）の頻度であれば，優性の対立遺伝子をもっていない場合はすべて劣性の対立遺伝子をもつので $q=0.75$ になる．

複雑なのは，通常は，ある遺伝子を2コピーもつ二倍体の生物を考えるためである．結果として，方程式は $(p+q)^2=1$ になる．もし数学の授業の多項式を覚えていれば，$(p+q)^2$ は $p^2+2pq+q^2$ に展開できることを知っているだろう．

こうして得られた $p^2+2pq+q^2=1$ という対立遺伝子頻度を表す数学的な表現は，ハーディー・ワインベルグ平衡として知られる．そしてたった一世代のランダムな交配の結果，この平衡に到達する．

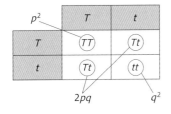

図7・25　対立遺伝子頻度を示した注釈付きのパネットの方形.

表7・4　ハーディー・ワインベルグ平衡

	枠は1個	枠は2個	枠は1個
遺伝子型	TT	Tt	tt
比　率	$\frac{1}{4}$	$\frac{1}{2}$	$\frac{1}{4}$

もしまだわかりにくいようなら，図7・25のパネットの方形を表7・4のようにまとめてみよう．

遺伝子型よりも対立遺伝子頻度に着目して図7・25を再び見てみると，次のように考えることができる．

- TT の頻度 ＝ p^2
- Tt の頻度 ＝ $2pq$
- tt の頻度 ＝ q^2

すべての可能な割合を足し合わせると $1/4+1/2+1/4$ で1になる．この割合を図7・26に示すように表すことができる．

優性ホモ接合体の頻度　　　劣性ホモ接合体の頻度

$$(p^2)+(2pq)+(q^2)=1$$

ヘテロ接合体の頻度

図7・26　注釈付きのハーディー・ワインベルグの方程式.

次に方程式を解いてみよう．もし p が0.25，q が0.75であれば，答えは1になる．演算の順序に気をつけよう．まず2乗し，次に掛け算を行い，そして足し算をしよう．

この方程式は変異が世代から世代へと維持されるメンデル遺伝学を数学的に支持する．

7・3・3　個体群の生殖隔離

同じ種（そして同じ遺伝子プール）のメンバーの個体群が，乗り越えられない障壁（barrier）によって生殖できなくなることがある．これを生殖隔離（reproductive isolation）という．たとえば，地理的，時間的，行動的，交雑による不妊などが障壁となりうる．それぞれについて説明していこう．

地 理 的 隔 離

地理的隔離（geographical isolation）は，土地や川の形成などの物理的な隔たりによって，雄と雌が互いを見つけることが困難になり，交配できなくなることによって起こる．川や山や森の中の空き地などは個体群を隔てる．たとえば，ハワイのカタツムリは地理的隔離を示す．ある個体群は火山のそばに生息し，もう一方は他の場所に生息し，それらは互いに遭遇することはない．

時 間 的 隔 離

時間的隔離（temporal isolation）は，個体群や配偶子が出会う期間がそろわないことによって起こる．たとえば，植物のある個体群の花のおしべが成熟する時期と，他の個体群の花粉の放出の時期が異なると，それらが交配をして子孫を残すことは難しい．あるいは，哺乳類の個体群が，他の個体群が交尾できる時期に冬眠を続けていたり，回遊から戻っていなければ，二つの遺伝子プールの時間的な障壁となる．

行 動 的 隔 離

行動的隔離（behavioral isolation）はある個体群の生

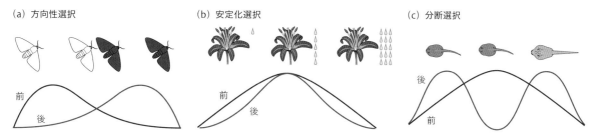

(a) 方向性選択　　　　　　　(b) 安定化選択　　　　　　　(c) 分断選択

前　後　　　　　　　　　　　前　後　　　　　　　　　　　後　前

図 7・27　方向性選択，安定化選択，分断選択．（a）オオシモフリエダシャクの二つの形態の頻度，（b）ユリの花蜜の量，（c）2 種類のヒキガエルのオタマジャクシ（雑食または肉食）．

活様式や習慣が他の個体群と相容れないときに起こりうる．たとえば，鳥の多くの種はどちらかの性が他方と交尾するために求愛行動を行う．もしある個体群の雄が他の個体群と顕著に異なる求愛行動を行うと，雌は他の個体群の雄を配偶者として魅力的には感じないかもしれない．この行動様式の違いによって，二つの個体群の間では生殖の可能性は低くなったり，なくなったりする．

7・3・4　方向性選択，安定化選択，分断選択

　生殖隔離機構が働いて，互いに生殖することのできない個体群が生じても，それぞれの個体群が生息する環境がまったく同じであれば，それぞれの個体群の遺伝子プールはほとんど変化しないと考えられる．一方，それぞれの環境が異なると，各個体群のなかでは環境に適合した個体がより多くの子孫を残すようになり，その結果，長い年月の後に，個体群間の遺伝子プールに差異が生じる．このように，環境が，そこに適合した遺伝子プールに有利に働くことを，**自然選択**（natural selection）といい，進化の最も重要な原動力である．

　自然選択によって，ある表現型が他よりも好まれる場合には，それは**方向性選択**（directional selection）とよばれる（図 7・27a）．そのような場合，一つの表現型の頻度が時間の経過と共に増加し，他方は減少する．これは個体の環境が変化するときに起こりうる．工業暗化はこの例であり，明るい色のオオシモフリエダシャク（*Biston betularia*）の頻度は産業革命の間に減少し，暗い色の表現型の個体が増加した．方向性選択のもう一つの考え方は，一つの極端なものから離れる選択である．

　一つの表現型が二つの極端な表現型よりも好まれるときに，それは**安定化選択**（stabilizing selection）とよばれる（図 7・27b）．たとえば，多くの花蜜をつくる顕花植物と少ない花蜜をつくる顕花植物があると仮定しよう．花蜜が多すぎるとその植物の糖資源の枯渇を招くかもしれないし，花蜜が少なすぎると昆虫が戻ってこないかもしれない．そこで多すぎず少なすぎずのバランスを

保つ中間の量がつくられる．安定化戦略の別の考え方は二つの極端なケースを避ける選択，あるいは平均に向かう選択ということもできる．

　自然選択によって二つの極端な表現型が中間の表現型よりも好まれるときには，**分断選択**（disruptive selection）とよばれる（図 7・27c）．二つの正反対の表現型をもつことが，一つの表現型よりも有利になることがある．たとえば，米国に生息するあるヒキガエルのオタマジャクシは二つの形態をとりうる．一つは雑食（*Spea muliplicata*）であり，他方は食料が少ない場合には共食いもする肉食（*Spea bombifrons*）である．二つの異なる形態をもつことで，これらの種は水の供給や食料源が変化するような場所でも生き残る可能性が高くなる．分断選択の考え方は，平均から離れる選択ということもできる．この考え方は個体群のなかで二つの異なる表現型を維持することをさす．もし分断選択がひき起こす差異が大きく二つの個体群が異なる生態的地位を占めるなら，種分化が起こるかもしれない．

倍 数 性

　生殖細胞のような一倍体細胞は 1 セットの染色体（*n*）をもつ．体細胞のような二倍体細胞は，親から 1 セットずつの，2 セットの染色体（2*n*）をもつ．倍数体（多倍数体）は単一の細胞が 3 セット以上の染色体（3*n*，4*n*，など）をもつことをさす．

- 3*n*：三倍体
- 4*n*：四倍体
- 5*n*：五倍体

　このような状況は，細胞分裂時に完全な染色体コピーの分離が起こらず，同じ細胞に収まるときに起こる．倍数性は動物よりも植物で多く見られる．植物では，余剰な染色体のセットは，より大きな果実や栄養貯蔵を可能にし，より病気への耐性が強い丈夫な植物にすることがある．

余剰な染色体のセットは複製のエラーによって生じることが多い. もし植物のある世代が三倍体でもう一つが四倍体であるとき, それぞれの個体群の進化は異なるだろう. もしある個体群が他方と比べて異なる割合で進化するなら, その二つは大きく異なり, 同じ種ではなくなるだろう.

もとの個体群との子孫を残すことができなくなるほどに個体群が進化する過程を種分化とよぶ. 端的に言うと, 新しい種は古い種から進化し, 共に別々の道を進むことになる (図7・28).

図7・28　種分化. A, B, C, D の種は共通の祖先から進化した. 3回の種分化が起こり, その最初は ◯ で囲まれている.

7・3・5　種分化と進化の速度

前述のような種々の隔離機構と自然選択によって, もともと1種であった個体群のなかに, 異なる遺伝子プールをもつ2種を生じることを**種分化** (speciation) とよぶ. 種分化こそが生物進化の核心的できごとである.

進化生物学者の間で, 種の進化の速度についての議論がある. 一般的に進化は一晩では起こらないことは確かだが, 進化について二つの仮説がある (図7・29).

- 変化は小さく, 連続的で, 遅い〔**漸進説** (gradualism)〕
- 変化は比較的速く, その後ほとんど, あるいはまったく変化がない時期がある〔**断続平衡説** (punctuated equilibrium theory)〕

漸進説は地質学の考え方として18世紀に提唱された. これはダーウィンによって進化との関連で取入れられた. この説の支持者は, 化石の記録は種の表現型の小さい変化の連続を示すことから, 種分化の過程は安定して継続するものであり, そのなかで系統樹の大きな変化の間の移行段階があると考えた. さらにかれらは, 今日急速な進化が見られないことから, 変化の過程は徐々に進むと結論づけた.

反対に, 20世紀後半に登場した断続平衡説を支持する研究者は, 火山爆発, 隕石の衝突, 大きな気候変動な

どの環境変化への反応として, 種分化は急速に起こると唱えている. 絶滅する種もあれば, 新しい環境に適応し, 競合する種の絶滅によって得られる生態的地位を利用する種もある. これは, 6500万年前の恐竜の絶滅によって生息場所を獲得した哺乳類の例にも当てはまる.

種分化なしに, 種はほとんどあるいはまったく変化せずに数百万年続くことができる. これは化石の記録から確認されており, サメ, ゴキブリ, カブトガニなどで顕著である.

断続平衡説を批判する人々は, この理論の"急変する"効果は単に化石記録の不完全さによる不自然な結果だと主張する. 化石の系譜の不連続性は科学者が説明すべき一つの課題になる.

どちらの説においても, それを支持する難しさは, 用いる証拠が化石しかないことである. 種の定義づけを助けるような皮膚の色, 行動, 交尾期の鳴き声や求愛歌などはほとんど, あるいはまったく残されていない.

もう一つの議論は, 絶滅したクロコダイルの化石が現代のクロコダイルと似ているからといって, 後者が前者の直接の子孫であるという証拠や, 同時代に存在したとして二つの種が生殖するという証拠はないことである.

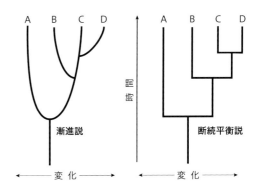

図7・29　漸進説と断続平衡説. 漸進説と断続平衡説は種分化と進化の速度についての二つの対照的な考え方である.

練 習 問 題

13. 地理的隔離と時間的隔離を対比して説明せよ.

14. 278匹のネズミのうち, 250匹は黒色で28匹は茶色だった. 表の対立遺伝子 B は黒色, b は茶色である. q, p, q^2, $2pq$, p^2 を求めよ.

対立形質の頻度	劣性 b	q
	優性 B	p
遺伝子型の頻度	劣性ホモ接合体 bb	q^2
	ヘテロ接合体 Bb	$2pq$
	ホモ接合体 BB	p^2

15. 倍数性について説明し, 例を二つあげよ.

章 末 問 題

1. 減数分裂において乗換えはいつ生じるか.
   A 減数第一分裂前期　　　B 減数第一分裂中期
   C 減数第一分裂後期　　　D 減数第一分裂終期
   （計1点）

2. 下図はヒト精巣における減数分裂時の1対の染色体を示す. いくつかの対立遺伝子の位置も示されている.

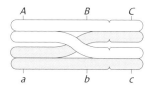

   (a) この染色体が, (i) 常染色体であるか性染色体であ
       るか, (ii) 相同染色体であるか非相同染色体であるか, について, 理由と共に述べよ. （各1点）
   (b) 細胞が図に示すような染色体を含むとすると, この細胞は減数分裂のどの段階にあるか, 答えよ. （1点）
   （計3点）

3. (a) ヒトの成熟卵の構造を描け. （4点）
   (b) 体細胞分裂と減数分裂の過程を比較せよ （6点）
   (c) 減数分裂と受精が, 自然選択に導くような種の多様性をもたらすしくみについて述べよ （8点）
   （計18点）

4. 漸進説と断続平衡説による進化の速度について概略を述べよ. （計2点）

8 ゲノム研究と応用

本章の基本事項

- 生物学者は，DNA，細胞，および生物を人工的に操作するための技術を開発した．
- 微生物は，工業の過程で使われたり，そのために改変されたりする．
- バイオテクノロジーは，病気の診断と治療に使われる．
- バイオインフォマティクスとは，生物学研究において配列データを解析するためにコンピューターを使用することである．

近年，**バイオテクノロジー**（biotechnology）や**遺伝子操作**（gene manipulation），あるいは**バイオインフォマティクス**（bioinformatics，**生物情報科学**）という用語がメディアなどに盛んに登場する．これらの技術や概念は，私たちの生活とどのように関係するのだろうか．また，生物学研究にどのように貢献するのだろうか．

バイオテクノロジーは何世紀にもわたってパンやチーズ，アルコール飲料の生産などに活用されてきた．しかし最近では，医学，工業，農業，環境科学などにおいてもバイオテクノロジーが劇的な役割を果たしている．本章では，バイオテクノロジーが私たちの生活とどのように関わっているか，とりわけ私たちの健康や病気の治療にどのように取入れられているかを見ていこう．

バイオテクノロジーを支えるのは，微生物に関する知識や培養技術，ゲノム解析に用いられるバイオインフォマティクスなどであり，それらの発展についても本章で解説する．

8・1　遺伝子組換えとバイオテクノロジー

本節のおもな内容

- ゲル電気泳動法は，タンパク質またはDNAの断片を大きさに応じて分離するために用いる．
- PCRは，少量のDNAを増幅するために用いる．
- DNAプロファイリングは，DNAの比較を行う．
- 遺伝子組換えは，生物種間の遺伝子導入によってな

される．
- クローン生物は，単一のもとの親細胞に由来する遺伝学的に同一の生物のグループである．
- 多くの植物種と一部の動物種は，自然界でクローンを生む．
- 胚を複数の細胞グループに分割することにより，動物のクローンを作製できる．
- 分化した細胞を使ってクローン生物を作製する方法が開発されている．

8・1・1　DNA解析技術と応用

DNAは，動物や植物に独自性を与えるものの中核である．ここでは，過去数十年の間に開発された，科学者がDNAを解析および操作できるようにする以下のような驚異的な遺伝子技術について学ぶ．

- 実験室でのDNAの複製：PCR（ポリメラーゼ連鎖反応）
- DNAを使って個人の身元を明らかにする：DNAプロファイリング
- A，T，C，Gがどこにあるかを見つけることによってDNAの地図を作成する：ヒトゲノム計画を含む遺伝子配列決定
- 遺伝子を切断して貼付けて新しい生物をつくる：遺伝子導入
- 細胞と動物のクローン生物作製

これらの技術によって，病気の治療法やワクチンを得る，農業のために新しい植物をつくる，DNA検査を犯罪捜査に応用する，などのことが可能になり，新たな希望をもたらした．

遺伝子導入やクローン生物作製などの技術は，白熱した議論をひき起こしてきた．このように自然を操作することは道徳的および倫理的に受け入れられるのだろうか．大手バイオテクノロジー企業は，市民の利益のために，研究に巨額の投資をしているのだろうか，それとも，経済的利益を得るためだけに投資しているのだろうか．クローン生物作製と幹細胞研究については，科学的研究のためだけにヒトの胚を作製することは道徳的および倫理的に受け入れられるのだろうか．

責任ある市民であるためには，これらの難しい質問に関して情報に基づいた決定を下すことが必要である．こ

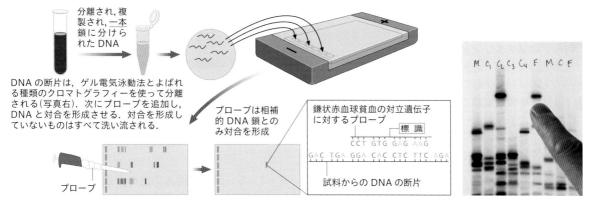

図 8・1　ゲル電気泳動. ゲル電気泳動により DNA の断片を分離して分析できるようになる. 右の放射線像（オートラジオグラム）は, ゲル電気泳動により得られた九つの異なる DNA 試料からの縞模様の列を示している. 黒いスポットは DNA 試料の位置を示すために使われた物質の放射能に由来する.

れらの質問が難しいのは, 単に技術的な複雑さだけではなく, これまでに直面したことのない問題だからである.

8・1・2　ゲル電気泳動法

　ゲル電気泳動法（gel electrophoresis）という実験技術は, 対象とする遺伝子の由来を特定する目的で, DNA の断片を分離するために使われる（図 8・1）. 酵素によって, DNA の長い鎖をさまざまな長さの断片に細かく切り, 生じた DNA の断片をゲルの一端に配列された小さな穴に注入する. 次にゲルに電流を流す.

　電流によって, 最小で質量が最も小さく, 最も電荷を帯びた断片は, ほとんど問題なくゲルを通過して反対側に移動する. 一方, 最も大きくて重く, 最も電荷を帯びていない断片はゲル内を容易に移動しないため, 最初の穴から遠くに移動できない. 中間の断片はその間に分布する. その結果, DNA の断片は縞模様をつくる（図 8・1写真参照）.

　ゲル電気泳動はそこで終了とするか, ハイブリダイゼーションプローブ*を追加することができる. 図8・1では, 鎌状赤血球貧血のプローブをゲルに滴下し, ゲル内にプローブと結合する相補的 DNA 配列が存在するかどうかを調べている.

8・1・3　PCR 法

　PCR（polymerase chain reaction, ポリメラーゼ連鎖反応）は, サーマルサイクラーとよばれる機械を使った実験技術であり, 非常に少量の DNA から, そのすべての核酸を複製して, 数百万の DNA の複製をつくる（図 8・2）. PCR は, 分析するのに十分な量の DNA を得る

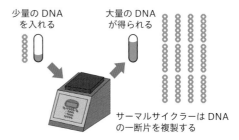

図 8・2　PCR. 一つまたは少数の細胞からの DNA を用いた分析は不可能である. PCR は, 分析に十分な量の DNA を得られるようにする方法である.

ために使われる（§8・3・6参照）.

　犯罪現場の遺留物や頬の内側の塗抹標本から DNA を収集する場合, 利用できる細胞の数は非常に限られていることがよくある. PCR を使うことによって, 法医学の専門家または研究技術者は, わずか数時間で数百万の DNA の複製を取得できる. この量は, 特にゲル電気泳動法を使った分析に十分な量である.

8・1・4　DNA プロファイリング

　DNA の未知の試料を既知の試料と照合して, それらの配列が一致するかを確認する手順は, **DNA プロファイリング**（DNA profiling, **DNA 型鑑定**）とよばれる. これは, 指紋の同定との類似点があるため, DNA フィンガープリント法とよばれることもあるが, それらの手法は大きく異なる.

　ゲル電気泳動法による分離後, 二つの試料の DNA の断片のバンドパターンが同一である場合, 両方が同じ個人由来であることを意味する. パターンが類似している場合は, 二人の個人がおそらく親類関係にあることを意

---

　*　訳注: プローブは, 特定の塩基配列を検出するために用いる修飾した核酸のこと.

味する.

DNA プロファイリングの応用

犯罪現場では,法医学の専門家が DNA を含む血液や精液などの試料を収集する.ゲル電気泳動法は,収集された DNA を容疑者の DNA と比較するために使われる.それらの DNA が一致する場合,容疑者は多くを説明しなければならない.一致しない場合,容疑者はおそらく警察が探している人ではない.

DNA プロファイリングは,他の場合でも使われる.たとえば,生態系の研究では,科学者はトリ,クジラ,その他の生物から採取した DNA 試料を使って,それらの関係を解明する.また,DNA プロファイリングは,たとえば,社会的関係,渡りの様式,および営巣習慣の理解を深めるのに役立った.さらに,生物圏での DNA の研究は,進化論の考えに新たな信頼性をもたらした.つまり,DNA の研究は,共通の祖先についての,種間の解剖学的類似性に基づいた古い証拠を補強することがよくある.

DNA プロファイリングによる親子鑑定

DNA プロファイリングは,法的な理由で実の父親の身元を知る必要がある場合,父親の認知訴訟で使われる.

図 8・1 の写真は九つの DNA 試料のゲル電気泳動を示している.C_2(子 2)と記された列と,指差しされている F(父)と記された列はバンドのパターンに類似性があるが,C_1,C_3,C_4 とは,類似性を示していない.

この DNA の証拠から,父 F は他のどの子よりも C_2 の子の父親である可能性がはるかに高いことは明らかである.同様の手法を使って,犯罪現場で収集された DNA と容疑者から採取された DNA 試料の類似点と相違点が分析される.

8・1・5　遺伝子導入

ある生物(ドナー生物,たとえば魚)から遺伝子を取出し,それを別の生物(宿主生物,たとえばトマト)に導入する技術は,遺伝子導入(gene transfer)とよばれる遺伝子工学的手法である.トマトを寒さや霜に強くするために,まさにそのような導入が行われた.

DNA は普遍的であるため,ある種の遺伝子を別の種の遺伝子構成に組込むことができる.前述のように(§ 3・1 参照),すべての既知の生物の遺伝子は塩基 A,T,C,G を使ってタンパク質をコードしている.コドンはどの生物でも同じアミノ酸をコードするので,導入された DNA は,宿主生物でも,ドナー生物と同じポリペプチド鎖をコードしている.上記の例では,北極海の氷点下の温度に打ち勝つための魚のタンパク質がトマトに導入され,トマトの耐寒性を高めるように改変された.

遺伝子導入の別の例は,Bt トウモロコシで,攻撃する虫を死なせる毒素を産生するように遺伝子操作されている.この遺伝子とその名前は,特定の作物を食べる害虫の幼虫に致命的なタンパク質を産生する能力をもつ土壌中の細菌 *Bacillus thuringiensis* に由来する.

8・1・6　遺伝子導入のための遺伝子操作

ク ロ ー ン

クローン(clone)とは,もとになるものと同じ性質をもつ一群の物体を示す用語である.生物学では,DNA クローンと,クローン生物が重要である.DNA クローンは,ある DNA の断片とまったく同じ塩基配列をもつ DNA を意味する.一方,クローン生物は,まったく同じ遺伝子をもつ生物の個体群であり,たとえば一卵性双生児はクローンであり,また無性生殖によって生じる子はクローンである.

DNA クローンやクローン生物を作製することは,生物学の研究や応用面での価値が高く,そのような技術はクローニング(cloning,クローン化ともいう)とよばれる.本章の以下の節においては,DNA クローニングの技術と,それを用いたクローン生物の作出について学んでいく.

DNA の切断と貼付け

塩基配列を切断するために使われる"はさみ"は酵素である.エンドヌクレアーゼ(endonuclease)とよばれる制限酵素(restriction enzyme)は,DNA 分子内の塩基対の特定の配列を検出して認識する.四つあるいは六つの塩基対からなる認識配列を探し出すことができ,その特定の位置で DNA を切断する.遺伝子を両端の 2 箇所で切断すると,分離してドナー生物から取除くことができる.遺伝子を貼付けるために使われる酵素は DNA リガーゼ(DNA ligase)とよばれ,互いに連結できる粘着末端の塩基配列を認識して,切断された遺伝子を付加する.

DNA クローニング

DNA クローニングは,上述の切断および貼付け酵素に加えて宿主細胞が必要であるため,より複雑である.酵母細胞は宿主細胞として使うことができるが,遺伝子工学で最も頻繁に使われる宿主細胞は細菌の大腸菌である.

他の原核生物と同様に,大腸菌の遺伝情報のほとんど

は細菌の単一染色体上にある. ただし, 一部の DNA は細胞質内を浮遊する小さな環状の DNA である**プラスミド**（plasmid）とよばれる構造にある. 遺伝子をクローニングするには, クローニングしたい遺伝子をプラスミドに導入する必要がある.

　これを行うには, プラスミドを宿主細胞から取出し, 制限エンドヌクレアーゼを使って切断する. クローニングしようとする遺伝子を, 切断したプラスミド内に導入する. この過程は, 遺伝子組換えとよばれることもある. クローニングする遺伝子は DNA リガーゼを使ってプラスミドに貼付けられる. このプラスミドは, 組換えプラスミドとよばれ, 生物の遺伝子構成に新しい遺伝子を導入するための道具, すなわち**ベクター**（vector）として使うことができる（図 8・3）.

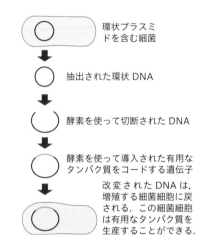

図 8・3　遺伝子組換え. 遺伝子組換えは, プラスミドに遺伝子を導入することを含み, 遺伝子組換え生物をつくるために遺伝子工学で使われる技術の一つである.

　遺伝子をクローニングするために必要な最後の段階では, ベクターを宿主細胞の内部に導入し, 細菌が成長および増殖するための理想的な条件下におく. これは, 細菌を培養液（温かい温度に保たれた栄養価の高い液体）に入れて培養することによって行われる.

　宿主細菌は, 増殖する際に導入した遺伝子を複製するだけでなく, 組換えられた遺伝子を発現してその遺伝子がコードするタンパク質を合成する. この過程は, 糖尿病の治療に必要なタンパク質であるヒトインスリンを大腸菌に生成させるために巧みに利用されている. かつては, 精肉産業から得たウシやブタの死骸からインスリンを抽出していたが, これはアレルギーの問題をひき起こした. 組換えヒト DNA を使うと, このような問題を回避できる.

8・1・7　遺伝子組換え生物

　遺伝子組換え生物（genetically modified organism, **GMO**）は, 上述した遺伝子導入や組換え DNA などの遺伝子工学の手法を使って人工的な遺伝子改変が行われた生物である. 遺伝子組換え生物を生産するおもな理由の一つは, 遺伝子組換え生物が食料生産でより競争力を得ることができるからである. もう一つの一般的な理由は, インスリンのように, 医療用途に役立つタンパク質を産生するように細菌に“指令する”ことができるからである.

遺伝子組換え植物

　最も単純な種類の**遺伝子組換え食品**（genetically modified food, **GM 食品**）は, 望ましくない遺伝子を除去した食品である. 場合によっては, 別のより望ましい遺伝子がその場所に導入されるが, その他の場合には, 新しい遺伝子の導入のみが必要であり, DNA を除去する必要はない.

　どちらの手法を適用しても, 最終的には, その生物は望ましくない形質を示さなくなるか, 遺伝子工学者が望む形質を示す. 遺伝子組換え食品の最初の商業的な例はフレーバーセーバー（Flavr Savr）トマトだった. それは 1994 年に米国で最初に販売され, 熟して腐敗する過程を遅らせ, より長く鮮度を保つように遺伝子組換えされたトマトである. 創意に満ちた思いつきだったが, 会社はこの事業計画で多くの資金を失い, 数年後に断念した.

　別の種のトマトは, 土壌中の高濃度の塩に対して耐性をもつように, バイオテクノロジーの会社によって遺伝子組換えされた. これにより, 塩分濃度の高い地域での栽培が容易になった. バイオテクノロジー産業の主張の一つは, 遺伝子組換え食品は, 農家がさまざまな環境, むしろ, 不適切な環境でも食品を栽培できるようにすることで, 世界の飢餓の問題を解決するのに役立つというものである. 一方, 評論家は, 世界の飢餓の問題は食糧生産ではなく食糧分配の問題であると指摘している.

　発展途上国にとって潜在的に興味深いもう一つの植物は, 米に β-カロテンを生成するように操作された遺伝子組換えイネである. 目的は, この米を食べる人々がビタミン A を欠乏しないようにすることである（ヒトの体は β-カロテンからビタミン A をつくり出す）.

遺伝子組換え動物

　動物を遺伝子操作し, 治療に使える物質を動物に産生させることができる. 血友病患者が直面している問題を考えよう. 血友病 B の患者の血液が凝固しない理由は,

第 IX 因子とよばれるタンパク質を欠いているからである．第 IX 因子が供給されれば，血友病患者の問題は解決されるだろう．第 IX 因子を大量に生産する最も安価な方法の一つは，遺伝子組換えヒツジを使うことである．第 IX 因子をコードする遺伝子が雌のヒツジの乳汁産生の遺伝情報と関係づけされると，この雌のヒツジは乳汁中にそのタンパク質を産生するだろう．

　将来的には，おそらく，遺伝子を挿入して動物を寄生虫に対して耐性にしたり，ヒツジに任意の色の羊毛を生産させたり，受賞歴のある品評会用のイヌやより速い競走馬を生産したりするなど，さまざまな遺伝子組換えが可能になるかもしれない．可能性はほぼ無限にあり，将来がどのようになるか想像するのは難しい．

8・1・8　自然界におけるクローン生物

　自然界は人間が行うよりずっと前からクローン生物の作製を行ってきた．イチゴなどの特定の植物は，水平な構造（匍匐茎）を伸長させ，新しいイチゴがもとのイチゴから近い場所で成長できるようにする．新しいイチゴはもとのイチゴの厳密な遺伝子複製（クローン）となる．なぜなら，片方の親だけが複製に関与し，植物の遺伝子構成に多様性を与える減数分裂と受精が使われていないからである．

　ジャガイモを地面に植えると，もとのジャガイモと遺伝学的に同一である新しい植物に成長する（クローンになる）．これは，花粉に頼って花を受精させる必要がないため，植物にとっては有利だが，集団内のすべてのジャガイモが単一クローンである場合，それらが同じ良い特性をもっているだけでなく，同じ欠点をもっていることを意味し，弱点となる．ジャガイモ葉枯れ病菌などの病原体にさらされた場合，全滅させられる可能性がある．歴史家は，この危険性について，特に 19 世紀半ばにアイルランドで 100 万人が飢餓で亡くなったことを例として語るだろう．もちろん，歴史家は他の原因もあったと言うだろう．歴史は複雑だが，ジャガイモ葉枯れ病が飢饉のおもな要因だった．

　動物はどうだろうか．植物に見られるようなクローンを動物も作製することができるだろうか．非常にまれで例外的だが，無脊椎動物のヒドラ（*Hydra vulgaris*）は，それ自体のクローンを作製することによって無性生殖できる．この淡水動物は，クラゲ，イソギンチャク，サンゴと同じ門に分類される．食料が豊富な場合，小さな芽が体に形成され，成体に成長し，分断されて新しい遺伝学的に同一のヒドラを形成する．この過程は出芽とよばれる．出芽は酵母細胞の電子顕微鏡写真でも観察できる．植物の例（イチゴとジャガイモ）と同様に，ヒドラ

も有性生殖が可能である．

8・1・9　胚からクローンがつくられた動物

　クローン生物は，遺伝的に同一の生物のグループと定義される．これらの生物は実験技術を使って作製される．農業では，植物材料を再生することによって，または，体外受精卵を分裂させてそれ自体の複製を作製することによって，何十年もの間，クローンがつくられてきた．ヒトを含む動物では，一卵性双生児が自然に生じるクローンである．

　人工クローンをつくる実験的試みは，1890 年代にウニの胚を使ってドリーシュ（Hans Driesch）によって最初になされた．かれは単一のウニの胚から細胞を分離し，二つの同一の胚を成長させることに成功した．かれの実験の目的はクローンをつくることではなかったが，振返ってみると，思いがけず新しい技術を発明したといえる．このように思いがけない大発見をすることをセレンディピティとよぶ．つまり，予期せずに役に立つ発見をすることである．

　適切な実験装置を使うと，動物の成長中の胚から細胞を分離し，分離した細胞を同種の雌の子宮に入れて，その数に応じて人工の双子，三つ子，四つ子などを得ることができる．胚細胞は未分化細胞だから，この種のクローニングはなにも驚くべきことではない．このように，自然は一卵性双生児を形成することによってクローニングを長い間行ってきたことを忘れてはならない．

8・1・10　成体細胞から
クローンがつくられた動物
分化した動物細胞を用いたクローニング

　最近まで，クローン動物作製は受精卵細胞からの遺伝情報を使った場合のみ可能であった．何度も分裂した後，胎児が形成されるまで，ある細胞は筋細胞に，他の細胞は神経に，さらに他の細胞は皮膚などに分化する．一度細胞が分化してしまうと，クローンをつくるために利用できないと長い間考えられていた．しかし，その後"ドリー"が現れた．

　1996 年，ドリーという名前の雌のヒツジが生まれた．ドリーは，遺伝物質が卵細胞に由来しない最初のクローンであった．スコットランドのロスリン研究所の研究者がどのようにしてドリーを産み出したかを次に示す（図8・4）．

1. クローン生物をつくるドナー（供与者）のヒツジから，乳腺の体細胞（非配偶子細胞）を収集して培養し，培養細胞から核を取出した．

2. 未受精卵を別のヒツジから採取し，その核を取除いた．
3. 電気刺激によって，この卵細胞と培養した体細胞の核を融合させた．
4. 新しい細胞は，接合子と同様に体外 (*in vitro*) において発生し，胚を形成し始めた．
5. 胚を代理母のヒツジの子宮に導入した．
6. 胚は正常に発育した．
7. ドリーが生まれ，もとのドナーヒツジのクローンとして世界に紹介された．

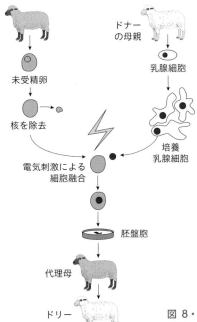

図 8・4　クローンヒツジドリーの作製.

この種のクローニングは，個体全体をつくるため，**生殖的クローニング** (reproductive cloning) とよばれている．生殖的クローニングの技術は，**体細胞核移植** (somatic cell nuclear transplantation) とよばれる．なぜなら，それは卵細胞ではない細胞（したがって体細胞）を使い，卵細胞は核が除去されて別の核に置き換えられているからである．

また，すでに述べたように（§1・1・6参照），分化した体細胞を未分化状態に戻して作製されたiPS細胞が，種々の再生医療に利用されようとしている．iPS細胞を用いる再生医療においては，以下に述べるような倫理的問題は生じない．

未分化細胞を用いたクローニング

科学者が，生物をつくることではなく，単に細胞の複製をつくることに興味がある場合がある．この2番目の種類のクローニングは**治療的クローニング** (therapeutic cloning) とよばれ，その目的は分化していない細胞を開発して，病気やけがの治療に役立てることである．この方法では最初に胚を用いるので，得られた細胞は**胚性幹細胞** (embryonic stem cell, **ES細胞**) とよばれている．そのために，治療的クローニングの研究分野は幹細胞研究とよばれている．

治療的クローニングを取巻く倫理的問題

治療的クローニングはヒトの胚を利用することから始まるため善悪に関する根本的な問題が生じる．医学研究が唯一の目的の場合，新しいヒトの胚を作出することは倫理的に受け入れられるだろうか．自然界では，胚は生殖のためだけにつくられ，多くの人は胚を実験に使うことは自然の理に反し，間違っていると信じている．

しかし，胚性幹細胞の使用は，ヒトの生物学の理解に重大な発見をもたらした．幹細胞研究のおかげで，かつては純粋な作り話であったことが，ますます日常の現実に近づきつつある．現在の研究は，次のような組織の培養をめざしている．

- 重度の火傷を修復するための皮膚
- 病気の心臓を修復するための新しい心筋
- 機能不全の腎臓を再建するための新しい腎臓組織

非常にまれな例外を除いて，研究者や医療専門家の大多数は，ヒトの胚性幹細胞を使った生殖的クローニングに反対している．一方で，幹細胞研究の可能性が非常に魅力的であるため，治療的クローニングの期待が高まっている．

練習問題

1. PCRが必要な理由を説明せよ．
2. 幹細胞研究に関する主要な倫理的問題を説明せよ．
3. 植物や動物を遺伝子組換えする際，利益が危険性を上回るかどうか，どのように判断すれば良いか説明せよ．

8・2　微生物学: 工業における微生物

本節のおもな内容
- 微生物は代謝が多様である．
- 微生物は小さくて成長速度が速いため，工業で利用されている．

- 代謝工学によって，微生物の遺伝学的過程と調節的過程を最適化できる．
- 代謝工学は，目的の代謝産物を生産するために工業的に利用されている．
- 発酵槽は，微生物による代謝産物の大量生産を可能にする．
- 発酵はバッチ培養や連続培養で行われる．
- 発酵槽内の微生物は，自らの老廃物によって増殖の制限を受ける．
- 微生物を培養するには生育に最適な条件を維持する必要がある．

8・2・1 工業における微生物

微生物（microorganism）が工業で使われている理由は大きく分けて三つある．

1. 微生物は小さい．酵母や細菌などの微生物は単細胞生物である．
2. 成長速度が速い．たとえば，細菌は二分裂によって増殖し，30分で分裂する．最初に100個の細菌があった場合，30分後には何個になるだろうか．60分後，90分後にはどうだろうか．答えは，それぞれ200個，400個，800個である．
3. 微生物は代謝的に多様である．それは，微生物が他の分子を構築するために利用する炭素の多様な供給源をもっていることを意味する．ある微生物は，炭素源としてグルコース（$C_6H_{12}O_6$）のような大きな有機分子を使い，また，別の微生物はメタン（CH_4）のような小さな分子を使う．微生物はまた，多様なエネルギー源を利用している．太陽光を利用する微生物もいれば，分子の化学結合に保持されたエネルギーを利用する微生物もいる．

微生物は，代謝の種類によって栄養学的に四つのグループに分類される．

- 光合成独立栄養生物は，太陽光をエネルギー源とし，二酸化炭素（CO_2）を炭素源としている．例としては，藻類などがある．
- 光合成従属栄養生物は，太陽光をエネルギー源とし，有機化合物の炭素を炭素源としている．例としては，紅色細菌などがある．
- 化学合成独立栄養生物は，無機化合物をエネルギー源とし，二酸化炭素を炭素源としている．例としては，硫化水素（H_2S）をエネルギー源とする硫黄細菌などがある．
- 化学合成従属栄養生物は，あらかじめ形成された有機化合物をエネルギー源，および炭素源としてい

る．例としては，菌類（真菌），原生動物，細菌などがある．

微生物によってつくられる製品にはどのようなものがあるだろうか．

食品としては，パン，チーズ，ヨーグルト，ワイン，ビール，しょうゆ，などがある．また日用品としては，アミノ酸やビタミンなどの食品添加物，アルコールやアセトンなどの溶媒，エタノールやメタンなどの生物燃料など，そして化学物質としては，抗生物質やステロイドホルモンなどの医薬品，酵素やタンパク質などの生化学物質などがあげられるだろう．

8・2・2 代 謝 工 学

以前に細胞呼吸や代謝経路について学習した（§2・6，2・7）．科学者たちは代謝工学（metabolic engineering）を用いて，これらの経路を調整するための新しい遺伝子の導入を試みている．代謝工学は，微生物内部の遺伝的過程と調節的過程をその使用目的のために最適化する．微生物の遺伝子を制御し，生化学的な代謝経路を調整する目的は，必要とする物質の生産量を増やすことである．

ここでは，代謝工学の一例を紹介する．

- 大腸菌のような細菌は，短鎖（炭素数2）のアルコールをつくるための生化学的な経路を有している．
- その大腸菌に新しい遺伝子を導入して遺伝子を変化させ，その経路の働きを変える．つまり，経路を制御する遺伝子を変えることで，経路を制御する．
- その結果，この経路の産物として，大腸菌によってつくられた長鎖のアルコールが得られる．この経路は工学的につくられたのである．

なぜ長鎖アルコールをつくりたいのだろうか．より長い鎖の分子は，より多くのエネルギーを含み，ガソリンやジェット燃料の生産に重要であるため，価値があるのである．

目的の代謝産物

上の例の大腸菌が産生するアルコールは代謝産物（metabolite）とよばれている．代謝産物は生化学的経路の生成物である．酵素はこれらの経路を調整し，遺伝子は酵素を制御している．このように，遺伝子の変化が代謝経路に影響を与え，目的の生成物である代謝産物を生産することができることを大腸菌で見てきた．これは，通常の細菌の成長と増殖を妨げることなしに達成で

きる. 工業微生物学は, 微生物の既存の経路を改変して, 特定の化合物 (目的の代謝産物) の効率的な工場にすることをめざしている. 代謝工学は, 細菌や酵母を用いて成功している. その理由は以下のとおりである.

- これらの生物は, 植物と比較して高い収率をもっている.
- これらの生物は, 増殖が速い.
- 目的の生成物を容易に精製することができる.
- 必要とされる炭素源 (グルコースまたはグリセロール) が単純で安価である.

1990 年代に開発されたばかりの代謝工学の技術の成果には, 以下のようなものがある.

- 再生可能な資源から燃料や化学物質を生産するための持続可能な製法
- 病気の治療薬
- 抗生物質とサプリメントの増産
- 環境を浄化するのに役立つ手順

成功への道筋

フランスのサノフィ社 (Sanofi) は, パン酵母による工業規模でのマラリア治療薬の生産を始めた. 年間 7000 万回の服用量を生産する予定である. この大きな躍進は, 2013 年 4 月に科学誌 "ネイチャー" に掲載された. 薬は**アルテミシニン** (artemisinin) とよばれる.

最初にアルテミシニンを生産するための経路を設計したのはアミリス社 (Amyris) というバイオテクノロジーの新興企業である. それ以前は, この薬はヨモギ属のクソニンジン (*Artemisia annua*) からしか入手できなかった. しかし, 植物から得るための費用は高く, 生産も不安定だった. そこで, クソニンジンから三つの酵素を単離し, パン酵母の代謝経路に導入した. 植物由来の方法では 15 カ月かかるのに対し, パン酵母の代謝経路を利用した工程では, 目的の代謝産物を生産するのに約 3 カ月しか要しない. 製薬会社のサノフィ社は利益を得ずにこの薬を販売することを約束している.

8・2・3　発　酵

1928 年, スコットランドの生物学者フレミング (Alexander Flemming) は, アオカビの一種 *Penicillium notatum* が培養皿のブドウ球菌を死なせていることに気づいた. その後, このカビには細菌の細胞壁の合成を阻害する有効成分が含まれていて, それが細菌の増殖を阻止したことがわかった. この最初の偶然の大発見が, 抗生物質としての**ペニシリン** (penicillin) の開発につな

がった. ペニシリンは, 第二次世界大戦中に何万人もの負傷者の治療に使われ, 多くの命を救った.

現在, 工業微生物学は, 微生物を大規模に培養して, ペニシリンのような価値ある製品を商業的に生産している. この工程は**発酵** (fermentation) とよばれている. 現在, 抗生物質は最も重要な発酵の産物である.

代謝産物の大規模生産

ペニシリンが必要とされるということは, 大規模生産の需要があるということである. そこで, 最適な環境で発酵が行われるように制御できる大型のタンクである発酵槽 (図 8・5) が開発されている. 発酵槽は,

- 求められる代謝産物, たとえばペニシリンを最適に生産するために必要な大きさである.
- 微生物を基質と混合するために機械的撹拌できる, または気泡をつくれるようになっている.
- 最適温度を維持するための装置が備わっている.
- 最適な工業生産のために環境を監視するためのプローブがある.
- 汚染を避けるための工程がある.

最後に, 最終製品を結晶化し, 包装し, 販売する.

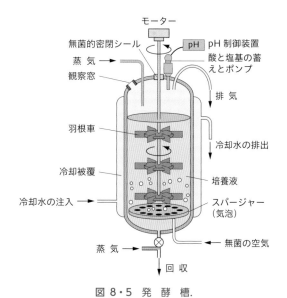

図 8・5　発　酵　槽.

8・2・4　ペニシリンの深槽発酵

工業的にペニシリンを生産するために現在使用されている菌類はアオカビの一種 *Penicillium chrysogenum* である. このカビは, グルコースから増殖と成長するためのエネルギーを得ている. フラスコ内の液体培地でこの

カビを増殖および成長させると，一次代謝産物としてピルビン酸を生成する．この代謝産物を回収したいわけではないが，カビがエネルギーを得るためにグルコースを分解した産物なので，この代謝産物の生成は避けられない．カビの量がフラスコ内で十分な水準に達したとき，バッチ発酵槽に移す（図 8・6）．

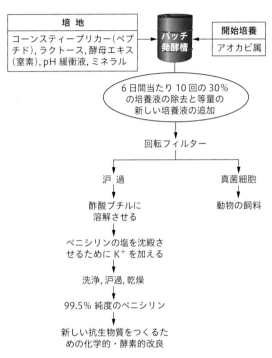

図 8・6　ペニシリンのバッチ発酵槽による産生.

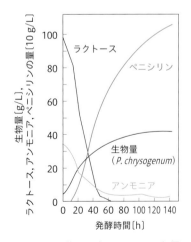

図 8・7　*Penicillium chrysogenum* を用いた二次代謝でのペニシリン発酵. カビの量が横ばいになるとペニシリンの産生が増加する（静止期）.

バッチ発酵槽にはグルコースを入れず，カビを飢餓状態におく．カビは飢えてストレスがかかると，他の生物

に対する防衛機構としてペニシリンを産生する．ペニシリンは，カビが産生する代謝産物のうち，エネルギーとして利用しない二次代謝産物である．

カビを飢餓状態におくために，ラクトース，緩衝液，窒素源となる酵母エキス，ミネラル，およびペプチドを供給するためのコーンスティープリカー（corn steep liquor）を発酵槽に投入する．ラクトースが分解されると，ペニシリンが産生されることがグラフでわかる（図 8・7）．

ペニシリンの産生が増加している間，カビの量は増加しない．この成長段階は静止期とよばれ，この期間にカビは，存在するかもしれない他の生物から自分を守るために，ペニシリンを産生し，ラクトースを得るために競合する．

ペニシリンが発酵槽に溜まると，過剰なペニシリンはペニシリン生成経路の酵素を阻害するので，その産生は停止する．したがって，ペニシリン生成物は産生系を継続させるために効率的に除去されなければならない．発酵槽内の容量は一定に保つ必要があるので，原料は，生成物が除去されると追加される（図 8・6 参照）．

8・2・5　クエン酸の連続発酵

カビによってつくられ，非常によく使われている他の商品に**クエン酸**（citric acid）がある．これは抗生物質ではなく，**食品添加物**（food additive）である．食品棚にあるトマトの缶詰を見ると，ラベルにクエン酸と記載されているのを目にするだろう．粉末飲料，ジャムの瓶，マラスキーノチェリー（砂糖漬のチェリー）や乾燥トマトの瓶，その他多くの食品の成分表にもクエン酸が記載されているだろう．クエン酸は工業用微生物製品のなかでも重要なものの一つである．単純なカビであるコウジカビ（*Aspergillus niger*）によって毎年 55 万トンのクエン酸がつくられている．

クエン酸の利用

クエン酸を発酵によって製造する以前は，柑橘類の果汁から製造していた．第一次世界大戦でイタリアのレモンの収穫に支障を来すと，天然のクエン酸は希少価値の高いものとなった．1917 年，米国の食品化学者が，コウジカビがクエン酸を効率よく産生することを発見すると，その 2 年後に工業生産が開始された．クエン酸は調味料で，食品の pH を維持し，防腐剤としても使われる．工業的に生産されているクエン酸の多くは，糖蜜（すなわち炭素と糖の源）を基質としてコウジカビを用いてつくられている．

8・2・6　アーキアと細菌によるバイオガス生産

将来の再生可能エネルギー源の一つは, **バイオガス** (biogas) かもしれない. 英国では, 自動車燃料の 17% が圧縮バイオガスに置き換わる可能性があると見積もられている. バイオガスは, エンジンを動かすだけでなく, 暖房や調理にも利用できる. バイオガスはなにに由来し, どうやって手に入れるのだろうか. 驚くことではないが, それは微生物によって産生されるもう一つの製品である.

アーキアの分類

ウーズ (Carl Woese) は微生物の研究をしていたとき, 科学者たちが生物の分類を間違えていることに気づいた. 新しい技術のおかげで, ウーズらは, それまで一括して原核生物と考えられていたグループのリボソーム RNA (rRNA) に大きな違いがあることに気付いた. この発見に基づいて, ウーズらはドメインとよばれる分類階層を提案した. この方式によると, すべての生物は **アーキア** (Archaea, 古細菌), **細菌** (Bacteria, バクテリア), **真核生物** (Eucarya, ユーカリア) の三つのドメインに分類される (図 8・8).

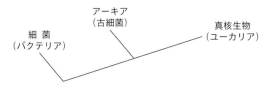

図 8・8　生物分類の三つのドメイン.

- 細菌: "真の"細菌のことで, 組織化された核や, 膜に包まれた細胞小器官をもたない原核生物である. 例としては, 動物の排泄物によく含まれる大腸菌があげられる.
- アーキア: 原核生物であり, 多くの種が, 極端な環境で生活している. 例としては, 米国のイエローストーン国立公園の温泉に生息する硫黄細菌があげられる.
- 真核生物: DNA が核に含まれている単細胞および多細胞のすべての生物のことで, 植物界, 動物界, 原生生物界, 菌界の生物がこれに属する.

バイオガス発酵槽

バイオガスを生産するために, 細菌とアーキアが発酵に利用される. 発酵槽のなかでは, 細菌とアーキアの酵素が嫌気性消化 (酸素を使わない消化) によって分解可能な植物由来の物質を分解している. 生成される物質は単純な分子で, その一つがバイオガスである. バイオガ

スは, 50〜75% のメタン, 0〜10% の窒素, 2〜7% の水, 25〜45% の二酸化炭素, 0〜3% の硫化水素でできている.

バイオガス発酵槽では, 酸素がない状態で以下の過程がこの順序で起こる.

1. 液状化: 長鎖有機化合物の加水分解
2. 酸性化: 短鎖脂肪酸および水素と二酸化炭素の発生
3. 酢酸の生成: 酢酸に加えて水素と二酸化炭素の発生
4. メタンの生成: アーキアがそれらの生成物に作用することによるメタンの産生

これら四つの過程それぞれに特定の細菌が必要とされる. 第4段階のバイオガス (メタン) の生成に必要な微生物はアーキアである. その他の要素は一定に保たれていなければならない. つまり,

- 発酵槽内の細菌は嫌気性であるので遊離の酸素があってはならない.
- 温度は約 35℃ でなければならない.
- メタン生成菌は酸に敏感なので, pH は酸性すぎてはいけない.

8・2・7　グラム染色

異なる群の細菌を識別するために, 染色技術が使われている. 細菌は細胞壁の構造によって二つの群に分けることができ, それらはグラム染色によって区別できる. **グラム陽性細菌** (Gram-positive bacterium) は単純な細胞壁をもち, **グラム陰性細菌** (Gram-negative bacterium) はより複雑な細胞壁をもつ (図 8・9). 両者は **ペプチドグリカン** (peptidoglycan) の量に違いがある. ペプチドグリカンは細菌にとって重要な物質である. それは糖がポリペプチドに結合したもので, 細胞を守る巨大な分子の網の目構造のような働きをしている. グラム陽性細菌には大量のペプチドグリカンがあり, グラム陰性細菌には少量しかない. グラム陰性細菌だけがリポ多糖類の分子が付着した外膜をもっている.

リポ多糖類は脂質に結合した炭水化物である. これらの分子は通常, 宿主に毒性がある. 外膜は, 宿主の防御や抗生物質から細菌を守っている.

ペニシリンのような抗生物質がグラム陽性細菌に対してより効果的に働く理由は, グラム陽性細菌には抗生物質から守る外膜がないからである.

表 8・1 にグラム陽性細菌とグラム陰性細菌の細胞壁構造を比較してある.

表 8・1　グラム陽性細菌とグラム陰性細菌

	グラム陽性細菌	グラム陰性細菌
細胞壁の構造	単　純	複　雑
ペプチドグリカンの量	多　量	少　量
ペプチドグリカンの配置	細菌の外層	外膜で覆われている
外　膜	な　い	リポ多糖類が付着した外膜が存在

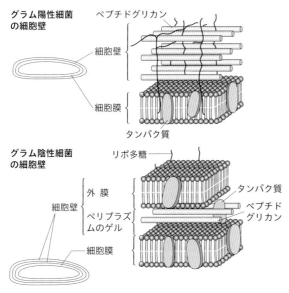

図 8・9　細菌の細胞壁構造の略図.

練習問題

4. 代謝工学について説明せよ.
5. グラム陰性細菌とグラム陽性細菌を比較対照せよ.
6. 細菌や酵母の代謝工学が非常に成功している理由を四つあげよ.

8・3　医　学

本節のおもな内容

- 病原体による感染は，その遺伝物質の存在や抗原によってわかる.
- 遺伝性疾患の素因は，遺伝子マーカーの存在によってわかる.
- DNA マイクロアレイは遺伝的素因の検査や病気の診断に用いることができる.
- 病気を示唆する代謝産物は血液や尿からわかる.
- 生物薬剤製造は，治療用のタンパク質を産生するために遺伝子組換え動物や植物を用いる.
- ウイルスベクターは遺伝子治療に利用できる.

8・3・1　バイオテクノロジーと医学

バイオテクノロジーは，病気の診断や治療に利用できる．バイオテクノロジーは，今日の科学者の新しい医療用のツールである．技術の進歩により，研究者は病気の発見，特定，治療においてより良い仕事をすることができるようになった．病気のなかには遺伝的なものや，病原体によってひき起こされるものもある．病原体とは，私たちに感染して免疫反応を起こす細菌やウイルスのことである．病気が遺伝的なものであれば，遺伝子マーカーとよばれる DNA 配列の遺伝的変異によって特定することができる.

8・3・2　遺伝子マーカーによって　　　　　　　　　遺伝性疾患を見つけることができる

遺伝子マーカーとは，DNA 配列の観察できる遺伝的変異のことである．鎌状赤血球貧血の場合，その証拠を顕微鏡で観察することができる．実際に鎌状になっている細胞を見ることができる．しかし，皮膚がんの素因をもっているかどうかは，この項で学ぶバイオテクノロジーの技術を使って遺伝子マーカーを調べることでしかわからない．これらの技術により，科学者や医者が多くの遺伝性疾患の治療や診断をすることが可能になった.

一塩基多型（SNP）

あなたと友人の染色体 DNA を比較すると，あなたの DNA 配列の 99.9% が友人のものとまったく同じであることに気づくだろう．実際，あなたの DNA をだれの DNA と比較しても，類似性は同じで 99.9% だろう．では，その 0.1% の違いはどこにあるのだろうか．ヒトゲノム計画が完了したとき，科学者たちは，ほとんどのヒ

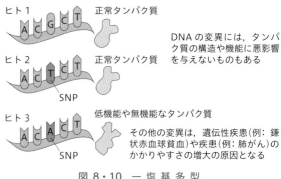

図 8・10　一 塩 基 多 型.

トの遺伝的変異は，ごく少数の小さな DNA 配列に存在することを発見した．これらの遺伝的変異のほとんどは，**一塩基多型**（single nucleotide polymorphism，**SNP**）である．これは，いくつかの多型がある単一のヌクレオ

チドの変化を意味する．たとえば鎌状赤血球貧血のような病気の原因となる異常なタンパク質が発現している場合，その SNP を認識することができる．SNP が正常な人は鎌状赤血球貧血にはならない．

図 8・10 では，3 人の異なる人の SNP が示されている．ヒト 1 は正常なタンパク質を発現する遺伝子をもっている．ヒト 2 は，G（グアニン）の代わりに T（チミン）ヌクレオチドの SNP をもっているが，正常なタンパク質を発現している．しかし，ヒト 3 は，異常なタンパク質をつくる変異をもっている．このように正常なタンパク質が存在しないと病気になることがある．

8・3・3　遺伝子マーカー

遺伝子マーカー（genetic marker）は，特定の病気の素因をもっているかどうかを教えてくれる．遺伝子マーカーは，SNP のような短い DNA 配列であったり，もっと長い DNA 配列であったりする．遺伝子マーカーは病気のなりやすさを示しているが，それは確実に病気になるということを意味するものではない．遺伝子を変えることはできないが，場合によっては環境を変えて病気の発症を予防したり，遅らせたりすることができる．

遺伝子と環境の相互作用の例としては，肌の色が白い人が皮膚がんになりやすいことがあげられる．色白の人の皮膚がんは，ある遺伝子マーカーと関連している．このマーカーは，メラノコルチン 1 受容体遺伝子（*MC1R*）に変異があることを示す．色白の人は，このマーカーがあることがわかると，直射日光への露出を制限するための予防措置をとることができる．そうすることで，皮膚がんが発生する可能性が低下するかもしれない．

8・3・4　DNA マイクロアレイ

DNA マイクロアレイ（DNA microarray）は，固体表面に貼り付けられた DNA プローブの集合体で，遺伝子マーカーを確認するために使うことができる．血液な

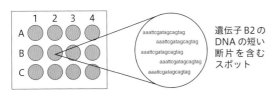

図 8・11　DNA マイクロアレイの格子状のスポット．

どから少量の試料を採取し，DNA マイクロアレイに結合させる．DNA マイクロアレイは，遺伝子チップともよばれ，数千本の短い一本鎖の既知の DNA を格子状に並べて正確な位置に配置してある．各スポットには，既知の遺伝子の複数の複製がある（図 8・11）．この技術により，科学者は遺伝子が転写する mRNA を調べることで，遺伝子の発現を調べることができる．

DNA マイクロアレイの詳細

DNA マイクロアレイの詳細を以下に示す（図 8・12を参照）．

1. 血液や組織の試料から mRNA を単離する．mRNA は DNA からメッセージを受け取る分子であることを思い出すように．
2. mRNA から，**逆転写酵素**（reverse transcriptase）を用いて複製された一本鎖の DNA（cDNA，相補的 DNA）をつくる．新しい cDNA は，もともと血液または組織試料に含まれていた DNA の複製であるが，二本鎖ではなく一本鎖しかない．また，この cDNA は，蛍光色素を標識として付着させたヌクレオチドでできている．
3. ハイブリダイゼーション：マイクロアレイには，数千の DNA 領域に相当するプローブが多数貼り付けられている．プローブは DNA の短い部分で，血液試料の cDNA と対になる（ハイブリダイズする）．一つのマイクロアレイには多くのプローブがあるため，同時に多くの遺伝子マーカーを同定することができる．
4. プローブとハイブリダイズしなかった余分な cDNA は洗い流し，蛍光強度を測定する．蛍光強度が高いほど，プローブに結合した cDNA が多いことを意味する．それぞれのプローブが何であるかがわかっているので，もし cDNA がプローブとハイブリダイズした場合は，もとの試料にどのような DNA が存在していたかがわかる．

図 8・13 は，cDNA とマイクロアレイ上の DNA がどのように一致するかを示している．明るい蛍光は，プローブに含まれる遺伝子が血液や組織試料に含まれる遺伝子と一致していることを意味する．

マイクロアレイの解析

あなたががん専門医で，患者は皮膚がんに罹患しているとする．あなたは，患者の正常な皮膚の細胞が皮膚がんの細胞とどのように違うのかを正確に調べる．そのため，マイクロアレイ用の DNA プローブからなる遺伝子チップを使う．その方法を以下に説明する．

- 皮膚のがんの部分，および正常な部分から細胞の試料を採取する．
- がん部分の細胞と，正常部分の細胞から mRNA（そ

図 8・12　DNA マイクロアレイ.

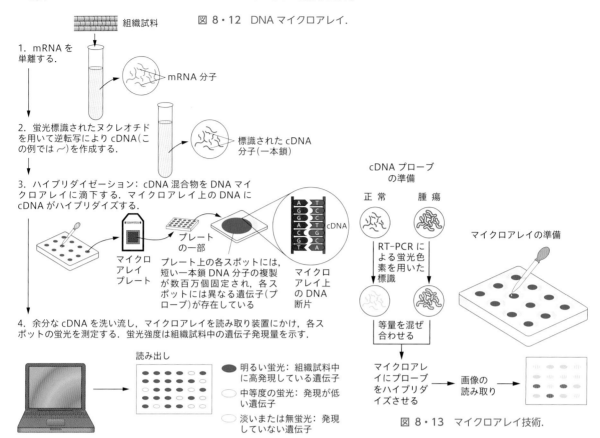

1. mRNA を単離する.

mRNA 分子

2. 蛍光標識されたヌクレオチドを用いて逆転写により cDNA(この例では 〜)を作成する.

標識された cDNA 分子(一本鎖)

3. ハイブリダイゼーション: cDNA 混合物を DNA マイクロアレイに滴下する. マイクロアレイ上の DNA に cDNA がハイブリダイズする.

マイクロアレイプレート

プレートの一部

プレート上の各スポットには, 短い一本鎖 DNA 分子の複製が数百万個固定され, 各スポットには異なる遺伝子(プローブ)が存在している

cDNA

マイクロアレイ上の DNA 断片

cDNA プローブの準備

正常　　腫瘍

RT-PCR による蛍光色素を用いた標識

等量を混ぜ合わせる

マイクロアレイにプローブをハイブリダイズさせる

マイクロアレイの準備

画像の読み取り

図 8・13　マイクロアレイ技術.

4. 余分な cDNA を洗い流し, マイクロアレイを読み取り装置にかけ, 各スポットの蛍光を測定する. 蛍光強度は組織試料中の遺伝子発現量を示す.

読み出し

● 明るい蛍光: 組織試料中に高発現している遺伝子

◐ 中等度の蛍光: 発現が低い遺伝子

○ 淡いまたは無蛍光: 発現していない遺伝子

れぞれ, がん mRNA, 正常 mRNA)を抽出する.

- それぞれの mRNA に逆転写酵素を加える. 逆転写酵素は, mRNA から cDNA(mRNA よりもはるかに安定している)をつくる.
- 正常 mRNA の入ったチューブに, 緑色の蛍光色素で標識された DNA ヌクレオチドを加える. これにより, この cDNA は蛍光を当てると緑色蛍光を発する.
- がん mRNA が入ったチューブに, 赤色の蛍光色素で標識されたヌクレオチドを加える. これにより, この cDNA は蛍光を当てると赤色蛍光を発する.
- バイオテクノロジーの会社から購入したマイクロアレイプレート(マイクロチップ, 図 8・14)を使う. このプレートにはすべてのヒト遺伝子が貼付けされている. 各スポットには, 単一の遺伝子の複数の複製がある. コンピューターは, 各ヒト遺伝子がプレートの上のどこにあるかを記録している.
- マイクロアレイプレートの上に赤と緑の cDNA をピペットで垂らす. cDNA をプレート上のプローブとハイブリダイズさせ, ハイブリダイズしていない cDNA を洗い流す.

- 結果は, スポットの色によって解析が可能である(図 8・15).

● のスポットは, そこにある遺伝子が正常細胞でのみ発現し, がん細胞では発現していないことを示している. この遺伝子は皮膚がんの抑制に関与している可能性がある.

● のスポットは, そこにある遺伝子が, がん細胞で発現し, 正常細胞では発現していないことを示している. この遺伝子は皮膚がんの原因に関与している可能性がある.

図 8・14　ヒトの遺伝子が結合したマイクロアレイプレート.

図 8・15　マイクロアレイの解析. 赤と緑の色素で標識された cDNA がマイクロアレイプレートのプローブにハイブリダイズしている.

○ のスポットは，そこにある遺伝子が正常細胞とがん細胞の両方で発現していることを示しており，がん細胞と正常細胞との間に違いはないので，おそらく皮膚がんの原因に関与していないと思われる．

● のスポットは，そこにある遺伝子がどちらの細胞にも発現していないことを示している．違いがないので，この遺伝子はおそらく皮膚がんの原因に関与していないと思われる．

8・3・5　遺伝物質や抗原を使った感染症の病原体の検出

マイクロアレイは，病原体（pathogen）の検出や同定に使うことができる．たとえば，アフィメトリックス（Affymetrics）社という会社が開発した SARSCoV 遺伝子チップは，SARS ウイルスの全ゲノムに対する 3 万個のプローブを含んでいる．SARS ウイルスは非常に感染力の強い呼吸器系のウイルスで，2002 年に発見されて以来，何千人もの人に感染している．この遺伝子チップを使うことで，ウイルスの遺伝物質を検出することができる．これは，病原体とそれがひき起こす病気の発生を追跡するのに役立つ．

2009 年には，ブタインフルエンザウイルス（インフルエンザ A）が世界的な大流行をひき起こした．このインフルエンザウイルスは，ヒトからヒトへの急速な感染性と未知の病原性をもっていた．このような病原性ウイルスの流行では，診断には迅速かつ高感度な検出が必要となる．そこで，このインフルエンザウイルスに対する抗原マイクロアレイが開発された．これにより，このインフルエンザ感染症の原因となるウイルスの抗原の存在を検出することができた．

8・3・6　PCR を用いたインフルエンザウイルスの検出

科学者は犯罪現場から採取したわずかな血痕をどのようにして証拠として使えるように増幅しているのだろうか．これには，恐竜の化石から DNA を増幅するのと同じ PCR を用いる．PCR は DNA の短い断片を取出して増幅し，それを特定できるようにする方法である．PCR による増幅によって，数え切れないほどの数の DNA の複製をつくることができる．PCR もまた，科学者が病気を診断したり治療したりできるようにした技術的な進歩である．

医療従事者は，あるタイプのインフルエンザと別のタイプのインフルエンザを区別するために，迅速かつ正確な検査をすぐ使えるようにしておく必要がある．PCRはそのような検査である．疫学者は，ある国から次の国

へのインフルエンザの流行を予測するために正確なデータを必要としている．PCR の結果は，そのデータを提供することができる．

現在，PCR はインフルエンザウイルスの検査としては最も感度の高い検査で，鼻の分泌物を検査に使うことができる．インフルエンザ A と B，そして H1N1 インフルエンザウイルスを診断することができる．

以下に PCR 法の過程を説明する（図 8・16）．

1. 出発物質：鼻の分泌物から採取した DNA，DNA

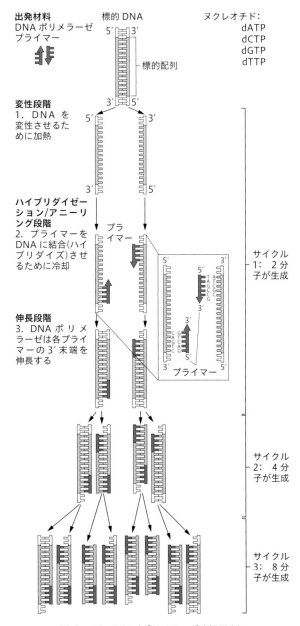

図 8・16　PCR（ポリメラーゼ連鎖反応）．

の複製をつくるために使うヌクレオチド，新しい複製を開始させる DNA ポリメラーゼとプライマー．
2. 変性：DNA を加熱して 2 本の鎖に分離する．
3. ハイブリダイゼーション：3′ 末端側の DNA とプライマーがハイブリダイズするように，DNA をわずかに冷却する．
4. 伸長：DNA ポリメラーゼで，各プライマーの 3′ 末端に新しいヌクレオチドを追加して相補的な鎖をつくらせる．

　各サイクルの終わりには，目的とする DNA 量が 2 倍になっている．20 回の PCR のサイクルごとに，約 100 万倍の標的 DNA の複製が生成される．

　2019 年に中国で最初に報告され，その後パンデミックとなった新型コロナウイルス（SARS-CoV-2）による肺炎（COVID-19）は，前述の SARS ウイルスの仲間のウイルスによるものである．我が国でも連日のように PCR を用いた検査による陽性者の人数が大きなニュースとなり，PCR という用語もきわめて日常的に耳にするようになった．

8・3・7　代謝産物による疾患の検査

　医師は，臨床検査の一環として採血し，尿試料を採取し，病気を示唆する生体指標（バイオマーカー）の代謝産物を探索する．これらの体液の検査によって特定できるものは，バイオテクノロジーによって大幅に増加しており，検査室ではマイクロアレイや PCR などを用いて検査されている．生体指標の例としては，以下のようなものがある．

- 前立腺がん検査の PSA：**PSA**（prostate-specific antigen，**前立腺特異抗原**）の値が上昇している場合は，前立腺がんの可能性があることを示す．
- 悪性黒色腫（メラノーマ）検査の S100：これはタンパク質の生体指標で，上昇している場合は，がん性の悪性黒色腫細胞の数が多いことを示唆している．悪性黒色腫の治療では，このタンパク質指標の値を下げる必要がある．
- 乳がん検査の HER2：乳がん患者の 20～30% がこの生体指標の上昇を示す．一部の患者では治療中にこの指標の値を測定することが重要である．

　これらはこれまでに見いだされてきた生体指標のほんの一例であり，この分野では多くの研究が進行中である．たとえば，アルツハイマー病の発症を予測する生体指標が見いだされようとしている．この生体指標によって，アルツハイマー病の発症を遅らせることができるかもしれない．ここでも技術革新によって科学者たちは病気の診断と治療ができるようになった．

ELISA 診断検査法

　ELISA（enzyme-linked immunosorbent assay，**酵素結合免疫吸着測定法**）は，ヒト免疫不全ウイルス（HIV）の感染者の選別に最初に広く用いられた診断手段である．血液中に HIV に対する抗体があるかどうかを判定することができる．ELISA はまた，血液中や尿中の薬物の存在を検査するためにも使われる．

　直接法による ELISA 検査の手順は以下のとおりである（図 8・17）．

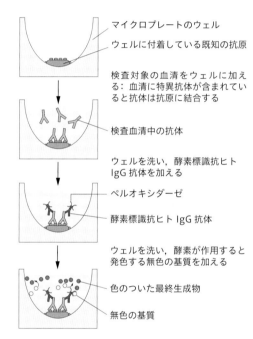

　図 8・17　ELISA（酵素結合免疫吸着測定法）．

- 血液試料を採取する．
- 遠心して血清と血液細胞を分離する．
- 血清を静かに他の容器に移す．血清には抗体が含まれている．
- 各ウェル（プレート上の小さいくぼみ）に既知の抗原（👅）を固着させたマイクロプレートを使う．
- 検査する血清をウェルに加える．固着させた抗原に特異的な抗体（➤）が結合する．
- プレートを洗い流し，結合していないものを取除く．
- ウェルに酵素標識抗ヒト IgG 抗体（➤）を加えて発色させる．この抗体には酵素のペルオキシダーゼ（✕）が結合しており，無色の基質を加えると色が変わる．

- 再度洗浄して，結合していない抗体をすべて除去する．
- 無色の基質を加える．酵素が基質に作用して，色のついた最終生成物が生ずる．色が濃いほど，血清中に存在していたもとの抗体量は多い．
- 色は分光光度計で定量できる．分光光度計は，色の変化を読み取るのに，適した波長に設定する．

　ELISA 検査は通常，輸血用血液の安全性を確保するために，献血された血液中に HIV が存在するかどうかを検査するために使われる．HIV 抗体の存在は，ウイルスが存在する証拠となる．しかし，この検査は完全なものではなく，結果には少数の偽陽性が含まれる．

ELISA 検査の結果の解釈

　表 8・2 は HIV 検査を受けた 3 人の患者の ELISA 検査のデータである．

表 8・2　ELISA による HIV 検査の結果

陽性対照	陰性対照	患者 A	患者 B	患者 C	試験対照
1.869	0.143	0.045	0.312	1.989	0.132

　表内の数値は 450 nm における分光光度計で記録された光学密度（OD）で，OD 値が 0.400 以上はこの検査の HIV 抗体陽性である．OD 値が 0.200〜0.399 の場合は再検査が必要である．0.200 以下の値は陰性である．患者が陽性の場合は，陽性の証拠をより多く得るために別の検査を用いて再検査が行われる．

　表 8・2 に示された ELISA 検査の結果から，患者のなかに HIV 陽性者がいるだろうか．患者 C が該当する．患者 C の OD 値は 0.400 以上で，陽性対照（1.869）に近い値を示している．この結果は次のように解釈できる．

- この患者は色の変化が非常に強く，HIV に対する抗体をもっていることを示している．
- 陽性対照は，HIV 抗体を含むことがわかっている試料である．
- 陽性対照の結果が陽性であれば，手順がうまくいっていることがわかる．
- 陰性対照は，抗体が含まれていない試料である．
- 陰性対照は偽陽性を調べるものである．
- 試験対照には血清を加えていないが，その他の手順はすべて同じである．

8・3・8　生物薬剤製造

　生物薬剤製造（biopharming，バイオファーミング）とは，遺伝子組換え植物や動物を用いて，治療用のタンパク質を生産することである．現在では，さまざまな革新的な技術によって，病気の治療のためにバイオファーミングが利用できる．

植物を利用した生物薬剤製造

　ワクチンをジャガイモから得ることができるだろうか．これは多くの研究者の期待である．この計画では農家は作物だけでなく，医薬品も栽培する．しかし，遺伝子組換え作物を栽培する際の倫理的な議論が，これらの植物からの生物製剤の開発には必要である．環境への懸念から，これらの遺伝子組換え作物の多くはまだ市場に出ていない．

　もし，食用ワクチンが遺伝子工学の技術でうまく製造できるなら，それによって抗原が産生できるだろう．その抗原が血流に入ると，抗体がつくられ，免疫力を得られるようになる．使われる遺伝子工学技術は，アグロバクテリウム菌（Agrobacterium tumefaciens）やタバコモザイクウイルスをベクターとして使って，新しい遺伝子を植物に送り込むことである．

動物を利用した生物薬剤製造

　何十年もの間，遺伝子操作された細菌によって，インスリンやヒト成長ホルモンのような単純なタンパク質がつくられてきた．しかし，細菌は複雑な折りたたみ構造をもつタンパク質をつくり出すことができない．複雑な分子をつくることができるのは真核細胞だけである．今日ではヤギのような動物で，乳と共に医薬品用のタンパク質がつくられている．遺伝子組換え（クローン化）動物はヤギであることが多い．ヤギはウシよりも飼育コストが安く，繁殖が早く，乳量も豊富だからである．医薬品の生産に使われているヤギは，目的の遺伝子が導入されていて，目的のタンパク質を豊富に含む乳を生産する．

アンチトロンビンの生物薬剤製造

　科学者は，手術や出産時の血栓の発生を減少させる**アンチトロンビン**（antithrombin）とよばれるタンパク質を生産するために，ヤギと生物薬剤製造技術を使っている．先天性アンチトロンビン欠乏症のヒトでは，過剰な血栓が生じる．これらの患者においては，血液凝固は，手術を受けるときや出産の際に特に問題となる．

　用いられるヤギは乳腺でアンチトロンビンを産生するように遺伝子組換えされている．アンチトロンビンの産生に必要な遺伝子が，適切なプロモーターとシグナル配列と共にヤギのゲノムに挿入される必要がある．小胞体に付着したリボソームでアンチトロンビンが産生されるためには，適切なシグナル配列が不可欠である．アンチ

トロンビンは，乳汁の一部として細胞外に運ばれ，回収される．ヤギが選択されたのは，乳量が多く，世代時間が18カ月と短いからである．この単離精製されたアンチトロンビンは，アンチトロンビン欠乏症の患者に投与され，過剰な凝固を最小限に抑えることができる．

8・3・9　遺伝子治療とウイルスベクター

ウイルスベクターは，分子生物学者が細胞に新しい遺伝物質を導入するために一般的に使う手段である．あなたが治療法のない遺伝病に罹患していると想像してみよう．あなたは，ウイルスベクターを使った新しい技術が開発されていて，欠陥遺伝子を正常な遺伝子で補うことができることを知る．それは，あなたの細胞の一部に感染させるためにウイルスを使うというもので，ウイルスは，あなたが必要とする遺伝子の運び手である．ウイルスがあなたの細胞に感染すると，正常な遺伝子を細胞にもたらしてくれる．これはあなたを恐れさせるかもしれないが，同時に治療の希望を与えてくれる．

この技術は**遺伝子治療**（gene therapy）とよばれている．バイオテクノロジー研究者は，この方法を患者に役立てられるように改善するために常に努力している．最近の成功例を二つ，以下に簡単に説明する．

- 2011年，血液凝固因子の欠乏によってひき起こされる血友病Bの治療に成功した．8型アデノ随伴ウイルス（AAV8）とよばれるウイルスによって遺伝子を導入し，欠陥のある遺伝子を補った．現在まで臨床試験が続けられている．
- 異染性白質ジストロフィー（metachromatic leukodystrophy，**MLD**）は，幼少期に発症した場合は命に関わる病気であり，**アリルスルファターゼA**（Arylsulfatase A，**ARSA**）とよばれる酵素の遺伝子の欠陥によってひき起こされる．この遺伝子の異常が脳や脊髄の変性をひき起こす．この遺伝子の，機能する複製を組込んだウイルスが，3人の若い患者の骨髄細胞に注入された．遺伝子の欠陥が直され，新しい遺伝子をもった血球が産生された．その結果，3人の患者はいずれも十分量のARSAの酵素活性を得て，中枢神経系が安定した．

遺伝子治療の方法

ほとんどの遺伝子導入法は，治療に必要な遺伝子を細胞に導入するためにウイルスベクターを利用している．ウイルスベクターが機能するためには，それが病気を発生させたり，体全体に広がって他の組織に感染したりしないように，遺伝子操作されていなければならない．遺

伝子治療の方法の概要は以下のとおりである．

- ウイルスが他の組織に影響を与えないように遺伝学的に無能力化させる．
- 患者に導入するために正常な遺伝子をクローニングする．
- 組換えた遺伝子を，遺伝子導入に用いるウイルスに組込む．
- 患者から欠陥遺伝子を含む細胞を取り出す．
- ウイルスが細胞に感染し，正常な遺伝子が患者のゲノムに導入されるように細胞をウイルスと培養する．
- 遺伝学的に改変された細胞を患者に戻す．

1. SCID患者から欠陥ADA遺伝子をもつT細胞を取出す

T細胞

図8・18　SCIDに対する遺伝子治療．

2. 実験室でT細胞を培養

3. 正常なADA遺伝子をもつレトロウイルスをT細胞に感染させる

正常ADA遺伝子を組換えられたDNAベクターをもった細菌

遺伝学的に機能しないレトロウイルス

ウイルスに組込まれた組換えADA遺伝子

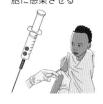

4. 正常なADA遺伝子をもったT細胞をSCID患者に戻す：遺伝学的に改変されたT細胞は正常なADAを産生する

SCIDを治療するためのウイルスベクターの使用

最初のヒトに対する遺伝子治療は，1990年にダシルバ（Ashanti DaSilva）という4歳の患者に対して行われた．彼女は**重症複合免疫不全症**（severe combined immunodeficiency，**SCID**）とよばれる遺伝性疾患に罹患していた．SCIDの患者は，アデノシンデアミナーゼ（ADA）遺伝子に遺伝的欠陥があり，機能的な免疫機構を欠いている．ADAは，デオキシアデノシン三リン酸（dATP）の代謝を助ける酵素を産生する．ADA遺伝子の欠損はこの酵素の欠乏をもたらす．酵素が欠乏すると，dATPの代謝が妨げられ，dATPが蓄積され，その

ことが，多くの問題をひき起こす．この dATP は T 細胞とよばれる免疫系の特定の細胞に毒性がある．したがって，SCID は T 細胞の喪失をもたらす．T 細胞が必要な理由は，免疫系の B 細胞のヘルパー細胞だからである．B 細胞は，外来の侵入細胞を認識し，それに対する抗体をつくるために T 細胞を必要とする．機能する免疫機構がないと，SCID の患者のほとんどは 10 歳代に達するまでに死亡する．ダシルバには図 8・18 に示すような治療が行われ，2 年後には正常に近い T 細胞数を示した．この図からわかるように，この最初の遺伝子治療には，すでに述べたのと同じ手順が使われた．

練習問題

7. DNA マイクロアレイの使用手順を概説せよ．
8. 血液や尿中に見いだされる代謝産物のうち，疾患の検査に使えるものを三つあげよ．

8・4　バイオインフォマティクス

本節のおもな内容

- 科学者はデータベースから情報を簡単に入手できる．
- データベースに保存されているデータは飛躍的に増加している．
- BLAST 検索により，異なる生物の類似した配列を同定することができる．
- 類似の配列をもつモデル生物を用いて遺伝子の機能を調べることができる．
- 配列アラインメントソフトウェアによって，異なる生物の配列を比較することができる．
- BLASTn によってヌクレオチド配列のアラインメント，BLASTp によってタンパク質のアラインメントが可能である．
- データベースを検索することによって，新たに同定された配列と他の生物の機能がわかっている配列を比較することができる．
- 系統学の研究では多重配列アラインメントが利用されている．
- EST は発現配列の断片であり，潜在的な遺伝子を同定するために利用することができる．
- 遺伝子のノックアウト技術によって遺伝子の機能を特定することが可能である．

8・4・1　データベース

生物学の歴史で初めて，学生が同じ**データベース**（database）を使って他の研究者と同時に研究を行うことが

できるようになった．このデータベースによって，科学者は情報を容易に入手することができる．また，このデータベースは公共の情報であるため，驚くべきことに，だれでも利用できる．以前は“インビボ（*in vivo*，生体内）”で行われていた実験が，今日では“インシリコ（*in silico*，コンピューターを使って）”で行われるようになった．バイオインフォマティクス（生物情報科学）の問題を探究し始める際，データベースはすぐに利用できる．

バイオインフォマティクスとは，コンピューター科学と**情報技術**（information technology，**IT**）の両方を使って生物学的過程を理解する研究分野である．バイオインフォマティクスは過去 10 年間で飛躍的に成長した．バイオインフォマティクスのなかで最もデータ量の多い分野はゲノミクスである．

ヒトゲノム計画（Human Genome Project）は，ヒトゲノムのゲノミクスに多大な貢献をした．これは 2003 年に完了し，すべての塩基（ATGC）配列と，すべての遺伝子の染色体上の位置を記載したヒトゲノム全体の地図である．ヒトゲノムデータや他の多くの生物種の配列データは，現在，米国国立生物工学情報センター（NCBI）などの公共データベースで入手可能である．ヒトゲノムの完全解読の論文は，2022 年 4 月に発表された．

保存されたデータは飛躍的に増加している

生物学の分野では，途方もない量のデータが生み出されている．増え続けるデータは，生物学のコミュニティにとってかけがえのない資源である．GenBank のような確立されたデータベースもあるが，小規模な限定されたデータベースもある．FlyBase（ショウジョウバエを中心としたデータベース）や WormBase（線虫を中心としたデータベース）のような特定の生物種に限定されたデータベースもあれば，タンパク質ファミリーのデータベースや病気に特化したデータベースもある．生物学的データの量が増えれば増えるほど，データベースの数や種類も増えている．

代表的なデータベースは以下の四つである．

- Swiss-Prot: タンパク質の配列の精選されたデータベース．
- Ensembl: ヒトやその他の脊椎動物のゲノム情報のデータベース．
- GenBank: 米国国立衛生研究所（NIH）の注釈付きの遺伝子配列のデータベースで，すべて公開されている．

- OMIM（On-line Mendelian Inheritance in Man）：病気の原因となる一連のヒトゲノムの変異と表現型の記述.

データベースに必須の要素は以下のとおりである.

- アクセッション番号（固有識別名）
- 寄託者の名前（情報を発見してデータベースに寄託した科学者の名前）
- 寄託に関する情報（データがいつデータベースに寄託されたか）
- 文献に関する記述（より多くの情報を収集できるようにするため，データについて記述された論文の情報の提供）

生物学情報はデータベースのなかで安全に保管されている. データベースとは，現代のコンピューターネットワーク上の安全な博物館または所蔵されている資料のことで，そこでは知識が注意深く分類されて保存されている. これらのデータベースのいくつかを使って，科学者や一般の人が自由に使えるようにどれほどの量の情報が保存されているかを見ていこう.

8・4・2 BLAST

生物学的データベースは，通常，コンピューターのソフトウェアプログラムによって支援されているデータの集合体である. このソフトウェアを使ってデータを検索したり，分析したりする. ソフトウェアの一例としては，**BLAST**（Basic Local Alignment Search Tool）がある. BLAST は，GenBank を検索し，局所的な配列比較（アラインメント）を行うためのソフトウェアである. GenBank は，DNA 配列の最大の公共のデータベースで，次のように構築される.

- 科学者が遺伝子をクローニングする.
- その科学者は遺伝子の配列を GenBank に登録する.
- GenBank はその遺伝子の配列を他の配列と照合し，一致するかどうかを確認する. この配列の一連の文字を FASTA 形式で書かれた情報とよぶ.
- その結果，同じ遺伝子をもっている生物や，遺伝子の名前，遺伝子の機能の情報が得られる.

BLAST は検索される配列の全長のアラインメントを試みるのではなく，類似性のある領域のみを検索することを意味する. 局所的なアラインメントによって，大きな領域よりも生物学的に重要な小さな類似領域を検出することができる.

BLAST 検索の実例

類似の配列は，異なる生物でもしばしば見られる. 例としては，ヒトとマウスがあげられる. マウスとヒトの多くの遺伝子の間にはアラインメントされる配列がある. 例として肥満に関する遺伝子を見てみよう. マウスの肥満遺伝子（*ob*）は，脂肪代謝に関与するレプチンというホルモンを産生する. レプチン遺伝子の変異は肥満の原因となる.

BLAST の web サイトを利用して，ヒトのレプチン遺伝子の情報を探し，マウスの同じ遺伝子とどのくらい類似しているか検討してみよう.

- まず，インターネットの検索サイトに，以下のアドレスを注意深く入力して，BLAST のサイト（https://blast.ncbi.nlm.nih.gov/Blast.cgi?PAGE_TYPE=BlastSearch）を開く.
- または，"BLAST" と検索し，BLAST のサイトにアクセスし，実行する BLAST プログラム，ヌクレオチド（Nucleotide）BLAST（blastn）を選択する.
- 大きな長方形の中に，慎重に次の 60 文字のヌクレオチド "GTCACCAGGATCAATGACATTTCACACACGCAGTCAGTCTCCTCCAAACAGAAAGTCACC" を入力せよ
- 青枠の最も下にある "+Algorithm parameters" と書かれたバナーをクリックする.
- 現れた枠の上部にある "General Parameters" の区画内の "Max target sequences" の数字をドラッグして 250 に変更する.
- 画面上のページを下にスクロールし，BLAST をクリックする.
- しばらく待つと結果が表示される.
- Descriptions において，Per.ident（同一性の％を意味する）とよばれる列を確認し，89％ の同一性までスクロールせよ. ここでは，マウス（*Mus musculus*）の遺伝子の部分配列がヒトのレプチン遺伝子の部分配列と約 89％ 同一であることを示している. この二つの生物は遺伝子の中核となるセットを共有しているので，マウスを使った実験でヒトの遺伝子についての情報を得ることができる. リストにおいて，異なる生物が異なる同一性をもっていることに気付くだろう.
- たとえば，"Mus musculus strain C57BL/6J leptin mRNA, complete cds" を見ると，同一性の％の隣に，この遺伝子のアクセッション番号（HQ166716.1）が示されている. アクセッション番号をクリックすると，この遺伝子に関する多くの情報を提供するウィンドウが開く（アクセッション番号は GenBank

の各登録データに固有の識別番号である）．遺伝子の情報は生物種名，この場合は *Mus musculus* であることを示している．

- 左側の列を下方にたどると，AUTHORS がある．遺伝子に関する情報をデータベースに登録した著者の名前は，Hong, C.J. であることがわかる．
- PUBMED の隣にある数字（21151569）をクリックすると，マウスの遺伝子に関する抄録が表示される．

BLAST 検索の応用

ここでは，BLAST を用いて確認できる情報のごく一部を説明している．BLAST をさらに詳しく知るために，BLAST のウェブサイトに戻る．

- ヌクレオチド BLAST（blastn）をクリックする．
- 遺伝子のアクセッション番号 U14680 を入力する．
- BLAST をクリックする．
- Descriptions を見る．この遺伝子はヒトの *breast and ovarian cancer susceptibility* 遺伝子：*BRCA1* であることがわかる．
- アクセッション番号（U14680.1）をクリックする．
- 画面を下にスクロールして，左側の列の PUBMED に進む．
- PUBMED（7545954）をクリックする．ジャーナルが *Science* であること，論文の発行は 1994 年であること，抄録には，*BRCA1* 遺伝子が同定されたことが記載されている．
- 前のページに戻る．ORIGIN まで画面を下にスクロールすると，この遺伝子の全塩基配列（cDNA）が現れる．

BRCA1 遺伝子に関するより多くの情報は，科学者や学生が利用できるように，このウェブサイトに掲載されている．たとえば，ページの上部の右側には *BRCA1* 遺伝子に関するいくつかの論文が紹介されている．タイトルをクリックすると論文が現れる．

BLAST は配列アラインメントソフトウェアの一種である

ここまで BLAST を使って実行したことは，ヌクレオチドの配列と，異なる生物の類似した配列とのアラインメントを試みることである．配列アラインメントソフトウェアによって，ヌクレオチドおよびタンパク質のアラインメントを試みることができる．なぜ科学者は，DNA，RNA，またはタンパク質の配列のアラインメントを試みたいのだろうか．その理由は，下記のようないくつかのことを見いだすためである．

- 機能的な関係：上記の作業例で示したように，レプチンの遺伝子はマウスでもヒトでも同じ機能をもっている．
- 構造的な関係：たとえば，科学者がタンパク質を単離したが，その機能がわからない場合，データベースで他のタンパク質と構造的なアラインメントを試みることができ，そして機能を知ることができる．これについては後述する．
- 進化的な関係：たとえば共通の祖先を見つけたり，系統発生的な関係を明らかにしたりすることができる．これについても後述する．

BLASTn と BLASTp

ヌクレオチド BLAST（BLASTn）は，上述したヒトのレプチン遺伝子の GenBank での解析のようにヌクレオチド配列のアラインメントを行う．ヒトのレプチン遺伝子を用いて BLASTn を実行すると，マウスのような他の生物のレプチン遺伝子のヌクレオチド配列とのアラインメントを見つけることができる．同じことが，タンパク質の BLAST（BLASTp）を使っても可能である．BLASTp は，タンパク質（ペプチド）を構成するアミノ酸の配列のアラインメントを試みることによってタンパク質の配列を比較する．BLASTn（ヌクレオチド BLAST）の大きな四角い検索ボックスに挿入したのは

表 8・3 BLASTn で使われる核酸のコード

核酸のコード	意 味	説 明
A	A	**A**denine アデニン
C	C	**C**ytosine シトシン
G	G	**G**uanine グアニン
T	T	**T**hymine チミン
U	U	**U**racil ウラシル
R	A または G	purine プリン
Y	C，T，または U	p**Y**rimidine ピリミジン
K	G，T，または U	**K**etone（ケトン）である塩基
M	A または C	a**M**ino（アミノ）基をもつ塩基
S	C または G	強い（**S**trong）相互作用
W	A，T，または U	弱い（**W**eak）相互作用
B	A でない（C，G，T または U）	A の次に **B** がくる
D	C でない（A，G，T または U）	C の次に **D** がくる
H	G でない（A，C，T または U）	G の次に **H** がくる
V	T や U でない（A，C または G）	U の次に **V** がくる
N	A C G T U	区別なし（a**N**y）
X	特定できない	
−	不確定な長さのギャップ	

FASTA 形式のコードである．BLASTn または BLASTp
で FASTA 形式のコードがなにを表しているかは，表
8・3 および表 8・4 を参照．

塩基配列やアミノ酸配列を BLAST に入力するときに
は，使用する文字に決まりごとがある．たとえば塩基配
列を入力するときに，ある箇所の塩基が A であるか G
であるかはっきりしない場合がある．そのようなときに
は，そこには R という文字を入力する．表 8・3 にはそ
のような決まりがまとめられている．また，アミノ酸は
すべて一文字表記で入力する（表 8・4）．これらの表記
が，前述の FASTA 形式である．

表 8・4　BLASTp で使われるアミノ酸のコード

アミノ酸のコード	意　味
A	アラニン
B	アスパラギン酸またはアスパラギン
C	システイン
D	アスパラギン酸
E	グルタミン酸
F	フェニルアラニン
G	グリシン
H	ヒスチジン
I	イソロイシン
K	リシン
L	ロイシン
M	メチオニン
N	アスパラギン
O	ピロリシン
P	プロリン
Q	グルタミン
R	アルギニン
S	セリン
T	トレオニン
U	セレノシステイン
V	バリン
W	トリプトファン
Y	チロシン
Z	グルタミン酸またはグルタミン
X	区別なし
*	翻訳停止
−	不確定な長さのギャップ

タンパク質の相同性と機能の探索

では，タンパク質のアライメントを試みてみよう．
新たに同定された仮定のアミノ酸配列として，教科書の
著者の一人の名前の文字を FASTA 配列として使う．手
順は以下のとおりである．

- BLAST のウェブサイトに接続する．
- Web BLAST の下にある Protein Blast をクリック
する．
- そのページの上の Enter Query Sequence と書かれ

ている大きな長方形のボックスに，FASTA 形式の
配列を入力する．
- ペプチドの代わりに著者の旧姓を使う．
- patriciamarygallagher と入力する．
- 下にスクロールして BLAST をクリックする．しば
らく待つと上部に Protein Sequence の文字が入っ
たウィンドウが表示される．
- Descriptions を見る．
- 一番上の方に最良のアライメントが表示されてい
る．上位に，名前が murid gammaherpesvirus 4 と
なっている行がある．この行の右端にあるアクセッ
ション番号をクリックすると，そのタンパク質に関
する別のページが表示される．このページには，研
究者にとって貴重な情報がたくさんある．
- REFERENCE：このタンパク質に関する情報をデー
タベースに登録した著者の名前が表示される．この
場合，4 件の REFERENCE がある．
- PUBMED：PUBMED の隣にある番号をクリックす
ると，参考文献 1 の著者が発表した論文に移動す
る．その PUBMED の論文に進む．このタンパク
質の機能は何だろうか．抄録の最初の文を読むと，
マウスに感染するウイルスであることがわかる．
- 前のページに戻る．ORIGIN まで下にスクロール
すると，タンパク質の全配列が表示される．各文字
はタンパク質のアミノ酸を表している．文字の意味
は，アミノ酸の記号の表を見ればわかる．

BLASTp に慣れてきたので，自分の名前を FASTA 形
式で Query ボックスに入力する．あなたの名前は，新
たに同定されたと仮定した配列である．この新たに同定
された配列の機能は何だろうか．BLASTp を使って調
べてみよ．

8・4・3　簡単なクラドグラムや系統樹を構築するためのソフトウェアの使用

今度はデータベースを使って，進化の関係を調べてみ
よう．多くの特徴を共有する生物は密接に関連してお
り，おそらく比較的最近の共通の祖先をもっている．科
学者たちが最初に比較した特徴は，身体的な特徴だっ
た．つまり，生物に毛があるか，羽毛があるか，足があ
るか，翼があるかなどを検討した．これらの構造に基づ
いて，**系統樹**（phylogram）とよばれる関連性の図を描
いた（図 8・19 を参照）．現在では，タンパク質や核
酸の配列の違いを比較することで，より正確に関連性を
示すことができることがわかっている．

最新のバイオインフォマティクスを使えば，多くの生
物の核酸とタンパク質のデータベースを比較して，進化

の関係を調べることができる．ソフトウェアが**クラドグラム**（cladogram，**分岐図**）や系統樹を作成してくれる．クラドグラムは系統樹の一種で，枝の長さは進化の時間を表さない．系統樹は，枝の長さが進化の時間を表している．

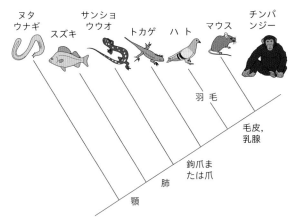

図 8・19 脊椎動物の系統樹．

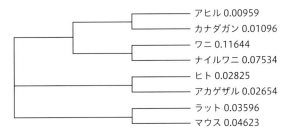

図 8・20 八つの生物の共通祖先を示したクラドグラム．共通の祖先は，各生物のヘモグロビンβ鎖のわずかな違いを比較するデータベースを用いて見いだされた．

例として，多くの生物に見られるヘモグロビンというタンパク質を使う．このタンパク質については，すでに学んだ（§4・2，4・4）．ヘモグロビンは，血液中の酸素を運ぶ分子で，α鎖とβ鎖，それぞれ2本，合計4本のタンパク質の鎖からなる．また，鎌状赤血球貧血は，2本のβ鎖の1アミノ酸変異によってひき起こされることを覚えているかもしれない（§3・5参照）．それでは，8種の生物のヘモグロビンβ鎖に存在する小さな違いを比較の基準にして，8種の生物の関係を探索してみよう．最後にソフトウェアを使って，それらがどのように関連しているかを示す系統樹またはクラドグラムを得る．

アヒル，カナダガン，ワニ，ナイルワニ，ヒト，アカゲザル，ラット，マウスがその8種の生物である（図8・20）．

これらの生物のヘモグロビンβ鎖を比較するためには，各生物のタンパク質配列が必要である．タンパク質の配列を見つけるためには，UniProtとよばれるデータベースにアクセスする必要がある．

- インターネットで "UniProt" と検索し，UniProtにアクセスする．
- 検索ボックスに "human beta hemoglobin（ヒトβヘモグロビン）" と入力する．
- Search（検索）をクリックするとヒトβヘモグロビンに関する情報についてのページが表示される．
- 項目名が HBB_human（エントリー番号 P68871）を探す．
- 下にスクロールすると，種々の生物種のβヘモグロビンの情報が複数のページにわたって登録されているのがわかる．
- HBB human のエントリー P68871 に戻ってそれをクリックする．
- HBB human についてだけのページが表示される．そこには，Function（機能），Names & Taxonomy（名前と生物分類学），Subcellular location（細胞内局在），その他多くの見出しがある．下にスクロールしていくと，Sequence（配列）にたどり着く．配列情報の 147 文字は BLASTp で使われているアミノ酸記号の表の文字と一致していることに気付くだろう．この配列をクリップボードにコピーして保存しておけば，次の解析で使うことができる．他の七つの動物のヘモグロビンβ鎖のデータも同様にコピーする．
- 複数の配列のアラインメントのためのウェブサイト Clustal Omega を検索し，アクセスする．これは，欧州生物情報科学研究所にあるバイオインフォマティクスのウェブサイトである．
- ダウンロードしたヘモグロビンファイルを開いてすべてのテキストを選択し，"STEP 1 —— Enter your input sequences" の下にある長方形のボックスに貼り付ける．
- 下にスクロールして，Submit をクリックする．アラインメントを表示したページが現れる．

現れたページが八つの配列のアラインメントを表示したページである．

- 一番上にあるタブの中から Phylogenetic tree（系統樹）というタブを選択する（表示されない場合は別のブラウザを使う）．
- 結果は図 8・20 に示すようなクラドグラムである．枝の長さが各動物で同じであることに注意せよ．この図は共通の祖先を示しているだけで，分岐の時間

の長さの概念は含まれていない.

- Branch length（分岐の長さ）の隣の Real を選択する. 結果は図 8・21 に示すような系統樹である. この図の枝の長さは進化的分岐の大きさを表している. 枝の長さが長いほど, 進化的分岐が大きくなる.

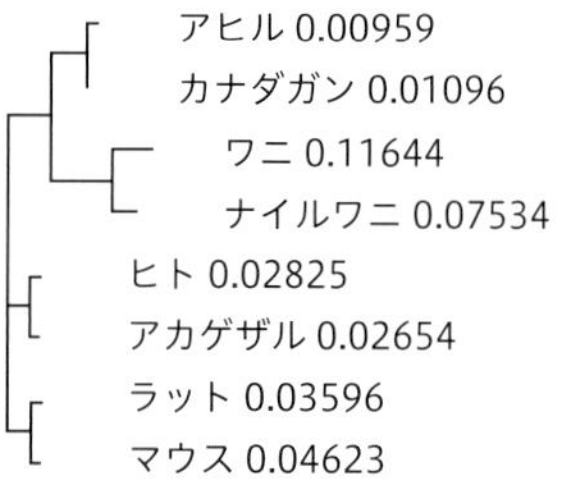

アヒル 0.00959
カナダガン 0.01096
ワニ 0.11644
ナイルワニ 0.07534
ヒト 0.02825
アカゲザル 0.02654
ラット 0.03596
マウス 0.04623

図 8・21　八つの生物の分岐の大きさを示す系統樹. 図 8・20 と同じ情報を用いて, 8 種の生物の進化的分岐の大きさを示した系統樹. 枝が長いほど相違が大きい.

8・4・4　ヒトの 21 番染色体をデータベース Ensembl で探索する

もう一つの重要なデータベースは, Ensembl である. Ensembl は, タンパク質をコードする DNA の染色体上の位置にタンパク質を照合させる. つまり, 遺伝子の染色体上の位置を表示するデータベースである. Ensembl は, だれもがアクセスできる公開データベースである. 研究者は, 実験によって特定の遺伝子が特定の染色体上のどこにあるかを発見すると, このデータベースに追加する. 毎日, より多くの情報がこのデータベースに追加され, 他の科学者も毎日, 研究計画に役立つすでに登録された情報にアクセスしている. 試してみよう.

以下の手順でウェブサイトにアクセスし, 21 番染色体について調べてみよう. 遺伝学の勉強から, 過剰な 21 番染色体（トリソミー）がダウン症候群の原因であることを思い出そう. 科学者は, そのために 21 番染色体に非常に興味をもっている.

- インターネットで "Ensembl" と検索して Ensembl Genome Browser にアクセスする.
- 水色の長方形の枠の下の検索ボックスにおいて, All genomes を Human（ヒト）にプルダウンする.
- 種々の情報を含んだ, 六つの水色の長方形の枠が現れる.
- そのうちの一つの枠, Genome assembly 中の View karyotype をクリックする.
- Whole genome というページが現れ, 枠内に染色体の図が表示される. 21 番染色体をクリックすると新たな枠が現れ, Chromosome summary を選択する.
- Chromosome 21 というページが現れる. このペー

ジから染色体の一部を拡大したり, 染色体統計の図表を見たりして, 21 番染色体を探索することができる.

さらに詳しく調べたい場合は, このページの下部の Get help を利用するなどして, Ensembl の多くのチュートリアルを参照するように.

8・4・5　EST データの利用

ヒトゲノム計画で発見された多くの遺伝子の機能について, 研究者たちは現在も研究を続けている. EST データベースは, これらの DNA の部分配列をパズルのピースのように組立てることができる場を提供する. EST は expressed sequence tag の略である. EST は潜在的な遺伝子を明らかにするために使うことができる. EST は, 一本鎖の短い cDNA（複製された DNA）配列である. 遺伝子を発見したり, 遺伝子の配列を決定したりするために使うことができる. EST は次のようなものである.

- 特定の染色体の位置に位置付けされる.
- または, EST を含む遺伝子が配列決定されている場合には, そのゲノム配列に EST 遺伝子配列をアラインメントさせることができる.

EST は最近, ヒト遺伝子の機能を理解するのに役立つ重要な手段となってきている.

EST のデータ分析を用いた最近の研究によって, ヒト前立腺がんで発現している三つの遺伝子が発見された. その手順は, ヒト前立腺 cDNA ライブラリーから EST 配列を検索することを伴っていた. 選択した EST を試験し, その結果はコンピュータープログラムを用いて解析された. その結果, これまで知られていなかった 15 の有望な遺伝子が同定された. これらの遺伝子のうち七つがハイブリダイゼーション実験で調べられ, 三つの遺伝子が前立腺特異的であることが判明した. 今では, これら三つの遺伝子は, 前立腺がんの標的療法に利用できるようになった.

8・4・6　ノックアウトとモデル生物

これまで, モデル生物を用いて遺伝子の機能を調べることができることを見てきた. ヒトや他の多くの生物に保存されている（同一の DNA 配列が種を超えて存在する）レプチン遺伝子を調べる際に使った生物は, マウス（*Mus musculus*）だった. 比較のためにデータベースを使ったが, 遺伝子の機能を正確に決定するもう一つの方

法は，**ノックアウト**（knockout，**KO**）してなにが起こるかを検討することである．マウスはノックアウトに良く使われる生物種である．研究者たちは，マウスのレプチン遺伝子を変異遺伝子に置き換えることでノックアウトし，マウスが肥満になることを発見した．

なぜ研究者は一般的にマウスを使うのだろうか．マウスは遺伝学的にも生理学的にもヒトに似ており，そのゲノムを簡単に操作して分析することができるからである．がんや糖尿病など，ヒトに影響を与える病気は，マウスにも影響を与える．普通はマウスが病気にならない場合（嚢胞性線維症など）でも，マウスのゲノムを操作することで病気を誘発することができる．加えて，マウスのコストが安く，すぐに増殖することも魅力の一つである．多くの近交系や遺伝子操作された変異体が研究者に利用可能である．遺伝子工学の重大な進歩により，マウスの遺伝子をノックアウトする手段，つまり正常な遺伝子を代替のものに置き換える手段を手に入れた．いくつかの例を表 8・5 に示す．

表 8・6 に示すモデル生物は，そのゲノムの完全な配列が解明され，データベースに追加されている．いくつかの研究では，これらの生物はマウスと同じくらい，あるいはそれ以上に重要である．

これらの生物とヒトが共有する遺伝子の数は非常に多い．遺伝子の類似度が 30% の酵母から，80% のマウスまである．

表 8・5　ノックアウトマウスの例

ノックアウトマウス	欠 陥	研究する利点
Cftr	細胞内外の塩分や水分の移動を調節するタンパク質の CFTR をつくる遺伝子の障害	米国で最も一般的な致命的遺伝病である嚢胞性線維症の研究を可能にする
P53	機能しない *Trp53* がん遺伝子をもつ	がん研究
Lep ⟨ob⟩	レプチンの変異遺伝子をもつ	肥満研究

表 8・6　モデル生物の例

モデル生物	グループ
大腸菌	細 菌
シロイヌナズナ	植 物
出芽酵母	酵 母
キイロショウジョウバエ	昆 虫
センチュウ	線形動物
マウス	哺乳類

練 習 問 題

9. BLASTn と BLASTp を比較対照せよ．
10. 配列アラインメントソフトウェアを使う理由を三つあげよ．
11. ノックアウトマウスの利点を説明せよ．

章 末 問 題

1. 下の表は，ライム病の感染が疑われる 3 名の被検者について，ELISA 法で検査した結果である．0.500 以上の値の被検者は陽性，0.300 以下の被検者は陰性であり，0.300〜0.499 の被検者は再検査を要する．以下の設問に答えよ．

陽性対照	陰性対照	被検者1	被検者2	被検者3	試験対照
1.765	0.189	1.535	1.892	0.435	0.202

(a) 陽性対照とはどのようなことか，説明せよ．（1 点）
(b) 陰性対照とはどのようなことか，説明せよ．（1 点）

(c) ライム病陽性と思われる被検者はどれか．その理由も説明せよ．（1 点）
(d) 再検査を要する被検者はどれか．その理由も説明せよ．（1 点）

（計 4 点）

2. 以下の問いに答えよ．
(a) 遺伝子治療におけるウイルスベクターの利用について簡単に述べよ．（3 点）
(b) 遺伝子治療の危険性について述べよ．（2 点）

（計 5 点）

練習問題・章末問題の解答

1 章

練習問題

1. 体積に対する表面積が減少すると，細胞の内外間における老廃物の交換のための膜表面が少なくなる．細胞の直径が増大するにつれて，表面積の増加は体積の増加より少なくなる．それゆえ，交換に利用可能な膜の相対量は少なくなる．細胞が大きすぎると，老廃物の蓄積により死に至る．

2. ゾウリムシは従属栄養生物であり，栄養を周囲の養分の摂取によって得なければならない．クロレラは独立栄養生物であり，日光を利用して光合成を行うことができるので，自分で栄養分を産生することができる．

3. これらの細胞は生体内できわめて特殊化した機能を果たしている．ニューロン（神経細胞）はインパルスを伝え，そのために細胞内での急激な電気的変化である脱分極と再分極を可能にするしくみを備えている．筋線維（筋細胞）は運動を生みだす．運動を起こすために，あるタンパク質と，そのタンパク質の特殊化した配列を必要とする．その結果，ニューロンと筋細胞は，細胞増殖段階に貴重な時間とエネルギーを浪費せずに機能を遂行している．

4. 幹細胞は非常に幅広い分化能を有してはいるが，依然として核 DNA が分化の制御因子となっている．ある動物種の DNA は他の動物の DNA と大きく異なる可能性がある．

5. DNA は細胞の生命活動によって容易に傷つく．これらの生命活動は，DNA に障害を与える可能性のある酵素や素材を必要とし，また，同様に障害を与えるかもしれない産物を産生する．これにより，相互作用や突然変異，および有害な変化の可能性が大きくなる．

6. 線毛は細胞膜の突起であり，細菌細胞を結合して細胞間で DNA を交換させるものである．これにより，有性生殖が起こる．

7. 細菌の細胞壁のすぐ外には長鎖の多糖と脂質があり，これらが細菌を歯の表面に粘着させる．

8. 筋細胞は，運動という機能を遂行するために，多くのミトコンドリアをもっている．ミトコンドリアは ATP を産生し，ATP は特殊なタンパク質を相互にスライドさせて運動を起こさせる．ATP がなければ運動は不可能である．

9. ミトコンドリアと葉緑体である．その理由は，どちらもそれ自身の DNA をもつ，危険であるかもしれない環境での保護作用をもつと思われる二重膜をもつ，原核細胞のものと類似したリボソームをもつ，単純な二分裂で分裂する．

10. 葉緑体は単純な糖質を産生する．これらの糖質はそ

の化学結合が切られると化学エネルギーを放出する．このエネルギーは細胞の活動に必要な ATP を産生するのに用いられる．ミトコンドリアは化学結合の切断によって得られるエネルギーを ATP に蓄える．

11. リン脂質の親水性部分は，水という極性分子が存在する場所（細胞膜の外側と内側）に向けて配列する．リン脂質の疎水性部分は，水分子と接しない膜の内側に向けて配列する．

12. 植物の膜や植物が産生する物質にはコレステロールが存在しない．動物の産物にはコレステロールを含む細胞膜がある．

13. 両親媒性のリン脂質は親水性と疎水性の，両方の性質をもつ．

14. 糖タンパク質を構成する糖鎖．

15. 受動輸送の駆動力は特定の物質の濃度差である．濃度が高いと，分子間の衝突頻度がより高くなり，濃度の低い側への運動が生じる．この運動は，どの領域でも衝突が等しい頻度になるまで続き，等しい頻度になった時点では平衡が確立したといわれる．能動輸送では，最終的な平衡は存在しない．能動輸送は，エネルギーの消費を伴う，濃度に逆らう運動である．

16. どちらも ATP のエネルギーを要するから．

17. 染色体が異常に分配され，細胞活動を支配する DNA を異常にもつ細胞が生じる．

18. 染色分体は中期に分離するので，この段階では 48 本の染色分体が存在する．

19. 細胞質分裂は M 期の最終段階，間期（G_1）の始まる直前に起こる．

20. 動物細胞の細胞質分裂は，細胞膜の外側から始まって細胞質をくびりきり，2 組の染色体を分離する．植物細胞では，細胞質分裂は細胞壁と細胞膜の間に細胞板を形成する過程が含まれる．これにより 2 組の染色体を分離する．細胞板は細胞内部から形成されて周囲の細胞壁に向かって伸長する．

21. 空気中の細菌がフラスコ内に入って，栄養液中で増殖できたから．

22. この問いに関しては，複数の解答が可能である．最初の核がどのように進化したかについてははっきりした証拠がない．体細胞分裂に類似した分裂によって，ゲノムが緊密になったかもしれない．細胞膜がちぎれて細胞内部に入り，核膜となったかもしれない．現在のところいずれも仮説であり，研究が進んでいる．

23. 今日地球上に存在する細胞は，地球上に出現した最初の細胞に生じた変化によって今日の姿に至っている．細胞内共生などの変化によって，最初の単純な細胞に比較してきわめて複雑な細胞が生じた．

章 末 問 題

1. (a) (i) 間期. 理由例: 染色体が見えていない. 遺伝物質はクロマチンとして見えている. DNA が凝集していない. 核膜が存在する. 核小体が存在する. (ii) 解答例: DNA 合成, DNA 複製, 細胞の成長, 細胞小器官の増加, 転写, RNA 合成. (i)で"細胞分裂期"と解答した場合は, 以後の解答は無効とする.

(b)
・分裂能を有している.
・分化していない (特殊化していない), 分化する能力を有している, 多分化能をもっている (多能性である, 全能性である) (いずれか一つ)

(c) 脊髄損傷, 加齢性黄斑変性症, 心筋梗塞などの治療

2. A

3. C

4. D

5. (a) (i) 30 000 倍 (30 000〜35 000 倍は正答とする). (ii) 0.1 μm (単位必要) (0.09〜0.12 μm の解答は正答とする)

(b) 以下のうち二つがあげられていれば 1 点 (最初の二つの解答が正しくないときは点を与えない)
・成長
・体細胞の増加 (細胞成長は不可)/配偶子形成の最初の段階
・胚発生 (無性生殖は不可)
・創傷治癒/毛髪成長, 皮膚細胞の更新
・クローン選択/(抗体産生のための)リンパ球の増殖

(c) 幹細胞は未分化な細胞である. 胚細胞は幹細胞である. 幹細胞は多くの細胞に分化することが可能である (多分化能, 全能性をもつ). 分化には, 特定の遺伝子の発現が必要である. 幹細胞は傷や組織の修復の治癒に利用できる.

2 章

練 習 問 題

1. (a)

$$H-\overset{\overset{\displaystyle H}{|}}{\underset{\underset{\displaystyle H}{|}}{C}}-OH \text{（構造式）} \qquad CH_4O \text{（組成式）} \\ CH_3OH \text{（示性式）}$$

(b)

$$H-\overset{\overset{\displaystyle H}{|}}{\underset{\underset{\displaystyle H}{|}}{N}}-\overset{\overset{\displaystyle H}{|}}{\underset{\underset{\displaystyle H}{|}}{C}}-\overset{\overset{\displaystyle O}{||}}{C}-OH \text{（構造式）} \qquad C_2H_5NO_2 \text{（組成式）} \\ NH_2CH_2COOH \\ \text{（示性式）}$$

構造式とは原子の結合順序とそれぞれの結合の種類 (単結合, 二重結合など) を明示した式, 組成式とは原子の種類とそれらの数の比を最も簡単な整数比で表した式, 示性式とはその物質に特有な性質の原因となっている官能基を明示した式である.

2. 地球上の生物は, 糖質, 脂質, タンパク質, 核酸などの分子によって構成される. そしてこれらの分子はすべて炭素が結合した骨格をもつ有機化合物である. このことから炭素は生物にとって根本的に重要な元素と考えられる

ので, 地球上の生命は炭素を基盤とすると言われる.

3. デンプン: 植物の貯蔵多糖であり, 動物にとっては栄養 (エネルギー源) となる.

グリコーゲン: 動物の貯蔵多糖であり, エネルギー源となる.

セルロース: 植物の細胞壁の構成成分である.

キチン: 昆虫や甲殻類の外骨格の構成成分である.

4. この質問には, さまざまな答えが考えられる. 読者がよく知っている生物を選んで考えればよい. 水が重要である理由には, 以下のような内容が含まれるが, これらに限定されるものではない. すべての細胞の細胞質には水がある; 血漿も主成分は水である; すべての化学反応のための環境となる; 生物内で栄養素を分配する; 生物内で廃棄物を運ぶ; 水の再分配はしばしば細胞や組織の形を変える (たとえば, 植物の孔辺細胞); 生物の安定した体内温度の維持に役立つ.

5. この質問に対する解答も非常に多様であると予想される. 解答は水分子の極性に焦点を当てるべきである. 生物が使う溶質の大部分は極性をもち水溶性であるため, 化学反応は細胞内の水溶液のなかや血漿中などでのみ可能である. 極性は, 水分子の凝集力と接着力にも直接関係しており, 生物のなかでの水の動きを考えるときに重要である. また, 生物体内の安定した温度維持は, 水の高い比熱に直接関係しており, これは水分子の極性に起因している.

6. グリセロール ＋ 3 × 脂肪酸 ⟶ トリアシルグリセロール ＋ 3 × 水

7. 不飽和脂肪酸は構造に屈曲をもつので, リン脂質が細胞膜を構成するときに, 隣のリン脂質との間にすき間ができる. このことは細胞膜の流動性を高める.

8. (a) プロリン　　(b) メチオニン, システイン
(c) アスパラギン酸, グルタミン酸, リシン, アルギニン, ヒスチジン

9. 75 (ペプチド結合の数はアミノ酸の数より 1 個少ない)

10. 160 000 通り. ペプチドのそれぞれの位置は, 20 種類のアミノ酸のどれか一つになるので, $20 \times 20 \times 20 \times 20 =$ 160 000. ペプチドの両端は $-NH_2$ と $-COOH$ で異なることに注意.

11. タンパク質の一次構造とは, アミノ酸配列を指す. アミノ酸配列によって, 弱い結合のでき方と電荷の分布が決まるので, それによってタンパク質の高次構造が決まる.

12. 補欠分子族

13. 特異性は, 基質と酵素の, 対応する部分の分子の形状と, 整列する部分の分子の電荷の組合わせによって説明される. 基質は, 酵素の活性部位に対して相補的/反対の形状でなければならない. 一般的に, 酵素が内部に正の電荷をもっている場合, 基質は負の電荷をもつ (ただしこれには例外もある).

14. 酵素は反応物でも生成物でもない. また, 酵素は反応速度に影響を与える. 非酵素触媒と酵素の違いは, 酵素が有機化合物ということである.

15. 競合阻害では，競合する分子が酵素の活性部位と直接結合し，基質が結合するのを妨害する．非競合阻害では，活性部位には基質以外の分子は結合しない．この場合，阻害剤は酵素の活性部位とは別の場所に結合し，立体構造（コンホメーション）の変化をひき起こし，酵素の活性を低下させる．

16. 最終生成物阻害による代謝経路の最も効率的な制御は，経路の最初の基質と最初の中間代謝物の間の酵素で起こる．

17. 解糖系

18. 細胞質

19. すべての細胞は何らかの形の細胞呼吸を必要とし，すべての細胞は細胞質をもっているから．ミトコンドリアは真核細胞だけにしか存在しない．

20. 吸入された酸素は血液によって，細胞呼吸のために私たちの体の細胞に分配され，副産物として二酸化炭素が生じる．生じた二酸化炭素は肺に運ばれ，呼気によって吐き出される．

21. クエン酸回路で1個のATPが生成する．また，クエン酸回路では，NADHが3個とFADH$_2$が1個できるので，これらは電子伝達系で合計11個のATPを生成する．ピルビン酸はアセチルCoAとなってクエン酸回路に入るので，この過程で1個のNADHが生成され，これは電子伝達系で3個のATPをつくる．以上を合計するとピルビン酸1個からつくられるATPは15個となる．

22. 横紋筋によって，すべての自発的が動きが可能になるので，横紋筋細胞の活動は非常に活発である．筋肉が運動のための機能を発揮するためには，大量のATPが必要である．

23. NADの方がより多くのATPを産生する．なぜならNADの還元型（NADH）はFADの還元型（FADH$_2$）よりも，電子伝達系のより早い位置に入るからである．

24. 生成されるATPが少なくなる．なぜなら，プロトン（水素イオン）がATP合成酵素のチャネルのみを通過することがなくなるからである．ADPのリン酸化を可能にするのは，ATP合成酵素のチャネルを通るプロトンの動きである．

25. ATP合成酵素はADPのリン酸化反応をより速く起こすことを可能にしている．この酵素がなかったら，ATPの合成速度は非常に遅くなる．

章 末 問 題

1.

分子の一部として，カルボキシ基（左の…で囲んだ部分）とアミノ基（右の…で囲んだ部分）を示す．カルボキシ基とアミノ基は，どちらも α 炭素（中央の炭素原子）に結合しており，水素と側鎖（R）も α 炭素に結合している．一つのアミノ酸の –COOH 基と別のアミノ酸の –NH$_2$ 基の間でペプチド結合が形成される．側鎖（R）はそれぞれのア

ミノ酸により異なる．

2. D

3. A

4. 水は透明で光合成のために光を通過させる；水分子の凝集により，植物体内での輸送が可能になる；水は溶媒になり，化学反応は水の中で起こる；多くの物質は水に溶解し，輸送することができる；沸点が高いので，生物は液体の水を利用可能になる（水は広い温度範囲で液体である）；水は 4 ℃ で最も密度が高いので，氷は水の上に浮かび，冬には氷の下が生物の住みかになる；高い比熱によって安定した環境（内部/外部）を与える；大きい表面張力が，表面（近く）に生息する生物の活動を支える；水は蒸発（状態変化）時に熱を吸収し，冷却剤として働く．

5. B

6. 構造: コラーゲン；輸送: ヘモグロビン/ナトリウム-カリウムポンプ；酵素/触媒: DNAポリメラーゼ/ATP合成酵素；運動: アクチン；ホルモン: インスリン；抗体: 免疫グロブリン

タンパク質の機能として妥当なものを，例となるタンパク質の名称と共に述べてあれば良い．たとえば，ナトリウム-カリウムポンプの場合，単に膜タンパク質だけでは認められない．輸送に関わる（この場合膜を介したイオンの輸送）タンパク質であることを述べている必要がある．4 点満点を得るためには，タンパク質の機能と例となるタンパク質の名称が必要である．

7. (a) (i)および(ii)

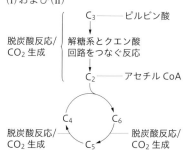

ピルビン酸とアセチル CoA を正解して 1 点；
脱炭酸反応の場所は 2 箇所正解して 1 点

(iii) NADH + H$^+$/FADH$_2$/ATP（または GTP）．ヒトでは，ADPの代わりにGDPを使う酵素も存在する．この場合はGTPが生じるが，これはATPに容易に変換されうる．

(b) ミトコンドリアのマトリックス

8. D　　　9. B　　　10. C　　　11. A

12. C　　　13. D　　　14. B

3 章

練 習 問 題

1. DNA分子内のリン酸基とデオキシリボース糖は一定不変である．それらのなかには遺伝情報（メッセージ）は書かれていない．唯一の遺伝情報は，窒素を含む塩基の配列順序によって決まるヌクレオチドの配列である．また，相補鎖がどのような配列であるかは明らかであるので，一般的に二本鎖の一方（センス鎖，コード鎖）だけを表記する．

2. 自分の解答を図3・4と比較せよ．塩基が正しい順序に配列していること，および塩基対が正しいことを確認せよ．

3. DNA がヒストン分子のまわりにしっかりと巻かれている場合，それはヌクレオソーム構造をつくっており，DNA ヘリカーゼが DNA の水素結合を切断して転写過程を開始することができない．ヌクレオソーム間の DNA 鎖だけが RNA へ情報を転写するために利用できる．

4. ミトコンドリアと葉緑体は DNA をもっている．

5. DNA 複製のエネルギー源は，伸長する DNA 鎖に付加される各デオキシヌクレオシド三リン酸の末端に存在する二つのリン酸の高エネルギーリン酸結合である．

6. 非常に長い染色体を複製する過程に長時間がかかるので，細胞は細胞周期のほとんどの時間を複製に当てなければならず，通常の細胞周期の過程が実行できなくなる．

7. リーディング鎖ではプライマーは一つだけ必要である．一方，ラギング鎖では，複製フォークで形成される各岡崎フラグメントの開始に，それぞれプライマーが必要である．

8. 転写バブルは，アンチセンス鎖の5′末端に向かって移動する．

9. 真核生物の mRNA である．真核生物の mRNA にはイントロン（非コード領域）が含まれるため処理が必要である．成熟 mRNA 転写産物としてリボソームに向かうために，核から出る前に，イントロンが除去される．原核生物の mRNA にはイントロンはない．

10. その遺伝子は不活性である可能性が最も高く，そのタンパク質が生成されるとしてもごくわずかである．

11. mRNA は核の DNA から細胞質のリボソームに遺伝情報を運ぶ．tRNA は，タンパク質を合成するために，アミノ酸を mRNA-リボソーム複合体に運ぶ．rRNA はリボソームの構造を形成し，リボソームの50%以上を占める（残りはタンパク質である）．

12. ポリソームがある場合は，より多くのタンパク質が組立てられる．これにより，細胞が必要とするタンパク質を，はるかに迅速に供給できる．

13. 答えは，図3・16のようになる．

14. メチオニン（開始)-アラニン-アルギニン-イソロイシン-フェニルアラニン-終止

15. 対立遺伝子は一つの遺伝子座の異なる遺伝子の型である．"遺伝子"という用語はより一般的で，"対立遺伝子"はより特定のものである．

16. 真核生物は有性生殖で生殖するため，遺伝物質の半分は常に母親からのものであり，残りの半分は父親からのものである．

17. 図3・24参照．一つまたは二つの染色分体が垂直な棒状構造として示され，セントロメアが染色分体の上腕と下腕の間にあり，遺伝子座が染色分体の一つを横切る線として描かれていれば良い．

18. 親が一人しかいないため，染色体も一つしかない．したがって $2n$ になることはない．

19. 2色覚の対立遺伝子は劣性で性に関連しているため，女性が2色覚になるには，X染色体のそれぞれに一つずつ，合計二つの劣性対立遺伝子 $X^b X^b$ が必要である．それ以外の場合，その女性は少なくとも一つの優性対立遺伝子をもつことになるので，2色覚の対立遺伝子の影響を相殺する．ほとんどの集団では，これらの劣性対立遺伝子のいずれかを受け取ることはまれであり，両方の対立遺伝子を受け取り2色覚になることはさらにまれである．一方，Y染色体には，X染色体上の劣性対立遺伝子を覆い隠す優性対立遺伝子をもつ遺伝子座がないため，男性は2色覚になりやすい．その結果，X^b が一つ存在するだけで，男性は2色覚になる．

20. (a) 母親は $X^H X^h$，父親は $X^H Y$ である．

(b) 少女は $X^H X^H$ か $X^H X^h$，少年は $X^H Y$ か $X^h Y$ である．

(c) 少女の二つの遺伝子型はどちらも表現型は正常な血液凝固を示す．$X^H Y$ の少年の血液凝固は正常，$X^h Y$ の少年は血友病の表現型となる．

(d) 保因者は母親と $X^H X^h$ の遺伝子型をもつ少女だけである（男性は保因者にはなり得ない）．

(e) 1/4 または 25%

21. 連鎖群とは，同じ染色体上にあるために一緒に受け継がれる遺伝子のグループである．

22. この遺伝子は，性染色体のXやYではなく，22対の常染色体の一つに存在する．

23. 二つの遺伝子（A と B および a と b）が連鎖していることを次のように表すことにする．

$$\frac{AB}{ab} \qquad \frac{ab}{ab}$$

2本の水平な線は相同染色体を表し，A の遺伝子座が B と同じ染色体上にあることを示している．これら二つの連鎖した形質の個体の遺伝子型を読み取るには，対立遺伝子の対を垂直に読み取る．上記の左側の例では遺伝子型は $AaBb$ である．組換え体は，次のようになる（図3・40を参照）．

$$\frac{Ab}{ab} \qquad \frac{aB}{ab}$$

したがって，交配により生じる子は次のようになる．

	AB	Ab	aB	ab
ab	$AaBb$ $\frac{AB}{ab}$	$Aabb$ $\frac{Ab}{ab}$	$aaBb$ $\frac{aB}{ab}$	$aabb$ $\frac{ab}{ab}$

組換え体

章 末 問 題

1. (a) (i) リン酸基　　　(ii) 共有結合/ホスホジエステル結合

(b) アンチセンス鎖のみが転写される．アンチセンス鎖は mRNA に転写され，センス鎖は転写されない．センス鎖

は mRNA と同じ塩基配列をもつ（ただし，mRNA のウラシルは DNA ではチミンとなる）．（なお，鎖の種類と転写の有無の両方にふれていなければ 1 点にはならない）

(c)

原核生物の DNA	真核生物の DNA
環状	線状
細胞質/核様体に存在	核膜に囲まれている/核の中に存在
DNA だけ	ヒストン（タンパク質）と会合
プラスミドとしても存在	プラスミドは存在しない
デオキシヌクレオチドの二重らせん/リン酸，デオキシリボース，A, T, C, G の塩基からなる	デオキシヌクレオチドの二重らせん/リン酸，デオキシリボース，A, T, C, G の塩基からなる

2. A

3. B

4. B

5. B

6. (a) タンパク質と rRNA からなる．大サブユニットと小サブユニットがある．三つの tRNA 結合部位がある．すなわち，アミノアシル/A，ペプチジル/P，および出口/E．mRNA 結合部位（小サブユニット上）がある（図 3・15 参照）．原核生物では 70S，真核生物では 80S，遊離型と小胞体結合型（粗面小胞体）がある．

(b) RNA ポリメラーゼが DNA のプロモーターに結合する．DNA の二重らせんを巻き戻す．ヌクレオシド三リン酸を付加して伸ばしていく．DNA のアンチセンス鎖に相補的な塩基対である A-U と C-G と G-C と T-A を形成しながら，5′→3′ 方向へ進む．必要なエネルギーは二つのリン酸基を分解することによって得る．原核生物では，ターミネーター配列に達するまで伸長する．RNA はアンチセンス鎖から離脱し，DNA の二重らせんが再構成される．RNA ポリメラーゼが DNA から離脱する．多くの RNA ポリメラーゼが互いに続いて反応することができる．真核生物では成熟 mRNA を形成するために，イントロンが取除かれる必要がある．

7. D   8. B

9. B〔訳注：A は遺伝子の異常ではなく，染色体の分離異常で 21 番染色体の数が正常の 2 本（1 対）から 3 本になった（トリソミー）ことが原因で起こる（図 3・25 参照）．C の AIDS（エイズ，後天性免疫不全症候群）は，HIV ウイルス（ヒト免疫不全ウイルス）がヘルパー T 細胞に感染してこれを破壊し，細胞性免疫と体液性免疫の両方が機能しなくなるために起こる疾患である．免疫機能が低下するため，健常なヒトでは感染しないような病原体にも感染する（日和見感染）．D の 2 型糖尿病は，高血糖，インスリン抵抗性（インスリンの作用が低下する），インスリン分泌の低下などが起こり，さまざまな代謝に異常を来す疾患である．遺伝的素因の影響は強いが，発症の原因は不明である．〕

10. ヒトの遺伝子の位置に関する情報/ヒトの遺伝子の染色体上の位置；遺伝子の数に関する知識/遺伝子の相互作用/突然変異のしくみの理解；ヒトと他の動物の進化的関係；タンパク質の発見；タンパク質機能の理解；遺伝病の検出；医療の発展への貢献，研究技術の強化，遺伝子の塩基配列に関する知識，ゲノム内の変異の研究

11. A   12. B   13. D

14. 2 種類の性染色体は，X と Y である．一つの性染色体は両親のどちらか一方から遺伝する．XX は女性になり，XY は男性になる．性は精子/父親によって決まる．伴性遺伝子は，性染色体上にある遺伝子であり，通常は X 染色体上にある遺伝子を指す．男性は X 染色体を 1 本しかもたないので，劣性（潜性）の伴性形質は男性で発現する確率が高い．血友病は X 染色体上の遺伝子つまり伴性遺伝子による疾患の例である．女性の保因者はヘテロ接合体（$X^H X^h$）である．健常男性は $X^H Y$ で，血友病の男性は $X^h Y$ である．保因者の母をもつ男児は，父が健常であっても 50% の確率で血友病の形質を発現する．血友病の父と保因者の母をもつ女児は，発症する可能性がある．すなわち，血友病の X 染色体を父と母の両方から受け継いだ女児は発症する（$X^h X^h$）．

15. 一つの遺伝子が ABO 血液型を決定する（ABO 血液型の遺伝子は一つである）．遺伝子は対立遺伝子とよばれる，異なる（別の）型をもつ．ABO 血液型の遺伝子には三つの対立遺伝子（I^A, I^B, i）がある．ABO 血液型は複数の対立遺伝子の，またそれらがもたらす効果の例である（この場合三つの対立遺伝子が四つの表現型をもたらす）．一人の個人は二つの対立遺伝子をもつが，そのうち一つだけが子に伝えられる．共優性（共顕性）の対立遺伝子は，両方ともヘテロ接合体の表現形に影響する．対立遺伝子 I^A と I^B は共優性（共顕性）である．I^A と I^B は i に対して優性（顕性）であり，i は I^A と I^B に対して劣性（潜性）である．遺伝子型 $I^A I^A$ と $I^A i$ はどちらも血液型 A になり，$I^B I^B$ と $I^B i$ はどちらも血液型 B になる．$I^A I^B$ は血液型 AB になる．ii（i のホモ接合体）は血液型 O になる．これらは ABO 血液型が関わる交配の例である．

16. 保因者は劣性（潜性）対立遺伝子（の一つのコピー）をもっている．病気になることを防ぐために優性（顕性）対立遺伝子をもっている必要がある．または，優性ホモ接合体にはなり得ない．もしそうなったら劣性対立遺伝子をもてない．また，劣性ホモ接合体にもなり得ない，もしそうなったら病気を発症する．

17. (a) 形質が二つ以上の遺伝子によって影響を受ける（作用を受ける/定義される/決定される/制御される）遺伝．

(b) ヒトの皮膚の色は，薄い色から非常に濃い色まで大きく異なる（これはメラニンの含有量が異なるからである）．皮膚の色（メラニン含有量）は少なくとも三つの対立遺伝子によって制御されている．それらの対立遺伝子は共優性（共顕性）または不完全優性であり，どれかが優性（顕性）ということはない．対立遺伝子の可能な組合わせは数多くある．皮膚の色は対立遺伝子の累積的効果として現れる．

4 章

練 習 問 題

1. 必須ミネラル，必須ビタミン，必須脂肪酸，必須ア

ミノ酸

2. 必須栄養素は体内で他の分子から合成できない．非必須栄養素は必要に応じて体内で合成できる．

3. ラットやマウスを含む多くの動物は他の分子からビタミンCを合成できる．したがってこれらの動物ではビタミンCは必須ビタミンではない．ヒトや他の少数の霊長類，それにモルモットのみが，ビタミンCを必須とする哺乳類である．

4. くる病は子供の骨端板形成に影響する．とくに骨端板における骨のミネラル化が正しく起こらない．骨の伸長と成長に関与する骨端板は子供のみがもっている．ただ，成人でも，ビタミンDの摂取が不十分であると，骨軟化症とよばれる同様の病気に罹患する．

5. 外分泌腺は体内の特定の場所で有用な物質を産生して分泌する．それゆえ，分泌物は分泌後に管を通ってその場所に到達する．

6. デンプンのような糖質は二糖あるいは単糖に分解される．二糖はさらに単糖へと分解される．トリアシルグリセロール（脂質）は，グリセロールと三つの脂肪酸に分解される．ポリペプチド（タンパク質）は消化されて，20種類のアミノ酸になる．

7. 解答はいろいろ考えられるが，以下のすべて，あるいはほとんどの器官・組織が含まれていることが求められる．口，食道，胃，小腸，絨毛の毛細血管，肝門脈，肝静脈，心臓，毛細血管，筋細胞．

8. HCl：タンパク質を変性させて酵素による消化を容易にする，食物中の多くの病原体を殺す．ペプシノーゲン：タンパク質消化酵素の一つであるペプシンを生じる．粘液：胃壁を酸の作用から保護する．

9. 膵臓はアミラーゼ，トリプシン，リパーゼという，重要な消化酵素を産生する．それぞれの酵素は，デンプン，タンパク質，脂質を消化する．これらの分泌物は，膵管によって小腸の起始部に送られる．

10. 微絨毛は吸収表面の面積を増大させる．多くのミトコンドリアが，いくつかの栄養素の能動輸送のためのATPを産生する．タイト結合が，栄養素が細胞間を漏出しないようにしている．上皮細胞の基底部には膜の陥入部があり，栄養素が上皮細胞を出る面積を広くしている．

11. 肝臓に血液を運ぶ2本の大きな血管がある．どちらも類洞に血液を注ぐ．その一つは肝動脈で，大動脈から分岐して，酸素化された血液を供給する．もう一つは，肝門脈で，腸絨毛の毛細血管から種々の栄養素を受け取り，肝臓に運ぶ．肝臓からの血液を運ぶのは肝静脈のみである．

12. 大部分の鉄はリサイクルされる．クッパー細胞は古い赤血球あるいはヘモグロビンを血液から取込む．鉄は分離され，一部は肝臓に蓄えられ，一部は新しい赤血球がつくられている骨髄に送られる．血液が失われる，個体が成長する，あるいはリサイクルの途中で失われる，などのことによる鉄のわずかな減少のみを補填する必要がある．

13. どちらの場合も，血糖値の低下を招く．すると膵臓はグルカゴンを分泌する．グルカゴンは血液によって運ばれて肝細胞に到達し，貯蔵されているグリコーゲン（多糖）をグルコースへと転換させる．グルコースは類洞から血液に入り，細胞呼吸に用いられる．

14. 肝臓の重要な機能の一つは血液から毒素を取除くことである．アルコール（エタノール）は体組織にとっては毒素である．除去作用の過程で肝細胞は他の組織に比して長時間アルコールにさらされ，障害を受けて，肝硬変へと進むこともある．

15. 大静脈，右心房，右房室弁，右心室，右半月弁，肺動脈，（肺毛細血管），肺静脈，左心房，左房室弁，左心室，左半月弁，大動脈

16. 心房間に穴が開いていると，左右の心房の血液が混合する．胎盤からの酸素化された血液は静脈循環において体の右側に戻るので，心臓の右側に入る血液は，脱酸素化された胎児の体部からの血液と混ざる．このようなパターンは，胎児の肺では酸素と二酸化炭素の交換が起こらないためであり，このしくみによって血液の一部は肺組織に酸素を与えるために肺に行き，一部が穴を通して体組織に近道することを可能にしている．

17. 心臓の弁は，弁の両側の血圧差によって開閉する．たとえば，半月弁は，心室が大動脈（あるいは肺動脈）の血圧を十分に上回るときだけ開く．心室の圧力が下がり始めて両方の動脈の圧力が相対的に大きくなると，弁は閉じる．

18. 人工心臓弁は，生物学的弁と同じ力，つまり，弁の両側における血圧差によって開閉する．

19. 心電図全体の形は同じである．ただし，心周期のサイクルの頻度は増加する．ECGの横軸は時間であり，単位時間あたりの心周期数が増加する．

20. 洞房結節は心房の収縮期をもたらし，血液が心室に移動することを保証する．房室結節が信号を送ると，心室の収縮期の開始による血圧の上昇が房室弁の閉鎖をもたらし，心室の血圧はきわめて高くなり，最終的に半月弁を開かせる．血液は大動脈や肺動脈に流れる．信号の遅れ（時間差）は，心房と心室における現象を分離するためである．

21. 心筋細胞は，ギャップ結合とよばれる多くのタンパク質性のチャネルを含む介在板によって縦方向につながっている．このギャップ結合は細胞から細胞への電気信号の流れを容易にしている．

22. 肺胞はガス交換のための広大な表面を提供している．その表面積は，肺が単なる袋として形成される場合に比べて，はるかに大きい．肺胞は1層の細胞からなり，ガス交換に関与する細胞（Ⅰ型肺細胞）はきわめて薄い．Ⅱ型肺細胞は，肺胞が表面張力によって潰れてしまうことを防ぐ界面活性剤として作用する液体を分泌する．最後に，すべての肺胞はガス交換が効率よく行われるように，肺毛細血管のすぐそばに位置している．

23. 筋肉は収縮するときだけ仕事をする．したがって，外呼吸に必要な2種類の運動のために，筋肉は拮抗的に作用する対をなして働いている．一方の筋肉は吸気に，他方は呼気に関与する．

24. 成体ミオグロビンと胎児ヘモグロビンはどちらも成体ヘモグロビンから解離される酸素を結合しなければならない。両者とも成体ヘモグロビンが酸素の供給源だからである。成体ヘモグロビンは、成体ミオグロビンや胎児ヘモグロビンよりも酸素に対する親和性が高いと、両者に酸素を渡すことができない。分子進化の過程で、これらの分子はそのように作用するようになったのである。

25. ボーア効果は、より多くの二酸化炭素がヘモグロビンに結合したときにヘモグロビンと酸素の解離が多くなることなので、体組織（主として筋肉）が最も活動的なとき、たとえば運動時に、ヘモグロビンからの酸素の解離が最大になることを保証している。これにより、筋組織が最も酸素を必要とするときに酸素を供給できるのである。

26. 筋肉の使用は細胞呼吸の速度を上げ、二酸化炭素の産生を高める。二酸化炭素は血流に入ると大部分は赤血球に移動する。炭酸脱水酵素という酵素が二酸化炭素を炭酸に変換する。ついで炭酸は自発的に炭酸水素イオンと水素イオンへと分解する。水素イオンによって血液のpHが下がる。

27. 血液が酸性になることはけっしてない。血漿の恒常的pHは7.35〜7.45であり、これは塩基性側の範囲内である。

28. 呼吸速度は私たちの自律神経系によって制御される要素の一つである。この場合、大動脈や延髄中の二酸化炭素受容体とpH受容体が二酸化炭素の上昇とそれに伴うpHの低下を監視していて、必要であれば（延髄から）関与する筋肉にインパルスが送られる。

29.
・動物の体を支持する
・筋肉に支点を提供する
・てことして作用する

30. 骨または外骨格が運動するときには常に拮抗する運動がある。単一の筋肉は単一の仕事しかできないので、骨や外骨格の運動を起こせない。したがってある方向の運動にはそれぞれの筋肉が必要である。

31. 筋収縮の最初のメッセージは運動ニューロンの活動電位に由来する神経伝達物質とNa^+である。Na^+の移動が次にCa^{2+}の移動を促す。

32. (a) 上腕二頭筋　　　(b) 腱
(c) 軟骨と滑液に覆われた骨端　　　(d) 三頭筋

章末問題

1. (a) エネルギーを供給し、健康を維持し、成長と傷の修復のための材料を供給するのに必要な物質。バランスの取れた食事の構成要素。

(b) くる病は、骨の成長不足や骨のカルシウム化の不足による。食事中のビタミンDすなわちカルシフェロールの欠乏はくる病の原因となる。ビタミンDは（魚類の）肝臓から得ることができ、また皮膚において前駆体から紫外線の作用によって合成される。ビタミンDの前駆体は緑色野菜から得られる。くる病は遺伝的原因によってももたらされ

ることもある。くる病は、カルシウムの吸収の欠乏によっても生じる。

2. 以下の構造の二つが明瞭に描かれていて名前が正しく付されていれば2点を与える。口、食道、胃、小腸、大腸（直腸）、肛門、括約筋、唾液腺、肝臓、膵臓、胆嚢

3. 絨毛によって小腸の表面積は（体積に対して）増大している。絨毛表面は血管に近接していて、物質が容易に血管中に拡散できる。絨毛表面はリンパ管に近接していて、脂質が容易に吸収される。大きい表面積は拡散速度を上げる。絨毛表面は1層の細胞からなる。微絨毛はこの図では見えないので、微絨毛に関する解答は正答とはしない。

4. (a) (i) パセリ　　　(ii) 卵

(i)と(ii)の順番が間違っている場合は0点であるが、(b)および(c)の採点に当たってはError Carried Forward（ECF）の原則を適用して、以下のように採点する。

(b) 植物性食物は全体として有効であり、動物性食物は効果が少ない。最も効果的な食物の5位までは植物性である。ただし、ダイズは例外的で卵と同程度である。ジャガイモと無脂肪乳は同等の効果をもつ。（ECF　植物性食物は全体として効果が少なく、動物性のものがより効果的である。最も効果の少ない食物の5位までは植物性である。ただし、ダイズは例外的で卵と同等である。ジャガイモとスキムミルクは同等の効果をもつ。）

(c) 閉経後、骨粗鬆症、卵巣摘出などの女性のグループにパセリ、ニンニク、タマネギなどのサプリメントを投与する。対照群の女性には、これらのサプリメントを与えない。試験期間中の骨密度と、カルシウムイオンの量を測定する。（ECF　閉経後、骨粗鬆症、卵巣摘出などの女性のグループに卵、肉、ダイズなどのサプリメントを投与する。対照群の女性には、これらのサプリメントを与えない。試験期間中の骨密度と、カルシウムイオンの量を測定する。）

5. 赤血球はおよそ120日の寿命を終えると破裂し、肝臓において血液からクッパー細胞によって食作用で取込まれる。ヘモグロビンはグロビンとヘムに分解され、ヘムからは鉄が分離して残りはビリルビンという胆汁色素となる。ビリルビンは消化管に放出される。グロビンは消化されてアミノ酸を生じる。

6. (動脈) 壁が厚く、弾性線維によって高い圧力に対抗できる。外側の線維性の壁が、高い圧力で破裂することから保護している。高い圧力を維持するために、壁に比べて内腔が細い。ただし、心臓の近傍では大量の血液を運ぶために内腔が広がっている。動脈と肺動脈の弁は、心臓の弛緩期に血液が逆流するのを防止する。平滑筋層は、動脈が収縮したり曲折したりすることを可能にし、血管の収縮や拡張によって血圧を変更することを可能にする。（3点）

(静脈) 血管の直径に対して内腔は常に広い。圧力が低いので、血管壁は動脈に比べてコラーゲンが多く、弾性線維が少ない。収縮の必要性がないので、筋肉はほとんどない。脈の間の逆流を防ぐために、弁が存在する。（3点）

(毛細血管) 圧力はきわめて低いので、筋肉も弾性線維も存在しない。物質の拡散を容易にするために、内皮細胞層

は1層である．直径が小さいことによって，物質交換が容易に行われる．急速な拡散のための小窓や穴がある．圧力が低いので弁はない．（3点）

7. A

8. 酸素解離曲線は，狭い範囲の酸素分圧におけるヘモグロビンの酸素飽和を示している．これは正常な代謝状況での細胞周囲の酸素分圧を表している．代謝が増進すると血液中により多くの二酸化炭素が放出される．二酸化炭素は血液のpHを下げ，酸性になると酸素解離曲線を右にシフトさせて，同じ酸素分圧においてヘモグロビンからの酸素の放出をもたらす．このことは，呼吸する組織が最大限の酸素を必要とするときに，十分な酸素が存在することを意味する．また，ヘモグロビンの飽和は酸素分圧がより高いところで起こるので，酸素分圧が高いところで酸素を放出することができる．

9. (a) 93%±1%

　(b) (i) 0.63 mmol L^{-1}（血漿）増加　　(ii) 溶解 CO_2

　(c) CO_2 は血液を酸性に傾けるので pH は低下する．静脈血は排出のための CO_2 を運ぶので，動脈血に比して pH が低い．運動時の静脈血は，静止時より多くの CO_2 を運搬するので，静止時の静脈血よりさらに pH が低下する．

10. A

11. 筋線維はサルコメアという繰返し単位を含んでいる．サルコメアには，細いアクチンフィラメントと太いミオシンフィラメントが含まれている．運動ニューロンの活動電位は Ca^{2+} を筋小胞体から放出させ，Ca^{2+} はトロポニンに結合して，トロポミオシンを移動させ，アクチンのミオシン結合部位を露出させる．ATP が加水分解されてミオシン頭部が活性化されて形を変え，アクチンフィラメントと結合する．ミオシンの頭部がアクチンの結合部位に引き寄せられて結合し，架橋を形成する．ミオシン頭部がアクチンフィラメントをサルコメアの中心に向かって移動させる．このとき ADP と無機リン酸塩 P_i が放出される．アクチンフィラメントがミオシンフィラメント内に滑り込むことで，サルコメアが短くなり，筋収縮が起こる．

12. A

5 章

練習問題

1. 症状の軽重は，主として以下の二つの要因による．

（1）ウイルスの標的組織．神経系に感染するウイルスは，他の組織に感染するウイルスより，重篤な症状をひき起こすと考えられる．

（2）ウイルスの増殖速度と免疫系が応答するまでの時間は，症状の軽重に関係する．

2. 非特異的免疫応答は，"異物"あるいは"非自己"とみなされるものに対する応答であり，分子的な性質に基づいて同定されるものに対する応答ではない．特異的免疫応答は，特異抗原の認識に基づくもので，免疫応答は抗原に特異的である．特異的免疫応答は抗原に結合する抗体の産

生やその他の応答を含む．

3. なにもしていない．ウイルスは宿主細胞に感染していないときには，まったく代謝活性を示さない．

4. 記憶細胞は特異的免疫応答の基盤である．記憶細胞は，一次感染またはワクチン接種までは産生されない．記憶細胞は二次感染が起きると，きわめて早期に反応し，病原体による症状が発生する時間を与えないようにする．

5. 天然痘ウイルスはヒトを宿主とする．十分多くの人々がワクチン接種を受けた後には，この病気がさらに広がることはなく，だれもウイルスに感染しなくなったので，病気は伝染しなくなった．

6. 二つの理由が考えられる．一つは，ある物質（たとえばタンパク質）は，大きすぎて沪液中に出現しないことである．もう一つは，沪過されたが，その後完全に再吸収された．

7. この人は，集合管で水を再吸収する必要がないので，ADH は分泌されないか，されたとしてもごくわずかである．

8. この人はそれ以上尿として水を失う余裕がないので，ADH が分泌される．

9. 尿素は含窒素老廃物であり，含窒素老廃物は血流中でかなり高濃度にならない限り毒性をもたないからである．

10. グルコースは尿細管において能動輸送によって再吸収される．グルコースの能動輸送の速度には限界があり，尿細管中のグルコース濃度が限界以上であると，過剰のグルコースが尿中に排出される．

11. ステロイドホルモンは，細胞膜を通過して標的細胞に直接入る．細胞質中で受容体と結合し，受容体-ホルモン複合体を形成する．この複合体は核に入り，特定の遺伝子の転写を促進あるいは阻害する．ペプチドホルモンは，細胞内には入らず，細胞膜外側の受容体タンパク質と結合する．すると受容体タンパク質は一連の反応をひき起こし，最終的にある酵素を活性化するか，遺伝子の転写を制御するセカンドメッセンジャーとして作用する．

12. エストロゲンは乳汁の分泌を抑制するホルモンであり，出産までは母親の血中エストロゲン濃度が高く維持されるからである．

13. インスリン：血糖値を下げる；グルカゴン：血糖値を上げる；チロキシン：代謝速度を上げる；レプチン：食欲を抑える；メラトニン：概日リズムを制御する

章末問題

1. A

2. ワクチンは死んだ，あるいは弱毒化された病原体で，ワクチンを接種すると病原体の全部または一部をマクロファージが取込み，抗原となる物質を提示する．ヘルパー T 細胞がマクロファージと接触して提示されている抗原を認識し，その情報を B 細胞に伝える．B 細胞は活性化されて抗体を産生する形質細胞となり，細胞分裂を行ってクローンを形成する．また一部の B 細胞は記憶細胞に分化して，二次感染に際して急速に分裂して抗体を産生する．

3. 抗生物質は細菌の特定の代謝経路や細胞壁の産生を阻害する. ウイルスは独自の代謝経路をもたずに, 宿主細胞の代謝経路を利用するので, 抗生物質はウイルスに対して有効ではない.

4. ADH は視床下部で産生され, 神経分泌細胞を経て脳下垂体後葉に蓄積される. 視床下部の浸透圧受容器が血漿の浸透圧上昇によって刺激されると, その刺激で ADH が分泌される. ADH は腎臓における水の再吸収を増加させる. (ここまでで 4 点)

ADH が作用するのは腎臓の集合管である. 血管の収縮を促して血圧を高める. ADH の分泌制御には負のフィードバックが作用している. (2 点)

5. 通過順に, 糸球体 (毛細血管, または毛細血管の小さい窓), 基底膜, 尿細管やヘンレのループの細胞層, 尿細管周囲毛細血管

6. 脳下垂体後葉はホルモンを"産生"しないが, オキシトシンと ADH という 2 種類のホルモンを"分泌"する. オキシトシンも ADH も視床下部で産生され, 神経分泌細胞の軸索を通って脳下垂体後葉に運ばれ, 蓄積され, 必要に応じて分泌される.

6 章

練習問題

1. 有髄ニューロンは軸索の周囲に髄鞘をもつ. 髄鞘をもつ領域の間に, ランビエ絞輪とよばれる無髄の領域がある. 軸索を伝わる活動電位は, 絞輪から絞輪へとスキップすることができる. 髄鞘は絶縁体として作用し, 活動電位は絞輪の細胞膜における電位差によって検出される. 絞輪は活動電位の再充電基地として働く. まとめると, 有髄ニューロンの大きな利点は, 無髄ニューロンに比べてはるかに速い伝導速度である.

2. 閾値電位

3. c-e-a-f-b-d

4.
・神経管の閉鎖が均等に起こらない.
・発生の途中で, 神経管の後方では閉鎖が完了しない.
・ヒト胚では, 受精後 27 日までに閉鎖が完了しないと, 二分脊椎になる.

5.
・脊椎動物胚の中枢神経系のニューロンは, 神経管に起原をもつ.
・神経芽細胞は, 未分化なニューロンで, ニューロンの前駆体である.
・神経芽細胞からニューロンへの分化過程は, 神経発生とよばれる.
・神経管が脳の各部分に変形し始めるとニューロンとグリア細胞という 2 種類の細胞が分化を始める.
・ニューロンはインパルスを伝え, 一方グリア細胞はインパルスを伝えない.
・脳の細胞の 90% を占めるグリア細胞は多くの機能をもっ

ている. 重要な機能の一つは, ニューロンを物理的および栄養の面で支えることである.
・ヒトの大脳皮質におけるほとんどの新しいニューロンは, 発生の 5 週目から 5 カ月目の間に形成される.
・グリア細胞は未分化なニューロンが移動するための足場を提供する.
・未分化なニューロンはこの足場に沿って最終的な部位まで移動し, それから軸索と樹状突起を伸ばす.

6. 神経の刈込みは, 利用されない軸索を排除することである. 刈込みの目的は, 幼児期に形成された未熟な結合を排除して, 成人期のより複雑なネットワークを形成することであると考えられている. ほとんど利用されないシナプスは排除され, 強い結合をもつシナプスは維持される. 不必要な結合を除外すると, 脳の効率が改善される.

7. 脳の図は図 6・15 を参照せよ.

機能の説明:
・大脳半球は学習, 記憶, 感情などの高度で複雑な機能を統合する中枢として働く.
・視床下部は神経系と内分泌系を統合し, 脳下垂体後葉のホルモンを分泌し, 脳下垂体前葉を制御する因子を放出するなど, ホメオスタシスの維持に関わる.
・小脳は, 左右の葉に分かれていて, 表面は著しくしわが寄っている. 運動や平衡などの無意識の機能を調節する.
・延髄は嚥下, 消化, 嘔吐, 呼吸, 心拍などの自律的でホメオスタシスを維持するための活動を制御する.
・脳下垂体は 2 葉からなり, 後葉は視床下部から分泌されるホルモンを貯蔵, 分泌する. 脳下垂体前葉は甲状腺刺激ホルモン, 生殖腺刺激ホルモンなど多くのホルモンを産生・分泌する.

8. ブローカ野は言語の生成に重要な大脳皮質の領域である.

側坐核は脳の報酬系回路と関連している. 側坐核はドーパミンとセロトニンという二つの神経伝達物質に反応する. ドーパミンは欲望を促進し, セロトニンは抑制する.

視覚野は眼の網膜細胞からの情報を受容する領域で, 視覚の生成のために協働する多くの中枢の一つである.

9. 認識能力やより発達した行動は, 大脳皮質の増大と関連している. ヒトの脳を他の動物の脳と比較して, 最も顕著な差異は大脳半球の皮質面積にみられる. たとえば, マウスの大脳皮質の表面はなめらかであるが, イヌの表面には屈曲がある. サルの仲間や類人猿では, いっそう多くのしわがみられる. 体と比例している大きさをもつ頭蓋に脳を入れるには, 脳にしわがなくてはならない. 複雑な行動にはより広い表面積が必要で, しかもその脳は限られた容量の頭蓋に収まらなければならない. 動物種がより複雑な行動を進化させるには, 脳の作業面積を増やさなければならなかった. しわが多ければそれだけ表面積が増える. このようにして大脳皮質のより大きな表面積が, 限られた空間に収まったのである. 興味深いことに, 6 カ月齢の胎児の脳の大脳皮質は完全になめらかである. 出生時には, くるみのような外観をしている. ヒト胎児のしわの形成は,

胎児期最後の 3 カ月間に起こる.

10.

・ニューロンが多くのエネルギーを必要とするのは，常に代謝活性が高いからである.

・代謝は細胞が実行するすべての化学反応からなっている.

・ニューロンは他の細胞と同様の多くの仕事をしている. 細胞の構成成分の修復や再構築などである.

・ニューロン間の情報伝達に必要な化学的シグナルは，脳が利用するエネルギーの半分を消費する.

・それゆえ，脳細胞は体の他の細胞の 2 倍のエネルギーを必要とする.

・ヒトの脳では，グルコースがニューロンの代謝の主要なエネルギー源である.

・ニューロンはグルコースを貯蔵できないので，血液が絶えずグルコースを供給しなければならない.

・グルコースは食物から供給される. 高品質の糖質を含む食物，たとえば果物，野菜，穀物，豆類，乳製品は，グルコースの最適の供給源である.

11. 各部位の名称は図 6・30 を参照せよ.

説明：

・桿体細胞は光に敏感な光受容細胞である. 弱い光の刺激も受容し，双極細胞へと伝える.

・錐体細胞は明るい光によって活性化される光受容細胞である. 明るい光刺激を受容し，双極細胞へと伝える.

・双極細胞は桿体細胞や錐体細胞からの神経インパルスを視神経の神経節細胞へと伝える. 細胞体から両方向に突起をもつので，双極細胞とよばれる.

・神経節細胞は双極細胞とシナプスを形成し，視神経を通じて脳に神経インパルスを送る.

12. 正常の色覚では，赤，緑，青の 3 色に対応する錐体細胞を用いているので，3 色覚とよばれる. ある人々は 2 色覚で，赤緑色覚異常を有する. 2 色覚は伴性遺伝で，母親から息子に遺伝子が伝わる. 女性がこの異常を表すことはきわめてまれである. 2 色覚は 3 色覚の変異体である. 2 色覚者では，機能的な赤色錐体細胞がない（赤色色覚異常）か，緑色錐体細胞がない（緑色色覚異常）. 2 色覚者は，受け継いだ変異に応じて，世界が異なって見える.

13. 音波は空気の振動であり，外耳によって捕捉される. 音波は外耳道を通って，鼓膜を振動させる.

・耳小骨（つち骨，きぬた骨，あぶみ骨）が鼓膜の振動を受け取っておよそ 20 倍に増幅する.

・あぶみ骨が卵円窓を振動させる.

・振動は蝸牛中の液体に伝わる.

・液体が機械受容体である有毛細胞を振動させる.

・有毛細胞が聴神経の感覚ニューロンにシナプスを経て神経伝達物質を放出する.

・振動が神経インパルスに転換される.

・化学メッセージが感覚ニューロンを刺激する.

・聴覚によってひき起こされた神経インパルスが聴神経によって脳に伝わる.

・正円窓は圧力を和らげて，蝸牛のなかの液体が振動でき

るようにする.

14. 図 6・35 を参照せよ.

15.

・訓練後には新しい中性刺激によって反射反応（まばたき）を起こさせることができる.

・最初に，中性刺激（音楽の旋律）を聞かせる. 被検者はまばたきしないだろう. 次に，被検者の眼の前で手を振る直前に旋律を聴かせるという訓練を一定期間行う. やがて，被検者は旋律だけでまばたきをするようになる.

・そうなったときには，旋律は条件刺激とよばれ，旋律に反応して起こるまばたきは条件反射とよばれる.

・被検者は旋律に新しい反応を起こすようになった.

16.

生得的行動	学習的行動
環境状況とは無関係に起こる	環境状況に依存して起こる
遺伝子によって制御される 親から受け継ぐ	遺伝子によって制御されない 親から受け継がない
自然選択によって発達	経験によって発達
生存と生殖の機会を増加させる	生存と生殖の機会を増加させることもさせないこともある

17. 符号化：符号化の際，脳は記憶に残すために感覚から受け取った情報を処理する. 以下は脳が行う符号化の種類である.

・視覚的符号化：情報を心象に変換する.

・精緻な符号化：新しい情報を，すでに記憶に保存されている古い知識と関連づける.

・音響的符号化：話し言葉などの音の符号化.

・感覚的符号化：触覚，嗅覚，味覚などの感覚の符号化.

・意味的符号化：文脈の中で感覚入力を記憶すること. たとえば，赤橙黄緑青藍紫（せきとうおうりょくせいらんし）のような語呂合わせを用いて，光のスペクトルの色を順番に（赤，オレンジ，黄，緑，青，藍，紫）覚える記憶術.

保持：情報を保持する能力によって，獲得した知識を一定期間維持することができる. 保持はニューロンの階層でなされる. ニューロンは互いにシナプスを形成し，分子の信号を使う. 伝達される信号の数が増えると，シナプス接続の強さも増強する. これが，練習すれば完璧になる理由である. ある歌を何度も歌うと，ニューロン間の信号を繰返すことによって，その歌の記憶が良くなる. 歌を歌う練習を十分にすれば，その歌を完璧に歌えるようになる. 教育や体験によって，新しい記憶がいかにつくられるかがわかる.

検索：記憶を検索する方法には，おもに認識と想起の二つがある.

・認識とは，物理的な物体やできごとと，すでに経験したことのあるものとの関連性のことである. これは，現在の情報を記憶と比較することを含む. 人ごみの中で顔を見て，それが誰であるかを思い出せば，それは認識である.

・想起とは，現在は存在しない事実，物体，またはできごとを思い出すことである. 記憶を活発に再構築するには，

記憶に関与するすべてのニューロンの活性化が必要である．これは認識よりもはるかに複雑である．認識は，単になにかが以前に遭遇したことがあるかどうかの判断を必要とするだけである．

18. シナプス後ニューロンは多くの興奮性および抑制性刺激を受け取り，それらの刺激を合算する．合算した結果が抑制性であれば神経インパルスは送られない．合算した結果が興奮性であれば神経インパルスが送られる．これはシナプスにおける興奮性および抑制性ニューロンの相互作用である．刺激の合算は中枢神経系による決定方法である．

19.
・遅効性神経伝達物質はシナプス前ニューロンからの神経伝達物質の放出効率を調節することができる．
・遅効性神経伝達物質はシナプス後ニューロンの効率を調節することができる．

20. 痛み感覚の受容体からのメッセージが中枢神経系に到達すると，痛みを感じる．プロカインは局所麻酔薬で，痛み中枢への神経伝達を遮断する．Na^+ がシナプス後ニューロンに拡散すると，メッセージは神経に沿って運ばれる．プロカインのような局所麻酔薬は，Na^+ が移動するイオンチャネルを遮断する．そのため，痛みの信号は中枢神経系に伝達されない．局所麻酔薬は局所的な痛みに対して薬剤誘発性の無感覚を生じさせる．全身麻酔薬は通常，揮発性化合物であり，吸入されるため全身に影響を及ぼす．その結果，痛みに対する全般的な無感覚が生じる．正常な心拍数と血圧は維持されるが，可逆的な意識喪失が起こる．全身麻酔薬は通常手術に使用され，手術中，患者は完全に意識を失い，痛みを意識することがない．

21. 動物の行動を研究している科学者は，ある種の動物の個体群が行動の頻度を変えていることを観察してきた．たとえば，鳥類にはより早く渡るものがいたり，サケには成熟が早いものがいたり，鳥類にはより極端な求愛行動の様式を示すものがいたりする．これらの行動の変化が極端になると，ついにはヨーロッパのズグロムシクイに起こったように新種が形成されることもある．注意深い観察を通して，動物行動学者は生存と繁殖の可能性を高める自然選択が，遺伝学的にひき起こされた行動に基づいて起こってきたことを示すデータを収集してきた．自然選択によって，遺伝学的にひき起こされた行動が集団のなかでより多く見られるようになった．

章末問題

1. 活動電位がシナプス終末に到達する．Ca^{2+} がシナプス前ニューロンに流入し，神経伝達物質を含む小胞がシナプス終末の細胞膜と融合し，その内容物をシナプス間隙に放出する．神経伝達物質はシナプス後ニューロンの細胞膜の受容体に結合し，Na^{2+} が流入する．これにより，脱分極によって活動電位が発生する．活動電位はシナプス後ニューロンの下流へと伝わり，神経伝達物質は分解されて受容体タンパク質から離れる．

2. (a) 24%（±2%）（% をつけること）

(b) 8(±0.5)：42(±0.5) あるいは 16(±1)：84(±1) あるいは 1：5.25(±0.25)

(c) 小型雌は大型雌より多くの飽和脂肪をもっている；大型雌は小型雌より多くの不飽和脂肪をもっている；大型雌は 26 分のところにピーク（不飽和脂肪のピーク）をもつが，小型雌はもたない；大型雌は 23 分のところにピーク（飽和と不飽和脂肪のピーク）をもつが，小型雌はもたない；大きいピークは小型雌では大型雌より早くに出現する．

(d) (i) なにかの基質あるいはヘビの皮膚に脂質を塗布し，そこに雄ヘビを入れて，行動を観察する．対照実験が必要である．

(ii) 大型雌はより大きい，あるいはより多くの子を生む．あるいは，子孫の生存率が上がる．

3. どちらも自律神経系の一部である．相互に拮抗的である．交感神経は行動に備えるように働き，副交感神経は体の状態を正常に戻すように働く．組織や器官における両者の働きの例があれば加点（たとえば，心臓では交感神経が拍出量を増加させ，副交感神経が正常に戻すなど）．

4. (a) (i) 25(±3)% (ii) 6.4(±0.6)；1/32.5

(b) 休息と巡回

(c) 最初の活動は巣の清掃．ついで巣穴の構築と閉鎖．最後に食料の探索．低い頻度でその他の活動

(d) 巡回は利他的行動である．巣の群れ全体の生存を高める．労働の分業を示す．他のハチを助ける．

5. 食物そのものやその像といった無条件刺激と共にベルの音を聞かせる．無条件反応として唾液が分泌される．条件刺激であるベルの音が，食物そのものやその像という無条件刺激なしに，あるいは無条件刺激の前に与えられる．ベルの音に対する条件反応として唾液が分泌される．

6. (a) I：前眼房または房水　II：中心窩

(b) 心拍の抑制；血圧低下；瞳孔収縮；唾液分泌；毛様筋収縮；細気管支収縮；腸の蠕動運動増加；胃液分泌増加；膵液分泌増加；涙分泌増加；腸の括約筋の弛緩；陰茎勃起；膀胱壁収縮；膀胱括約筋弛緩；胆囊収縮

7. (a) (52−20)×100/20＝160（%）

(b) 前もってにおいづけされたハチ（実験群のハチ）は，対照群より頻繁ににおいの源の周囲を飛翔する．実験群のハチは対照群よりにおいの源に向けて直線的に飛翔する．

(c) ハチはにおいを食料と結びつけており，これは学習行動である．（走性，学習行動，条件づけ，などのみの解答は不可）

(d) あらかじめ匂いづけされたハチはより直線的に源に飛翔する．そのことは，食料の探索において有利であり，生存の機会を増やし，遺伝子を次世代に伝える機会も増える．食料を探すのに要するエネルギーが減少する．飛翔時間が短くなれば，捕食される可能性も少なくなる．

8. (a) A 錐体細胞　B 桿体細胞　C 双極細胞　D 神経節細胞

(b) 図の下から上に向かう矢印

(c)

	桿体細胞	錐体細胞
	低光量（夜間）において錐体細胞より敏感	光に鋭敏ではなく，明るい光の中で機能する
	より広い波長（色）を検出	より特異的な波長に感受性
	複数の桿体細胞が1本の神経線維に神経インパルスを送る	1個の錐体細胞が1本の神経線維に神経インパルスを送る
	錐体細胞より物体の運動に感受性がある	桿体細胞より精細な像を得る
	光に対してゆっくりと反応する	光に対する反応が速い

7 章

練習問題

1. 減数分裂は生殖細胞（配偶子）をつくるための方法である．集団の多様性は自然選択によって集団が繁栄するのを助けるため，染色体が入れ替わり，異なる配偶子にランダムに分配されることは，次の世代における多様性を最大化する．

2. 男性は精細胞，精子，女性は卵子

3. (a) 減数第二分裂後期　　　(b) 減数第一分裂中期
(c) 減数第一分裂前期　　　(d) 減数第一分裂後期

4. 図は図7・5に似たものになるはずである．

5. メンデルの独立の法則は，配偶子が形成されるとき，娘細胞の対立形質のペアの分離はもう一つの対立形質のペアの分離と独立に起こると述べている．この法則の例外はどんな連鎖遺伝子の場合にも当てはまる．

6. 女性は一般的に若いときに子供を出産する．リスクとしては少ないが，生まれる子供の総数が多いので，割合としては少ないとしても，常に一定数のダウン症児が生まれる．

7. (a) 二倍体（この細胞はまだ減数分裂を開始していない）
(b) 一倍体（この細胞は減数第一分裂を終了しているため，相同染色体対は分かれている）
(c) 二倍体（この細胞は減数分裂を開始していない）
(d) 二倍体（この細胞はDNA複製を終えているが，染色体は分かれていない）
(e) 一倍体（この細胞は減数第一分裂を終えており，相同染色体は分かれている）
(f) 二倍体（この細胞は単数体の核が融合したものであり，二倍体に戻っている）

8. 精子はとても小さく，必要最小限の細胞小器官のみをもつ．精子は前側の先端に受精に必要な酵素を含む先体（アクロソーム）をもち，泳ぐための鞭毛をもつ．精子の核は一倍体であり，一倍体の核をもつ卵と受精する．

9. 卵は非常に大きな細胞である．大きな容積は胚の発生に必要な栄養を蓄えるためのものである．多様な細胞小器官を含む．卵の核は一倍体であり，一倍体の核をもつ精

子と受精する．多精子受精を防ぐために表層粒がある．

10. インスリンの働きは負のフィードバックの機構による．この考えは血糖値を正常な範囲内に保つためのものである．インスリンの働きはグルコースが細胞内に入れるように体の細胞の細胞膜の促進拡散チャネルを開くことにある．それによって血糖値は減少する．他の反応は必要なときに血糖値を増加させるために起こる．分娩のときには，正常なホメオスタシスを維持するための範囲はなく，出産のときに頂点に達する．オキシトシンの量は分娩時に出産まで増え続ける．このタイプのフィードバックは正のフィードバックとよばれる．

11. 体外受精は体内受精と比較して効率が悪い（卵が受精する確率が低い）．これを補うために，雌は多数の卵をつくり，大量の代謝エネルギーと資源を用いる．それに加えて，体外受精を行う種で父親が子供の世話をする例はきわめて少ない．受精した卵の生存率は相対的に低い．

12. 母親と胎児は胎盤で栄養分と老廃物を交換する．しかし，胎盤で血液の交換はない．血液は混ざらないないため，免疫反応をひき起こすかもしれない赤血球上の抗原は隔てられている．

13. どちらも遺伝子プール間の隔離の例であるが，地理的隔離は山や川など物理的な隔離であるのに対し，時間的隔離は集団や配偶子が結びつこうとするときの同期に問題がある．

14.
$$q = \sqrt{0.10} = 0.32$$
$$p = 1 - 0.32 = 0.68$$
$$q^2 = \frac{28}{278} = 0.10$$
$$2pq = 0.44$$
$$p^2 = 0.46$$

15. 倍数性は個体が3以上の染色体のセットを含むときに存在する．たとえば，タマネギには三倍体（$2n=3x=24$）の株があり，$Microscordum$ 亜属は四倍体（$2n=4x=32$）の種を含む．

章末問題

1. A

2. (a) (i) 常染色体．なぜなら，XとYの性染色体は長さ，サイズが異なり，異なる遺伝子を含むからである．

(ii) 相同染色体である．なぜなら，これらの染色体は対を形成している/二価染色体を形成している/四分染色体である/染色体間で乗換えを起こしている/（同じ配列の中に）同じ遺伝子をもっている/同じサイズと形をしている/からである．

(b) 減数第一分裂前期

3. (a) 下記のそれぞれの構造と名前が正確であれば各1点．
・一倍体の核
・（二つの）中心小体
・細胞質（核と比較して大きく描かれていなければならない，少なくとも細胞質と核の直径は4:1以上の比率になっていること）

・極体（細胞の外側に描かれていなければならない）

・細胞膜

・卵胞細胞／放線冠

・表層粒（細胞膜の近くに描かれていなければならない）

・透明帯

　（b）下記のそれぞれのペアが合えば各1点（最高6点）．答えは表式式でなくても良い．

体細胞分裂：

① 1回の細胞分裂

② 染色体の数は変わらない

③ 同一の遺伝子セットをもつ細胞がつくられる

④ 細胞分裂後期に姉妹染色分体が分離する

⑤ 乗換えは生じない

⑥ 四分染色体はつくられず，対合は起こらない

⑦ 成長／組織修復／無性生殖のための細胞がつくられる

⑧ 2個の細胞がつくられる

⑨ 両方の染色体のコピーをもつ娘細胞／ランダム配向は起きない

⑩ 間期に DNA 複製が行われる

⑪ 前期，中期，後期，終期の4段階ある

減数分裂：

① 2回の細胞分裂

② 二倍体を一倍体に変換する

③ もとの細胞と異なる遺伝子セットをもつ多様な細胞がつくられる

④ 相同染色体の分離は減数第一分裂後期に起こり，姉妹染色分体の分離は減数第二分裂後期に起こる

⑤ 減数第一分裂前期に乗換えが起こる

⑥ 四分染色体がつくられ，対合が起こる

⑦ 性細胞／有性生殖のための配偶子がつくられる

⑧ 4個の細胞がつくられる

⑨ 母親由来／父親由来の染色体のランダム配向が起こる（これが遺伝的多様性を生む）

⑩ 減数分裂間期に DNA 複製は行われない

⑪ 同じ4段階が2回起こる

　（c）

・減数第一分裂の乗換え

・新しいコンビネーション／組換え／対立遺伝子の交換

・不分離／染色体の変異が新しい多様性を生む

・減数第一分裂中期の相同染色体のランダム配向／独立の法則

・染色体セットの多様性 2^n（ヒトは 2^{23}）

・個体群のランダムな交配は新しい遺伝学的な組合わせを生みだす

・一つの精子と卵子のランダムな受精

・多様性は生存／より良い環境への適応を可能にする

・多様性は個体群が環境変化のなかで生き延びるのを可能にする

4．漸進説は変化のスピードは遅い／安定した条件では自然選択のレベルは低く，長く漸進的な変化が起こる．

断続平衡説は長い期間ほとんど変化は起こらず，短い期間で速い変化が起こると主張している／集団絶滅は速い変化，新しい種の誕生を促進する．

8 章

練習問題

1．ゲル電気泳動法などによって，ごくわずかな DNA 試料を解析することは困難である．たとえば，犯罪現場などから DNA 試料を集めるときには，わずか数個の細胞しかないこともある．分析に十分な DNA 量を得るためには，DNA 分子を何百万倍にも増幅しなければならない．

2．多くの場合，幹細胞のもとはヒト胎児である．倫理的問題は，"胎児を研究道具としてのみ用いてよいか"ということである．批判者は，この細胞塊は，ヒトのもとになるものであり，子供へと発生するように運命づけられているのであるから，尊敬と尊厳をもって扱われるべきものである，そして別の目的で利用するのは非自然的かつ非倫理的である，と論じる．

3．解答はさまざまでありうる．いずれにしても，利益（干ばつに強い植物や収量の多い作物）と危険性（遺伝子改変作物の花粉の飛散やアレルギーの可能性）の両者を良く考え，解答には，それぞれを正当化する理由を付けなければいけない．

4．代謝工学は，微生物における遺伝的および調節過程を最適化することである．微生物の遺伝子発現を調節し，生化学経路を制御する目的は，微生物細胞による望ましい産物の生産を高めることである．

光合成や呼吸は，そのような経路の例である．微生物は必要とする産物を産生する経路をもっている．研究者は，微生物に新しい遺伝子を導入することで，経路を変更することができる．新たな遺伝子によって新たな産物が生じる．私たちはその産物を手に入れたがっている．

5．どちらも細胞壁，ペプチドグリカン，細胞膜をもっている．異なる点は以下のとおりである．

	グラム陽性細菌	グラム陰性細菌
細胞壁の構造	単純	複雑
ペプチドグリカン量	多量	少量
ペプチドグリカンの存在部位	外層	外膜によって覆われている
外膜	存在しない	リポ多糖の付着した外膜が存在

6.

・これらの生物は植物に比して収量が大きい．

・これらの生物は成長が早い．

・目的の産物が容易に精製できる．

・必要な炭素源（グルコースあるいはグリセロール）は単純で安価である．

7.

・資料から RNA を抽出する．

・mRNA から cDNA（単鎖）を合成する．

・cDNA を蛍光物質で標識する．

・合成した cDNA をマイクロアレイ上の既知の DNA とハイブリダイズさせる.

・マイクロアレイの余分な cDNA を洗い流す.

・相補的 cDNA のみがプローブに結合する.

・マイクロアレイの蛍光を解析する.

8. 前立腺特異抗原 (PSA): PSA 値が高くなると, それは前立腺がんの可能性を示唆する.

メラノーマの指標である S100: このタンパク質の生体指標は, 値が高くなると, 多くのメラノーマ細胞が存在することを示す. メラノーマの治療によってこの指標の値が低下するはずである.

乳がんの指標である HER2: 乳がんの 20〜30% は, この指標が正常より高くなる. 患者によっては, 治療中にこの指標の動向を監視する必要がある.

9. 両者とも, 配列に関するデータベースであり, GenBank で利用されるソフトウェアである. 相違点は下記のとおり.

BLASTn	BLASTp
ヌクレオチド配列のデータベース	アミノ酸配列のデータベース
DNA 塩基の記号 atgc を用いる	アミノ酸の記号を用いる

10.

・機能的関係を示す. たとえば, レプチンはマウスでもヒトでも同じ機能をもっている.

・構造の関係を示す. たとえば, 機能のわからないタンパク質を単離したときに, データベースでアラインメントすることで, 機能を類推できる.

・進化的関係を調べる. 共通祖先や系統発生的関係を示すことができる.

11. マウスは遺伝学的にも生理学的にもヒトに近い. マウスのゲノムの操作や解析は容易である. 哺乳類であるから, ヒトに影響するがんや糖尿病などの病気はマウスにも影響を与える. マウスには見られない病気も, ゲノムの操作によってひき起こすことができる. 必要経費が少ないことや増殖が速いことも利点である. 多くの純系マウスや遺伝子改変マウスも利用可能である. 遺伝子工学の技術の発展によって, マウスの遺伝子をノックアウトすることや, 別の遺伝子と置き換えることも可能になった. たとえば, レプチン遺伝子をノックアウトされたマウスは肥満になる. *Cftr* 遺伝子に変異をもつマウスは囊胞性線維症の研究に用いることができる.

章 末 問 題

1. (a) 陽性対照実験では, ライム病に対する抗体を含んでいるので, 検査の手順が正しいかどうかがわかる.

(b) 陰性対照実験では, 抗体が含まれないので, 偽陽性をチェックすることができる.

(c) 患者1と2. 1と2の吸光度は基準値より高いから.

(d) 患者3は, 結果の値がはっきりしないので, 再検査の必要がある.

2. (a) 遺伝子治療は, 欠陥のある遺伝子の置換; (安全な) 使用のために (遺伝学的に) 修正されたウイルスベクター; ウイルスゲノム/レトロウイルスへの望んだ遺伝子/対立遺伝子の挿入; 例として SCID/SCID における酵素 ADA の欠如における使用; を含む. 他の例, たとえば囊胞性線維症; 体細胞の除去; 標的細胞への望んだ遺伝子の導入と挿入; 患者の体中で細胞を置換して, 目的の遺伝子を発現することができるようにする; など.

(b) 現在のところ, 遺伝子治療の治療効果は長続きしないかもしれない/遺伝子治療の過程を繰返す必要がある/失敗する可能性がある/細胞を再導入する/ウイルスベクターを患者に導入することは免疫反応のリスクを伴う/ウイルスベクターが誤って患者に感染する可能性がある/DNA の挿入は腫瘍の原因になる/死亡のリスクがある.

掲載図表出典

1 章

図 1・1 © Gary Carlson/Science Photo Library; 図 1・4 © Niaid/CDC/Science Photo Library; 図 1・9 © CNRI/Science Photo Library; 図 1・10 左 © Dr Kari Lounatmaa/Science Photo Library; 図 1・10 右 © Biology Media/Science Photo Library; 図 1・12 © Dr Jeremy Burgess/Science Photo Library; 図 1・27 World Health Organization, *WHO report on the global tobacco epidemic*, WHO, 2008, p.9, http://www.who.int/tobacco/mpower/graphs/en/index.html [accessed 16 June 2014], reproduced with permission of the publisher; 章末問題 1・1 © Don Fawcett/Science Photo Library; 章末問題 1・2 www.bio.mtu.edu/campbell/prokaryo.htm; 章末問題 1・5 *Lehninger Principles of Biochemistry*, 3rd, ed., W. H. Freeman (D. Nelson and M. Cox, 2000), p. 35, © Don W. Fawcett/Photo Researchers, reproduced with permission.

2 章

図 2・3 © Maleo/Shutterstock.com; 図 2・16 © J.C. Revy, ISM/Science Photo Library.

3 章

図 3・7 Methods and Technology for Genetic Analysis: DNA Sequencing and fragment analysis, 1 August 2012, http://agctsequencing.wordpress.com/2012/08/01/sanger-sequencing-historical-development-of-automated-dna-sequencing/, reproduced with permission; 図 3・21 © Dr Jeremy Burgess/Science Photo Library; 図 3・22 © Eye of Science/Science Photo Library; 図 3・25 © CNRI/Science Photo Library; 章末問題 3・11, 12 Dr Mohammed Al-Omran.

4 章

図 4・5 © Zygote Media Group/DK Images; 図 4・6 © Biophoto Associates/Science Photo Library; 図 4・9 orphan; 図 4・14 © Zygote Media Group/DK Images; 表 4・7 "高血圧治療ガイドライン 2019", 日本高血圧学会高血圧治療ガイドライン作成委員会編, p.18, ライフサイエンス出版(2019); 章末問題 4・4 Nutrition: Effect of vegetables on bone metabolism, *Nature*, 401, 23 September, pp. 343-344 (Roman C. Muhlbauer and Feng Li 1999), Copyright © 1999, reprinted by permission from Macmillan Publishers Ltd.; 章末問題 4・9 Carbon dioxide transport and carbonic anhydrase in blood and muscle, *Physiological Reviews*, 80, 4 January, pp. 681-715, Tab. 1 (Cornelia Geers and Gerolf Gros 2000) © The American Physiological Society (APS). All rights reserved.

5 章

図 5・1 © Steve Gschmeissner/Science Photo Library; 図 5・3 © SCIEPRO/Science Photo Library; 図 5・4 © Steve Gschmeissner/Science Photo Library; 図 5・7 © AMI Images/Science Photo Library.

6 章

図 6・6 © Steve Gschmeissner/Science Photo Library; 図 6・7 © Don Fawcett/Science Photo Library; 図 6・9 *Biology*, 5th ed., Benjamin Cummings (Neil A. Campbell and Jane B. Reece 1999) p. 946, Fig. 47.11 (a); 図 6・10 *Biology*, 5th ed., Benjamin Cummings (Neil A. Campbell and Jane B. Reece 1999) p. 946, Fig. 47.11 (b); 図 6・11 http://babygilbertfund.com/; 図 6・14 https://faculty.washington.edu/chudler/dev.html; 図 6・16 © Zephyr/Science Photo Library; 図 6・22 https://faculty.washington.edu/chudler/brainsize.html, reproduced with permission; 表 6・2 http://en.wikipedia.org/wiki/Brain-to-body_mass_ratio; 表 6・3 http://serendip.brynmawr.edu/bb/kinser/Int3.html; 図 6・23 https://faculty.washington.edu/chudler/functional.html, reproduced with permission; 図 6・24 http://thebrain.mcgill.ca/flash/i/i_03/i_03_cr/i_03_cr_par/i_03_cr_par.html; 図 6・27 Image courtesy Nobelprize.org; 図 6・37 © Science Photo Library; 図 6・40 *Ion channels of excitable membrane*, 3rd ed., Sinauer Associates, Inc. (Hille, B. 2001), Fig. 7.1, p. 202, Copyright © 2001, Sinauer Associates, Inc; 図 6・41 http://www.nobelprize.org/nobel_prizes/medicine/laureates/2000/press.html, Copyright © The Nobel Committee for Physiology or Medicine; 図 6・49 "Speciation in real time", *Understanding Evolution*. University of California Museum of Paleontology, 7 May 2014, 〈http://evolution.berkeley.edu/evolibrary/news/060101_batsars〉. Copyright © 2014 by The University of California Museum of Paleontology, Berkeley, and the Regents of the University of California.; 図 6・50 http://biology-forums.com/index.php?actiongallery;saview;id1361; 図 6・51 © Ronald Thompson/Frank Lane Picture Agency/Corbis; 章末問題 6・2 Variation in a female sexual attractiveness pheromone controls male mate choice in garter snakes, *Journal of Chemical Ecology*, 28, p. 1269 (LeMaster, M.P. and Mason, R.T. 2002), With kind permission from Springer Science and Business Media; 章末問題 6・4 Ethology: The mechanisms and evolution of behavior, W. W. Norton (James L Gould 1982) p. 392, Copyright © 1982 by James L. Gould. Used by permission of W.W. Norton & Company, Inc.; 章末問題 6・6 *Advanced Biology*, Cambridge University Press (Jones, M. and Jones, G. 1997) reproduced with permission; 章末問題 6・7 Prior classical olfactory conditioning improves odour-cued flight orientation of honey bees in a wind tunnel, *Journal of Experimental Biology*, 208 (19), October, pp. 3731-3737 (A Chaffiol, et al. 2005), Adapted with permission from Journal of Experimental Biology. Reproduced with permission of COMPANY OF BIOLOGISTS LTD. in the format Republish in a book via Copyright Clearance Center; 章末問題 6・8 Organization of the primate retina: electron microscopy, *Proceedings of the Royal Society of London. Series B, Biological Sciences*, 166(1002), pp. 80-111 (J. E. Dowling and B.B. Boycott 1966), © 1966, The Royal Society. By permission of the Royal Society.

7 章

図 7・14 © Astrid & Hanns Frieder Michler/Science Photo Library; 練習問題 7・6 http://biomed.emory.edu/PROGRAM_SITES/PBEE/pdf/sherman1.pdf, reproduced with permission from Dr. Stephanie Sherman.

8 章

図 8・1 © David Parker/Science Photo Library; 図 8・5 Nikolas Soukoup, Sandra Köchl, Robert Ras, Biotechnological Production of beta-Galactosidase at http://www.htl-innovativ.at/index.php?langeng&moduldetail&id178; 図 8・10 *Introduction to Biotechnology*, Pearson Education (William J. Thieman, Michael Angelo Palladino 2013) Fig. 1.12, p. 15 © 2013, p. 15. Reprinted and electronically reproduced by

八杉貞雄（やすぎ さだお）
1943年 東京に生まれる
1966年 東京大学理学部 卒
東京都立大学名誉教授
専門 発生生物学
理学博士

中村和生（なかむら かずお）
1955年 東京に生まれる
1980年 埼玉大学理学部 卒
1986年 東京医科歯科大学大学院医学研究科 修了
北里大学名誉教授
専門 脂質生化学，生物学
医学博士

萬代研二（まんだい けんじ）
1964年 大阪に生まれる
1990年 大阪大学医学部 卒
現 北里大学医学部 教授
専門 神経生物学，生化学
博士(医学)

八杉徹雄（やすぎ てつお）
1979年 東京に生まれる
2003年 東京大学理学部 卒
2008年 東京大学大学院理学系研究科 修了
現 金沢大学新学術創成研究機構 准教授
専門 神経発生学
博士(理学)

第1版第1刷 2022年12月21日 発行

初歩から学ぶヒトの生物学（第2版）

監訳者　八杉貞雄
発行者　住田六連
発行　株式会社 東京化学同人
東京都文京区千石3丁目36-7（〒112-0011）
電話(03)3946-5311・FAX(03)3946-5317
URL: https://www.tkd-pbl.com/

印刷　株式会社 アイワード
製本　株式会社 松岳社

ISBN978-4-8079-2034-1
Printed in Japan

わかりやすく親しみやすい信頼できる本格的辞典

生物学辞典

編集 石川 統・黒岩常祥・塩見正衞・松本忠夫
守 隆夫・八杉貞雄・山本正幸

A5判特上製箱入 1634ページ 定価13200円（本体12000円＋税）

正確かつ平易な記述と多数の精密イラストにより，専門家から初学者まで役立つ信頼できる本格的辞典．生物学，関連諸領域を網羅した見出し語20000語を収録．欧文索引語数30000．生物分類表や生物学者歴史年表など便利な付録付．

モリス 生 物 学
―生命のしくみ― 原著第2版

J. Morris ほか 著／八杉貞雄・園池公毅・和田 洋 監訳
B5変型判 カラー 1016ページ 定価9900円（本体9000円＋税）

多彩な図版と教育的な内容構成に定評のある教科書．単なる知識の吸収や記憶で済ますのではなく，生物学の重要な諸概念を統合して理解できるよう編集．

ケイン 生 物 学 第5版

M. L. Cain ほか 著／上村慎治 監訳
A4変型判 カラー 720ページ 定価9460円（本体8600円＋税）

美しく豊富な写真，わかりやすい図版を使い，また，実社会にかかわるテーマを多数取上げることで，生物学を身近に感じさせてくれる教科書の最新改訂版．細胞から遺伝，進化，形態と機能，環境まで，現代生物学を一望する．

マーダー 生 物 学 原著第5版

S. Mader ほか 著／藤原晴彦 監訳
B5変型判 カラー 560ページ 定価4950円（本体4500円＋税）

生命の科学的理解を目指し，現代生活に密着した素材を豊富に取上げた入門教科書．美しい図版を多用して，初学者にもわかりやすいように工夫．科学を専攻しない学部1，2年生対象．

スター 生 物 学 原著第4版

C. Starr ほか 著／八杉貞雄 監訳
B5変型判 カラー 360ページ 定価3190円（本体2900円＋税）

世界各国で好評の標準的入門教科書．分子細胞生物学，遺伝学，進化系統学，生態学，動物および植物生理学が過不足なく取り上げられている．

2022年12月現在（定価は10％税込）